智能建造创新技术及应用

朱　奎　编著

中国建筑工业出版社

图书在版编目（CIP）数据

智能建造创新技术及应用 / 朱奎编著. -- 北京 ：
中国建筑工业出版社, 2025. 6.（2025.8重印）-- ISBN 978-7-112
-31184-2

Ⅰ. TU74-39

中国国家版本馆 CIP 数据核字第 2025C76U17 号

本书系统阐述了智能建造领域前沿技术与实践成果，深度剖析 BIM、人工智能、区块链、数字孪生等核心技术的创新与应用逻辑，既有技术的系统整合，又有工程实施的实用指导。本书对智能建造技术创新和推广应用具有一定的指导意义和实用价值。内容包括：政策支撑体系创新研究、施工应用体系创新研究、人才支撑体系创新研究、BIM 技术支撑体系创新研究、工艺支撑体系创新研究、建筑机器人应用创新研究、产业支撑体系创新研究、数字支撑体系创新研究、实施协同体系创新研究、管理支撑体系创新研究。本书可作为智能建造专业教材，可供土建、市政、交通和水利部门的设计、施工技术人员使用，也可供上述领域的科研、管理人员参考。

责任编辑：刘瑞霞　梁瀛元

责任校对：王　烨

智能建造创新技术及应用

朱　奎　编著

*

中国建筑工业出版社出版、发行（北京海淀三里河路 9 号）

各地新华书店、建筑书店经销

国排高科（北京）人工智能科技有限公司制版

建工社（河北）印刷有限公司印刷

*

开本：787 毫米 × 1092 毫米　1/16　印张：21¾　字数：543 千字

2025 年 6 月第一版　2025 年 8 月第二次印刷

定价：**79.00** 元

ISBN 978-7-112-31184-2

（45201）

前言
FOREWORD

建筑业正站在智能化转型的历史节点，技术革新与模式重构成为突破行业瓶颈的关键。温州作为住房和城乡建设部首批试点城市之一，在智能建造领域积极探索创新，积累了丰富的实践经验和宝贵的成功案例。本书以“创新性”与“应用性”为双核，在温州的探索和实践的基础上，深度剖析智能建造技术的内在逻辑与实践路径，为建筑行业的转型升级提供可落地的思路与方向。

在理论构建维度，深入研究智能建造的核心技术、关键技术和管理方法，结合行业发展特性与现实需求，构建契合实际的智能建造理论体系。政策层面，通过完善顶层设计、优化制度供给，为行业稳健发展筑牢制度保障；技术创新层面，BIM与人工智能深度融合，推动建造工艺迭代升级；数字赋能层面，区块链与数字孪生技术加速应用，为高品质工程建设夯实技术底座。

在实践落地维度，搭建高效协同的智能建造实施架构，以物联网技术实现施工环节的精准化管控，打破信息壁垒，提升多方协作效率。依托人才培育与产业发展的双轮驱动，构建智能建造可持续发展的良好格局。管理体系深度融入精益管理理念，借助数据分析手段，推动项目管理向精细化、智能化方向转型。基于全生命周期数据，打造数字化协同管理平台，实现项目规划、设计、施工、运维全流程的科学统筹与智能管控。

本书全面系统地阐述了智能建造的创新理论与实践情况。通过对智能建造相关政策、技术前沿、应用案例的深入分析，总结智能建造领域的经验与成果，同时针对当前存在的问题提出相应的对策和建议，为智能建造的发展提供有益的参考和借鉴。

我衷心感谢所有为这本书的撰写提供帮助和支持的人们，感谢温州智能建造专班和温州建筑联合会为本书提供了丰富的素材和宝贵的建议。谨向每一位建设者致敬——你们用匠心锚定精度，用汗水浇筑未来！

由于作者学识和能力有限，书中难免存在不足之处。恳请读者朋友们不吝批评指正，以便我在今后的研究中不断改进和完善。

目录
CONTENTS

第 1 章

绪论

1.1 智能建造概述

1.1.1 智能建造概念

近年来，全球建筑业面临着信息化、自动化水平低，安全风险高，劳动力短缺等问题，建筑业转型升级、节能减排、降本增效迫在眉睫。人工智能、大数据、物联网等新一代信息技术与建筑业的逐步融合正在提高建筑设计、施工运维的效率，在这样的背景下，智能建造应运而生。

2018 年 3 月 15 日，教育部发布公告，首次将智能建造纳入我国普通高等学校本科专业，公告指出：智能建造是为适应以“信息化”和“智能化”为特色的建筑业转型升级这一国家战略需求而设置的新工科专业，是推动我国智能、智慧项目建设所必需的专业。作为一门新兴的跨学科专业，智能建造涉及土木工程、工程管理、计算机科学、人工智能、控制系统、机械自动化等多门学科，并在相关技术学科高速融合发展时同步发展。

樊启祥等定义智能建造是指集成融合传感技术、通信技术、数据技术、建造技术及项目管理等知识，对建筑物及其建造活动的安全、质量、环保、进度、成本等内容进行感知、分析和控制的理论、方法、工艺和技术的统称。

尤志嘉等提出，智能建造是一种基于智能科学技术的新型建造模式，通过重塑工程建造生命周期的生产组织方式，使建造系统拥有类似人类智能的各种能力并减少对人的依赖，从而达到优化建造过程，提高建筑质量，促进建筑业可持续发展的目的。

《中国建筑业信息化发展报告（2021）智能建造应用与发展》定义，智能建造意味着在建筑工程设计、生产、施工等各阶段，充分利用云计算、大数据、物联网、移动互联网、人工智能等新一代信息技术，以及建筑信息模型（BIM）、地理信息系统（GIS）、自动化和机器人等新兴技术，通过应用智能化系统，提高建造过程的智能化水平。《中国智能建造发展蓝皮书（2024）》提出，智能建造是新一代信息技术与先进工业化建造技术深度融合而形成的人机协同建造方式，其本质是工程建设全过程的工业化、数字化和智能化，涉及数字勘察、数字设计、智能生产、智能施工和智能运维等环节，是一项跨领域跨行业的复杂系统工程。

2025 年 3 月，住房和城乡建设部印发《智能建造技术导则（试行）》，指出智能建造是新一代信息技术与工业化建造技术深度融合形成的人机协同建造方式，以“提品质、降成本”为目标，因地制宜集成应用数字勘察、数字设计、智能生产、智能施工、智慧运维等各阶段的关键技术产品，实现高效益、高质量、低消耗、低排放的建造过程，提升建筑业工业化、数字化、绿色化水平。

丁烈云院士在《中国建设报》发表文章《智能建造推动建筑产业变革》，文中对智能建造的定义为：智能建造是新一代信息技术与工程建造融合形成的工程建造创新模式即利用以“三化”（数字化、网络化和智能化）和“三算”（算据、算力、算法）为特征的新一代信息技术，在实现工程建造要素资源数字化的基础上，通过规范化建模、网络化交互、可视化认知、高性能计算以及智能化决策支持，实现数字链驱动下的工程立项策划、规划设计、施（加）工生产、运维服务一体化集成与高效率协同，不断拓展工程建造价值链、改造产业结构形态，向用户交付以人为本、绿色可持续的智能化工程产品与服务。

钱七虎院士对智能建造的定义为：智能建造是通过信息技术、自动化技术、物联网等多技术集成，实现建造过程的精细化、数字化、智能化，目标是节约资源、降低风险、提升质量。

肖绪文院士对智能建造的定义为：强调全生命周期管理，通过泛在感知技术提升生产效率，结合互联网平台和机器人协作完成复杂任务。

周绪红院士对智能建造的定义为：以智能算法为核心，替代人类完成复杂工作，具备“自学习、自适应、自决策”特征的新型生产方式。

综上可见，不同专家学者、期刊文献对智能建造的定义尽管语言表达不尽相同，但是对智能建造内涵的认知是趋于一致的，即智能建造是深度融合新一代信息技术与工程建造技术，实现工程建造全过程各环节数字化、网络化和智能化的新型建造方式。

1.1.2 智能建造政策

2020 年 7 月，住房和城乡建设部联合国家发展和改革委员会、科学技术部、工业和信息化部、人力资源和社会保障部、交通运输部、水利部等 13 部门联合印发了《关于推动智能建造与建筑工业化协同发展的指导意见》。指导意见指出：我国建筑业生产方式仍然比较粗放，与高质量发展要求相比还有很大差距，要加快建造方式转变，要以大力发展建筑工业化为载体，以数字化、智能化升级为动力，创新突破相关核心技术，加大智能建造在工程建设各环节应用，形成涵盖科研、设计、生产加工、施工装配、运营等全产业链融合一体的智能建造产业体系。指导意见明确了推动智能建造与建筑工业化协同发展的指导思想、基本原则、发展目标、重点任务和保障措施。这是贯彻落实习近平总书记重要指示精神、推动建筑业转型升级、促进建筑业高质量发展的重要文件，为我国建筑业走出一条内涵集约式高质量发展新道路吹响了号角。

2020 年 8 月，住房和城乡建设部等 9 部门发布《关于加快新型建筑工业化发展的若干意见》，其中第 19 条明确提出：推进发展智能建造技术。加快新型建筑工业化与高端制造业深度融合，搭建建筑产业互联网平台。推动智能光伏应用示范，促进与建筑相结合的光伏发电系统应用。开展生产装备、施工设备的智能化升级行动，鼓励应用建筑机器人、工业机器人、智能移动终端等智能设备。推广智能家居、智能办公、楼宇自动化系统，提升建筑的便捷性和舒适度。

2022 年 1 月，住房和城乡建设部发布《建筑业“十四五”发展规划》，明确要求“十四五”期间要加快智能建造与新型建筑工业化协同发展，并部署完善智能建造政策和产业体系、夯实标准化和数字化基础、推广数字化协同设计、大力发展装配式建筑、打造建筑产业互联网平台、加快建筑机器人研发和应用、推广绿色建造方式7项具体任务。

2022年5月，住房和城乡建设部办公厅印发通知，征集遴选部分城市开展智能建造试点，加快推动建筑业与先进制造技术、新一代信息技术的深度融合，拓展数字化应用场景，培育具有关键核心技术和系统解决方案能力的骨干建筑企业，发展智能建造新产业，形成可复制可推广的政策体系、发展路径和监管模式，为全面推进建筑业转型升级、推动高质量发展发挥示范引领作用。通知同时明确了8项试点任务，包括4项必选任务和4项结合地方实际自主选择任务。2022年10月，住房和城乡建设部将北京、深圳、武汉、苏州、温州等24个城市列为智能建造试点城市，试点时间为期3年。

2023年1月，工业和信息化部、教育部、公安部、住房和城乡建设部等17部门印发《“机器人+”应用行动实施方案》，助力智能建造与新型建筑工业化协同发展。方案指出，在建筑方面要研制测量、材料配送、钢筋加工、混凝土浇筑、楼面墙面装饰装修、构部件安装和焊接、机电安装等机器人产品。提升机器人在高原高寒、恶劣天气、特殊地质等特殊自然条件下基础设施建养以及长大穿山隧道、超大跨径桥梁、深水航道等大型复杂基础设施建养的适应性。推动机器人在混凝土预制构件制作、钢构件下料焊接、隔墙板和集成厨卫加工等建筑部品部件生产环节以及建筑安全监测、安防巡检、高层建筑清洁等运维环节的创新应用。推进建筑机器人拓展应用空间，助力智能建造与新型建筑工业化协同发展。

1.1.3 智能建造新动态

我国智能建造发展从初期的理念普及很快就进入到试点示范阶段，并逐步走向深化应用、全面推广。

可复制经验做法方面。2021年7月，住房和城乡建设部办公厅公布第一批智能建造与新型建筑工业化协同发展可复制经验做法清单，包括数字设计、智能生产、智能施工、建设建筑产业互联网平台、研发应用建筑机器人、加强统筹协作和政策支持等19项主要举措。2023年11月，住房和城乡建设部办公厅公布第二批发展智能建造可复制经验做法清单，包括融入经济社会发展大局、给予资金奖补支持、给予用地供应政策支持、给予评优评奖支持、积极开展试点示范等14项主要举措。2024年4月，住房和城乡建设部办公厅公布第三批发展智能建造可复制经验做法清单，包括建设智能建造产业集群、培育智能建造骨干企业、加大智能建造研发力度、推广智能建造新技术新产品等9项主要举措。2024年1月，住房和城乡建设部办公厅发布第一批培育新时代建筑产业工人可复制经验做法清单，温州市推行的“智能建造＋产业工人”培养模式试点工作被列入加强高素质高技能产业工人培养经验做法。

适用技术产品方面。2021年11月，住房和城乡建设部公布第一批智能建造新技术新产品创新服务5大类124个典型案例，其中，自主创新数字化设计软件典型案例20个、部品部件智能生产线典型案例29个、智慧施工管理系统典型案例42个，建筑产业互联网平台典型案例20个、建筑机器人等智能建造设备典型案例13个。2023年6月，住房和城乡建设部对上述124个案例应用情况开展总结评估，总结智能建造技术创新应用成果，助力群众满意的好房子建设。

技术标准体系方面。2025年3月，住房和城乡建设部印发《智能建造技术导则（试行)》，该导则适用于新建房屋建筑工程勘察、设计、生产、施工、运维等全生命周期的智能建造方式开展的建设活动，既有房屋建筑的改建、扩建和市政基础设施建设可参照执行。2024 年 3 月，住房和城乡建设部启动《房屋建筑工程智能建造统一标准》编制工作。

1.2 发展智能建造的意义

1.2.1 助推建筑业转型升级

建筑业是我国国民经济的重要支柱产业。2023 年，我国建筑业总产值 31.5912 万亿元，同比增长 5.8%，增加值占国内生产总值的比重达到 6.8%，有力支撑了国民经济持续健康发展。但也要看到，建筑业存在劳动生产率下滑、增产微增利等情况。2023 年，全国建筑业企业实现利润 8326 亿元，按可比口径计算比上年微增 0.2%。建筑业产值利润率自 2014 年达到最高值 3.63%，之后总体呈下降趋势。2023 年，建筑业产值利润率为 2.64%，比上年降低了 0.17 个百分点，连续五年下降，连续三年低于 3%。

各项数据表明，我国建筑业主要依赖资源要素投入、大规模投资拉动发展，建筑业工业化、信息化水平较低，生产方式粗放、劳动效率不高、能源资源消耗较大、科技创新能力不足等问题十分突出。当前建筑业“大而不强、小而不专”，企业盈利能力偏低，同质化竞争，市场环境有待完善等问题仍有待进一步破解。建筑业与先进制造技术、信息技术、节能技术融合不够，建筑产业互联网和建筑机器人的发展应用不足，掣肘建筑业高质量发展。

智能建造具有科技含量高、产业关联度大、带动能力强等特点，不仅会推进工程建造技术的变革创新，还将从产品形态、商业模式、生产方式、管理模式和监管方式等方面重塑建筑业，并可以催生新产业、新业态、新模式，为跨领域、全方位、多层次的产业深度融合提供应用场景。

综上，建筑业迫切需要集成运用 5G、人工智能、物联网等新技术，在工业化、数字化、绿色化、智能化转型上下功夫，形成涵盖科研、设计、生产加工、施工装配、运营维护等全产业链融合一体的智能建造产业体系，用智能建造新质生产力推动建筑业高质量发展。

1.2.2 顺应新质生产力发展

新质生产力是以新技术深化应用为驱动，以新生产力、新业态和新模式快速涌现为重要特征，进而构建起新型社会生产关系和社会制度的生产力。智能建造是对传统建造的新构建，以数字技术赋能工程建造，以系统思维打造新的产业链，从而顺应新质生产力的发展，在施工效率、劳动力、碳排放、质量监管、产业链协同方面都有体现。

在劳动力方面，建筑业劳动力短缺与老龄化问题日益严峻。数据显示，近 10 年来，建筑业工人平均年龄从 35 岁上升至 42 岁，年轻劳动力占比持续下降。同时，愿意从事建筑业的年轻人越来越少，劳动力缺口逐年扩大。智能建造大力发展建筑机器人，以外墙喷涂机器人为例，以往人工进行外墙喷涂，不仅效率低，还受限于熟练工人数量，如今机器人能精准作业，一天的喷涂面积可达普通工人的数倍，极大减少了对外墙喷涂人工的依赖。面对老龄化问题，一些建筑项目引入了智能爬架系统，过去搭建和拆卸传统脚手架需要大量体力和经验，对老年工人来说负担重且危险，而智能爬架可自动升降，操作简单，老年工人经过简单培训就能操作，降低了劳动强度，延长了他们在建筑业的工作年限，使建筑行业能继续受益于他们的经验，也让建筑业对年轻劳动力更具吸引力，逐步缓解劳动力结构性困境。

在碳排放方面，建筑业是碳排放大户，传统建造方式能耗高。相关研究表明，建筑行业碳排放约占全球碳排放总量的23%，我国建筑全过程能耗占全国能源消费总量的46.5%。其中，施工阶段因设备能耗高、材料浪费等加剧碳排放。智能建造采用装配式建筑技术，构件在工厂标准化生产，减少现场湿作业，与传统现浇建筑相比，可减少建筑垃圾约70%，降低施工能耗约20%。同时，利用智能能源管理系统，实时监测和调控施工现场设备能耗，进一步降低碳排放。

在质量监管方面，传统质量监管高度依赖人工经验判断，存在主观性和滞后性。据不完全统计，每年因质量监管不到位导致的建筑质量问题造成直接经济损失严重。在一些住宅项目中，墙体裂缝、渗漏等质量通病频发，严重影响建筑品质。智能建造借助物联网、传感器技术，对施工过程进行实时监测。在某大型商业建筑施工中，在关键部位设置传感器，实时采集混凝土强度、钢筋应力等数据，一旦数据异常立即预警，确保质量隐患及时排除，使项目一次验收合格率从传统的80%提升至90%以上。

在产业链协同方面，建筑业产业链长，传统模式下各环节信息流通不畅，协同效率低。相关调研显示，因上下游企业信息不对称，导致设计变更传达延迟、材料供应不及时等问题，使项目成本增加约10%～15%。智能建造搭建数字化协同平台，整合设计、施工、材料供应等各方信息。例如，在雄安新区建设中，各方通过数字化平台实时共享数据，设计变更能及时传达并调整施工计划，材料供应商根据施工进度精准供货，产业链协同效率大幅提升，项目成本降低约12%。

1.2.3 实现建筑业与数字技术融合

习近平总书记指出：世界正在进入以信息产业为主导的经济发展时期。我们要把握数字化、网络化、智能化融合发展的契机，以信息化、智能化为杠杆培育新动能。要推进互联网、大数据、人工智能同实体经济深度融合，做大做强数字经济。

我国建筑业数字化程度较低，对自身信息化的重视程度和投入力度还有较大提升空间。全球范围来看，我国建筑业信息化投入占总产值比例不及发达国家的十分之一，数字化水平远低于国外建筑业。全国范围来看，建筑业的数字化程度在所有行业中排名倒数第二，远低于通信、媒体、金融等行业。建筑业是实体经济的重要构成、带动就业的重要支撑，承担发展经济和改善民生的重要任务，是发展新质生产力的重要阵地。智能建造一头连着数字技术，一头连着建造工程，是两者互促发展的“融合体”。立足新发展阶段，发展智能建造是住房和城乡建设领域贯彻落实习近平总书记关于数字化发展重要指示精神的必然要求。

激活建筑业数字化新引擎，打造好用、好维修、好更新的高品质建筑，通过对工程项目质量、安全、进度、成本等方面的全要素数字化管控，实现建造、装修、维修和更新高品质，能够更好地满足人民群众面向数字时代的智能化和绿色化居住新需求。另外，智能建造能够催生建筑产业互联网、建筑机器人、数字设计等新产业新业态新模式，培育新的经济增长点，能够带动人工智能、物联网、高端装备制造等新兴产业发展。

1.2.4 促进建筑业高质量发展

当前，建筑业面临着一系列严峻问题亟待破局，而智能建造为其带来了关键转机。智能建造精准针对建筑业现存的施工效率低、资源浪费严重、安全管理难等问题，给出了有力的解决之道，是推动建筑业迈向高质量发展的强大引擎，引领行业开启全新的发展篇章。

在施工效率方面，传统建筑业工业化、数字化程度低，严重制约发展。麦肯锡全球研究院研究显示，过去二十年，全球制造业劳动生产率增长约 2.8 倍，建筑业却不足 1.2 倍。以某高层写字楼建设项目为例，由于设计变更信息传递不及时，各施工班组协调困难，导致工期延误了 15%。智能建造利用建筑信息模型（BIM）技术，能在虚拟环境下模拟施工流程，提前优化方案。如某工程通过 BIM 技术对复杂的建筑结构和施工工序进行模拟，各参与方协同作业，有效减少施工冲突，施工效率提高了 30%，工期大幅缩短。

从资源浪费方面，建筑业资源消耗巨大且浪费严重。资料显示，我国每年建筑垃圾产生量高达 20 亿吨以上，占城市垃圾总量的 40%。在某大型住宅建设项目中，因施工管理粗放，材料超领、错领现象频发，造成钢材浪费率达 12%，水泥浪费率达 15%。智能建造借助物联网、大数据技术，实现对材料全生命周期的精准管理。例如，在工程建设中，利用物联网传感器对材料库存和使用情况进行实时监控，结合大数据分析精准采购，材料浪费率降低至 5%以内。同时，大力推广装配式建筑，构件在工厂标准化生产，减少现场湿作业，建筑垃圾产生量减少约 70%。

从安全管理方面，施工现场环境复杂，安全事故时有发生。数据显示，2023 年全国建筑施工事故死亡人数达 2600 余人，直接经济损失巨大。智能建造采用智能监控系统，通过 AI 图像识别技术实时监测施工现场。比如在某施工项目中，智能监控系统可实时识别工人是否正确佩戴安全帽、是否存在违规操作行为，一旦发现异常立即报警，使安全事故发生率降低了 35%。

1.3 国内外研究现状

1.3.1 国外智能建造发展状况

随着新一轮科技革命和产业变革向纵深发展，以人工智能、大数据、物联网、5G 和区块链等为代表的新一代信息技术加速向各行业全面融合渗透。为抢占未来全球建筑业发展高地，主要发达国家相继发布实施了以融合应用智能建造相关技术为核心的建筑业转型发展战略。美国早在 2007 年时就规定所有重要工程项目都要使用 BIM 技术，通过使用信息技术实现绿色低碳发展。德国、英国、日本等国家在 2015 年前后都发布了智能建造相关的发展战略，提出在工程建造中推广数字设计、物联网、人工智能、机器人等技术，提高施工效率，降低建造成本，应对劳动力减少的难题，有力推动了建筑业转型升级。

（1）德国智能建造相关发展战略。2014 年，德国建筑行业协会发起了“Planen und Bauen4.0（规划与建设 4.0）”倡议，提出德国建筑业应在 BIM 应用和其他数字技术的创新中发挥积极作用。2015 年，德国联邦政府交通和数字基础设施部发布了《数字化设计与建造发展路线图》，提出了工程建造领域的数字化设计、施工和运营的变革路径，其核心内容是通过应用 BIM 技术不断优化设计精度和成本控制。同时，在工业 4.0 的背景下大力推进建筑业数字化升级，在建筑领域促进工业化与信息化的深度融合。

（2）英国智能建造相关发展战略。2013 年，英国商务、创新和技能部发布《建造 2025》（Construction 2025），从智能化水平、从业人员素质、可持续发展、带动经济增长和领导力 5 个方面提出了英国建造 2025 愿景，发展目标是降成本、提效率、减排放、增出口，具体目标为：减少 33%的全寿命周期成本、减少 50%的建造时间、降低 50%的温室气体排放量以及增加 50%的工程建造出口。同时，设立了包含政企研三方的建设领导委员会，着力提升 BIM 在建筑业中的应用程度、增加装配式建筑的比例和建筑构件异地制造的比例以及促进使用新一代智能技术。

（3）日本智能建造相关发展战略。2015 年，日本内阁会议通过了新的《日本再兴战略》，为此，日本国土交通省开始在建设工地导入 ICT（情报通信技术）技术，取名 i-Construction（建设工地的生产力革命），即以物联网、大数据、人工智能为支撑提高建筑工地生产效率，到 2023 年由内因造成的事故将降为 0，到 2025 年建筑工地的生产率将提高 20%，并实现建造生产过程与三维数据全面结合。该战略主要涉及三方面措施：一是 ICT 技术的全面使用，施工现场采用无人机等进行三维测量，采用 ICT 控制机械进行施工以实现高速且高品质的建筑作业；二是规格的标准化，采用技术统合进行数据分析，将施工现场的规格标准化以实现最大效率；三是施工周期的标准化，采用更加先进的计划管理系统使施工周期可控，同时科学安排施工周期，减少繁忙期和闲散期。

1.3.2 国内智能建造发展状况

2022 年以来，全国各地以提品质、降成本为目标方向，建立了一批工作机制，探索了一些工作特色，营造了良好的创新发展氛围。

1. 部分省市的实施方案

2023 年 6 月，北京市印发《北京市推动智能建造与新型建筑工业化协同发展的实施方案》，“十四五”期间将在智能建造与新型建筑工业化关键技术研究方面取得突破性进展，建设 100 个智能建造与新型建筑工业化协同发展的试点示范工程，建筑机器人及智能化装备得到推广应用；打造一批智能建造龙头企业和数字化赋能标杆企业，带动广大中小企业实现数字化转型升级；初步建立建筑产业互联网平台；推进行业监管及服务平台与城市信息模型（CIM）平台融通联动；智能建造与新型建筑工业化协同发展的政策体系、产业体系和配套技术体系、标准体系、评价体系基本建立，打造形成智能建造先行区。

2022 年 7 月，重庆市印发《重庆市智能建造试点城市建设实施方案》，提出坚持“将智能建造纳入建筑工业化”一个体系开展工作，围绕“房屋建筑和市政工程”两个领域推进智能建造项目实施，抓住“试点区县、示范企业、试点项目”三类试点建立智能建造工作推进手段，瞄准“数字化设计、工业化生产、智能化施工、信息化管理”四个环节推动智能建造技术集成应用，培育“装配式制造部品部件、工业化装修、工程建造软件平台、建筑机器人、智能施工装备”五大产业，引导形成技术、项目、产业协同发展的良好局面，逐步将重庆打造成为全国智能建造高地。

2023 年 1 月，江苏省印发《关于推进江苏省智能建造发展的实施方案（试行）》，提出要建立健全智能建造标准体系、重点突破智能建造关键领域、拓展智能建造应用场景、构建智能建造绿色化应用体系、打造智能建造领军企业、加快推进建筑行业“智改数转”6项推进行动，实现工程建设高效益、高质量、低消耗、低排放，增强建筑业可持续发展能力，塑造“江苏建造”新品牌。

2. 试点城市特色技术路径

深圳市采用模块化集成建筑体系（MiC），在工厂内高效完成模块的结构、装修、水电、设备管线、卫浴设施等90%以上的工序，然后运送到施工现场吊装并进行模块间的连接，形成完整建筑。模块化集成建筑作为世界范围内建筑工业化的高级表现形式，把建筑从工地搬进工厂，变立体垂直作业为水平流水作业，现场基础施工与工厂模块生产同时启动，打破生产顺序的空间约束，实现标准化设计、工厂化生产、装配化施工、一体化装修，大幅缩短项目建设时间、降低施工难度，使建造工期仅为传统建造方式的三分之一，实现“像造汽车一样造房子”。目前，深圳市模块化集成建筑体系已突破混凝土模块技术楼层使用瓶颈，MiC 模块结构房间的保温隔热、隔声防震等舒适性功能大大优于常规建筑，外窗反打等工业化品质杜绝漏水隐患，实现建筑品质的提升。

长沙因地制宜、分类推进智能建造的基础性应用场景，坚持“集成化、一体化”方向，锚定“门窗一体化、外墙保温装饰一体化、幕墙一体化、装饰装修一体化、厨卫一体化、室内气候调节系统一体化、数智管理一体化”七个方面重点发力，并逐步集聚了一批具有核心竞争力的技术路线。目前可供选择的是混凝土结构（PC）、钢结构（PS）、木结构，比如，长沙三一筑工的 SPCS 结构技术、远大住工的集成模块全装配技术、远大科技的不锈钢芯板技术、金海钢构的钢网格盒式结构技术、中建奇配的机电一体化技术、诚友绿建的装配式绿色农房技术、斯多孚的外墙保温装饰一体化技术等全国领先。

广州立足自身建筑产业基础与技术优势，坚持“数字化、协同化”发展路径，在智能建造领域重点聚焦“设计数字化协同、施工智能化管控、产业链智慧化联动”三个关键方向。在设计阶段，大力推行 BIM 技术与云计算、大数据的深度融合，实现多专业设计实时协同；施工过程中，借助物联网、人工智能等技术，部署智能监控与管理系统，实现对施工现场人、机、料、法、环的全方位智能化管控；产业链层面，积极搭建建筑产业互联网平台，推动设计、施工、材料供应等上下游企业实现信息共享与业务协同。目前已涌现出如广州建筑集团的智慧工地管理平台技术，能实时监控施工现场各项数据，大幅提升施工效率；还有基于 BIM 与大数据分析的广联达数字建筑解决方案，有效优化设计与施工流程，在广州多个重大项目中发挥重要作用。

佛山以“工业化、智能化”为核心，围绕“建筑机器人应用、装配式建筑升级、产业集群发展”构建智能建造技术路径。大力推进建筑机器人在各施工环节的广泛应用，从材料搬运、混凝土浇筑到墙面喷涂、室内装修等，实现施工过程的自动化、智能化；在装配式建筑领域，不断优化预制构件生产工艺与技术标准，提升构件质量与装配精度；同时，依托顺德建筑机器人创新应用先导区，培育产业集群，推动上下游企业协同发展。例如碧桂园博智林研发的多款建筑机器人，已在佛山多个项目中投入使用，有效提高施工效率与质量；广东美的建筑工业化有限公司的装配式建筑技术，实现了住宅部品部件的标准化生产与高效装配，成为佛山智能建造的重要技术支撑。

重庆以“数字住建、融合发展”为导向，着力于“BIM 技术深度应用、智慧平台搭建、产业协同创新”。深度推广 BIM 技术在建筑设计、施工、运维全生命周期的应用，实现建筑信息的高效传递与协同管理；全力搭建统一的智慧住建管理平台，整合各类建筑数据，实现工程建设项目的数字化监管与智能化决策；在产业协同创新方面，积极推动建筑企业与科技企业、高校、科研机构合作，开展智能建造关键技术攻关。比如重庆建工集团研发的基于 BIM 的工程项目管理系统，实现了项目精细化管理；重庆大学与相关企业合作研发的智能建造安全监测技术，利用传感器与大数据分析，实时监测建筑施工安全隐患，提升安全管理水平，有力推动重庆智能建造发展。

1.3.3 国内外智能建造关键技术

智能建造关键技术基于以“三化”（数字化、网络化、智能化）和“三算”（算据、算力和算法）为特征的新一代信息技术，主要包括面向全产业链一体化的工程软件、面向智能工地的工程物联网、面向人机共融的智能化工程机械、面向智能决策的工程大数据等技术，可以有效支撑数字化设计、智能生产、智能施工和智慧运维。国外发达国家信息化基础较好、智能建造关键技术研发起步较早，在数字化设计软件、智能制造、工程物联网、智能工程机械元器件与逻辑控制器、数据存储与处理产品等基础技术方面优势明显，但在智能施工、建筑产业互联网和建筑机器人等应用也尚处于探索阶段。国内部分建筑业龙头骨干企业已经开展了大量的技术研发和工程应用，部分信息技术企业也在积极跨界融合，主动研发和应用智能建造关键技术，在数字设计、智能生产、智能施工和建筑产业互联网等方面已经取得了初步成效。

1. 数字设计关键技术

以 BIM 技术为代表的数字设计是智能建造的基础，是对建筑工程物理特征信息的数字化承载和可视化表达，支持对工程环境、能耗、经济、进度、质量、安全等方面的模拟、分析与检查，可以实现工程项目的精细化管理和全生命周期的信息共享。目前，国际主流 BIM 软件均来自国外发达国家，如美国欧特克（Autodesk）、美国奔特利（Bentley）、德国内梅切克（Nemetschek）和图软（Graphisoft）、法国达索（Dassault），同时 Rhino、Maya 等参数化设计工具已可进行跨专业协同设计。相对而言，国内数字设计软件存在严重的“缺魂少擎”问题，国产设计建模软件很难在短时间内建立起竞争优势；另外，接近 60%的主流工程设计分析软件来自国外，国外软件以其强大的分析计算能力、复杂模型处理能力牢牢占据市场前端，国产软件在复杂工程问题分析方面依然任重道远。

2. 智能生产关键技术

智能生产的核心是集成应用智能装备和技术，实现部品部件生产智能化。随着智能制造成为全球主要国家制造业竞争的焦点，德国、日本等国家的建筑企业积极研发应用智能制造技术，建设了一批部品部件智能工厂。如德国安夫曼（AVERMANN）集团公司的全自动化生产流水线，从钢筋加工、构件生产、仓储到运输的所有工作全部采用自动化设备或机械手完成，并且通过模台的组合、抽离，可生产各类构件。国内应用方面，部分建筑企业也建设了一批预制构件智能工厂，涵盖预制混凝土构件、钢构件、木构件和装配化装修等方面，提高了标准化部品部件生产效率和质量。其中，一些智能工厂实现了机械臂自动布置模具、钢筋网片全自动加工、混凝土智能布料等功能，重钢结构智能工厂实现了上料、切割、下料、余废料回收全流程“无人化”作业，装配化装修墙板中硅酸钙复合板生产线实现了墙地板涂装、墙板包覆、裁切等智能生产。

3. 智慧工地关键技术

智慧工地是指应用物联网、人工智能、大数据等先进技术，通过各种传感器、监控设备和智能系统实时地收集、处理和共享工地的数据，实现对工地设备、人员和安全等方面的全面管控和监测。在新加坡，智慧工地已成为其建筑行业的核心发展方向，政府提出了“基于智慧工地的建筑发展战略”，旨在通过智能化的建筑工地推动建筑行业的创新和发展。智慧工地在中国起步较晚，但发展迅速，已广泛运用于建筑施工现场。如广联达智慧工地理念，以面向岗位级、专业级的软件、硬件产品为终端应用，通过先进的 BIM 技术、云技术、移动互联网技术实现成本、质量、安全、进度、材料、设备等管控焦点的信息整合，进而推进施工过程集约化、精细化、科学化管理，大幅度降低企业信息化的成本投入，使智慧工地成为现实，逐步实现绿色建造和生态建造。

4. 建筑产业互联网关键技术

建筑产业互联网是智能建造的“神经网络”，利用数据感知、传输、分析与智能决策等工程大数据相关技术，通过推动建筑产业内各个参与者的互联互通，推动工程决策从经验驱动向数据驱动转变。建筑产业互联网充分体现了数据要素在建筑产业内的价值创造能力，通过挖掘数据要素的价值提升建筑产业总体价值。国外发达国家针对大数据技术与产业应用结合已提出了一系列战略规划，如美国《联邦数据战略和 2020 年行动计划》、澳大利亚《数据战略 2018—2020》等，欧洲部分企业借鉴工业互联网发展的模式和路径，建立了 Klarx、Habx、Smartbeam、Bobtrade、Qualis Flow、Capmo 等平台。近年来，国内建筑产业互联网平台的概念逐渐兴起，并蓬勃发展。2021 年住房和城乡建设部发布的第一批智能建造新技术新产品创新服务典型案例中就包括装配式建筑、数字化采购、机械租赁等 20 个建筑产业互联网平台典型案例。各类平台已初步应用于劳务、物料采购、成本控制、机械设备管理等方面，但在应用实效上还应将关注点转移到数字化投入产出比上，也就是数字化如何能够创造更大的价值，要激活整个建筑行业的数据要素，从而变革建筑产业的业务模式甚至基本建造方式。

5. 智能建造设备关键技术

建筑机器人是融合了多信息感知、故障诊断、高精度定位导航等技术，用于建筑工程中建造领域的工业机器人，其高稳定性和高作业效率等优势可以替代人力从事建筑建造场景下复杂繁重和危险的工作。目前，建筑机器人按应用领域可分为设计、建造、运维和破拆四大类。建筑机器人的研发起源于日本，1982 年日本清水公司的一台名为 SSR-1 的耐火材料喷涂机器人被成功用于施工现场，是世界上首台用于建筑施工的建筑机器人。进入 21 世纪，建筑机器人行业呈现多点开花的分布格局，目前至少有 10 个国家已涉足建筑机器人的研发，西方国家以美国、澳大利亚、法国、瑞典为代表，亚洲以日本、新加坡为代表。其中，美国拥有较多的建筑机器人初创企业，产品类型多样，且产品商业化进程较快，在建筑机器人行业处于领先地位。近年来，国内企业在智能建造设备的技术研发上有了一定突破，中建科技、中建科工、碧桂园、博智林、大疆等公司研发的智能测量、喷涂、铺贴、布料等建筑机器人已日趋成熟。但技术研究和应用目前仍处于初期阶段，部分核心技术依赖从国外引进，受建筑产品非标准化、建筑场景动态性、建筑机器人技术复杂、价格等因素的影响，建筑机器人在市场上规模化应用尚未大范围铺开。

1.4 研究内容

1.4.1 目标

智能建造是建筑业高质量发展的新动能、新引擎，是一个系统工程。近年来，国内智能建造技术研发与工程应用已受到学术界和产业界的广泛关注，开展了一些研究实践，积累了一定经验做法，但与发达国家相比，智能建造技术和管理还处于碎片化的尝试阶段，主要存在以下问题：一是智能建造概念内涵、评价指标、产业形态、标准体系等基础研究不足，缺乏清晰明确的技术路径和成熟适用的成套技术方案；二是工程建设整体缺乏工业化系统思维，标准化程度不高，既无法开展工业化大生产，也影响了设计、生产、施工、运维等环节的数字化，基于数据驱动的智能决策更是无从谈起；三是政府、市场、社会共建共治共享的可持续产业发展模式尚未形成，智能建造在提质增效、节能减碳和扩内需、强市场等方面的优势作用未能充分发挥；四是面临关键技术“卡脖子”风险，如主流 BIM 软件均来自国外发达国家、中高端传感器依赖进口、智能装备必需的元器件方面仍落后于国际先进水平等；五是国家层面未出台财政补贴、税收优惠等支持政策，部门协作不紧密，市场积极性未充分调动。

2022 年 10 月，温州入选首批国家智能建造试点城市，因地制宜打造智能建造“温州模式”。近年来，温州市不断拓展智能建造应用场景，培育具有核心竞争力的骨干建筑企业，发展智能建造新产业，逐步形成可复制可推广的政策体系、技术路径和管理模式，助力打造温州市应用型智能建造试点城市样板。此外，还构建了智能建造“政产学研”同频共振格局，打通政府、企业、行业协会协同渠道，力促产业链上下游合作共赢，高质量提升建筑业行业竞争力，高规格打造温州建筑业新发展格局。

本书对智能建造实施过程中的实践和理论进行了总结，通过温州实践经验和理论提炼来探索智能建造的发展策略和实施路径，形成智能建造创新全链条体系研究成果，对现有建筑业产业体系、政策环境、工人培育模式等进行重塑和再造，逐步建立起覆盖规划、审批、设计、生产、施工、质量监管、运维、人才培养等全方位、系统性的智能建造体系。

1.4.2 主要内容

发展智能建造是一项系统性、战略性、长期性的任务，本书研究聚焦补短板、显特色、促升级、强优势，关注品质保障和价值创造，探索建立基于问题导向、适合建筑业实际的具体可行的智能建造创新全链条体系。主要研究内容如下：

1. 政策支撑体系创新研究

对智能建造实施体系、智能建造监督体系、智能建造评估体系进行研究，智能建造实施体系主要是探索以培育智能建造产业工人为核心，班组库、装备库和项目库协同发展的“一核三库”试点实施路径。智能建造监督体系聚焦优化审批服务、施工方案编制、完善指导体系、优化验收流程、创标创优管理机制建设。智能建造评估体系对项目评估和企业评估进行了细化，明确了智能建造项目评估和智能建造企业评估标准。

2. 施工应用体系创新研究

根据智能建造项目特点提出了施工方案的编制要点，具体阐述了智能建造场景应用的技术实施事项。围绕建筑工地“人、机、料、法、环”五个方面提出了智能建造技术在安全生产方面的应用。从预防、监测、改进三个环节探讨智能建造在质量管理方面的应用，并贯通三个环节，实现“预防—监测—改进”闭环智能化。

3. 人才支撑体系创新研究

从产业工人孵化基地、职业院校、智能建造企业三个层面构建智能建造培育机制，通过重塑产业队伍培育模式、重塑产业人才组织关系、重塑专业技能提升方向来探寻智能建造人才培养机制创新路径，建立智能建造人才立体培养体系。

4. 技术支撑体系创新研究

对现有 BIM 应用情况进行归纳总结，基于应用基础及现状对 BIM 全生命周期的应用实践进行探索，分别就设计阶段 BIM 应用探索、施工阶段 BIM 应用探索、运维阶段 BIM 应用探索进行深入剖析，研讨 BIM 复合技术在不同阶段的应用技术。对正向 BIM 设计进行探讨，阐述了 BIM 正向设计面临的问题及应对策略。以温州为案例阐述了 CIM 技术的创新成果，重点论述数字化应用场景。

5. 工艺支撑体系创新研究

提出智能建造施工工艺创新原则，体现在六个方面：智能化原则、系统融合原则、质量提升原则、安全优先原则、降本增效原则、资源节约原则。并结合施工工艺创新原则详细提出智能建造场景的具体施工工艺，阐述其工艺原理、工艺特点、施工工艺流程、施工操作要点，并进行效益分析，对应用实例进行分析。

6. 建筑机器人应用创新研究

深入探讨了机器人的应用技术，包括外墙喷涂机器人、内墙喷涂机器人、地坪机器人、测量机器人，阐述其设备概况、工艺原理、优异特性、工艺流程，在应用实例基础上分析总结出实践成效。并就现场应用问题提出了针对性建议。

7. 产业支撑体系创新研究

分析了智能建造产业基地基础条件，提出了智能建造产业园发展目标和智能建造产业园发展路径。基于地域性智能建造产业园模式建设经验，阐述智能建造装备产业园的发展建议，并以温州智能建造装备产业园为案例进行探索，聚焦产业布局和空间布局、产业链条和应用场景、技术攻关和人才驱动三组协同关系推进智能建造装备产业园区建设。

8. 数字支撑体系创新研究

针对项目建造过程的不同需求，构建政府端、产业端、项目端等相关方共享共用的智能建造的数字平台。建设温州市工程建设“全链管”数字化管理平台，破解工程资料与实体难对应、工程质量保障难、工程问题溯源难、工程监管落实难等问题。搭建建筑材料集采平台，实现建材采购从融资、销售到检测、使用的“一站式”集成功能，通过数字化控制风险方式实现金融信用贷款的突破。完善“智慧工地”系统建设，拓展“智慧工地”应用场景，以数据驱动实现对“人、机、料、法、环”的精准化过程管理。

9. 实施协同体系创新研究

进一步明确政府、行业协会、企业在推进智能建造过程中的作用和职责，发挥促进会、产业互联网平台作用，促进信息互联互通与资源要素协同。以万洋产业园“投建营”一体实施为例，研究智能建造产业链上下游协同模式。以设计、施工单位分别为创新主体，研究项目建设各方主体协同方式。

10. 管理支撑体系创新研究

对智能建造造价体系进行了探讨，包括完善计价体系和招标投标保障体系。以BIM技术应用现状和发展方向为基础，编制《温州市建筑信息模型（BIM）技术应用服务费用计价参考依据》，为BIM技术服务市场计价提供依据。创新实践工程质量驻场式保险IDI模式，着力破解施工缺陷纠纷、索赔维修困难、维权耗时耗力等问题。阐述智能建造技术对施工管理、结构建造、过程管理和政府监管的模式革新，结合案例对智能建造背景下企业管理创新进行了探讨。

第 2 章
政策支撑体系创新研究

在建筑行业数字化转型的大背景下，智能建造作为新兴的发展模式，正深刻改变着建筑工程的生产方式和管理模式。温州作为经济发达地区，建筑产业基础雄厚，面对传统建筑行业面临的诸多挑战，如劳动生产率低、资源浪费严重、质量管控难度大等，积极探索智能建造政策支撑体系创新。以温州为例通过对产业发展需求、企业转型发展需求、政府管理需求以及行业整合发展需求的全面分析，提出具有针对性和可操作性的政策建议，推动温州建筑产业实现高质量发展，提升建筑行业的智能化水平和综合竞争力。

2.1 政策支撑体系创新的现实需求

2.1.1 产业发展需求

1. 提升劳动生产率

随着温州城市化进程的加速，建筑工程规模不断扩大，传统建造方式依赖大量劳动力投入，劳动生产率低下成为制约产业发展的瓶颈。迄今，在建筑施工过程中，大量重复性、危险性高的工作仍由人工完成，不仅效率低下，而且容易出现疲劳作业导致的质量和安全问题。建筑机器人、自动化施工生产线、利用施工信息化管理系统等智能建造技术和设备，可以实现部分工序的自动化和智能化操作，大幅提高施工效率，减少人工工作时间，提升整体劳动生产率。

2. 提高建筑质量

传统的建筑质量管控主要依靠人工检查和经验判断，存在主观性强、误差率高、难以实现全过程管控等问题。智能建造技术可以借助传感器、物联网、大数据分析等手段，对建筑材料、施工工艺、构配件质量等进行实时监测和数据采集，及时发现和预警质量问题，实现施工过程的质量信息化管理。此外，利用虚拟现实（VR）、增强现实（AR）等技术进行施工模拟和可视化交底，使施工人员更直观地了解施工工艺和操作要点，减少人为失误，从而提高建筑质量。

3. 推动绿色建筑发展

智能建造技术有助于实现建筑资源的节约和循环利用，如通过智能能源管理系统，对建筑用电、用水等进行实时监测和优化控制，降低建筑能耗。同时，智能建造可以促进建筑工业化和预制构配件的生产，减少施工现场的废弃物排放和环境污染。此外，利用智能建筑管理系统，对建筑物的运行情况进行实时监控和智能调控，实现建筑物全生命周期的绿色环保。

4. 推动产业链整合

建筑产业链涉及建筑设计、建筑材料供应、建筑施工、工程监理、运营管理等多个环节，各环节之间联系紧密，但产业发展仍存在一定程度的碎片化和分散化。通过智能建造技术，借助数字化平台，可以实现建筑产业链上下游企业之间的信息共享和协同作业，打破传统产业链的边界，实现建筑产业链的整合和优化升级。例如，以BIM技术为依托，设计、生产、施工、运维等企业可以在共同的项目平台上进行实时信息交互和协同工作，从而优化设计方案、提前采购生产物料、协调施工进度、提高产业链整体的运作效率和协作水平。同时，通过产业链整合优化，可以提高产业的集中度和竞争力，培养一批具有自主知识产权和核心竞争力的龙头企业，带动产业链中小企业共同发展。

2.1.2 企业转型需求

1. 适应市场竞争压力

传统的建筑企业主要依靠低成本和规模扩张的竞争优势正在逐渐减弱，智能建造能力的不足成为企业参与高端市场竞争的短板。通过积极采用智能建造技术，企业能够提升项目交付的质量和效率，提供更具创新性的产品和服务，从而在激烈的市场竞争中脱颖而出。同时，智能建造技术的应用可以优化企业资源配置，降低生产成本，提高企业经济效益，进一步增强企业的市场竞争力。

2. 突破发展瓶颈

温州建筑企业在发展过程中，面临着传统建造方式的高成本、低效益、劳动密集等发展瓶颈。智能建造可以引入先进的信息技术和自动化设备，实现建筑施工的精细化管理，减少人力成本和管理成本的浪费。例如，通过智能施工管理平台，对施工进度、质量、安全等进行实时监控和管理，避免因问题滞后发现而导致成本增加。同时，智能建造技术可以提高产品质量，减少因质量问题引起的返工和维修成本，为企业突破发展瓶颈提供有力支持。

3. 提升核心竞争力

在新的市场环境下，企业核心竞争力逐渐从劳动力和规模优势转变为技术、创新、管理水平等综合素质优势。智能建造作为建筑领域的前沿技术和创新模式，将成为企业核心竞争力的重要体现。率先掌握智能建造技术的企业，能够在技术创新、产品研发、生产组织等方面取得领先优势，生产出更高质量、更高效节能的产品，满足市场对智能化建筑产品的需求。

4. 满足多元化发展需求

随着市场需求的不断变化，客户对建筑产品的个性化、智能化需求越来越高。企业需要通过智能建造技术创新产品和服务，以满足市场对个性化、智能化、绿色化等多元化需求。通过应用大数据和人工智能技术，企业能够深入分析客户需求，进行建筑产品设计和生产的个性化定制。同时，开发智能化建筑产品，如智能家居系统、智能化办公空间等，提升产品附加值，满足客户的多元化需求，实现企业多元化发展。

2.1.3 政府管理需求

1. 提升城市建设管理水平

随着城市建设的快速推进，城市规模不断扩大，城市建设项目日益增多，传统的城市建设管理模式难以满足高效、精准管理的需求。智能建造技术可以为城市管理部门提供实时、准确的项目信息，帮助城市管理者更好地规划城市建设、协调建设项目之间的资源分配、监控项目进度和质量等。例如，利用数字化技术对城市建设项目进行实时监测和分析，及时发现和解决项目施工过程中对周边环境和交通的影响，优化城市交通组织和资源配置，提升城市建设管理水平。

2. 保障质量安全监管水平

智能建造技术可以为工程质量安全监管提供更科学、有效的技术支撑。通过物联网、智能传感器等技术，对建筑工程原材料、施工过程进行实时监测，及时发现和预警质量安全风险，实现工程质量安全监管的信息化和智能化。同时，利用大数据分析技术，对工程质量安全事故数据进行分析，为政府制定质量安全监管政策提供数据支持，提高监管的精准性和有效性。

3. 推动建筑产业创新发展

智能建造作为建筑领域的新兴技术和创新模式，需要政府的政策扶持和引导，加速技术推广和应用，促进企业技术创新和产业转型升级。政府可以出台相关产业政策，如税收优惠、财政补贴、信贷支持等，鼓励企业加大智能建造技术研发和应用投入，扶持智能建造产业发展。同时，建立智能建造产业园区和技术创新平台，促进产业集聚和协同创新，为产业发展提供技术创新、人才培养、成果转化等全方位服务。

4. 应对人口红利消失的挑战

随着经济的发展和人口结构的变化，温州建筑行业面临人口红利消失的挑战，建筑劳动力短缺、人工成本上升等问题日益突出。政府需要通过智能建造政策支撑体系创新，引导建筑企业加快技术改造和产业升级，应用智能建造技术提高劳动生产率，降低人工成本，实现建筑行业的可持续发展。同时，通过政策支持，加强建筑领域智能建造人才培养，培养一批掌握智能化技术、具备创新能力的复合型专业人才，为智能建造产业发展提供人才保障，缓解人口红利消失对建筑行业发展的影响。

2.1.4 行业整合需求

1. 促进行业协同发展

建筑行业涉及建筑施工、建筑材料、建筑设备制造等众多企业，但各企业之间协同发展程度较低，存在信息不对称、资源共享困难等问题。智能建造技术的应用，借助数字化平台，可以打破企业之间的信息壁垒，实现设计、生产、施工、运维等环节的信息共享和协同工作。例如，通过建筑信息模型（BIM）技术，设计单位可以将设计方案及时传递给生产和施工企业，实现设计、生产、施工一体化，减少设计变更和施工返工，提高工作效率，降低工程成本，从而促进整个建筑产业链的协同发展。

2. 促进产学研用协同创新

智能建造技术的应用需要高校、科研机构、企业等各方面主体的共同努力。在温州建筑行业整合发展过程中，通过政策的引导和支持，促进产学研用的协同创新，可以加速智能建造技术的研发应用和推广。高校和科研机构拥有丰富的科研资源和专业人才，企业拥有技术研发和成果转化的市场需求。政府可以出台政策鼓励高校、科研机构与企业建立产学研用合作关系，成立联合实验室或研发中心，共同开展智能建造技术研发和人才培养。

同时，支持高校、科研机构与企业共建智能建造人才培养基地，联合培养智能建造专业人才，为建筑行业转型发展提供人才和技术支持。

3. 加强行业规范与标准制定

智能建造作为一种新兴的建筑模式，目前行业标准规范尚不完善，不同企业在技术应用和产品标准方面存在差异。这不仅影响了企业之间的合作和行业协同发展，也增加了工程质量安全的监管难度。标准在建筑行业整合发展过程中，具有重要作用，应加强智能建造行业规范和标准的制定。行业专家、企业、高校科研机构等共同研究制定智能建造的技术标准、质量标准、安全标准、管理标准等，形成统一完善的行业标准体系。通过行业规范和标准制定，统一行业内企业和项目之间的技术和操作要求，提高行业整体技术水平和产品质量，促进企业和行业间的交流与合作，推动行业的规范化、规模化发展。

4. 拓展国际市场竞争力

在全球经济一体化的背景下，智能建造行业面临着国际化竞争的需求，温州建筑企业需要积极拓展国际市场，提升国际竞争力。智能建造技术作为建筑行业的前沿技术和创新模式，在国际市场上具有广阔的应用前景。政府应通过政策支持和引导，鼓励建筑企业加强国际科技合作与交流，引进国外先进的智能建造技术、设备和管理经验。同时，支持企业参与国际智能建造标准制定，提升我国在国际智能建造领域的话语权和影响力。此外，政府可以通过组织企业参加国际智能建造展会和研讨会，推广温州智能建造技术和产品，拓展国际市场渠道，提升温州智能建造产业在国际市场上的知名度和竞争力，促进智能建造产业的国际化发展。

2.2 智能建造实施体系创新研究

2.2.1 概述

“一核三库”是温州市立足城市定位，把握产业优势，将科技创新与市场需求相结合所打造的新模式。该模式出台的背景主要基于当地的产业发展和城市能级。在探索推动智能建造发展的过程中，温州市考虑到在科研力量和企业力量等方面与北京等地差距巨大，大范围推动建造技术的智能化力有不逮。本地也缺乏中国建筑、三一重工之类的航母级企业，以龙头企业为立足点，打造完整健全的智能建造体系也存在困难。另外，温州建筑业以民营企业为主，市场活跃、竞争激烈，近年来产业规模逐年上升，总产值持续保持12%以上的增速。但同时，由于作业环境差、工作强度大，年轻人从事建筑施工的意愿度低，建筑工人老龄化、用工荒、技能低等问题日益凸显，目前全市50万建筑工人中45岁以上人员占比约52.3%，50岁以上人员占比超过32%。因此，温州市在充分调研的基础上，依托本地建筑项目资源，动员建筑企业从小切口出发，以提质增效为目标，开展“一核三库”新模式培育。

2.2.2 “一核三库”实施路径

温州市“一核三库”是指以培育熟练掌握智能建造装备操作技能的产业工人为核心目标，以装备库、班组库和项目库“三库”协同建设发展为实施路径，不断提高建筑工人的技能水平、薪酬待遇和职业发展空间，为建筑业工业化、数字化、绿色化转型升级提供更有力的人才支撑。

2.2.3 “一核三库”发展历程

1. 坚持实用导向，有序建设“装备库”

温州市在开展智能建造装备库遴选的过程中，按照提质增效的导向原则，结合实际应用经验逐步建设装备库。装备库建设过程主要分为三个阶段：考察期、应用期和成熟期。①考察期主要是 2023 年 3 月初，通过对全国智能建造机器人和简易机具考察，初步掌握了解到博智林、方石、领鹊等市场上有所应用的智能建造机器人及简易机具信息。根据企业实操演示，结合项目应用情况，筛选出钢筋自动捆扎机、智能计重地磅等 18 款普及版工程装备及测量、外墙喷涂等 10 款专业版建筑机器人，并在全市工程项目领域进行探索推广。②应用期主要是 2023 年 4 月—2024 年 8 月，在此期间，逐步开展智能建造机器人和简易机具的工效分析，梳理各类智能建造装备适配的项目类型和场景部位，积累了智能建造机器人应用经验。③成熟期主要是 2024 年 9 月起，经过一年多的项目试点应用探索，项目现场逐步总结确定了提质增效显著的智能建造机器人类型，并通过第二轮的智能建造机器人和简易机具遴选，重新发布包括钢筋加工机、覆膜一体机等 20 款普及版工程装备及测量机器人，地坪研磨机器人等 5 款专业版建筑机器人等应用价值较高的智能建造装备。

2. 厚植培育沃土，精心打造“班组库”

随着智能建造装备扩大应用，尤其是智能建造机器人推广，传统产业工人队伍综合技能素质偏低，老龄化人群对数字化产品操作上手较难等问题逐步暴露，原有粗放作业的产业工人队伍难以满足智能建造装备的操作要求。因此，在建成“装备库”之后，如何遴选培育能用好装备的产业工人队伍便成为温州市探索应用智能建造装备的重点任务。基于上述需求，温州市排摸调研了本地产业工人情况，与产业基地、在温院校、建筑企业和一线班组等进行了深入交流，提出以年轻工人为主干，依托在温院校尤其是职业院校和产业工人孵化基地教学培育力量，打造一批适应智能建造需求的产业工人班组。同时，为了让用工单位能精准接触到班组，温州以“班组长 + 智能建造装备”为命名格式，将智能建造班组信息导入智能建造综合管理平台，打通了市场联系班组的路径。

3. 借助数字赋能，推动形成“项目库”

工程项目作为智能建造技术应用的载体，是“装备库”“班组库”落实落地的关键。温州市按照“县级智能建造项目为试点、市级智能建造项目为示范”的思路，梳理出一批智能建造试点、示范项目。通过建立智能建造综合管理平台，将项目、班组、设备、专家、监督员信息等集成到网络系统中，实现三库联动、同频共振局面，使项目和班组良性互动，解决了“项目找班组难，工人找工作难”的问题。

2.2.4 产业工人培育探索

1. 明确培育目标

产业工人培育目标围绕三个原则：一是符合需求导向。紧密围绕市场导向，培养符合行业发展趋势的智能建造产业工人，产业工人要掌握一定智能技术才能很好地掌控测量机器人等先进智能设备，从而满足市场需求。二是注重产教融合。加强学校与企业的合作，整合教育资源与企业实践经验，实现人才培养与市场需求的无缝对接。三是推进创新驱动。

智能装备属于新兴设备，设备本身还在更新迭代中，所以产业工人不仅要具备良好的实践操作能力，而且要具备创新意识，能够发现问题并提出有效解决方案。

2. 落实主体责任

施工企业（含施工总承包、专业承包、劳务企业）应适应建筑工业化、数字化、智能化转型需求，加快自有核心技术工人队伍培育，提高企业核心竞争力。采取吸纳职业院校学生、联合办班、定向培养等方式，培育一定数量自有稳定的智能建造产业工人队伍。聚焦提质增效积极推广使用智能建造装备，遴选智能建造班组开展人机协同作业，不断提升各工种现场作业的专业化、智能化。企业要根据智能建造产业工人需求制定核心岗位的关键能力提升计划，有针对性地提升产业工人素质。有条件的施工企业应不断提高自有产业工人的福利待遇，为智能建造班组组长缴纳养老保险，持续提高其工作积极性和生产效率。施工总承包或专业承包企业应设立劳务负责人具体负责本企业智能建造产业工人培育和管理。龙头企业和示范项目要充分发挥引领带动作用，通过建立智能建造示范基地、打造智能建造产业联盟等方式，聚集行业资源，推动智能建造产业工人的规模化、专业化发展。

3. 各方协同推进

建设行政主管部门要大力支持施工企业、产业工人孵化基地、建筑智能装备厂家、职业院校共建产教融合实训基地，探索开展智能建造相关培训，加大对智能装备、建筑信息模型（BIM）等新兴职业（工种）建筑工人培养，增加智能建造产业工人供给。要以智能建造班组建设为基本单元，以智能建造班组组长为抓手，做好建筑产业工人提升培育和规范管理的宣贯和引导，强化智能建造试点项目创建过程服务、“两场”联动和标准体系建设，出台行之有效的政策。

行业协会建立智能建造培训平台，不仅要提供丰富的学习资源，还要能模拟真实施工场景，让工人在虚拟环境中进行实操训练，从而提高产业工人的技能水平和安全意识。搭建施工产业供需平台，提供产业工人供需信息，鼓励劳务企业或班组与成熟产业工人建立稳定的合作关系。

4. 创新培训体系

传统的建筑施工培训方式，往往是师傅带徒弟的模式，存在效率低下、知识传递受限等问题。智能建造班组的培育引入数字化、智能化的培训体系，利用BIM技术、虚拟现实（VR）技术、增强现实（AR）技术等，为产业工人提供沉浸式的学习体验，打破时空限制，提高培训效率。

2.2.5 项目库培育探索

项目是应用型试点落地的直接载体，项目库的建立，可以实现智能建造技术的针对性推广和集中数据化管理，确保智能建造装备和工艺在项目实施过程中能够得到有效应用，提升工程建设的智能化水平。项目库的培育主要从项目从哪里来、智能建造怎么做和试点项目如何管等方面入手。

1. 源头把控，根植智能建造要求

实施政策保障，将智能建造试点工作纳入政府工作报告，在建设用地出让条件或国有土地划拨决定书中提出智能建造应用要求，明确智能建造场景内容，包括BIM技术应用、智慧工地管理、机器人应用等，确保项目在建设过程中全面应用智能建造技术。发布《温州市智能建造试点城市实施方案》，明确智能建造试点项目的要求和标准，包括项目类别、申报要求、技术应用场景等。制定县（区）级智能建造项目遴选要求，将建设体量达到一定规模要求，建设单位对建造品质有需求的工程项目列为县（市、区）级试点项目。市级住建部门对试点项目进行评审，将智能建造应用类型丰富、特色突出的试点项目列为市级试点项目，指导打造市级示范项目。通过分层培育机制有序开展不同应用深度的智能建造项目培育。

2. 细化做法，引导智能建造实施

凸显市场导向，在招标投标活动中增设了智能建造评审内容。采用智能建造技术的工程项目在招标文件中明确应用智能建造的具体技术要求，并将智能建造专项施工方案作为技术标评分内容，评分细则包括智能建造组织体系及实施方案、智能建造应用场景新型建造方式、BIM 技术应用、智能施工管理、建筑产业互联网等。对在智能建造试点项目中表现优秀的示范企业，给予企业信用分奖励，提升其在招标投标领域的竞争力。明确智能建造试点项目创建要求，重点围绕智能建造装备、BIM 设计、数字化管理平台等方面，打造智能建造典型应用场景。

3. 关联管理，确保智能建造落地

建立项目库管理机制，将项目相关元素与项目对应关联，实现信息集成，为动态管理、成效分析等提供便利。时间跨度上，初期以项目建设的全过程为主要阶段，逐步向两端延伸，最终实现智能建造项目全生命周期管理，从项目策划、设计、施工到投用后的运维环节全覆盖。信息内容上，既要涵盖项目概况、参建主体、进度计划等基本信息，同时要有个性化的智能建造实施方案，明确智能建造应用场景、装备使用及时间节点等具体内容。过程管理上，区别于传统项目管理，将“一项目一监督一专家”等指导服务措施落实到项目、具体专家和监督员，直观反映实施方案论证、实施过程及实施效果评价等情况。

2.2.6 班组库培育探索

1. 明确智能建造班组要求

智能建造班组是指在施工过程中能充分利用智能建造技术和设备，通过应用智能化系统开展人机协同作业，不断提高施工过程机械化、智能化水平，使整个施工过程成为减员、提效、节本的施工劳务基本组织单元。

（1）拓展班组人员来源。通过产业工人信息平台对全市建筑工人进行排摸梳理，以泥工、木工、油漆工等不同班组为单位进行归类。在此基础上，遴选出相对年轻、文化水平适合、接受能力强的工人作为智能建造班组的产业工人培育对象。

（2）丰富班组应用类别。根据智能装备使用情况，温州市智能建造班组分为：测量机器人班组、室内喷涂机器人班组、地面涂敷（或磨平）机器人班组、智能建造钢筋加工班组、智能建造新型模板班组、无人电梯运维班组 6 种类别。随着智能装备应用的不断成熟，温州市将与时俱进扩充智能建造班组类别。

（3）完善班组组织机制。智能建造班组工人分智能装备操作工和辅助工两类，前者为操作智能装备使其开展施工作业的人员，后者为协助完成智能装备无法施工部位施工任务及为智能装备提供移动、加料等辅助性工作的人员。智能建造班组的人数和智能装备要相匹配，具体配置按班组构建要求执行。组长作为工程项目劳务作业承上启下的重要骨干和具体专业、工序作业的管理者和组织者，必须具备相应的专业技能和良好的实践经历，能根据工程项目特点制定工作计划，合理分配劳务作业任务，不断激发工人的积极性和创造力。智能建造班组组建后相关信息要及时录入温州市智能建造管理平台，班组以“组长姓名＋分类班组”命名，如“张三＋室内喷涂机器人班组”。当班组内部作业人员和相应设备发生增减时应及时进行调整更新，当班组组长发生变更时应解散旧班组并组建新班组。

（4）鼓励因地制宜培育。县级住建部门积极培育本地智能建造班组，根据属地工程项目特点和智能装备成熟度发动施工总承包企业、专业承包企业、劳务企业遴选优秀建筑工人组建智能建造班组。

2. 优化智能建造班组管理措施

（1）优先承揽业务。温州市推广优先选择智能建造班组开展劳务作业。纳入温州市智能建造试点创建的工程项目相关的智能建造场景作业原则上必须由智能建造班组进行施工，鼓励其他工程项目积极运用智能建造班组开展工程施工作业。

（2）实施积分管理。对在温州从事施工劳务作业的智能建造班组实施积分制，按照智能建造班组使用智能装备情况、产业工人智能建造操作培训情况、所承担过工程项目评价及获奖情况以及产业工人安全生产及讨薪等情况出台智能建造班组构建及评分细则，明确每个智能建造班组的积分，并实行智能建造班组积分动态考核机制。智能建造班组的积分归属其所属的施工企业（含施工总承包、专业承包、劳务企业），每个施工企业的积分是其所培育的全部智能建造班组积分的累计。通过智能建造平台展示施工企业的智能建造班组及其积分，引导积分高的施工企业获得更多承揽业务机会。温州市智能建造班组构建及评分细则见表 2.2.1。

（3）精准差别管理。县级住建部门在对达到一定积分的施工企业和相应的智能建造班组承揽的劳务作业开展监督检查时，实施差异化管理，可通过线上监管或免检方式予以落实；在工程项目评优中对智能建造班组施工场景纳入“四新”技术范畴予以加分考虑。

（4）加强两场联动。动态跟踪智能建造装备在智能建造试点示范项目中的施工内容、工程量和施工时间，在产业工人平台发布项目班组需求信息，及时出台智能建造计价标准，为推动智能建造工程现场和劳务市场联动创造有利条件。

温州市智能建造班组构建及评分细则 **表 2.2.1**

主项	分项	详细评分指标	得分
人员建设情况	组长情况	是否具有高中及以上学历，是否具有 5 年以上相关工种施工作业经历，年龄是否不大于 50 周岁，是否具有相关施工的教育培育经历。每满足一项要求得 1 分	
	工人持证教育培训情况	班组工人是否持有相关上岗证，是否接受系统的设备操作实施培训。每个工人具有上岗证的得 1 分，完成 1 次教育培训得 1 分	
	实名考勤情况	是否按要求做好现场实名制打卡管理，是否存在因未考勤导致工资申诉的情况。每发生一次扣 10 分	
	是否有讨薪行为	是否发生班组工人讨薪行为。每发生一次扣 30 分	
	是否有安全事故	班组是否发生伤人及以上安全生产事故。每发生一次伤人事故扣 50 分，每发生一次亡人事故该班组评分为 0 分	
机械装备使用情况	测量机器人班组	每具有一台设备加 10 分，每租赁一台设备加 5 分；班组工人按每台设备不多于 2 人计算。每台机器测量满 5 个台班的按 10 分计算	
	墙面喷涂机器人	每具有一台设备加 10 分，每租赁一台设备加 5 分；班组工人按每台设备不多于 5 人计算。每台设备运行满 5 个台班的按 10 分计算	

续表

主项	分项	详细评分指标	得分
机械装备使用情况	地面整平（涂敷、研磨）机器人	每具有一台设备加 10 分，每租赁一台设备加 5 分；班组工人按每台设备不多于 5 人计算。每台设备运行满 5 个台班的按 10 分计算	
	钢筋加工及绑扎装备	每具备一台自动钢筋弯箍机得 5 分，每 10 把钢筋绑扎机加 5 分；班组工人按每台钢筋加工设备不多于 2 人计算，每把钢筋绑扎机按 1 人计算。每承揽 $2000m^2$ 的工程量按 10 分计算	
	铝模板（含铝镁模板）、塑料模板	按工程情况及班组实际人员计算班组工人人数，每承揽 $2000m^2$ 的按 10 分计算	
	无人电梯运维班组	每具有一台设备加 5 分，每租赁一台设备加 2 分；班组工人按每 6 设备不多于 3 人计算。每台设备运行满 1 次完整安拆的按 10 分计算	
施工业绩	总包单位评价情况	智能建造班组完成相应的工程项目作业后由施工总承包单位进行评价分优秀、良好、合格、不合格 4 档，每个项目评价优秀的得 10 分、良好得 5 分、合格不得分、不合格扣 10 分，实行积分累计制	
	质量创优情况	按工程项目质量评优情况分国家级、省级、市级、县级 4 档；其中国家级得 30 分、省级得 20 分、市级得 10 分、县级得 5 分，实行积分累计制	

3. 提升智能建造班组技能

（1）强化工人技能培训。支持行业学协会探索智能建造队伍培训考核机制，按智能建造装备操作要求准备相应的师资和教材，并组织开展培训考核，对通过考核的人员颁发上岗证并进行星级评定，纳入相对应的智能建造班组储备库，作为开展智能建造劳务作业的重要支撑。

（2）实施技术支持。组织专业团队，为劳务队伍提供智能建造技术的培训和指导，帮助他们掌握最新的建造技术和管理方法。开展定期的技能培训项目，提升工人的专业技能和职业素养，确保他们能够适应智能建造的新要求。

（3）实施政策支持。通过政府补贴方式如设备更新补贴政策，为劳务队伍提供先进的建造设备，降低其技术升级的门槛。

（4）凸显技术价值。开展智能建造优秀班组评选，引导一批"业务过硬，技能娴熟，工作高效"的班组发挥"领头雁"作用，推动全市劳务班组实施模式和技能全面提升。通过上述扶持措施，使优秀的智能建造班组能够在传统班组中脱颖而出催生引领效应，使更多的班组主动加入智能建造行列中。

2.2.7 设备库培育探索

智能设备为建筑智能建造注入高效与精准动力，全方位夯实建筑品质根基。智能建造设备要体现提质减本原则以便市场推广应用。一方面，智能建造设备通过提质减本，能打造出高质量高品质建筑，满足市场需求，从而提升项目吸引力与竞争力，助力推广智能建造。例如住宅项目采用智能设备精确施工，减少墙面地面裂缝等质量通病，提升居住体验，吸引更多购房者，让开发商更愿意采用智能建造。又如高端写字楼、医院等项目，对空间精度、设施稳定性要求严格。智能建造设备凭借精准控制，智能测量和定位设备可确保垂直度误差极小，能生产出高精度、高质量的建筑构件，满足高品质建筑需求，助力企业赢得市场份额。另一方面，智能建造设备通过提质减本，可以降低行业门槛。建筑行业面临劳动力短缺和成本上升的困境。智能建造设备提高自动化程度，降低人力依赖，同时减少物料浪费和返工，降低综合成本。较低的成本和人力需求降低了建筑企业尤其是中小企业进入智能建造领域的门槛，有利于智能建造的大规模推广。此外，传统设备还关注初始购置成本和基本功能适用性。选择时主要比较不同品牌设备价格，只要能完成基础施工任务即可，对设备长期运行效率、维护成本、质量提升潜力考虑不足。例如购买传统电焊机，仅看价格和焊接功能，不考虑其能耗和焊接质量稳定性对整体工程的影响。而智能建造设备选用则要注重设备全生命周期价值，包括设备运行带来的质量提升、效率提高、维护成本降低以及与其他智能系统的协同性。不仅评估采购价格，更考虑长期使用中因智能化带来的综合效益，如故障预警减少维修成本、精准操作提升施工质量，减少后期维护费用。

温州市对全国正在使用的建筑施工机械设备进行全面梳理，南下深圳、佛山，北上北京、河北，西南去了成都、重庆，周边去了上海、苏州、杭州等地排查各地建筑机具使用和创新情况。在系统调研现有技术产品的基础上，温州市根据人机协同深度和推广难易程度将国内较为先进的工程机械装备分为实用惠民的普及版工程装备、成熟适用的专业版建筑机器人、多机协同的体系化建筑机器人三个层次。

多机协同的体系化建筑机器人，如佛山博智林机器人公司生产的体系型设备就有全过程的智能化施工场景，通过网络系统和大数据计算将一系列的工序串联起来，自动化和机机协同能力强。如砌砖，把砖块从堆场通过运输机器人自动运送到施工楼层（包括搬运、上施工电梯、卸到指定地点无需人工辅助），砌筑机器人则完成摊铺砂浆、打砖、搬砖上墙等砌筑过程，后续有清扫机器人对施工产生的建筑垃圾进行清理，整个过程只需技术人员保证程序的稳定性和辅助人员进行一些程序无法完成的辅助施工，其他都由机器人完成。但这种机器人目前在施工现场还达不到有效实施的条件，比如现场的信息化水平、标准化的场地要求等。

成熟适用的专业版建筑机器人，主要是针对完成一道至两道工序的单机版机器人能单独完成指定的工序任务，但施工前后都需要人工配合，具有一定的自动化水平和人机协同能力。如方石、盎锐公司等生产的内墙喷涂机器人，设定机器人行进路线、喷涂范围和强度，机器人便能开始工作，但工人要配合把机器运送到指定位置，为机器添加腻子、喷涂后的磨平、打磨以及边角机器无法施工到的人工作业等。该种机器人在大范围施工条件下具有人工无法比拟的优势。

普及版工程装备，主要是一些自动化登高、运输设备以及一些能提升工人效率的小型自动化装备，相对传统、落后的装备更安全，并具有更高的效率。如登高机、钢筋绑扎机、电动扳手、激光水准仪等。

通过深入的研究和分析，温州市确定设备更新的原则，就是以普及版工程装备、专业版建筑机器人为重点，坚持成熟一个推广一个的原则，率先在全市房屋建筑和市政工程项目中推广应用钢筋自动捆扎机、智能计重地磅等 20 款实用惠民的普及版工程装备，以及测量、地面涂敷机器人等多款专业版建筑机器人，同时向社会发布了推广设备库，温州市智能建造装备推广目录（第一批）如表 2.2.2 所示。

智能建造装备只有在项目上有效实施才是真正的应用。温州市通过多种方式做好推广工作。

一是多次举办全市智能建造装备展示会，向企业、项目部集中宣传展演展示智能建造装备在工程建设提品质、降成本、保安全等方面的实施效益。

二是开展工效比对和工法研究，明确机器人最优的施工条件，和人机对比的差别。如内墙喷涂机器人的成本、质量、工期等都较人工有一定的提升。表 2.2.3 为汉博项目机器人和人工批腻子对比表。表 2.2.4 为汉博项目机器人和人工成本对比表。

三是积极推动工程装备改造升级。对普及版工程装备，在项目全面推广使用的基础上，结合现场经验积累，通过植入芯片等方式对进行数字化、智能化升级改造。对多机协同的体系化建筑机器人，将持续跟踪评估其使用性能和产出效益，并择优选用。

四是在现有设备库的基础上不断遴选新的设备。通过征集建筑机器人、智能施工机具及设备设施、新型材料等各类智能建造技术产品，不断丰富设备库。

温州市智能建造装备推广目录（第一批） **表 2.2.2**

序号	机器人/装备/设备名称	用途
一	智能建造机器人	
1	测量机器人	实测实量、分户验收使用
2	外墙喷涂机器人	外立面喷涂使用
3	内墙喷涂机器人	内墙面喷涂使用
4	四轮激光地面整平机器人	混凝土初凝前整平使用
5	履带抹平机器人	混凝土初凝后抹平使用
6	四盘地面抹光机器人	混凝土终凝前抹光使用
7	地坪漆涂敷机器人	地坪漆涂抹使用
8	打孔机器人	装修使用
9	扫地机器人	保洁使用
10	地坪研磨机器人	地面打磨整平使用
二	普及型机具及装备	
1	四轮座驾式激光整平机械	地下室等大面积混凝土整平
2	地坪抹光机械	混凝土初凝后终凝前抹光使用
3	智能打磨机械	包括墙面、顶面、地面打磨使用
4	电动磨盘	墙面打磨
5	钢筋一体弯箍机	钢筋调直弯箍形成箍筋
6	振平尺	墙面、地面细部使用
7	振平覆膜一体机	混凝土浇筑使用
8	全自动钢筋捆扎机	钢筋绑扎使用
9	钢筋电子划线器	铺设钢筋使用
10	电动钢筋弯曲机	钢筋安装使用

续表

序号	机器人/装备/设备名称	用途
11	电动钢筋切断机	钢筋安装使用
12	长杆打磨机	油漆类打磨
13	扫地机	地面清洁使用
14	智能计重地磅	现场材料进出场使用
15	智能化安全监测系统应用	基坑、高支模等安全检测使用
16	塑料模板（带肋）	主体结构模板体系
17	铝模板	主体结构模板体系
18	智能安全帽	管理人员、工人使用
三	智能机械设备	
1	无人驾驶施工升降机	垂直运输使用
2	可视化塔机	垂直运输使用
3	智能登高机械	结构及装修施工使用
4	自动化运输机械	主体、砌体、装修阶段使用

汉博项目机器人和人工批腻子对比表 **表 2.2.3**

序号	机器人批腻子各项指标			人工批腻子各项指标	
	施工工序	作业时间		施工工序	作业时间（小时）
		分钟	小时		
1	基层处理贴阴阳角贴条	300	5.00	基层处理贴阴阳角贴条	5
2	第一遍机器人操作工	35	3.4	第一遍腻子	7
3	第一遍人工批刮	50			
4	人工边角批刮第一遍（机器喷不到部位）	120			
5	第二遍机器人操作工	35	3.4		
6	第二遍人工批刮	50		第二遍腻子	7
7	人工边角批刮第二遍（人工批不到部位）	120			
8	作业时间合计（h）		6.80		14
9	施工面积（m^2）	墙面和顶棚	80.00	墙面和顶棚	80.00
10	材料用量	9 包腻子		9 包腻子	

续表

序号	机器人批腻子各项指标			人工批腻子各项指标	
	施工工序	作业时间		施工工序	作业时间（小时）
		分钟	小时		
11	平整度检查	大面积 ± 1mm，局部人工批区域 ± 3mm		大面积 ± 3mm，个别点 ±（3～4）mm（抹灰原因）	
12	阴阳角观感质量	优秀		优秀	

在房间套型、工程量一样的情况对比结论如下：

1. 样板间的施工效率：机器人 + 1 个操作员 + 1 个工人配合施工效率为 6.8h，2 个纯人工施工效率为 14h，不考虑技术间歇的情况下，效率为 2 倍。
2. 材料用量对比：用料一样都是 9 袋腻子粉。
3. 平整度：机器人施工区域平整度好且偏差在 1mm，人工批平整较好，大面积平度差在 3mm 以内，个别点达到 4mm（抹灰省面基层原因）。
4. 观感质量：机器人施工观感质量略优于人工班组。

两者对比结论：机器人施工比人工操作效率高约 35%，观感质量略高于人工。

汉博项目机器人和人工成本对比表 **表 2.2.4**

人员成本	项目	南立面	北立面	东山墙	西山墙	合计
人机结合成本	耗工时（人 · d）	68	66	32	16	176
	人员成本（元/m^2）	3.56	3.54	1.76	0.88	9.74
	单方人员成本（元/m^2）	19.48				
纯人工成本	耗工时（人 · d）	84	84	18	18	204
	人员成本（元/m^2）	4.2	4.2	0.9	0.9	10.2
	单方人员成本（元/m^2）	20.4				

2.2.8 “一核三库”数字化平台建设

智能建造是一项综合、系统的改革，“一核三库”涉及方方面面，智能建造试点是向着智能化、信息化方向的改革，为让试点工作有效开展，必须得有一个统一的数字化平台帮助工作推进。一方面，数字化平台建设要提升试点效率和质量，将试点相关联的工作有效统一，通过数字化、网络化手段使各项工作及时进行归集，减少人工收集，提高数据真实性，随时能查看整体试点情况和具体项目的实施情况。另一方面，数字化平台建设要不断优化资源配置，数字化平台能够整合资源，提高各类场景和设备的知晓度和利用率，减少资源浪费，同时在系统发布智能建造班组的信息，促进智能建造班组的推广和业务承揽；通过统一的平台管理，各方可以清楚全市的智能设备和班组的实施情况，便于资源的高效利用。

从 2023 年 10 月开始，温州在 24 个试点城市中率先构建智能建造数字化管理平台，依托工友之家系统，充分利用产业工人既有的储备数据，将全市智能建造试点项目、智能装备、智能施工班组建设情况进行了数字化归集、实时呈现施工项目智能建造场景内容、过程实施情况，形成试点项目施工现场原始数据录入、县级住建部门及时复核确认、专家服务基本情况、市级专班数据分析提炼的数据要求，使智能建造试点过程数据更及时、更全面、更有效，助力住建部门、企业、项目更好地了解智能建造试点情况、发现存在问题、总结成熟经验，打造具有温州特色的“应用型”智能建造实践。

图 2.2.1 为温州市智能建造综合管理系统，图 2.2.2 为试点项目实施情况。通过系统，具体试点项目可以把智能建造相关的实施情况进行录入，包括项目的概况、特点以及智能建造实施方案，并将方案上传系统实现多方共享，项目的智能建造实施场景及应用方式和时间节点予以明确。平台对智能装备和智能班组也进行了关联性设置，针对具体项目设置了“装备信息”和“应用场景”，录入项目“装备信息”项的设备必须在“应用场景”中能体现“计划进（退）场时间”“实际进场时间”“设备名称”等信息，否则无法关联，避免项目随意填报和智能设备应用造假，有效保证了项目智能装备真正做到应用。班组信息打通农民工实名制管理系统，每个工人实行身份抓取，保证人员真实有效，同时工人和设备也进行匹配，智能建造班组采用“班组长姓名 + 智能装备”来命名，如“马海军 + 智能建造钢筋加工班组”就是班组长叫“马海军”采用自动钢筋加工设备的班组，班组人员有 3 人。

项目智能建造场景完成后，由市智能建造专班牵头组织开展评价认定工作。系统上传项目完成智能建造试点创建方案内容实施的《项目智能建造试点创建全场景报告》后，组织专班人员、项目质量监督员及专家组成评价认定小组开展现场评价认定工作，评价认定小组按照项目申报创建的类别（全过程或装饰装修）对照相应的《智能建造试点创建场景评价打分表》结合系统项目实施情况进行打分，并将分数录入系统，项目智能建造试点工作完成。通过对每个试点项目的智能装备实施的成本和工期分析，系统能实时计算出全市试点项目智能建造场景实施以来的功效成果。图 2.2.3 为温州市智能建造综合管理系统驾驶舱。

图 2.2.1 温州市智能建造综合管理系统

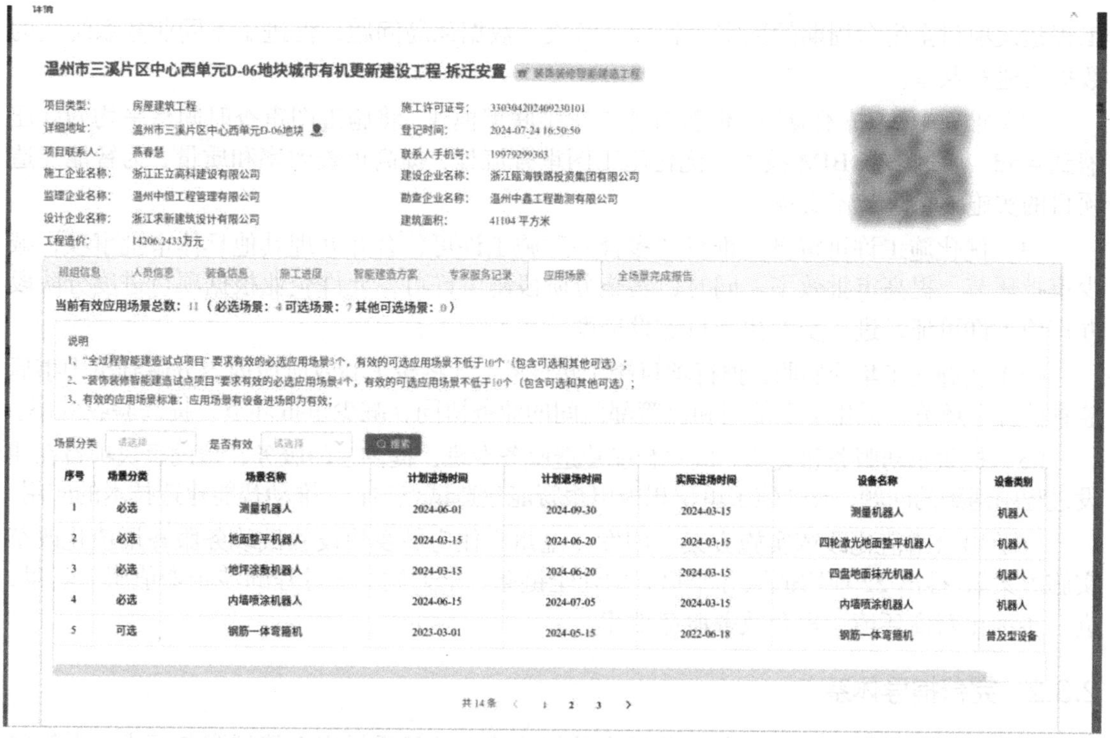

图 2.2.2　试点项目实施情况

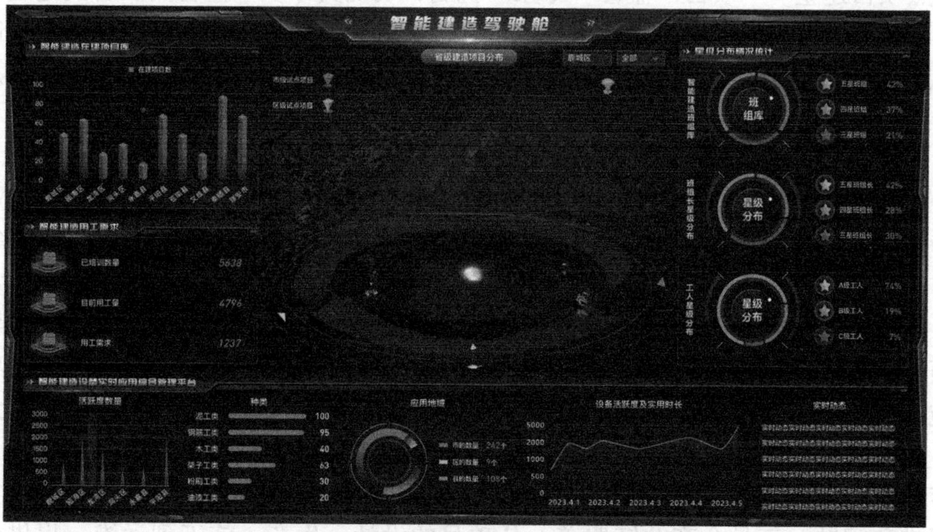

图 2.2.3　温州市智能建造综合管理系统驾驶舱

2.3 智能建造监督体系创新研究

2.3.1 优化审批服务

（1）实施“一码全链”管理。率先实现建筑单体赋码落图，并颁发“房屋建筑码”，将建筑单体信息与项目前期审批信息关联，优化报建手续，提高审批效率。这一措施实现了工程建设项目全生命周期的数字化管理，解决了数据孤岛问题，促进了不同业务系统间的数据贯通和共享。

（2）推行 BIM 技术应用。创新打造二三维联审模式，将施工图审查时间从平均 60d 压缩到 4.5d。通过引入 BIM 技术，优化施工图审查流程，提高审查效率和质量，为智能建造项目的实施提供了技术支撑。

（3）优化施工许可审批。推行“多合一”施工许可，合并办理其他具体审批事项，减少审批环节，提高审批效率。同时，实施分阶段施工许可，允许企业根据项目进度分阶段办理施工许可证，进一步加快项目建设进度。

（4）实施竣工集成验收。推行项目竣工集成验收，将竣工验收阶段内容分解到事中事后监管的各个环节，强化审批部门和监管部门间的业务协同，减少审批环节，提高验收效率。

（5）提供主动服务和支持。成立智能建造服务专班，提供上门服务，帮助解决项目在建设过程中遇到的问题，鼓励施工单位积极申报智能建造试点项目，推动智能建造技术的应用。

（6）出台增值化改革实施方案。印发《温州市住房城乡建设领域政务服务增值化改革实施方案》，推出 22 项增值服务举措，构建全链条、全天候、全过程的涉企增值服务场景，进一步优化营商环境，提升政务服务效率。

2.3.2 完善指导体系

按照项目规模类型不同，制订分层次的智能建造项目质量安全管控服务要求。对智能建造试点项目建立“一项目一监督一专家”机制，明确具体质量监督员和智能建造专家进行全过程跟踪服务。通过温州智能建造综合管理平台，及时掌握项目智能建造方案制定、装备信息、班组培育、场景应用等情况，组织专家开展指导服务，提升智能建造试点项目创建水平。

1. 专家指导服务

专家来源主要有三个，行业协会、高校与科研机构和企业技术骨干，汇聚行业内的专家学者、高校与科研院所的教授或研究员、有丰富实践经验的企业技术负责人等参与指导。专家开展内容为三方面：一是应用指导，加强提供项目开展智能建造时相关方面的技术支撑，如 BIM 技术、机器人施工、数字化管理等；二是促进项目管理，指导智能建造项目的管理，包括项目规划、实施、监控等；三是推进技术复盘，及时总结项目中先进施工工艺，形成系统的施工工法以便推广。专家要全过程指导服务，一是聚焦技术创新，重点关注智能建造领域的新技术、新工艺在项目上的应用，推动技术创新；二是推进落地实践，不仅提供理论知识指导，更要结合实际项目进行指导，解决施工实际遇到的困难和问题；三是全产业链覆盖，从项目的设计、生产、施工到运维，提供全生命周期的指导服务。

专家和项目部实行双向选择。温州智能建造综合管理平台将经遴选确认的专家录入系统专家库，项目部可在库里挑选专家，征得专家同意后直接“勾选”该专家开展服务，系统将项目信息推送给服务专家共享，专家对项目的服务情况将予以记录保存。

2. 质监跟踪服务

质监站会同专家对智能建造试点项目进行全过程跟踪服务，保障智能建造应用场景落地，主要服务内容如下：

（1）督促技术交底。组织专家、监理单位、施工单位及其他建设参与方对智能建造的创新技术进行技术交底。施工单位要根据创新技术的具体情况，编制详细的技术交底资料，包括设计意图、施工图纸、施工方案、技术标准、质量要求等。要求施工单位明确技术交底的要求，确保所有参与人员对项目的质量标准和创优目标有清晰的认识，并对技术交底的内容进行详细记录，包括交底内容、参与人员、提出的问题及解决方案。交底后，参与人员需在规定时间内反馈，提出意见和建议。项目负责人需定期跟踪交底内容的落实情况，确保各项技术要求在实施过程中得到遵循。如发现技术交底内容与实际情况不符，需及时进行调整，并重新进行技术交底。

（2）实行过程跟踪。质监站根据智能建造试点项目特点制定详细的监督计划，明确监督的重点和难点，有针对性地开展工作，确保监督过程有序进行。通过定期和不定期的现场检查，确保智能建造试点项目施工过程符合预定的质量要求。对于关键部位和重要工序，质监站不仅加强监督，还提供技术服务，协助解决施工过程中遇到的技术难题。建立项目质量信息反馈渠道，收集来自工程现场、工程参与方和其他相关方的质量信息，及时调整质量管理策略和措施，确保项目质量持续改进。

（3）开展技术指导。支持施工单位改进工艺流程，通过全面分析与优化程序，精准识别并改进瓶颈环节，有效提升工程效率与质量，降低生产成本。例如，采用模块化施工、预制构件等技术，可以加快施工速度，提高施工质量。

（4）加强智能监控。采用先进的工程质量监控技术，如智能传感器、无人机巡检等，实现对施工过程的全过程监控，确保工程质量的可追溯性和可控性。

（5）推动技术创新。注重技术人才的培育与成长，推动一系列技术创新项目的实施。通过全程跟踪与支持，培养具备创新能力与实践经验的技术骨干。

2.3.3 优化验收流程

1. 智能测量验收

在组织优质结构考核工作时，使用智能测量机器人。该机器人利用激光雷达技术，每秒扫描数十万个点，大约两分钟即可完成对一个房间的测量建模，显示开间、进深、层高、平整度、垂直度、阴阳角等测量数据，且测量精度达到毫米级。

在分户验收过程中，测量机器人被广泛应用于实测实量。例如，盎锐全自动测量机器人 UCL360SE 被用于分户验收，能够自动测量并获取数据，检查人员可以同时对其他部分进行查验和记录。这种模式大大提高了验收效率和质量。

智能测量验收显著提高了效率。传统人工测量需要多人配合，耗时较长，而测量机器人只需单人操作，几分钟即可完成一间房的测量。测量机器人自动测量并上传数据，避免了人工记录可能出现的失误和数据失真问题，确保了测量数据的真实性和可靠性。测量机器人的测量方式更加完善，能够实现全墙面、无死角的测量，发现所有潜在问题，避免了反复测量和整改的情况。

2. 施工工艺验收

智能建造并不是简单地用机器人施工替代传统施工，而是通过工艺简化和技术集成实现施工过程的优化，在项目验收时予以充分考虑。例如，环氧树脂地下室原有设计考虑到人工施工的局限性，一般先在混凝土底板上设置细石混凝土找平层进行找平，再引入机器人进行混凝土振平浇捣，由于机器人施工后平整度远远高于传统人工施工，可以满足面层的平整度所需的精度，混凝土底板上可以不必设置细石混凝土找平层，可以直接在混凝土底板上采用机器人自动完成坪研磨、涂敷等工序，不仅减少了人工操作的复杂性，而且环氧树脂面层的耐磨性和强度也得到提高。又如墙面抹灰施工原有设计考虑到人工施工的不确定性，一般至少设置基层抹灰、中层抹灰、面层抹灰，并在抹灰基础上做腻子以保证平整度，而采用机器人喷涂后，可以减少中层抹灰、面层抹灰和腻子，直接在基层抹灰喷涂，喷涂机器人通过读取BIM和施工环境信息，基于同步定位与地图构建技术实现自主路径规划和导航，机器人能够按照设定的程序自主移动，进行精确的喷涂作业，喷涂质量一致性高，抹灰完成后面层基本无空鼓率，垂直度和平整度合格率很高。

3. 资料自动归集

温州通过数字化平台对资料进行自动归集并智能化审核，减少了人工审核的工作量，显著提高了验收效率。传统的人工审核需要耗费大量时间和人力，而智能化系统可以在短时间内完成审核，缩短了项目的施工周期。在数字化平台中，增加了问题在线审核纠正、自动生成验收资料等功能。系统能够自动审核施工单位提交的施工过程异常预警信息，并根据轻微、中等、严重的分类，按系统流程开展整改。

4. 验收机制改革

在智能建造厂房工地可以实行“预验即试产”机制，促进项目早投产、早受益。将工业厂房项目分为多个单位工程，进行分栋分层验收，使得在主体结构尚未封顶的情况下，已完工楼层可以提前进行装饰装修和试生产。通过工程建设全过程数字化管理，将各部门集中在预验收阶段实施的内容，分解到项目验收事中事后监管的关键环节和重要节点，实现数据共享和联动配合。通过分栋分层验收，显著缩短了验收时间，企业投产准备时间平均提速近4个月。

2.3.4 创标创优管理

1. 安全创标管理

在安全生产文明施工标准化管理建筑工地创建基础上，鼓励支持工程项目推广使用与安全管理相关的智能建造相关技术应用，并在工程项目开展过程评价时，予以适当加分，上限5分。具体如下：

（1）BIM技术应用场景

对于实施以下智能建造场景的：①施工总平面布置，②施工阶段风险源模型展示和安全教育，单项予以加1分。

（2）智慧互联网+智慧工地应用场景（全过程）

对于实施以下智能建造场景的：①智能安全帽，②智能地磅，③高空360°监控，④可视化塔吊（塔式起重机）吊钩，⑤塔吊驾驶室运行可视化，⑥塔吊司机身份识别+考勤仪，⑦塔吊塔机安全预警监控仪，⑧塔吊卷扬机可视化，⑨深基坑监测，⑩高支模监测，⑪卸料平台监测，⑫临边防护监测，⑬声光报警器，⑭光电感烟报警器，⑮温感报警器，单项予以加0.5分，上限为2分。

（3）机器人应用场景

对于实施以下智能建造场景的：①组合带肋体系塑料模板或镁铝模板或铝模，②智能电梯及远程监控中心，单项予以加 1 分。

项目过程评价加分时，需提供项目建设过程中智能建造应用场景佐证材料（专项方案、影像资料、合同、发票等）。各地在项目施工过程中应加强过程指导和督查，在标准化控制点阶段评价、安责险平台第三方指导服务时同步核查项目智能建造技术落实情况。

2. 质量创优管理

项目创建质量优质工程的前提必须是智能建造试点项目。在创优管理中凸显智能建造场景的应用，具体措施如下：

（1）明确智能建造目标。项目施工单位应在项目实施前编制智能建造专项施工方案，针对工程项目实际情况明确实施场景、方式、时间、部位。明确智能建造在项目管理中的具体目标，如提高施工效率、降低施工成本、提升工程质量等。

（2）加强智能建造技术的应用。在项目的设计、施工、运维等各个阶段，广泛应用 BIM 技术、大数据分析、人工智能、物联网等智能建造技术，实现项目管理的数字化、网络化和智能化。

（3）建立智能建造的管理体系。建立健全智能建造的管理制度，明确各参与方的职责，确保智能建造技术的有效实施和应用。

（4）推动智能建造的创新实践。鼓励创新，开展智能建造相关的科研课题，如质量管理小组活动成果工法（QC）、工法、专利等，推动智能建造技术的不断进步和应用。

（5）强化智能建造的培训和教育。加强对项目管理人员和施工人员的智能建造培训，提高他们的专业技能和素质，确保智能建造技术的有效应用。

2.4 智能建造评估体系创新研究

2.4.1 房屋工程创建标准

1. 智能建造试点项目类别及申报要求

（1）按实施智能建造场景内容不同，创建项目分为“市级智能建造试点项目”和“市级智能建造试点良好项目”两类。

市级智能建造试点项目是完成全部智能建造技术要求的必选应用场景，且经济、技术评价效果达到预期效果的项目。

市级智能建造试点良好项目是在市级智能建造试点项目基础上按一定的比例择优遴选的，经济、技术评价效果较好的项目。作为温州市智能建造试点典型，市级智能建造试点良好项目可作为推荐申报省级、全国智能建造试点项目的储备项目。

（2）按工程项目施工进度不同，创建项目分为“全过程智能建造试点项目”和“装饰装修阶段智能建造试点项目”两类。

全过程智能建造试点项目为截至 2024 年 3 月 1 日工程项目处于地基基础或地下室施工阶段以及 3 月 1 日后新开工建设的工程项目。装饰装修阶段智能建造试点项目为截至 3 月 1 日工程项目处于主体工程施工阶段的工程项目。

2024 年新申报智能建造工程项目按表 2.4.1 要求执行。2023 年已申报过的智能建造试点项目根据实际施工情况按表 2.4.1 要求重新纳入创建。

温州市级智能建造试点项目申报要求　　表 2.4.1

序号	工程所处阶段	申报时间	申报流程	申报类别
1	3 月 1 日后新开工的工程项目	在开工后 1 个月内申报	各地智能建造工作牵头机构每月 5 日前上报上月项目；施工单位先行录入平台	全过程智能建造试点项目
2	3 月 1 日前地基基础或地下室施工阶段	已申报及未申报的项目均于 3 月 20 日之前申报	各地智能建造工作牵头机构 3 月 20 日前汇总上报；施工单位先行完善信息录入平台	全过程智能建造试点项目
3	3 月 1 日前工程主体施工阶段	已申报及未申报的项目均于 3 月 20 日之前申报	各地智能建造工作牵头机构 3 月 20 日前汇总上报；施工单位先行完善信息录入平台	装饰阶段智能建造试点项目
4	3 月 1 日前装饰施工阶段	已申报的按实际情况进行评审；不接受新申请	施工单位只需将相关信息录入平台	按实际情况考核

2. 温州市智能建造场景内容

温州市智能建造场景主要内容分四类，每类子项分“必选”和“可选”两类。“必选”项是创建智能建造试点项目的基本项目，必须按要求全数实施（特殊项目无相应适用应用场景的，须经县、市两级部门确认，且须相应增加其他同类“可选”项应用），否则一票否决。“可选”项是创建智能建造试点项目的加分项目。

（1）BIM 技术应用场景，应符合表 2.4.2 要求。

BIM 技术应用场景　　表 2.4.2

序号	子项内容	备注
1	施工总平面布置	必选
2	综合管网矛盾碰撞搜重	必选
3	装饰面层的铺装排板及优化	必选
4	墙体工程的精细化施工	必选
5	施工阶段风险源模型展示和安全教育	必选
6	BIM 技术施工预算	可选
7	建立复杂节点的钢筋绑扎模型	可选
8	装饰吊顶中的吊筋综合配料	可选

（2）建筑互联网＋智慧工地应用场景，应符合表 2.4.3 要求。

建筑互联网＋智慧工地应用场景要求　　表 2.4.3

序号	类别	子项内容	备注
1	建筑互联网	智慧工地管理平台	必选
2	人员管理	①实名制考勤机，②智能安全帽	必选
		①AI 监控，②智慧音柱	可选
3	材料管理	①智能地磅	必选
4	区域管理	①摄像机，②高空 360°监控	必选
		①无人机	可选
5	环境管理	①噪声监测仪，②扬尘监测仪，③气候识别仪，④喷淋联动	必选

续表

序号	类别	子项内容	备注
6	资源管理	①用电限流器	必选
		①智能电表，②智能水表	可选
7	塔吊管理	①可视化吊钩，②驾驶室运行可视化	必选
		①司机身份（识别＋考勤）仪，②塔机安全预警监控仪，③卷扬机可视化	可选
8	安全管理	①深基坑监测	必选
		①高支模监测，②卸料平台监测，③临边防护监测	可选
9	智慧消防	①声光报警器，②光电感烟报警器，③温感报警器	可选

建筑互联网＋智慧工地应用场景（装饰装修阶段）

序号	类别	子项内容	备注
1	建筑互联网	智慧工地管理平台	必选
2	人员管理	①实名制考勤机，②智能安全帽	必选
		①AI 监控，②智慧音柱	可选
3	材料管理	①智能地磅	可选
4	区域管理	①摄像机，②高空 360°监控	必选
		①无人机	可选
5	环境管理	①噪声监测仪，②扬尘监测仪，③气候识别仪，④喷淋联动	必选
6	资源管理	①用电限流器	必选
		①智能电表，②智能水表	可选
7	塔吊管理	①可视化吊钩，②驾驶室运行可视化	可选
		①司机身份（识别＋考勤）仪，②塔机安全预警监控仪，③卷扬机可视化	可选
8	安全管理	①深基坑监测，②高支模监测	可选
		①卸料平台监测，②临边防护监测	可选
9	智慧消防	①声光报警器，②光电感烟报警器，③温感报警器	可选

（3）机器人应用场景，主要包括专业机器人、智能设备和新型模板材料和普及版工程装备，应符合表 2.4.4 要求。

机器人应用场景 **表 2.4.4**

机器人应用场景（全过程）		
序号	子项内容	备注
1	测量机器人	必选
2	地面整平机器人	必选
3	地坪涂敷机器人	必选
4	内墙喷涂机器人（不少于项目实施量的 20%）	必选

续表

机器人应用场景（全过程）		
5	组合带肋体系塑料模板或镁铝模板（以上 2 种不少于项目实施量的 20%）或铝模	必选
6	外墙喷涂机器人	可选
7	智能电梯	可选
机器人应用场景（装饰装修阶段）		
序号	子项内容	备注
1	测量机器人	必选
2	地面整平机器人	必选
3	地坪涂敷机器人	必选
4	内墙喷涂机器人（不少于项目实施量的 20%）	必选
5	外墙喷涂机器人	可选
普及版工程装备应用场景		
序号	子项内容	备注
1	座驾式抹平抹光机械	可选（全过程智能建造项目和装饰阶段智能建造项目均需有效选用 10 项以上装备）
2	智能打磨机械	
3	电动磨盘	
4	钢筋一体弯箍机	
5	振平尺	
6	振平覆膜一体机	
7	全自动钢筋捆扎机	
8	钢筋电子划线器	
9	电动扳手	
10	电动钢筋弯曲机	
11	电动钢筋切断机	
12	长杆打磨机	
13	扫地机	
14	红外线水平仪	
15	激光测距仪	

（4）其他可选场景，属于可选项。企业可根据项目实际情况积极探索创新，实现智能建造场景“能用尽用”。

2.4.2 市政工程创建标准

1. 智能建造试点项目类别及申报要求

（1）按实施智能建造场景内容不同，创建项目分为“市级智能建造试点项目”和“市级智能建造试点良好项目”两类。

市级智能建造试点项目是完成全部智能建造技术要求的必选应用场景，且经济、技术评价效果达到预期效果的项目。市级智能建造试点良好项目是在市级智能建造试点项目基础上按一定的比例择优遴选的，经济、技术评价效果较好的项目。作为温州市智能建造试点典型，市级智能建造试点良好项目可作为推荐申报省级、全国智能建造试点项目的储备项目。

（2）由于市政工程具有“点多、线长、面广”等特点，涉及的单位工程较多，包括城市道路工程、桥梁工程、隧道工程（含管廊）、给水排水工程、供气、供热、污水处理、垃圾处理工程、城市公共广场（公园工程）、景观绿化等。创建过程（周期）受政策性因素影响较大，市政工程项目创建按工程全过程实施情况进行考核。截至 2024 年 3 月 1 日处于下部基础施工阶段的市政工程以及 3 月 1 日后新开工建设的市政工程项目均可申报。

2. 温州市市政工程智能建造场景内容

温州市市政工程智能建造场景分四类，每类子项分“必选”和“可选”两类。“必选”项是创建智能建造试点项目的基本项目，必须按要求全数实施（特殊项目或现场不具备应用场景的，在方案编制时须列出并注明，由专家方案评审时确定并经县、市两级部门确认），否则一票否决。“可选”项是创建智能建造试点项目的加分项目。

（1）第一类 BIM 技术应用场景，应符合表 2.4.5 要求。

BIM 技术应用场景 **表 2.4.5**

序号	类别	子项内容	备注
1	基础应用	施工总平面布置	必选
2		施工阶段风险源安全教育	必选
3		施工阶段风险源模型展示	可选
4		综合管网矛盾碰撞搜重	可选
5	BIM 平台	建立企业统一数据平台	可选
6	三维地质模型	根据地质报告生成三维地质模型	可选
7	实景模型	利用无人机倾斜摄影技术结合机载雷达扫描技术，获取的高精度三维实景模型	可选
8	施工调查	图纸审核、征拆工程量统计、原始地貌数据留存、临建工程选址优化	可选
9	可视化交底	三维施工动画、带有施工信息的 BIM 模型、二维码技术交底	可选
10	钢筋碰撞及不同专业碰撞检查	空间钢束与钢筋碰撞、不同专业的碰撞等问题系统性核查	可选
11	施工方案优化	施工模拟推演、施工组织工期计划优化、施工场地布置优化、设计变更策划	可选
12	管理可视化	已施工的结构物，模型自动高亮显示，直观了解施工进度	可选
13	工程量计算	土方量快速计算、混凝土量计算、钢筋量计算	可选
14	施工预算	基于 BIM 技术进行施工预算	可选
15	临时结构验算	通过 BIM 软件针对临时设施开展参数化设计，快速完成支架方案，并自动生成有限元计算模型，通过结构分析确保支架强度、刚度、稳定性满足规范要求	可选
16	铺装排板	人行道面层铺装排板及优化	可选

续表

序号	类别	子项内容	备注
17	钢筋模型	建立复杂节点的钢筋模型	可选
18	CIM 基础平台	BIM 模型融入 CIM 基础平台	可选
19	交通仿真	BIM + 交通仿真	可选
20	GIS 应用	三维管线 + GIS 平台	可选

（2）第二类建筑互联网 + 智慧工地应用场景，应符合表 2.4.6 要求。

建筑互联网 + 智慧工地应用场景　　　表 2.4.6

序号	类别	子项内容	备注
1	建筑互联网	智慧工地管理平台	必选
2	人员和设备管理	实名制考核	必选
		人员和车辆定位与电子围栏	可选
		人员监测系统	可选
3	材料管理	智能地磅	必选
		油耗监控系统	可选
4	环境管理	噪声监测仪、扬尘监测仪、气候识别仪、喷淋联动	必选
		现场环境监测系统	可选
		围挡智能喷淋系统	可选
		隧道水幕降尘装置	可选
5	区域管理	摄像机	必选
		无人机	可选
6	安全管理	深基坑监测、边坡监测	必选
		高支模监测、卸料平台监测	可选
7	资源管理	用电限流器	必选
		智能电表、智能水表	可选
8	智慧消防	声光报警器、光电感烟报警器、温感报警器	可选

（3）第三类智能仪器设备应用场景，主要包括专业机器人、智能设备和新型模板材料和普及版工程装备，应符合表 2.4.7 和表 2.4.8 要求。

智能仪器设备应用场景一（通用类）　　　表 2.4.7

序号	类别	子项内容	备注
1	安全文明类设备	智能安全警示牌	必选
2		智能安全警示小喇叭	必选
3		“雷地”管道探测仪	必选

续表

序号	类别	子项内容	备注
4	安全文明类设备	AI 摄像机	可选
		智能安全帽	可选
5		智能安全带	可选
6		进出车辆自动喷淋冲洗设备	可选
7	测量仪器	红外线水平仪	必选
8		激光测距仪	必选
9		智能回弹仪	必选
10		土方测量无人机	可选
11		智能角尺、塞尺、靠尺	可选
12		振平尺	可选
13		顶管自动跟踪测绘系统	可选
14	工具类	电动扳手	必选
15	钢筋加工类	钢筋一体弯箍机	必选
16		数控钢筋弯曲机	可选
17		电动钢筋切断机	可选
18		全自动钢筋捆扎机	可选
19		数控剪切生产线	可选
20		焊接机器人	可选
		数控套丝一体机	可选
21	钢筋笼加工	智能滚焊机	可选
22	混凝土工程	智能化大体积混凝土测温设备	必选

智能仪器设备应用场景二（专业类） **表 2.4.8**

序号	类别	子项内容	备注
1	压实设备	智能压路机	必选
2		电动夯实机	可选
3	路面摊铺设备	水稳层摊铺机	必选
4		沥青智能摊铺机	可选
5		混凝土路面智能整平机	可选
6	侧石安装	专用机械安装	可选
7	板梁制作设备	智能张拉设备	必选
8		智能压浆设备	必选
9		自动化养护设备	可选

续表

序号	类别	子项内容	备注
10	桥梁制安设备	高架桥施工梯笼	必选
11		智能挂篮	可选
12		墩台预制安装	可选
13		钢箱梁喷涂机器人	可选
14		龙门智能隔板焊接机器人	可选
15		轨道式焊接机器人	可选
16		座驾式抹平抹光机	可选
17		红外感应行程限位	可选
18		内滑槽供电技术	可选
19	排水管道	管道机器人检测设备	必选
20		顶管施工-声光报警器	可选
21		泥水平衡顶管自控设备	可选
22		土压平衡顶管自控设备	可选
23		顶管施工-视频监控	可选
24	隧道设备	通风管机	必选
25		隧道监控设备	必选
26		隧道全自动掘进设备	可选
27		自动化掘进机	可选
28		地质雷达	可选
29		气腿式凿岩机	可选
30		管棚钻机	可选
31		红外探水仪	可选
32		超前预报设备	可选
33	地下管廊	上下隔仓一次性浇筑铝模	可选

（4）第四类其他可选场景：属于可选项。企业可根据项目实际情况积极探索创新，实现智能建造场景“能用尽用”，为鼓励创新，项目有创新应用场景的，可加分并优先推荐创杯项目。

2.4.3 智能建造项目评估

为切实推进智能建造相关技术应用场景落地，明确市级智能建造试点项目智能建造场景应用情况评估验收要求并指导相关工作开展。

1. 评估验收组织实施

项目智能建造场景应用评估验收工作由市智能建造专班牵头组织开展评价认定。

智能建造试点项目按照智能建造试点创建方案完成所有内容后，施工单位组织编制项目智能建造试点创建全场景报告并报项目所在地建设主管部门核实确认后，向市智能建造专班申请场景应用评价认定，收到申请之日起 10 个工作日内评价认定小组开展现场评估验收。

项目场景应用评价认定小组共计 5 人，由市智能建造专班人员 2 人、智能建造专家 2 人、项目工程质量监督员 1 人组成。

2. 评估验收流程

（1）施工单位介绍项目智能建造场景应用实施情况。

（2）项目属地建设主管部门介绍场景实施过程监督情况。

（3）审阅场景应用工程档案资料并查验实际应用情况。

（4）评价认定小组对照评价标准逐项赋分形成评估验收结果并现场直接公布，由施工单位项目经理签认。

3. 评估验收评价内容

1）项目智能建造试点创建全场景报告

（1）项目概括：含项目实施的人员配置、时间安排、场景设置情况、重点突出有智能建造场景应用的分部分项内容说明。

（2）项目创建目标：项目智能建造实施计划方案说明，明确创建市级智能建造试点项目还是市级智能建造试点良好项目。

（3）智能建造场景实施情况

① BIM 技术应用场景内容及效果

针对项目施工阶段在施工总平面布置、综合管网矛盾碰撞搜重、装饰面层的铺装排板及优化、墙体工程的精细化施工、施工阶段风险源模型展示和安全教育等方面的 BIM 应用及成效、同方案是否一致，不一致的原因是什么。

② 建筑互联网 + 智慧工地场景应用及效果

针对施工现场人员管理、材料、环境、资源、安全等方面的智能化管理执行情况及成效、同方案是否一致，不一致原因是什么。

③ 机器人应用及效果

主要内容涵盖测量机器人、地面整平机器人、内墙喷涂机器人等设备的应用情况，同时包括新材料模板、智能电梯的应用实践，以及普及版工程机具的使用状况。并与原方案进行对比复核是否一致，若存在差异，则深入剖析导致不一致的具体原因。

④ 其他场景实施情况

（4）智能建造实施总结评价情况

① 项目智能建造实施情况责任主体层面的总结评价（含施工企业、监理企业、建设单位）；

② 专家对该项目的服务情况作了总结；

③ 属地质量监督人员检查、验收及评价情况；

④ 市智能建造专班评价认定情况。

2）智能建造试点创建场景评价标准

根据试点项目申报创建的试点类别“全过程智能建造试点项目”或“装饰装修阶段智

能建造试点项目”，分别选取与试点类别相对应的评价赋分表（全过程、装饰装修）进行评估验收。

（1）智能建造试点创建场景评价赋分表

应用场景评价内容由 6 个评价项目组成，分别为智能建造方案编制情况、智能建造综合管理平台信息录入情况、BIM 技术应用、建筑互联网 + 智慧工地应用场景、机器人应用场景、普及版工程装备应用场景，每项应用场景根据现场核验的实施体量和实施质量进行综合评价赋分。

① 智能建造方案编制情况

核查方案编制是否符合实际情况、未落实场景是否有论证。

② 智能建造综合管理平台信息录入情况

核查智能建造综合管理平台信息录入是否完整、及时。

③ BIM 技术应用

核查 BIM 技术是否在施工总平面布置、综合管网矛盾碰撞搜重、装饰面层的铺装排板及优化、墙体工程的精细化施工、施工风险源模型展示和安全教育、BIM 技术施工预算、建立复杂节点的钢筋绑扎模型、装饰吊顶中的吊筋综合配料等模块中体现应用。

④ 建筑互联网 + 智慧工地应用场景

核查建筑互联网、人员管理、材料管理、区域管理、环境管理、资源管理、塔吊管理、安全管理、智慧消防等场景应用对应设备设施。

⑤ 机器人应用场景

核查测量机器人、地面整平机器人、地坪涂敷机器人、内墙喷涂机器人、组合带肋体系塑料模板或镁铝模板或铝模、外墙喷涂机器人、智能电梯等实际使用情况。

⑥ 普及版工程装备应用场景

核查座驾式抹平抹光机械、智能打磨机械、电动磨盘、钢筋一体弯箍机、振平尺、振平覆膜一体机、振平覆膜一体机、全自动钢筋捆扎机、钢筋电子划线器、电动扳手、电动钢筋弯曲机、电动钢筋切断机、长杆打磨机、扫地机、红外线水平仪、激光测距仪等推广使用的普及版装备使用情况。

（2）场景评价赋分核查规定

① 赋分基本原则

核查子项内容场景赋分 = 评价项目子项场景分 × 实得分/应得分。（应得分满分为 10 分，实得分对照核查内容按照 6、7、8、9、10 五个档次赋分）

评价项目分为应用必选项和可选项，其中必选项采取扣分机制，每一子项内容未完成额外倒扣该子项对应全部场景分。（如测量机器人为场景评价的必选项但未实施，倒扣该子项内容对应的全额场景应用分）。所有评分项目，能够完整、真实提供核查所列出要求的佐证材料该项按照实得分 8 分档赋分。

② BIM 技术应用场景核查内容

逐一核查施工场地布置漫游视频（鸟瞰、大门、临时堆放区布置等关键部位）、现场实景与模型对比图、碰撞报告、管线综合平面图、装饰面层排布图、现场实景与模型对比图、装饰轻量化模型、墙体排布 CAD 图纸与明细表、现场实景与模型对比图、模型导出的工程主要构件明细表、模型导出节点施工 CAD 图纸、节点轻量化模型、吊顶轻量化模型、吊筋综合配料表等佐证资料。

③ 机器人应用场景核查资料

核查机器人购销（租赁）合同、合同双方支付凭证（发票或收据）、机器人进场和退场时间证明（应提供进场验收记录、现场视频或照片）；施工使用情况记录（至少 3 个节点时期视频影像资料），涵盖施工初始、过程中、收尾阶段，影像资料中应体现或具有本项目可核查的现场特征；必选项机器人无法实施或采用代替机器人应提供组织专家论证，并通知属地监督员及专班联络员；机器人进场及初次使用时，应通知属地工程质量监督员。

④ 其他应用场景核查资料（方案编制、平台录入、智慧工地、普及版装备）

智能建造方案依据系统上传版本进行赋分，拟申报优良方案的应至少在机器人实施前完成专班备案登记；综合管理平台信息录入，应核查各项内容是否录入完整，赋分时结合后台显示的数据录入时间情况，对存在突击虚报或录入严重滞后的应进行降档赋分；智慧工地场景应逐项展示功能进行核查；普及版装备场景应提供设备进场及维养记录，并提供使用阶段照片。

4. 评估验收评价结果应用

智能建造试点项目场景应用评价结果作为工程项目参评市级标化工地、市级优质工程（瓯江杯）、省级优质工程（钱江杯）等活动中优先推荐指标。

市智能建造专班统一汇总收集试点项目场景评价情况，对全市智能建造实施推进及评估验收情况进行分析，持续改进过程跟踪和指导方式，深化智能建造改革试点工作，扎实推进工程项目智能建造相关技术应用场景落地。

2.4.4 智能建造企业评估

1. 衡量元素

智能建造企业评估应从技术能力、项目实施、人才队伍、合作生态、市场信誉等方面进行考虑。

1）技术能力方面

（1）核心技术掌握情况

考察企业是否掌握智能建造的关键技术，如 BIM 技术应用情况，能否熟练运用 BIM 进行建筑设计、施工模拟、碰撞检测及运维管理。企业是否具备建筑机器人应用能力，如对测量机器人、喷涂机器人、地面涂敷机器人是否具有相应设备、是否有班组熟练开展施工、是否能在实施过程中不断提升设备的应用能力等。在此基础上，企业是否有自主研发或合作研发能力。

（2）技术创新能力

考察企业的研发投入占比，一般建议研发投入占营业收入的 3%以上表明其对创新较为重视。考察企业是否参与行业标准的制定或者在新技术、新工艺方面有专利成果。

2）项目实施方面

（1）智能建造项目业绩

了解企业完成的智能建造项目数量、规模和类型。例如，是否承接过大型商业综合体、高层住宅等不同类型建筑的智能建造项目。考核项目的实施成效，如是否实现了预定的工期缩短、质量提升、成本降低等目标。

（2）项目管理体系

企业是否有完善的项目管理流程，特别是在多技术融合的项目管理方面。例如，在智能建造项目中如何协调BIM团队、机器人操作团队和传统施工团队之间的工作。

3）人才队伍方面

（1）专业人才配备

查看企业是否拥有智能建造相关的专业人才，如BIM工程师、机器人工程师、数据分析师等。各类专业人才数量是否能够满足项目需求，对人才的培养机制，是否有定期的培训计划和职业晋升通道。

（2）团队协作能力

通过项目案例实施和技术人员的交谈沟通，考察企业内部不同专业人员之间的协作能力。

4）合作生态方面

（1）产业链上下游合作

企业与建筑材料供应商、智能设备制造商等上游企业的合作关系是否紧密，能否确保原材料供应和设备的先进性。与下游的房地产企业、运维企业等的合作情况，是否能实现项目交付后的良好对接。

（2）产学研合作

考察企业是否与高校、科研机构有合作关系，例如共同开展科研项目、建立实习基地等。

5）市场信誉方面

（1）客户评价

收集以往客户的反馈意见，了解企业在项目执行过程中的信誉，如是否按时交货、质量是否达标等。

（2）行业口碑

在建筑行业内，企业的知名度和美誉度也是重要的考量因素。可以通过行业协会、专业论坛等渠道获取相关信息。

2. 量化评价

温州市智能建造试点企业主要针对设计、施工企业按照《温州市智能建造试点企业评价表（试行）》进行量化评价。量化总分为120分。其中基础评分合计共100分，包括企业基本情况（占30分），技术基础能力（占40分），应用实施能力（占30分）；加分项共计20分，加分项包括科技成果（10分）和软件研发（10分）。

1）企业基本情况

企业基本情况总分值为30分，包括企业状况（5分）、人员配置（15分）、已拥有有效知识产权数量（5分）、资金投入（5分）四个子分项考核指标。

（1）企业状况

主要考核企业信誉、质量安全行为，体系认证情况。企业信誉良好，无不良征信行为记录；申报当年不得发生一般及以上相关质量安全事故，通过质量、安全、健康体系认证，每认证一项得1分，制定了完善的技术、质量、安全和档案管理制度；有固定的科研，拥有相应的软硬件设施得1～5分，满分5分。

（2）人员配置

主要考核企业内智能建造相关从事人员具有相关执业资格情况。企业在智能建造数字设计，智能生产、施工、运维，建筑产业互联网、智能建造设备装备等领域具有相关技术人员得 1～5 分，满分 5 分。

主要考核具有专门从事智能建造的研发团队，具备智能建造相关研发能力。成立企业智能建造技术中心，配备相应的研发应用团队；联合省内高校搭建企业智能建造人才培养平台，联合开展智能建造专业人才双向培养得 1～5 分，满分 5 分。

主要考核智能建造相关人才培训计划。企业建立了并落实了智能建造相关人才培训计划，并严格按照计划执行得 1～5 分，满分 5 分。

（3）已拥有有效知识产权数量

主要考核企业与智能建造相关的知识产权种类、数量。企业拥有的有效专利、工法、软件著作权等情况得 1～5 分，满分 5 分。

（4）资金投入

主要考核企业智能建造的研发投入。智能建造相关研发投入占申报企业排名前 5 的得 5 分；排名 6～10 名的得 3 分，11～20 名的得 1 分；其余的不得分。

2）技术基础能力

技术基础能力总分值为 40 分，包括基础软硬件配置（10 分），集成管理平台建设（15 分），通用标准接入（15 分）三个子分项考核指标。

（1）基础软硬件配置

网络基础设施配置为企业能开展智能建造的网络设施建设情况，企业网络基础设施实现了网络全覆盖得 2 分，总分 2 分。

设计类企业具备在项目中采用 BIM 正向设计的能力，并提供相关资料。每采用 BIM 正向设计的 1 个项目并提供佐证资料，得 1 分，最多得 8 分。施工类企业智能工程设备、智能建造装备、建筑机器人应用种类及数量。智能工程设备、智能建造装备、建筑机器人每运用于一个工程项目并提供佐证资料得 1 分，最多得 8 分。

（2）集成管理平台建设

集成管理平台建设为企业智能企业管理系统、项目管理平台研发数量及应用水平。智能企业管理系统和项目管理系统研发数量及应用情况，得 0～5 分。

设计类企业实现使用 BIM 技术协同设计，全专业、全过程、全参与方都可介入对项目进行细化、补充和完善。综合深化设计对各专业深化设计初步成果进行集成、协调、修订与校核，形成综合平面图、综合管线图，保持各专业协调图纸一致。并且模型与施工过程同步更新的，按阶段以及使用情况得分。施工、运维阶段每覆盖一阶段得 3 分，视使用情况得 0～10 分。施工类企业实现企业应用系统和施工现场信息数据全面整合调度的能力、施工项目数据共享运行情况、施工项目智慧决策系统设计运行情况。实现企业应用系统和施工现场信息数据全面整合调度的能力；施工项目数据共享运行情况及智能决策系统设计运行情况，视情况得 0～10 分。

（3）通用标准接入

采用构件库模数化、通用化设计，并提供相关资料 3 年之内，构件标准化率达到 30% 以上的竣工项目有 3 项并提供佐证资料，得 2 分，每增加 1 个项目，加 2 分，总得分不大于 5 分。

设计类企业具备数字化图审的条件。企业项目施工图具备数字化图审的条件得 10 分。施工类企业具备数字化施工交底的能力，企业项目施工图具备数字化施工交底能力得 10 分。

3）应用实施能力

应用实施能力总分值为 30 分，包括试点项目创建（10 分）、智能建造收益能力（20 分）两部分内容。

（1）试点项目创建

积极申报试点项目，先进信息技术在施工现场的管理应用情况。每年申报 1 个示范项目及以上；每多 1 个示范项目得 5 分；多 1 个试点项目得 2 分，最多得 10 分。

（2）智能建造收益能力

智能建造降本增效情况。根据企业智能建造项目实际降本增效，取得创效成果（进度加快、质量提升、生产安全），根据专家商讨，得 1～20 分。

4）加分项目

（1）科技成果

取得科技成果奖项；取得专利、发明；发表专著、论文、报告等。获国家级及省（部）级科技成果二等奖及以上或同等的行业协会科学技术进步奖二等奖及以上，每项加 2 分；获三等奖，每项加分 1.5 分，获国家发明专利授权每项加 1 分，获实用新型专利授权每项加 0.5 分；获国家级工法每项加 2 分，获省级工法每项加 1 分，获企业级工法每项加 0.5 分；同一课题成果获得不同级别奖项按最高级别加分，不重复累加，发表专著、核心期刊论文，每项加 1 分；最多得 10 分。

（2）软件研发

使用基于国产自主可控内核开发的各种软件，并具有一定的推广性。每开发应用一种软件得 4 分，最多得 8 分。每选用一种国产软件进行项目管理或运营得 1 分，最多得 2 分。

2.5 本章小结

2.5.1 创新智能建造实施体系

（1）介绍了智能建造的实施体系，提出通过“一核三库”来实现智能建造的实施路径。“一核”是指以培育熟练掌握智能建造装备操作技能的专业劳务班组为核心目标，“三库”是指装备库、班组库和项目库协同发展。

（2）通过“一核三库”发展历程来阐述“一核三库”的特征，包括装备库的实用导向性、班组库的主观能动性、项目库的联动协同性。凸显产业工人培育目标的三个原则，包括符合需求导向、注重产教融合、推进创新驱动。

（3）产业工人培育要落实施工企业的主体责任，重点关注自有核心技术工人队伍培养，政府推动企业、产业工人孵化基地、建筑智能装备厂家、职业院校共建产教融合实训基地，强化智能建造试点项目创建过程服务、“两场”联动和标准体系建设。行业协会要建立智能建造培训平台，搭建施工产业供需平台。智能建造班组的培育引入数字化、智能化的培训体系，为产业工人提供沉浸式的学习体验。

（4）项目库的构建过程中要实施政策保障，如在土地出让条件中明确智能建造场景内容，凸显智能建造的市场导向。分层次有序开展不同应用深度的智能建造项目培育。围绕智能建造装备、BIM 设计、数字化管理平台等方面，打造智能建造典型应用场景，项目库管理包括项目的全生命周期管理，从项目策划、设计、施工到运维环节。

（5）班组库的构建过程中从拓展班组人员来源、丰富班组应用类别、完善班组组织机制三方面入手，通过产业工人信息平台遴选培育对象，根据智能装备应用成熟程度不断扩大智能建造班组类别，智能建造班组组建后相关信息要及时录入智能建造管理平台。优先支持智能建造班组拓展业务。温州市推广优先选择智能建造班组开展劳务作业。对智能建造班组实施积分制，按照智能建造班组使用智能装备情况等情况实行智能建造班组积分动态考核机制。

（6）设备库的构建过程中要围绕提质减本原则，根据人机协同深度和推广难易程度将国内较为先进的工程机械装备分为实用惠民的普及版工程装备、成熟适用的专业版建筑机器人、多机协同的体系化建筑机器人三个层次。

（7）“一核三库”数字化平台建设可以提升试点效率和质量，不断优化资源配置。数字化平台对智能建造试点项目、智能装备、智能施工班组建设情况进行了数字化归集、实时呈现施工项目智能建造场景内容、过程实施情况。

2.5.2 创新智能建造监督体系

（1）介绍了政府在智能建造建设过程中优化审批服务措施。从“一码全链”方式实现了工程建设项目全生命周期的数字化管理。通过二三维联审模式缩短施工图审查时间，简化施工图审查流程。优化施工许可审批，减少审批环节。推行项目竣工集成验收，将竣工验收阶段内容分解到事中事后监管的各个环节。推行增值化改革服务举措，构建全链条、全天候、全过程的涉企增值服务场景。

（2）提出了施工方案的编制要点，具体阐述了智能建造场景应用的技术实施事项，其中包含了 BIM 技术应用场景、建筑互联网 + 智慧工地应用场景、机器人应用场景及普及版工程装备应用场景，最后还提供了编制范本。

（3）按照智能建造项目规模类型不同，开展分层次的质量安全管控服务。对智能建造试点项目建立“一项目一监督一专家”机制，明确具体质量监督员和智能建造专家进行全过程跟踪服务。

（4）对智能建造项目验收流程进行优化，包括智能测量验收、施工工艺重塑、资料自动归集，并对验收机制进行改革，便于项目提早交付使用。

（5）在安全创标管理和质量创优管理融入智能建造元素，在工程项目开展安全过程评价时对应用智能建造技术予以加分鼓励，在质量创优管理中突出智能建造场景的应用情况。

2.5.3 创新智能建造评估体系

（1）介绍了房屋智能建造项目和市政智能建造项目的创建标准，阐述了智能建造场景应用的具体子项内容，根据实际情况每类子项分“必选”和“可选”两类。重点对 BIM 技术应用场景、建筑互联网 + 智慧工地应用场景、机器人应用场景及普及版工程装备应用场景进行详细的阐述。

（2）介绍了智能建造项目的评估要点，制定了评估验收流程，提出了智能建造试点创建场景评价标准，根据不同试点类别选择相对应的评价赋分表（全过程、装饰装修）进行评估验收。通过开展评估验收促使智能建造场景应用落地。

（3）介绍了智能建造企业评估要点，从技术能力、项目实施、人才队伍、合作生态、市场信誉等方面综合评估。

第 3 章 施工应用体系创新研究

在施工现场应用智能建造技术的过程中，通过对安全质量数据的分析和反馈，不断优化和改进智能建造技术方案，推动智能建造技术的持续创新。安全质量管理的创新需求促使企业积极探索和应用智能建造技术。为了实现更高效的安全质量管控，企业不断引入物联网、大数据、人工智能等先进技术，推动智能建造技术的发展和应用。本章阐述了智能建造项目的施工方案要点，并就智能建造技术在安全管理和质量管理方面的应用进行了探索。

3.1 智能建造在现场管理的应用

3.1.1 施工方案编制

1. 工程概况

工程概况要包括工程名称、工程基本信息、智能建造应用场景、智能建造应用部位、项目施工目标。

编制要点如下：

（1）工程名称要与项目立项、规划及相关审批文件中的名称完全一致，避免出现任何错字、漏字或使用简称，以确保工程名称的唯一性和权威性。若工程存在多个子项目或标段，在工程名称中应清晰体现其所属关系及整体架构，方便准确识别和区分不同部分。

（2）工程基本信息包括工程地点、工程规模、建筑规模、结构类型和特点、工程建设相关单位、工期要求。其中建筑规模含以下内容：对于房屋建筑工程，说明总建筑面积、建筑层数、建筑高度、各功能分区面积等；对于市政工程，描述道路长度、桥梁跨度、管径尺寸、隧道长度及断面尺寸等关键数据。结构类型要准确描述建筑物或构筑物采用的结构形式，如框架结构、剪力墙结构、钢结构、砖混结构等，并说明基础类型，如桩基础、筏板基础、独立基础等。结构特点要阐述结构设计的特殊之处，如大跨度空间结构、超高建筑结构、异形结构等，以及这些特点对施工技术和工艺的要求。工程建设相关单位要列出主要参建单位，包括建设单位、设计单位、监理单位、施工单位的名称等基本信息。工期要求要有合同工期，重点工程要有关键节点工期，指出工程建设过程中具有重要里程碑意义的关键节点工期，如基础完工时间、主体封顶时间、设备安装完成时间等，以便在施工过程中进行重点把控。

（3）智能建造应用场景包括：数字设计、建筑互联网、智能生产、智能施工、智能装备、数字监督。

（4）智能建造实施的分部分项工程、部位、构件等，如：主体混凝土浇筑、预应力混凝土（PC）预制构件、装配式装修、建筑地坪、内外墙饰面等。

（5）项目施工目标包括智能建造创建目标、工程质量创优目标、工程安全目标、数字化管理目标、智慧工地目标，明确各类目标为国家级、省级、市级。

2. 编制依据

编制依据主要是法律法规和标准规范，必须准确列出与施工项目相关的国家、行业及地方的法律法规、规范标准，如《建筑工程施工质量验收统一标准》GB 50300—2013 以及与智能建造相关的规范文件等，确保施工合法合规。

3. 项目智能建造组织架构及分工

根据项目特点、专业配置要求，配置智能建造专班负责人及各专业相关人员（主要有 BIM 等数字化工程师、机器人操作员等人员），建立层级分明、专业齐全、规模适配的智能建造团队组织架构。组织架构一般分为决策层、管理层和执行层。决策层负责整体战略和重大决策；管理层进行计划、协调和监督；执行层具体落实各项智能建造任务。涵盖智能建造涉及的各专业领域，如信息化、自动化、土木工程等专业人员，确保各环节技术支持。根据项目规模和复杂程度确定架构规模与人员数量，大型复杂项目需更细化、完整的架构和更多专业人员。考虑项目可能的变化和突发情况，组织架构具备灵活性，能及时调整应对。

利用人员组织架构，提高各专业间发现问题、沟通协调的效率。充分消除专业间壁垒，提升团队工作效率。为每个岗位和人员清晰界定工作范围和职责，如项目经理负责全面管理，技术负责人负责技术方案制定与指导，确保无职责空白或重叠。依据人员专业技能和经验分配任务，让信息化专家负责智能系统开发与维护，施工工程师负责现场智能设备安装与操作。明确跨部门、跨岗位协作机制和流程，设计与施工人员紧密配合，确保智能建造与施工实际需求相符。

4. 实施时间计划

编制施工进度网络图，内容包括项目施工各阶段进度计划、BIM 技术应用进度计划、建筑互联网 + 智慧工地应用进度计划、机器人应用场景及普及版工程装备应用进度计划。

项目施工各阶段进度计划编制过程中，有以下要点：

（1）详细分解项目。将整个施工项目分解为具体、可管理的工作包或活动。例如在建筑施工中，把基础工程细分为土方开挖、垫层浇筑、钢筋绑扎、模板安装、基础混凝土浇筑等活动。分解程度要足够细致，以便准确估算时间和资源需求。分析各项活动之间的先后顺序关系。分为强制性依赖关系（如必须先完成基础施工，才能进行主体结构施工）和选择性依赖关系（根据施工方法、资源调配等因素确定的先后顺序）。

（2）持续时间估算。参考过往类似项目的施工记录，分析相同或相似活动的实际完成时间，以此为基础估算当前项目活动的持续时间。例如，之前类似规模建筑的一层主体结构施工平均耗时 6～8d，可结合当前项目的具体情况，如施工人员技能水平、材料供应情况等进行适当调整。

（3）关键路径确定。明确完成每项活动所需的人力、材料、设备等资源，并根据资源的可获取性和投入量来调整持续时间。例如，若增加一倍的施工人员，混凝土浇筑活动的时间可能会相应缩短，但要考虑到现场管理难度和资源利用效率的变化。

通过正推法（从项目开始节点，计算每个活动的最早开始时间和最早完成时间）和逆推法（从项目结束节点，计算每个活动的最晚开始时间和最晚完成时间），确定网络图中所有路径的持续时间。关键路径是网络图中总持续时间最长的路径，决定了项目的最短工期。位于关键路径上的活动为关键活动，这些活动的延误将直接导致项目总工期的延长。对关键活动要重点识别和管理，合理分配资源，确保按时完成。

5. 智能建造场景应用

根据温州市智能建造试点项目创建标准要求，智能建造场景分为 BIM 技术应用场景、建筑互联网 + 智慧工地应用场景、机器人应用场景及普及版工程装备应用场景。

1）BIM 技术应用场景

（1）EPC 项目或代建项目正向设计

数字设计主要是 BIM 技术应用。根据项目特点、规模和相关专业要求，组建设计 BIM 团队，配置相应专业 BIM 工程师，进行桩基工程、基础、主体、装修、机电等正向设计。主要有三个方面：

① 协同设计平台搭建。选定支持多专业协同的 BIM 设计软件，如 Revit、Bentley 等，确保各专业设计人员能在同一平台顺畅开展工作，数据实时共享与交互。明确各专业设计先后顺序、协同节点及数据传递要求。

② 多专业集成设计。各专业设计人员依据项目需求与设计规范，精确构建本专业 BIM 模型。如建筑专业构建精确的建筑外形、内部空间布局模型；结构专业准确设置各类结构构件，包括梁、板、柱等。定期整合各专业模型，通过碰撞检查等功能，查找并解决设计冲突。

③ 设计可视化与决策辅助。利用 BIM 模型的可视化特性，将设计方案以三维形式直观呈现，方便业主、设计团队及其他相关方理解设计意图。通过制作动画漫游、VR 或 AR 展示，让各方沉浸式体验设计效果。借助 BIM 模型进行性能分析，如能耗模拟、采光分析等，为设计决策提供数据支持。

（2）施工阶段 BIM 技术应用

开工前对项目的道路场地、建筑物、材料供应、机械设备及进度计划进行分析，通过施工策划软件进行可视化场地布置，划分桩基阶段、土方及地下室阶段、主体结构阶段、装修阶段、附属阶段。对现场的机械使用进场时间、场地的周转、材料的堆放进行规划。对施工进度进行模拟分析，对机械使用时间、材料使用计划进行统计分析。

① 项目现场平面布置

主要考虑 4 个阶段的场地变化：地下室阶段、主体阶段、装修阶段、主体和装修交叉阶段。基于 BIM 技术进行三维场布，对项目现场平面布置进行三维绘制，发挥所见即所得的优势。

在不影响施工的前提下，合理划分施工区域和材料堆放场地。根据各施工阶段合理布置施工道路，保证材料运输道路通畅，机械设备停放合理；符合施工流程要求，减少对专业工种施工干扰；各种生产设施布置便于施工生产安排，且满足安全消防，劳动保护的要求，临设布置尽量不占用施工场地。

② 施工模型冲突检测及综合三维管线

整合建筑、结构、机电等专业 BIM 模型，利用专业软件进行碰撞检查。明确检测范围，包括硬碰撞（如构件空间位置冲突）和软碰撞（如施工顺序冲突）。对检测出的冲突问题，组织相关专业人员共同分析，制定解决方案。例如，对于机电管线与结构构件的碰撞，通过调整管线走向、优化支吊架设置等方式解决。优化后的方案及时更新到BIM模型中，作为施工指导依据。主要工作成果应包括：调整后的各专业模型及冲突检测报告。根据深化后模型出图。

③ 装饰面层的铺装排板及优化

利用BIM模型对地面、墙面等装饰面层进行精确排板设计。考虑材料规格、图案拼接、美观效果及施工工艺要求，确定每一块装饰材料的位置与尺寸，生成详细的铺装排板图。通过BIM模型模拟不同排板方案，对比分析材料损耗、施工难度等因素，同时可以生成装饰面层施工效果图，为业主提供直观的视觉效果，选择最优方案。例如，合理调整排板，减少材料切割浪费，降低施工成本。同时，利用模型进行材料统计，准确计算材料用量，避免材料采购过多或不足。

④ 砌体排砖

在BIM模型中精确构建组砌方式，包括墙体位置、门窗洞口尺寸等。按照砌体材料规格与施工规范，进行砌体排砖设计，确定每一块砖的位置、灰缝厚度等参数。将砌体排砖BIM模型以可视化形式呈现给施工人员，进行施工技术交底。通过模型展示，让施工人员清晰了解砌体施工顺序、错缝要求等关键要点，提高施工质量与效率。同时，利用模型进行施工进度模拟，合理安排砌体施工计划。

⑤ 风险源模型展示和安全教育

结合施工工艺、现场环境及过往经验，全面识别施工过程中的各类风险源，如高处作业风险、电气安全风险、机械设备操作风险等。将这些风险源在BIM模型中进行标记与可视化展示，构建风险源模型。利用风险源模型开展安全教育培训，通过动画演示、模拟事故场景等方式，对施工人员进行可视化安全教育，让施工人员直观了解风险源位置、可能引发的事故后果及相应防范措施。例如，模拟高处坠落事故场景，使施工人员深刻认识到正确佩戴安全防护设备的重要性。

⑥ 数字化辅助审查

对设计图纸进行智能辅助审查，包括建筑审核、结构审核、机电审核，审核内容包括模型质量和设计质量。模型质量包括模型命名、构件命名、构件完整度、构件精细度等；设计质量包括碰撞问题、净高问题、规范问题等。在关键施工节点前，组织业主、设计单位、监理单位等利用BIM模型进行施工方案审查。审查内容包括施工模型与设计模型的一致性、施工方案的可行性与合理性、施工进度计划与模型的匹配度等。例如，通过对比施工模型与设计模型，检查是否存在施工擅自变更设计的情况；利用BIM进度模拟功能，审查施工进度计划是否合理，是否存在关键路径延误风险。

2）建筑互联网 + 智慧工地应用场景

（1）建筑互联网数字化平台

通过建筑数据协同平台，对智能建造全生命周期进行数字化协同，以 BIM 模型为核心，涵盖规划、设计、施工、运维的大数据交互和管理。参建的各方主体通过Web端和移动端结合的方式进行数据输入、采集、协同和管理。

（2）智慧工地

智慧工地即在工地建设过程中充分利用智慧科技，优化施工管理流程、提高施工质量和安全性。具体目标包括以下 5 点：

① 构建智能化的监控与管理系统，实现对整个工地的全方位实时监测与管理；

② 利用无线传感技术和云计算平台，实现工地各项数据的自动采集、传输和分析；

③ 提供智能化的设备与工艺支持，提高工地施工效率和资源利用效率；

④ 引入人工智能和大数据分析技术，实现施工质量的预测和优化；

⑤ 通过智能环保措施，减小施工对周围环境的影响。

智慧工地集成工地人员实名制、塔吊管理、吊钩可视化、智能升降机监控、环境监测、水电管理、视频监控中心、基坑监测、高支模监测、台账管理等子系统。以系统化应用实现数据互联互通，推动工地智慧管理。

3）机器人应用

明确智能装备来源、数量、实施部位、施工工程量、人员配置等。

（1）测量机器人

主要应用于主体砌体及装修阶段进行室内的实测实量及分户验收测量，减少人工测量用工数，提高数据的准确性，缩短测量时间，对测量数据进行各项分析及数据报表。

编制内容中可描述测量机器人的现场安装、调试步骤。说明如何利用配套软件进行测量任务的初始化设置，包括测量区域的定义、测量路线的规划等。阐述测量机器人在工作过程中的自动化操作流程，如自动识别目标、自动测量、数据实时传输等。举例说明在不同施工阶段（如基础施工、主体结构施工），测量机器人如何根据施工进度进行动态测量，为施工提供及时准确的数据支持。

（2）地面整平机器人

主要应用于基础阶段地下室地面施工，提高地面平整度，减少人工。

编制内容中可描述地面整平机器人在施工前的场地清理、设备调试等准备工作，以及与混凝土浇筑等前期施工工序的衔接要点。例如，在混凝土浇筑前，需确保地面基层的平整度符合机器人作业要求，同时对机器人的刮板、振动装置等关键部件进行检查和调试。阐述地面整平机器人在混凝土浇筑过程中的自动化整平作业流程，包括机器人如何根据预设的路径进行行走、刮板作业以及振动压实等操作。说明在作业过程中，如何通过实时监测系统对地面平整度进行动态调整，确保平整度误差控制在极小范围内。

（3）地坪涂敷机器人

可以自动完成地面的研磨、抛光、清洗、污泥收集过滤及固化剂涂敷工作，可自动完成固化地坪的全工艺流程施工。

编制内容中可描述在进行地坪涂敷作业前，对地坪表面的清理、缺陷修复等准备工作，以及对地坪涂敷机器人的设备检查、调试和磨具安装等操作。阐述地坪涂敷机器人在不同研磨阶段的工作流程，从粗磨、中磨到精磨，逐步提高地坪表面质量。说明机器人如何根据预设的涂敷程序自动调整涂敷参数，实现不同阶段的涂敷效果。同时，介绍在涂敷过程中，如何通过吸尘系统及时清除研磨产生的粉尘，保持施工现场清洁。

（4）内墙喷涂机器人

主要应用于室内腻子涂抹，实现无人自主操作，减少人工，提高抹面平整度，机器人融合环境感知，柔性控制等技术，集成自然导航底盘及自主升降喷涂机构，实现无人自主室内喷涂作业。同时，通过无人控制软件平台，实现机器人对墙面、天花板、阴阳角、门窗等的自主喷涂，具备施工效率高、施工质量佳等特点，同时通过一人多机的模式，最大限度地发挥机器人施工的优势。

编制内容中可描述在内墙喷涂作业前，对墙面的基层处理、遮蔽保护以及对喷涂机器人的设备调试、涂料装载等准备工作。例如，对墙面进行平整、清洁处理，用遮蔽纸保护好门窗、开关插座等不需要喷涂的部位，同时调试喷涂机器人的喷枪压力、喷涂流量等参数。阐述内墙喷涂机器人在工作过程中的自动化喷涂流程，包括机器人如何根据预设的喷涂路径和参数行走、喷涂，实现墙面的均匀覆盖。说明机器人在遇到墙角、门窗边缘等特殊部位时，如何自动调整喷涂角度和流量，确保喷涂质量。

（5）外墙喷涂机器人

外墙喷涂机器人主要应用于高层及超高层建筑外墙施工。对于高层及超高层建筑，人工喷涂存在较大安全风险，且效率低下。外墙喷涂机器人可借助专业设备沿建筑外立面升降，能在保证施工人员安全的前提下，高效完成大面积外墙喷涂作业。另外，大型公共建筑外墙装饰应用情况也比较好。体育馆、展览馆、机场航站楼等大型公共建筑，外墙面积大、造型复杂。外墙喷涂机器人能精准地按照预设程序，在各种复杂造型的外墙上进行喷涂，确保涂层均匀、美观。

编制内容中可描述在外墙喷涂作业前，对墙面的基层清理、修补、防护以及对喷涂机器人的安装调试、涂料准备等工作。例如，清理外墙表面的灰尘、污垢和松动的附着物，修复墙面的裂缝和孔洞，安装好机器人的悬挂装置或轨道系统，并对机器人的喷枪、涂料输送系统等进行调试。阐述外墙喷涂机器人在高空作业时的自动化喷涂流程，包括机器人如何沿着预设的路径进行垂直和水平移动，实现墙面的全面喷涂。说明机器人在不同高度和墙面形状变化时，如何自动调整喷涂参数（如喷枪角度、喷涂压力、涂料流量），确保涂层均匀、平整。

（6）智能电梯

智能施工升降机在传统的施工升降机基础上进行了自动化和智能化升级，配置自动门，可响应楼层外呼和笼内选层指令，也可通过垂直物流调度系统响应智能机器人的搭乘请求，并在指定楼层自动平层停靠、自动开关门。智能施工升降机的工程应用，可以有效解决传统施工升降机使用效率低下的弊端，提高垂直物流通道的运输效率，保障建筑工程施工进度，推进智慧工地运营。

编制内容中可说明智能电梯如何根据施工进度和人员需求，优化运输调度方案。例如，在施工高峰期，通过智能算法合理分配电梯轿厢，优先满足关键施工区域和作业班组的人员运输需求，减少人员等待时间。阐述智能电梯如何与施工工序紧密配合，如在混凝土浇筑、材料吊运等特殊施工阶段，调整电梯运行模式和时间安排，确保施工材料和人员的及时运输，避免因电梯运输不畅影响施工进度。

4）普及版工程装备应用

（1）座驾式抹平抹光机械

适用于主体及装修阶段地下室底板、顶板及楼层面层压实抹光，加快抹面的速度，节约人工，提高抹面的质量。

编制内容中可描述施工前对混凝土基层的准备要求，如混凝土的坍落度控制、浇筑后的初步刮平。说明座驾式抹平抹光机械的操作流程，包括启动前检查、行驶速度与抹盘转速的调节技巧，以及在不同施工阶段（初凝前粗抹、终凝前精抹）的操作要点。强调与后续混凝土养护工序的衔接，确保地面质量。

（2）钢筋一体弯箍机

适用于主体阶段与钢筋的圆盘材料加工，从原材料到箍筋一次成型，主体结构阶段全面应用。

编制内容中可描述设备启动前的调试步骤，包括钢筋尺寸参数设置、弯曲角度和弯曲半径的调整。阐述钢筋上料、加工过程中的操作要点，如控制钢筋送料速度、观察设备运行状态等。强调加工完成后钢筋的分类存放与标识，方便施工现场取用。

（3）振平尺

适用于主体结构楼面及装修地面，保证混凝土密实及平整。

编制内容中可描述使用前对振平尺的检查内容，如电机性能、振动棒的连接牢固性等。阐述在混凝土表面的操作方式，包括行走速度、移动方向的控制，以及如何根据混凝土的厚度和流动性调整振捣时间和力度。强调与其他混凝土施工工具（如抹子）的配合使用，以达到更好的施工效果。

（4）振平覆膜一体机

适用于主体结构楼面，提高施工速度，减少工序操作人数。

编制内容中可描述设备就位前对混凝土浇筑面的要求，如大致平整度和混凝土的初始状态。说明设备的操作流程，包括振捣平整参数的设置、覆膜机构的调整与操作，以及在不同施工环境（如温度、湿度）下的作业要点。强调与混凝土浇筑工序的紧密配合，保证施工的连续性。

（5）全自动钢筋捆扎机

适用于主体阶段墙柱梁及上层板钢筋绑扎，加快绑扎速度，提高绑扎质量。

编制内容中可描述设备的操作方法，包括电池安装与充电、钢筋放入捆扎位置的技巧、启动捆扎操作的流程等。对比传统人工绑扎方式，量化分析其在提高施工效率方面的表现，如每分钟可完成的捆扎点数、每天能完成的工作量等，说明如何通过合理安排施工人员与设备的配合，进一步提升整体施工效率。

（6）钢筋电子划线器

适用于主体阶段板钢筋绑扎前的定位划线，设置好间距尺寸，直接推行即可完成划线，提高划线的正确率，加快工序速度。

编制内容中可描述钢筋电子划线器的操作方法，包括电源开启、划线模式选择（如连续划线、间断划线）、划线深度和宽度的调节等。强调在不同钢筋材质和表面状况下的使用技巧，如对于表面有锈迹的钢筋，需先进行清洁处理以保证划线清晰。说明如何与钢筋加工和安装流程紧密结合，提高施工效率和质量。

（7）电动扳手

适用于内外架搭设降低工人劳动强度。

编制内容中可描述电动扳手的扭矩设置方法，包括如何根据螺栓规格和施工要求，通过设备的调节按钮或显示屏设置合适的扭矩值。阐述操作流程，如将扳手卡紧螺栓、启动电源进行紧固，以及在紧固过程中如何观察扭矩指示灯或显示屏，确保达到设定扭矩。强调在不同施工环境（如高空、狭窄空间）下的操作技巧和安全注意事项。

（8）电动钢筋弯曲机

适用于基础及主体阶段现场钢筋加工。

编制内容中可描述设备启动前的准备工作，如检查电源连接、弯曲模具的安装与选择。阐述钢筋弯曲的操作流程，包括钢筋的上料、固定，弯曲角度和弯曲半径的参数设置方法，以及设备运行过程中的观察要点。强调不同直径钢筋在弯曲时的速度控制和安全注意事项。

（9）电动钢筋切断机

适用于基础及主体阶段钢筋现场加工下料。

编制内容中可描述设备的操作流程，包括开机前检查、钢筋送料方式、切断按钮的操作等。强调安全操作要点，如设置防护挡板防止钢筋飞溅伤人、严禁在设备运行时进行钢筋调整等。说明如何根据钢筋直径和材质选择合适的刀片和切断参数。

（10）长杆打磨机

适用于地下室顶棚、墙面腻子打磨。

编制内容中可描述长杆打磨机的操作方法，包括安装打磨片、调节打磨机的转速和角度、启动设备进行打磨等步骤。阐述在不同打磨任务（如粗磨、细磨）下的操作技巧，如控制打磨力度和移动速度，以达到理想的打磨效果。强调与其他高处作业安全措施（如系安全带、搭建稳固脚手架）的配合。

（11）扫地机

适用于主体及装修阶段场地的清洁卫生，设置好路径进行自动清扫，节约人工。

编制内容中可描述扫地机在施工现场的作业流程，包括作业前对场地的初步检查，清除可能影响扫地机运行的障碍物。说明扫地机的操作方法，如启动设备、调整清扫宽度和速度、选择合适的清扫模式（如干扫、湿扫结合）。强调在不同施工区域（如室内、室外，不同地面材质）的清洁作业要点。

（12）红外线水平仪

适用于主体阶段及装修阶段的各项标高控制。

编制内容中可描述红外线水平仪的操作方法，包括设备的架设、调平步骤，以及如何通过激光束或光线投射来确定水平和垂直位置。强调在不同施工环境（如强光、暗光，室内、室外）下的使用技巧，如在强光环境下可使用遮光罩提高光线可见度。说明如何与其他施工工具（如墨斗、靠尺）配合使用，确保测量结果的准确性。

（13）激光测距仪

适用于装修阶段的室内单项测量。

编制内容中可描述激光测距仪的操作流程，包括开机、瞄准测量目标、启动测量等步骤。阐述在不同测量场景下的应用技巧，如测量远距离目标时如何选择合适的反射面以增强信号，测量不规则物体时如何分段测量并计算总长度。强调在使用过程中保持仪器稳定和正确瞄准的重要性。

（14）数字电动钢筋切断机

适用于主体阶段圆盘钢筋的长条钢筋调直与切断，设置好长度及数量就可自动运行，提高工作效率。

编制内容中可描述设备的操作方法，包括开机预热、在数字面板上设置切断长度和数量等参数、上料和启动切断操作等流程。阐述如何通过设备的校准功能和定期维护，保证钢筋切断长度的精度和稳定性。强调在不同钢筋规格和材质下，如何合理调整设备参数以实现最佳切断效果。

5）智能生产

（1）预制桩构件

预制桩基构件包括预制根植桩、预制管桩等。根据《地质勘察报告》采用 BIM 技术进行深化设计，承载力验算，模拟施工；在工厂里用数控设备预制生产。现场采用钻孔根植施工工艺成桩，桩基连接采用智能机器人自动焊接，施工便捷，速度快。

① 智能设计优化

运用专业结构设计软件，如理正岩土、PKPM 等，结合项目《地质勘察报告》数据，借助 BIM 技术创建三维模型，全面整合桩基设计信息，包括钢筋布置、混凝土强度、预埋件位置等，实现各参与方可视化协同设计，提前发现设计冲突与施工难点。根据现场情况进行模拟施工。

② 生产流程自动化

构建自动化生产线，从钢筋加工开始，采用数控钢筋弯曲机、调直机等设备，依据预设程序精准加工钢筋，确保尺寸精度与质量稳定。钢筋笼制作环节，引入自动焊接机器人，高效完成焊接工作，提高生产效率与焊接质量。

混凝土浇筑采用自动化布料与振捣设备，按设定参数精确控制浇筑量与振捣时间，保证混凝土密实度。同时，利用物联网技术，在生产设备上安装传感器，实时采集设备运行状态、生产进度、构件质量数据等信息，上传至生产管理系统，便于管理人员实时监控与调度。

③ 智能质量检测

采用无损检测技术，如超声波检测、低应变检测等，对预制桩基构件内部质量进行全面检测。检测设备自动采集数据并运用专业分析软件判断构件是否存在缺陷，生成详细检测报告。

④ 智能质量追溯

建立质量追溯系统，为每个预制桩基构件赋予唯一二维码或射频识别（RFID）标签，从原材料采购、生产加工到成品检验、出厂运输，全过程信息记录在数据库中。一旦出现质量问题，可通过扫码快速追溯到问题源头，采取针对性措施解决。

（2）主体装配构件

主体装配构件包括 PC 构件、蒸压轻质混凝土（ALC）构件、钢结构构件等。

① 深化设计与协同管理

基于 BIM 模型进行深化设计，充分考虑构件拆分、运输、吊装及现场装配顺序等因素。通过模拟不同拆分方案对施工成本、进度、质量的影响，选择最优方案。同时，利用 BIM 协同平台，实现设计单位、施工单位、预制构件厂家等多方实时信息共享与协同工作，减少设计变更。

② 智能生产管控

运用制造执行系统（MES）全面管理主体装配构件生产过程。MES 系统根据订单需求制定详细生产计划，合理安排原材料采购、设备维护、人员调配等工作，并实时跟踪生产进度，对生产过程中的异常情况及时预警与处理。

在生产车间部署自动化设备，如自动化布料机、振捣设备、养护设备等，实现混凝土浇筑、振捣、养护等工序自动化控制。同时，利用传感器实时监测生产环境的温度、湿度、压力等参数，确保生产环境符合工艺要求。

③ 智能物流配送

利用智能仓储管理系统，对主体装配构件进行分类存储与管理。通过自动化立体仓库、自动导引车（AGV）等设备，实现构件快速出入库与精准配送，提高仓储空间利用率与物流效率。

④ 智能精准吊装

在吊装环节，采用智能化吊装设备，如配备先进传感器与控制系统的塔吊、汽车吊（汽车式起重机）等。通过传感器实时监测构件位置、姿态、吊钩受力等信息，利用智能算法和模拟仿真技术实现精准吊装，提高吊装作业安全性与效率。

（3）装配式装修构件

装配式装修包括整体卫浴、集成墙面、集成吊顶、装配式地板、整体厨房、预制隔墙等。

① 个性化定制设计

借助 VR 和 AR 技术，为客户提供沉浸式装修设计体验。客户可在虚拟环境中自由选择装修风格、构件样式、色彩搭配等，实时生成个性化装配式装修方案。

建立装配式装修构件库，将各类装修构件进行标准化、模块化设计，并通过参数化编程实现快速定制。设计师根据客户需求从构件库中选取合适构件进行组合设计，大幅缩短设计周期。

② 柔性化生产工艺

采用柔性生产线，通过调整设备参数和工艺流程，快速切换不同规格、款式装配式装修构件生产。例如，利用数控加工中心对多种板材进行高精度切割、打孔、铣型等加工操作，满足个性化定制需求。

③ 快速安装连接

采用便捷高效的安装连接技术，如卡扣式、磁吸式连接方式，减少现场安装工具与作业时间。制定详细安装操作规程，对安装人员进行专业培训，确保安装质量。

④ 智能检测纠偏

在安装过程中，利用激光测距仪、水平仪等智能检测工具，实时检测构件安装平整度、垂直度等指标，及时发现并纠正安装偏差，保证装修质量符合标准。

6）质量要求

（1）BIM 质量标准

① 模型精度要求

设计模型需达到 BIM 应用统一标准中 LOD350 细度，过程图纸有变更及时修改模型，各专业模型要进行闭合校核，优化不合理部位。规定各类构件信息的完整性，如建筑构件需包含材质、规格、生产厂家等属性；设备构件要附加性能参数、维护周期等信息，确保模型能为质量管控提供全面数据支持。

② 模型协同质量

制定模型整合与协同规则，要求各参与方（设计、施工、监理等）按照统一坐标系统、图层设置、命名规范进行模型创建与更新，避免因标准不一致导致的模型冲突与信息混乱。

建立模型审核机制，定期对整合后的BIM模型进行质量检查，包括碰撞检查（硬碰撞、软碰撞）、空间合理性检查等，及时发现并解决设计与施工过程中的潜在问题，确保模型指导施工的准确性。

③ 模型应用质量

针对施工进度模拟、虚拟建造等应用场景，确定模型的动态展示效果与数据交互准确性要求。例如，进度模拟应能精确反映各施工工序的时间节点与逻辑关系，通过与实际进度对比，及时调整施工计划。

规定基于BIM模型进行质量验收的流程与标准，如利用模型进行隐蔽工程验收时，需明确验收内容与模型对应关系，保证验收结果的可追溯性与准确性。

（2）软件平台质量要求

① 操作方便

质量数据采集模块应支持移动端便捷录入，能自动关联相关构件信息，并实时上传至数据库进行统计分析。

② 数据兼容

要求软件平台具备良好的数据接口，能够无缝对接各类常用设计软件（如AutoCAD、Revit）、施工管理软件（如Project）以及智能设备数据采集系统，实现数据的顺畅流通与共享，避免形成信息孤岛。

明确数据格式转换标准，确保不同来源数据在软件平台中能够正确解析与存储，保证数据一致性与完整性。例如，将BIM模型数据导入平台时，能准确识别并保留模型中的各类信息。

③ 系统安全

制定严格的安全防护措施，包括用户身份认证（多重认证方式）、数据加密（传输与存储加密）、访问权限控制（基于角色的权限管理）等，防止数据泄露与非法操作，保障项目信息安全。

（3）智能机器人质量要求

① 技术交底可靠。设备进场对操作人员进行技术交底，熟悉操作要领，并进行试运行，每天开工前进行预运行，对活动部件进行检查，保持润滑，过程中不得违章操作，下班前对设备进行清理排查，对不稳定的及时维修保养。

② 技术性能可靠。规定机器人的工作续航能力，如电池续航时间、充电方式与时间等，保证机器人能够持续稳定工作，减少因能源问题导致的施工中断。

③ 适应环境作业。要求机器人具备一定的自主避障、路径规划能力，能够在动态施工环境中安全作业。考察机器人作业任务的灵活性，如是否可通过编程或调整参数实现多种施工工艺操作，满足项目多样化施工需求。例如，同一台机器人可根据指令完成不同规格管道的焊接工作。

（4）台账质量要求

收集智能建造工程中的所有资料进行分类管理，并进行应用统计及对比；台账分为实施方案、BIM应用场景、建筑互联网及智慧工地应用场景、机器人应用场景、普及版工程装备场景、应用证明材料、应用成果记录。

7）安全与环保措施

（1）安全措施

① 设备安全评估。在引入智能设备（如智能塔吊、自动化施工机器人、无人机等）前，对设备进行全面安全评估。审查设备制造商的安全资质、产品安全认证，分析设备在不同工况下的稳定性、可靠性，评估潜在安全风险，如智能塔吊的防风抗倾翻能力、施工机器人的碰撞风险等。

② 系统安全防护。针对智能建造所依赖的信息化管理系统（如 BIM 协同管理平台、项目管理云平台等），制定严格的安全防护策略。设置多层级用户权限，采用加密技术保障数据传输与存储安全，防止数据泄露、篡改或被恶意攻击。定期进行系统漏洞扫描与修复，确保系统稳定运行，避免因系统故障引发施工安全事故。

③ 人机协同保障。涉及人机协同的施工流程，要明确人员与智能设备的工作界面和操作规范。例如，在自动化混凝土浇筑作业中，规定工人在设备运行前的准备工作、设备运行时的监控区域与职责，以及设备故障时的应急操作流程，避免人员与设备在作业过程中相互干扰。

④ 安全警示防护。在人机协同作业区域设置明显的安全警示标识，采用声光报警装置提示设备运行状态。为作业人员配备与智能设备相适配的个人防护装备，如有信号接收功能的安全帽，当设备靠近危险距离时能及时提醒作业人员。同时，对智能设备设置安全防护围栏或光幕，防止人员误闯入危险区域。

⑤ 数据分类管理。对施工过程中产生的各类数据（如设计数据、施工进度数据、人员信息数据、设备运行数据等）进行分类分级管理，明确不同级别数据的访问权限和保密要求。例如，涉及工程核心技术的设计数据和关键施工工艺数据设置为最高机密级别，仅授权特定人员访问。

⑥ 数据隐私保护。在收集、存储和使用人员相关数据（如生物识别信息用于门禁管理）时，遵循相关法律法规，确保施工人员的个人隐私得到保护。采用匿名化技术处理数据，避免个人敏感信息泄露，同时告知施工人员数据的使用目的和范围，获得其明确同意。

（2）环保措施

① 智能环保监测。利用物联网技术搭建全方位的施工现场环保监测系统。在施工现场部署空气质量传感器、噪声传感器、水质监测设备等，实时采集施工扬尘、噪声、污水排放等环境数据。通过无线传输技术将数据汇总至环保管理平台，实现环境数据的实时监测与分析。

② 环保数据预警。在管理平台中设置预警阈值，当监测数据超过阈值时，系统自动触发预警信息，通过短信、App 推送等方式及时通知相关管理人员。例如，当施工扬尘浓度超过设定上限时，系统立即发出警报，提醒采取洒水降尘等措施，实现对环境污染的早发现、早处理。

③ 设备节能减排。选用节能型智能施工设备，如配备能量回收系统的智能塔吊，在起升机构下降过程中将势能转化为电能并储存利用。对智能设备的运行参数进行优化，通过智能控制系统根据实际施工需求调整设备功率，避免设备在低负荷状态下的高能耗运行，降低施工过程中的能源消耗。

④ 能源循环利用。在施工现场利用新能源为智能设备供电，如在场地周边设置太阳能板为小型智能监测设备、无人机充电，或使用电动智能施工车辆替代传统燃油车辆，减少

施工过程中的碳排放，实现绿色施工。

⑤ 垃圾分类回收。在施工现场设置建筑垃圾智能分类设备，通过图像识别、传感器等技术对建筑垃圾进行自动分类，将可回收利用的建筑垃圾与不可回收的建筑垃圾分开收集。利用智能运输调度系统，将可回收垃圾及时运输至回收处理场所，提高建筑垃圾的回收利用率，减少对环境的影响。

⑥ 效果评估改进。根据环保措施效果评估结果，分析存在的问题和不足，及时调整和优化环保措施。例如，若发现某区域施工扬尘控制效果不佳，通过分析监测数据和现场情况，调整洒水降尘频率、优化围挡设置或改进物料堆放方式，持续提升施工现场的环保水平。

3.1.2 方案编制案例

1. 工程概况

1）工程名称：温州市瓯海仙岩镇区工业基地 B2-1 地块项目。

2）本项目位于温州市瓯海区仙岩街道东侧及南侧为竹溪河，西侧为沈竹路，北侧为仙竹路。共有 9 幢楼，其中 1、2、3、5、8、9 号楼 26 层，4、6 号楼 25 层，7 号楼 11 层，裙房、配电房 1 层。

3）建筑用地面积：38358m^2，总建筑面积 150215.00m^2，地上建筑面积：107785m^2，地下建筑面积 42420m^2，地下一层、局部 5 号楼范围地下二层。

4）结构类型：本工程为剪力墙结构，基础为桩承台满堂基础。建筑高度：1、2、3、5、8、9 号楼 79.5m，4、6 号楼 76.5m，7 号楼 42.2m，独立裙房 4.1m，垃圾房 4.72m，配电房 4.62m。

5）合同总工期：940d，根据合同要求开工后 90d 内完 BIM 深化及二次结构深化设计；210d 内完成首开区 8 号楼交付样板；300d 内完成正负零以下结构工程；430d 内完成整体结构封顶；620d 内完成公区精装修工程；750d 内完成市政及景观工程。

6）本项目智能建造应用场景包括：数字设计、建筑互联网 + 智慧工地、智能生产、智能施工、智能装备。

7）本项目智能建造实施的分部分项工程包括：主体混凝土浇筑、地下室建筑地坪、PC 楼板、PC 楼梯、内外墙饰面。

8）参建相关单位

建设单位：温州市瓯海新城建设集团有限公司。

代建单位：绿城房地产建设管理集团有限公司。

监理单位：浙江拓安工程项目管理有限公司。

设计单位：浙江绿城利普建筑设计有限公司。

勘察单位：浙江省浙中地质勘察院有限公司。

总包单位：浙江正立高科建设有限公司。

9）项目管理目标

项目充分利用 BIM 技术、人工智能等新技术，改变传统的管理模式，推动现场管理智能化、建造方式智能化，以科技促进工程项目品质，提升安全建设，推动绿色发展，争创“浙江省智能建造示范项目”。

（1）工程质量目标：确保瓯江杯，争创钱江杯。

（2）工程安全目标：确保市标化，争创省标化。

（3）数字化管理目标：争创浙江省建设工程智慧工地示范项目。

（4）智慧工地目标：浙江省智慧工地示范项目。

（5）智能建造目标：争创浙江省智能建造示范项目。

2. 编制说明

1）编制依据

（1）《建筑工程施工质量验收统一标准》GB 50300—2013

（2）《建筑信息模型应用统一标准》GB/T 51212—2016

（3）《建筑信息模型施工应用标准》GB/T 51235—2017

（4）《建筑信息模型设计交付标准》GB/T 51301—2018

（5）浙江省《智慧工地评价标准》DB33/T 1258—2021

（6）浙江省《智慧工地建设标准》DB33/T 1248—2021

（7）浙江省《建筑信息模型（BIM）应用统一标准》DB33/T 1154—2018

（8）《温州市人民政府办公室关于印发温州市智能建造试点城市实施方案的通知》

（9）《温州市智能建造试点（示范）项目评价指标（试行）》

（10）《关于发布温州市智能建造装备推广目录（第一批）的通知》

2）编制原则

（1）严格按照政策文件，相关施工技术规范和质量评定与验收标准；

（2）自始至终对施工现场坚持实施全员、全方位、全过程严密监控，动静结合、科学管理的原则；

（3）强化精品意识，以精益求精、不断创新的企业精神为指导，争创优质工程；

（4）坚持技术先进性、科学合理性、经济适用性、安全可靠性与实事求是的原则。

3. 智能建造组织架构及分工

根据项目特点、专业配置要求，配置智能建造专班负责人及各专业相关人员（主要 BIM 等数字化、机器人操作等人员），建立层级分明、专业齐全、规模适配的智能建造团队组织架构。考虑项目可能的变化和突发情况，组织架构具备灵活性，能及时调整应对。

完善人员组织架构，提高各专业间发现问题、协调效率。充分消除专业间壁垒，提升团队工作效率。为每个岗位和人员清晰界定工作范围和职责。确保智能建造与施工实际需求相符。图 3.1.1 为人员组织框架图，表 3.1.1 为部门主要管理职责。

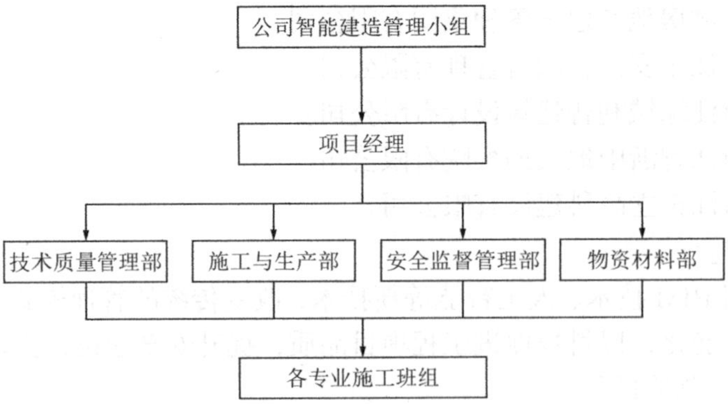

图 3.1.1　人员组织框架

部门主要管理职责 表 3.1.1

序号	项目部门	主要管理职责
1	项目经理	①组织编制智能建造实施方案、制定管理细则； ②组织智能建造整体的实施； ③统一协调
2	技术质量管理部	①参与编制智能建造实施方案； ②负责智能建造相关施工技术交底； ③负责 BIM 系统模型创建：编制 BIM 执行计划，经业主批准后组织实施； ④将建立的模型分发给各专业分包，督促其在同一平台上运用规定的软件建立模型并深化； ⑤督促各专业分包在施工过程中维护和运用 BIM 系统模型； ⑥编制 BIM 系统运行计划，审核各分包的分阶段 BIM 模型数据提交计划； ⑦负责智慧工地的组织实施和技术支持
3	施工与生产部	①负责监督管理项目智能建造计划及其保证措施，对资源投入、劳动力安排、材料设备进出场等提出计划报项目部审定； ②负责编制项目智能建造施工月度计划并进行考核纠偏； ③负责智能施工机具或装备的管理及使用，机器人等； ④负责牵头对智能装备的检查、验收相关工作
4	安全监督管理部	①负责智能建造安全生产管理； ②牵头负责智慧工地应用
5	物资材料部	①负责材料供货计划管理，监督相关加工厂/供应商履行合同约定； ②制定材料存储、调拨计划，负责相关材料的收货、存储、调拨等事宜； ③协助做好各生产环节的配合工作

4. 实施时间计划

本项目施工总工期 940 日历天，计划开工日期 2023 年 3 月 27 日，计划竣工日期 2025 年 10 月 21 日。根据施工总进度计划和场地分区要求，智能建造各应用场景实施计划按照工程项目建设重要节点及工程建设进度部署优化。本项目各节点工期见表 3.1.2 和表 3.1.3。

温州市瓯海仙岩镇区工业基地 B2-1 地块总进度计划表

表 3.1.2

序号	分项名称	开始日期	完成日期	天数	持续天数
1	工程桩	2023/5/24	2023/7/20	58	142
2	支护桩	2023/5/24	2023/7/20	58	142
3	支撑梁	2023/6/1	2023/7/28	58	150
4	塔吊安装	2023/6/1	2023/6/10	10	102
5	基坑验收	2023/7/20	2023/8/20	32	173
6	土方开挖	2023/7/22	2023/9/20	61	204
7	桩验收	2023/8/1	2023/9/30	61	214
8	地下室结构	2023/8/2	2024/1/25	177	331
9	主体结构	2023/11/1	2024/5/3	185	430
10	施工电梯	2023/12/2	2023/12/22	21	297
11	砌体结构	2023/12/16	2024/6/3	171	461
12	地下室验收	2024/3/1	2024/3/10	10	376
13	人防结构验收	2024/3/1	2024/3/10	10	376
14	结构一次验收	2024/5/1	2024/5/10	10	437
15	结构二次验收	2024/7/2	2024/7/12	11	500
16	安装工程	2023/7/2	2024/11/10	498	621
17	一次装饰装修	2024/5/2	2024/8/20	111	539
18	二次装饰装修屋面	2024/7/13	2024/11/9	120	620
19	外墙抹灰	2024/5/20	2024/9/20	124	570
20	外墙涂料	2024/9/20	2024/11/9	51	620
21	厨卫防水	2024/9/20	2024/11/9	51	620
22	外架拆除	2024/9/16	2024/11/30	76	641
23	电梯安装	2024/7/16	2024/11/8	116	619
24	电力安装	2024/9/1	2025/1/10	132	682
25	燃气安装	2024/8/1	2025/1/10	163	682
26	塔吊施工电梯拆除	2024/8/20	2024/11/20	93	631
27	附属景观	2024/12/10	2025/3/19	100	750
85	各专项验收	2025/1/20	2025/4/30	101	792
97	联合验收	2025/7/1	2025/7/7	7	860
98	备案	2025/7/7	2025/10/21	106	939

智能建造实施时间计划表 **表 3.1.3**

序号	阶段	内容	开始日期	完成日期	天数
1	项目各阶段进度计划	基础结构	2023/3/27	2023/8/20	146
2		主体结构	2023/6/5	2024/6/3	364
3		装饰装修	2023/7/20	2024/11/10	479
4		附属景观	2024/12/10	2025/3/15	95
5		验收交付	2025/3/16	2025/10/20	218
6	BIM 技术应用	施工总平面布置	2023/3/1	2023/5/20	80
7		综合管网矛盾碰撞搜索	2023/3/27	2023/10/20	207
8		装饰面层铺装排板及优化	2024/3/27	2024/10/20	207
9		墙体工程精细化施工	2024/1/5	2024/4/30	116
10		风险源模型展示及教育	2023/3/27	2024/8/20	512
11		BIM 技术施工预算	2023/3/27	2023/12/20	268
12		装饰吊顶中的吊筋综合配料	2024/1/20	2024/12/20	335
13	建筑互联网＋智能工地应用	智慧工地管理平台	2023/11/8	2025/10/8	700
14		实名制考勤机	2023/3/30	2025/10/8	923
15		智能安全帽	2024/3/10	2025/3/30	385
16		智慧音响	2023/3/30	2025/10/8	923
17		智能地磅	2024/3/26	2025/1/20	300
18		摄像机、高空 360°监控	2023/7/10	2025/3/20	619
19		高空 360°监控	2023/7/10	2025/1/20	560
20		无人机	2023/3/30	2025/5/30	792
21		噪声监测仪	2023/3/30	2025/3/30	731
22		扬尘监测仪	2023/3/30	2025/3/30	731
23		气候识别仪	2023/3/30	2025/3/30	731
24		用电限流器	2023/3/30	2025/3/30	731
25		智能电表	2024/3/20	2025/3/30	375
26		智能水表	2024/3/20	2025/3/30	375
27		可视化吊钩	2024/1/10	2025/1/10	366
28		驾驶室运行可视化	2024/1/10	2025/1/10	366
29		司机身份识别	2024/1/10	2025/1/10	366

续表

序号	阶段	内容	开始日期	完成日期	天数	2023年										2024年												2025年									
						3	4	5	6	7	8	9	10	11	12	1	2	3	4	5	6	7	8	9	10	11	12	1	2	3	4	5	6	7	8	9	10
30	建筑互联网+智能工地应用	塔机安全预警仪	2024/1/10	2025/1/10	366											■	■	■	■	■	■	■	■	■	■	■	■	■									
31		卷扬机可视化	2024/1/10	2025/1/10	366											■	■	■	■	■	■	■	■	■	■	■	■	■									
32		光电烟感报警器	2023/10/8	2025/5/30	600								■	■	■	■	■	■	■	■	■	■	■	■	■	■	■	■	■	■	■	■					
33	机器人应用	测量机器人	2024/3/20	2025/3/30	375													■	■	■	■	■	■	■	■	■	■	■	■	■	■						
34		地面整平机器人	2024/8/6	2024/12/30	146																		■	■	■	■	■	■									
35		内墙喷涂机器人	2024/8/10	2024/12/20	132																		■	■	■	■	■	■									
36		智能电梯	2024/4/10	2025/2/20	316														■	■	■	■	■	■	■	■	■	■	■								
37		地坪研磨机器人	2024/10/10	2025/3/30	171																				■	■	■	■	■	■	■						
38	普及版工程装备应用	座驾式抹平抹光机械	2024/8/10	2024/12/20	132																		■	■	■	■	■	■									
39		钢筋一体弯箍机	2023/7/1	2024/7/30	395					■	■	■	■	■	■	■	■	■	■	■	■	■															
40		振平尺	2023/7/1	2024/6/30	365					■	■	■	■	■	■	■	■	■	■	■	■																
41		振平覆膜一体机	2023/7/1	2024/6/30	365					■	■	■	■	■	■	■	■	■	■	■	■																
42		全自动钢筋捆扎机	2023/7/1	2024/6/30	365					■	■	■	■	■	■	■	■	■	■	■	■																
43		钢筋电子划线器	2023/7/1	2024/6/30	365					■	■	■	■	■	■	■	■	■	■	■	■																
44		电动扳手	2023/8/10	2024/12/30	508						■	■	■	■	■	■	■	■	■	■	■	■	■	■	■	■	■										
45		电动钢筋弯曲机	2023/7/1	2024/6/30	365						■	■	■	■	■	■	■	■	■	■	■																
46		电动钢筋切断机	2023/7/1	2024/6/30	365						■	■	■	■	■	■	■	■	■	■	■																
47		长杆打磨机	2024/9/10	2025/3/30	201																			■	■	■	■	■	■								
48		扫地机	2024/3/1	2025/3/30	394													■	■	■	■	■	■	■	■	■	■	■	■	■							
49		红外线水平仪	2023/7/1	2025/3/30	638					■	■	■	■	■	■	■	■	■	■	■	■	■	■	■	■	■	■	■	■	■							
50		激光测距仪	2024/3/20	2025/3/30	375														■	■	■	■	■	■	■	■	■	■	■	■							
51		数字电动钢筋切断机	2023/6/20	2024/6/30	376				■	■	■	■	■	■	■	■	■	■	■	■	■																
52	运维	智能运维	2025/3/10	2025/10/20	224																											■	■	■	■	■	■

5. 智能建造场景应用及措施

1）智能建造场景应用

根据温州市智能建造试点项目创建标准要求，计划拟定智能建造场景。表 3.1.4 为 BIM 技术应用场景、表 3.1.5 为建筑互联网 + 智慧工地应用场景、表 3.1.6 为机器人应用场景、表 3.1.7 为普及版工程装备应用场景。

BIM 技术应用场景 **表 3.1.4**

序号	子项内容	要求	应用情况及时间
1	施工总平面布置	必选	2023/3/1—2023/5/20
2	综合管网矛盾碰撞搜重	必选	2023/3/27—2023/10/20
3	装饰面层的铺装排板及优化	必选	2024/3/27—2024/10/20
4	墙体工程的精细化施工	必选	2024/1/5—2024/4/30
5	施工阶段风险源模型展示和安全教育	必选	2023/3/27—2024/10/20
6	BIM 技术施工预算	可选	2023/3/27—2024/8/20
7	建立复杂节点的钢筋绑扎模型	可选	—
8	装饰吊顶中的吊筋综合配料	可选	2024/1/10—2024/12/20
9	其他	可选	—

建筑互联网 + 智慧工地应用场景 **表 3.1.5**

序号	类别	子项内容	要求	应用情况及时间
1	建筑互联网	智慧工地管理平台	必选	2023/11/8—2025/10/8
2	人员管理	①实名制考勤机，②智能安全帽	必选	2023/3/30—2025/10/8
		①AI 监控，②智慧音柱	可选	2023/3/30—2025/10/8
3	材料管理	①智能地磅	可选	2024/3/26—2025/1/20
4	区域管理	①摄像机，②高空 360°监控	必选	2023/7/10—2025/3/20
		①无人机	可选	2023/3/30—2025/5/30
5	环境管理	①噪声监测仪，②扬尘监测仪，③气候识别仪，④喷淋联动	必选	2023/3/30—2025/5/30
6	资源管理	①用电限流器	必选	2023/3/30—2025/5/30
		①智能电，②智能水表	可选	2023/3/30—2025/5/30
7	塔吊管理	①可视化吊钩，②驾驶室运行可视化	可选	2024/1/10—2025/1/10
		①司机身份（识别 + 考勤）仪，②塔机安全预警监控仪，③卷扬机可视化	可选	2024/1/10—2025/1/10
8	安全管理	①深基坑监测，②高支模监测	可选	2023/3/27—2023/8/20
		①卸料平台监测，②临边防护监测	可选	2023/6/5—2023/8/20
9	智慧消防	①声光报警器，②光电感烟报警器，③温感报警器	可选	2023/10/8—2025/5/30
10	其他	—		—

机器人应用场景　　表 3.1.6

序号	子项内容	要求	应用情况及时间
1	测量机器人	必选	2024/3/20—2025/3/30
2	地面整平机器人	必选	2024/8/6—2024/12/30
3	地坪涂敷机器人	必选	2024/10/10—2025/3/30
4	内墙喷涂机器人	必选	2024/8/10—2024/12/20
5	外墙喷涂机器人	可选	2024/9/10—2024/11/20
6	智能电梯	可选	2024/4/10—2025/2/20
7	其他	可选	—

普及版工程装备应用场景　　表 3.1.7

序号	子项内容	要求	应用情况及时间
1	座驾式抹平抹光机械	可选（全过程智能建造项目和装饰阶段智能建造项目均需有效选用10项以上装备）	2024/8/10—2024/12/20
2	智能打磨机械		—
3	电动磨盘		—
4	钢筋一体弯箍机		2023/7/1—2024/6/30
5	振平尺		2023/7/1—2024/6/30
6	振平覆膜一体机		2023/7/1—2024/6/30
7	全自动钢筋捆扎机		2023/7/1—2024/6/30
8	钢筋电子划线器		2023/7/1—2024/6/30
9	电动扳手		2023/8/10—2024/12/30
10	电动钢筋弯曲机		2023/7/1—2024/6/30
11	电动钢筋切断机		2023/7/1—2024/6/30
12	长杆打磨机		2024/9/10—2025/3/30
13	扫地机		2024/3/1—2025/3/30
14	红外线水平仪		2023/7/1—2025/3/30
15	激光测距仪		2023/7/1—2025/3/30
16	其他		—

2）BIM 应用措施

（1）项目正向设计

项目组组建专业的 BIM 团队，涵盖建筑、结构、机电、装修等各专业的 BIM 工程师，从桩基工程开始便进行正向设计。

① 建筑专业率先搭建主体模型，随后结构专业依据建筑模型设置梁、板、柱等结构构件，机电专业参照建筑模型开展深化设计。在关键节点，如主体结构完成、机电管线初步

布置完成时，各专业进行模型整合与校审，保障数据实时共享和交互。

② 各专业人员按要求构建精确模型。建筑专业完成内部空间布局等模型构建，结构专业准确设定各类构件。在一次整合模型时，通过碰撞检查发现结构梁与机电管线冲突，及时调整，避免了施工时的变更和返工。

③ 利用 BIM 模型的可视化特点，将设计方案以三维形式呈现。制作动画漫游供各方观看，还通过能耗模拟分析不同建筑围护结构设计方案的能耗，最终选择出最节能的方案，为决策提供有力依据。

（2）施工阶段 BIM 技术应用

开工前利用 BIM 模型，全面分析道路场地、建筑物、材料供应、机械设备和进度计划，进行可视化场地布置，划分为桩基、土方及地下室、主体结构、装修、附属 5 个阶段，规划机械进场、场地周转和材料堆放，模拟施工进度，统计机械和材料使用计划。

① 项目现场平面布置

主要考虑 4 个阶段的场地变化：地下室阶段、主体阶段、装修阶段、主体和装修交叉阶段（图 3.1.2～图 3.1.5）。考虑地下室、主体、装修、主体和装修交叉四个阶段场地变化，用 BIM 技术进行三维场布。合理划分施工和材料堆放区，布置施工道路，保障运输畅通，减少工种干扰，满足安全消防要求，临时设施不占用施工场地。

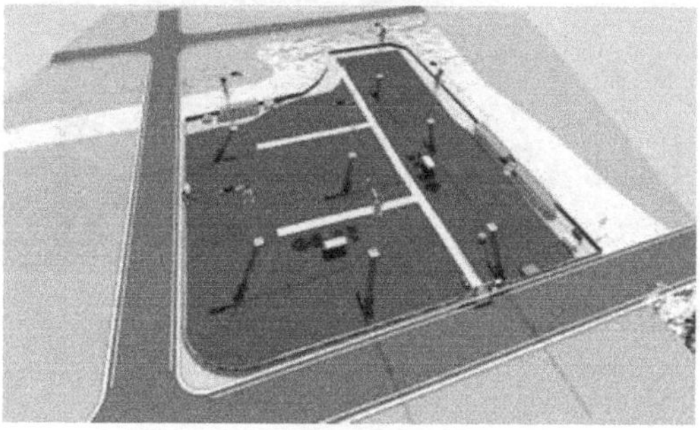

图 3.1.2 地下室阶段

图 3.1.3 主体阶段

图 3.1.4 装修阶段

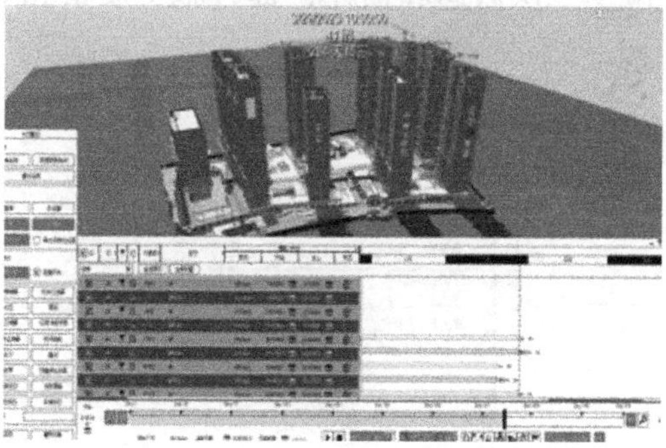

图 3.1.5 主体和装修交叉阶段

② 施工模型冲突检测及综合三维管线

整合专业施工模型形成 BIM 模型，如图 3.1.6 所示，设定冲突检测和管线综合原则，用 BIM 软件找出并调整冲突碰撞，产出调整后的专业模型和检测报告，依深化模型出图。

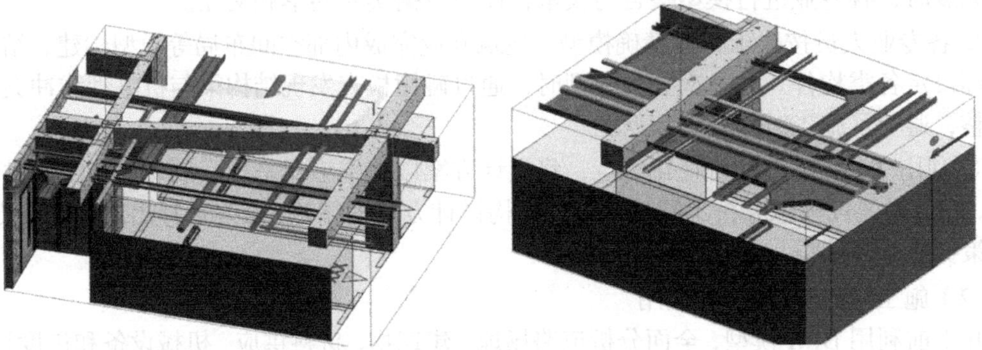

图 3.1.6 混凝土构件与管线的碰撞

③ 装饰面层的铺装排板及优化

图 3.1.7 为饰面砖排板。借助 BIM 技术进行装饰面层铺装排板优化，提前解决施工问题，生成效果图方便决策。

图 3.1.7 饰面砖排板

④ 砌体排砖

图 3.1.8 为排砖图纸，图 3.1.9 为现场排砖。提前明确所需材料，规划运输量，集中加工，减少二次搬运和损耗，提升施工质量和效率。

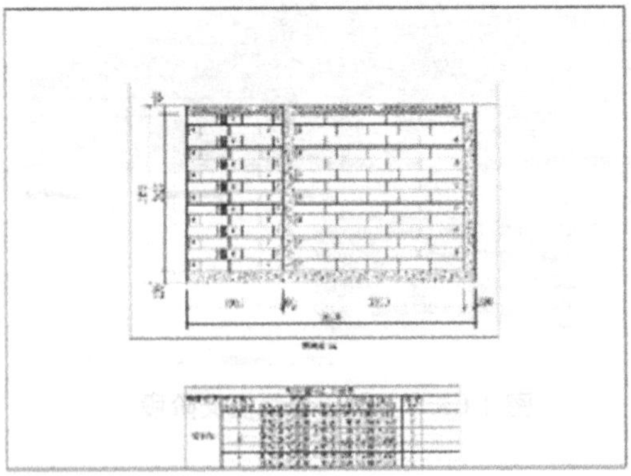

图 3.1.8 排砖图纸

图 3.1.9 现场排砖

⑤ 风险源模型展示和安全教育

图 3.1.10 为临边防护，图 3.1.11 为安全通道。结合施工工艺、现场环境和过往经验，

识别高处作业、电气安全等风险源，在 BIM 模型中标记展示，构建风险源模型，通过动画演示、模拟事故场景开展可视化安全教育。

图 3.1.10 临边防护

图 3.1.11 安全通道

⑥ 数字化辅助审查

图 3.1.12 为地下室坡道三维标高标注、图 3.1.13 为车库三维标高标注、图 3.1.14 为地下室坡道三维标高标注、图 3.1.15 为地下室三维漫游。对设计图纸进行建筑、结构、机电智能辅助审查，涵盖模型质量（命名、完整度、精细度等）和设计质量（碰撞、净高、规范等），及时发现并解决问题。

图 3.1.12 地下室坡道三维标高标注

图 3.1.13 车库三维标高标注

图 3.1.14 地下室坡道三维标高标注

图 3.1.15 地下室三维漫游

3）建筑互联网 + 智慧工地应用措施

（1）建筑互联网数字化平台

如图 3.1.16 所示，借助建筑数据协同平台，实现智能建造全生命周期数字化。以 BIM 模型为核心，整合规划、设计、施工及运维阶段的大数据，实现高效交互与管理。参建各方通过 Web 端与移动端，便捷地进行数据输入、采集、协同及管理。在取得施工许可证开工后，项目团队依照《温州建筑产业工人综合平台项目端操作手册》，注册智慧工地管理账号，并安排专人负责日常数据更新与维护，保证数据真实、及时，平台网址为 https://wh.zphzkj.net:98/#/home/index。

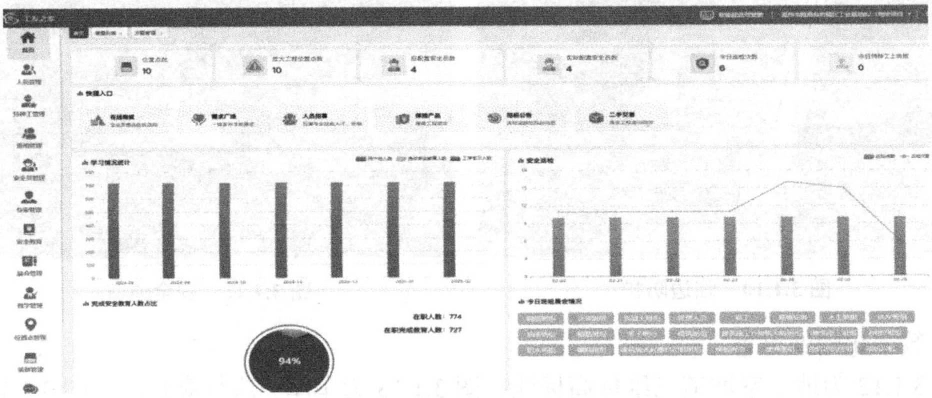

图 3.1.16　建筑数据协同平台

（2）智慧工地

智慧工地集成多类子系统，如工地人员实名制、塔吊管理、吊钩可视化、智能升降机监控、环境监测、水电管理、视频监控中心、基坑监测、高支模监测、台账管理等，通过系统间的数据互联互通，推动工地管理智能化。如图 3.1.17～图 3.1.24 所示。

图 3.1.17　实名制考勤机

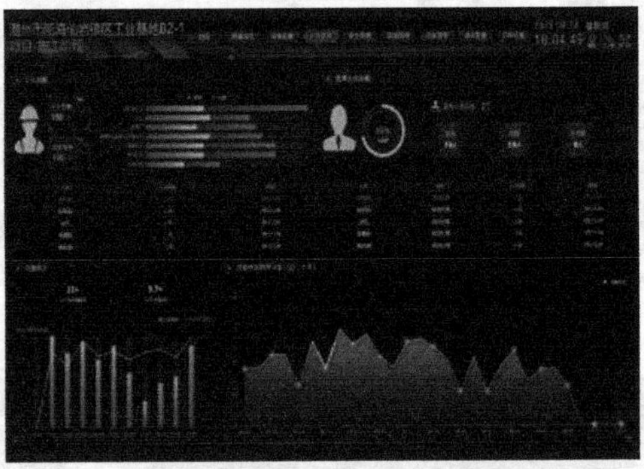

图 3.1.18　人员管理分析

图 3.1.19　施工监测

图 3.1.20　环境监测

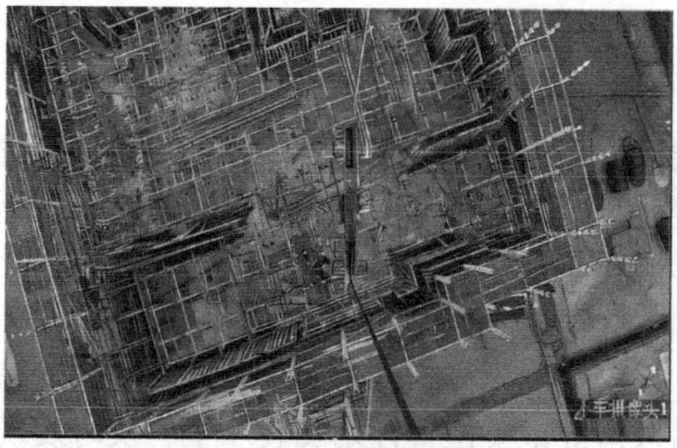

图 3.1.21 塔吊吊钩可视化

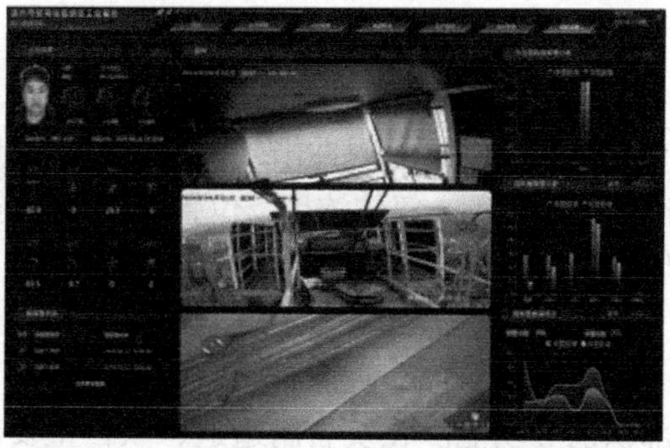

图 3.1.22 塔吊监测系统

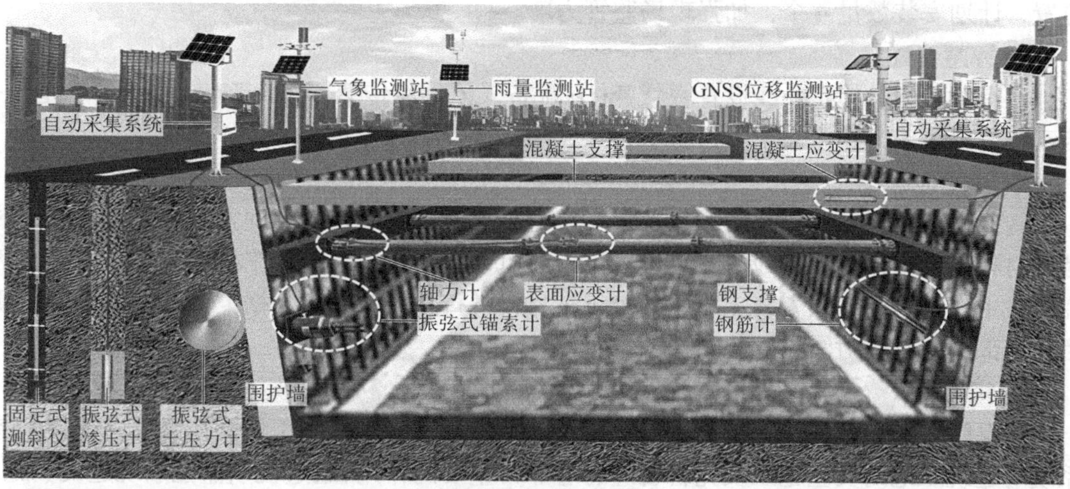

图 3.1.23 基坑监测

图 3.1.24 视频监控

① 实名制考勤机

项目开工后，在项目大门与工人生活区布置实名制考勤机，要求所有管理人员与工人上下班打卡，以此作为工资结算依据。

② 智能安全帽

智能安全帽具备耐冲击外壳与内衬减震层，集成物联网卡与传感器，可实时传输数据，监测温度、湿度、气体浓度、位置及运动状态等。现场施工管理人员与作业班组长佩戴后，方便进行场区安全管理。

③ 人工智能（AI）监控

相比传统监控，智能视频监控在可控性、报警精度等方面优势显著，具备物体追踪、面部识别等功能。在实名制通道、项目主要出入口等重要位置计划安装 4 个，及时发现异常并报警处理，降低监控成本。主要安装在实名制通道、项目主要出入口、加工棚等重要位置，计划安装数量 4 个，加强现场监管力度。

④ 智慧音柱

在有危险源的施工一线设置智慧音柱，配备人体感应传感器，一旦有人进入警示范围，自动报警提醒工人注意安全。

⑤ 智能地磅

智能地磅具有自动化程度高、数据安全性高、过磅速度快、管理方便等优势，可有效减少材料称量错误。智能地磅安装位置位于项目主要出入口，与洗车槽前后连接。该设备在首批主材进场前必须安装完成，并对每车材料进行过磅验收，数据上传线上平台，由项目材料部门每月核对盘点。

⑥ 摄像机

为保障建筑工地人员及财产的安全，在工地项目建设中安装工地监控系统。视频监控系统对建筑工地的安全施工及完善管理有着非常重要的作用，通过视频监控系统建设实施，加强工地人员管理，精确掌握考勤情况、各工种上岗情况、安全专项教育落实情况、违规操作情况，实现施工现场劳务人员实时动态管理和安全监督，提升企业信息化管理水平，同时切实落实企业社会责任。用于施工主要出入口、材料堆场、红线围挡及生活区、办公区位置。

⑦ 高空 360°监控

高空 360°监控安装位置位于场地最外围塔吊最高点位置，对现场及项目周边位置进行全方位 24h 监控。

⑧ 无人机

无人机可以进行工地监测和勘测，通过航拍技术获取高分辨率的影像和数据，有助于及时了解工地的实际情况，检查施工进展、资源使用和质量控制等方面的问题。同时，无人机还可以生成数字地图和三维模型，为规划和设计提供准确的基础数据。同时，它能够捕捉到难以接近或隐蔽的部位，并记录下可能存在的缺陷、变形或其他问题，有助于提前发现潜在的施工质量问题，及时采取措施进行修复和调整。

⑨ 环境管理

一是工地扬尘在线监测仪器可以提供准确的扬尘污染数据。它通过采集空气中的颗粒物浓度，包括 $PM_{2.5}$、PM_{10} 等细颗粒物浓度，可以反映出工地扬尘污染的情况。这些数据可以直观地展示出工地扬尘的来源、浓度等信息，为环境保护部门提供决策依据，这样可以避免因污染超标而引发的环境问题，保护工人和周边居民的健康安全。扬尘超标时，通过电气元件与喷淋联动，达到自动喷淋降尘的目的。

二是气候识别仪能够实时监测气象变化，包括风力、降水等条件，对即将发生的恶劣天气进行预警，预防事故的发生；根据气候识别仪监测的数据，工地管理人员可以合理安排施工进度计划，避免在恶劣天气进行危险施工操作。

三是施工噪声环境监测仪器设备可以实时监测施工场地的噪声强度和频率，并将数据传输到控制中心，以便管理人员及时了解施工噪声情况。当噪声超过预定阈值时，设备会自动报警，提醒管理人员采取相应措施，有效降低噪声污染。

⑩ 用电限流器

限流器是指能在电路中防止电器烧坏的一类电器，其主要功能是对电路进行限流，防止电流过大而造成电器损坏，或者造成人身伤害拟在宿舍区配备用电限流器，确保人员生活用电安全，避免火灾事故发生。

⑪ 智能电表

智能电表能够准确地测量和记录用户的电量消耗情况，能够实现用电数据的远程读取和传输，能够在峰、平、谷不同时段设置不同的电价，更好地管理用电需求。计划生活区、办公区、作业区各配备智能电表一个，设置月度用电量、年度用电量指标，过程中进行节超分析，提出解决方案，达到节约用电的目的。

⑫ 智能水表

智能水表是利用现代微电子、传感、物联网技术对水量进行计量，利用数据传递及结算的新型水表，具有免人工抄表、远程数据采集和控制、实时监测和预警等功能，可以保障数据的准确性，可以帮助施工更加合理地利用水资源，从而达到节水的目的。计划生活区、办公区、作业区各配备智能水表一个，设置月度用水量、年度用水量指标，过程中进行节超分析，提出解决方案，达到节约用水的目的。

⑬ 塔吊管理

要求塔吊可视化全覆盖：可视化吊钩、驾驶室运行可视化、卷扬机可视化，并安装司机身份（识别 + 考勤）仪，实行一人一机管理，安装塔机安全预警监控仪。

⑭ 深基坑监测

计划投入监测设备 1 套。基坑开挖前，确定沉降、水平位移及地下水监测点位置及数量，优先考虑基坑受力最不利位置，安排专人对线上 24h 监测数据进行分析，当监测数据达到预警值时现场采取应急措施提前规避安全风险。

⑮ 高大模板支架监测

计划投入监测设备 1 套。高大模板支架监测设备主要监测的是支架体系实时沉降及偏移数据，施工时安排专人在混凝土施工前安装在支撑架立杆及横杆位置，用于监测支架承载力及稳定性受力分析最不利位置，当监测数据达到预警值时现场采取应急措施提前规避安全风险。

⑯ 卸料平台监测

计划投入监测设备。卸料平台完成验收后，在卸料平台钢丝绳处安装监测装置，装置通过对受拉钢丝绳拉力数据监测，超过设计承载力时发出声光警报提醒作业人员停止卸料加载，提前规避安全风险。

⑰ 临边防护监测

计划投入监测设备 4 台，主要用于基坑开挖阶段临边防护报警及主体、二次结构施工阶段临边防护报警。

⑱ 智慧消防

投入声光报警器、光电感烟报警器、温感报警器用于生活区、办公区及现场加工棚区域。

4）机器人应用措施

明确智能装备来源、数量、实施部位、施工工程量、人员配置等。

（1）测量机器人

测量机器人应用在混凝土结构、高精砌块/墙板、抹灰、土建装修移交、装修、分户验收等阶段与环节，对墙面平整度、垂直度、方正性、阴阳角、天花板水平度、地面水平度、天花板平整度、地面平整度、开间进深与极差等测量项进行测量。图 3.1.25 为施工工艺流程，图 3.1.26 为测量机器人现场测量，图 3.1.27 为手机显示测量成果，图 3.1.28 为实测实量统计。

① 测量机器人室内测量施工工艺流程

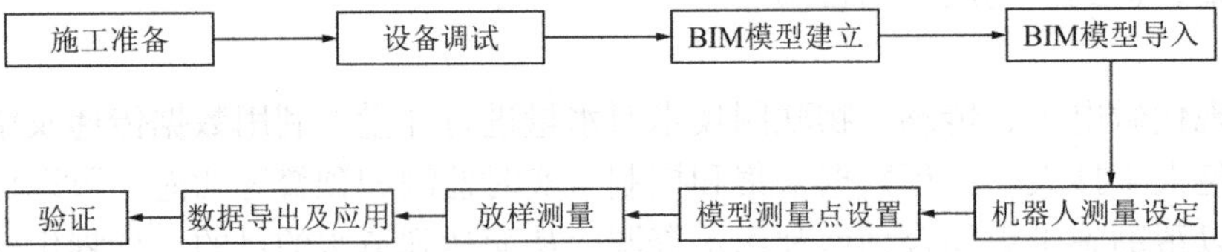

图 3.1.25　施工工艺流程

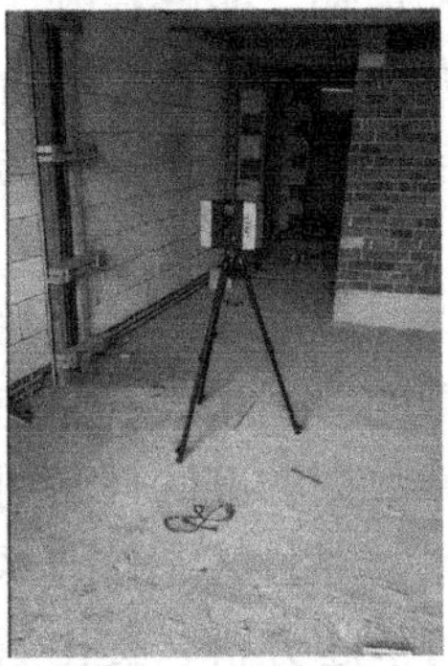

图 3.1.26　测量机器人现场测量

图 3.1.27　手机显示测量成果

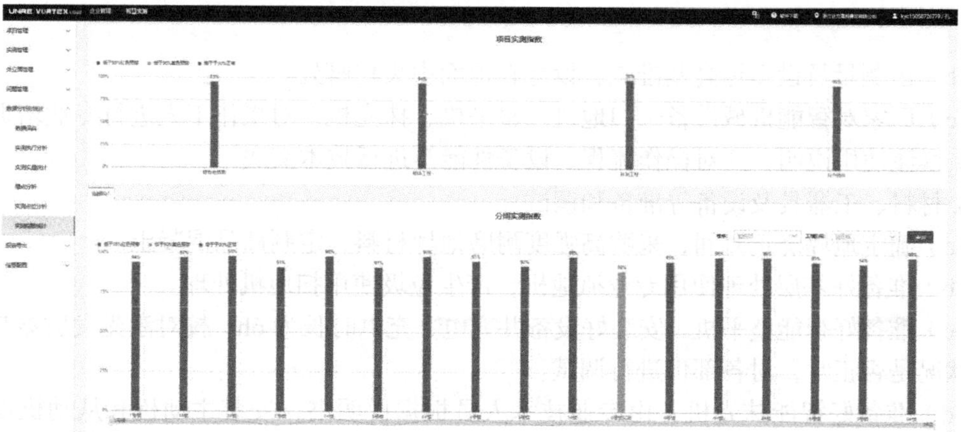

图 3.1.28 实测实量统计

② 测量机器人室内测量施工质量要求

一是施工人员上岗前对测量机器人的说明书要充分解读，并做好技术交底负责机器人维护，需要熟悉机器人基本原理与基本结构构成；

二是检查测头视窗表面的灰尘情况，清洁传感器视窗表面，保持干净整洁；

三是检查激光雷达表面的灰尘情况，清洁雷达表面，保持干净整洁；

四是测头需定期进行标定，校准，不允许私自拆卸操作；测头为精密部件，避免用手握拿激光镜片、镜头位置，避免在恶劣扬尘环境下测量，以免影响测量结果；

五是测头为光学精密部件，需要定期返厂检测和重新标定，以免影响测量结果；

六是测量过程中严禁人员随意走动，以免形成误判，造成误差。

（2）地面整平机器人、地面抹光机器人

地面整平机器人应用于住宅楼层、地库等需要混凝土整平作业的场景，在混凝土初凝阶段进行提浆、收面和控制标高。本项目地面整平量共计 120694m^2。计划应用面积不少于项目实施总量的 80%。地面抹光机器人在地面整平机器人施工的基础上进行操作。

① 施工工艺流程，如图 3.1.29 所示。

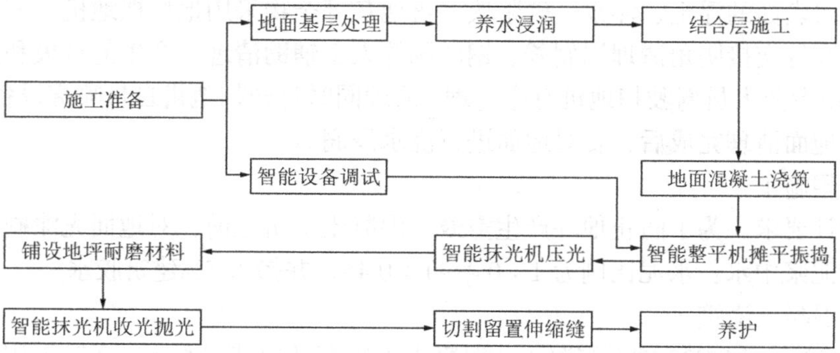

图 3.1.29 施工工艺流程图

② 操作要点

a. 施工准备

（a）编制《智能机械设备建筑地坪专项方案》，经审核、审批通过，施工前进行技术交底。

（b）由测量员设立标高基准点，设立在地面中央柱脚处。

（c）厂家对智能机械设备（扫地机、整平机、抹光机）对操作工人进行专业培训，操作人员读懂使用说明，并对操作流程、设备性能等进行技术交底。

b. 材料、工器具及设备等准备和调试

（a）确定地坪浇筑时间，采购高强度耐磨地坪材料，定制商品混凝土。

（b）准备好基层处理使用专业抓地机，产生垃圾使用扫地机处理。

（c）准备好智能整平机，安装好设备并充电，充电时长为 6h，校对激光发射器与设备连接状况是否正常，对各部件进行调试。

（d）准备好智能抹光机，由专业技术人员根据说明书，安装主动机和从动机设备整机连接，并充电 4h，配置遥控器，连接抹光机，进行实操调试。设备实操调试如图 3.1.30 所示。

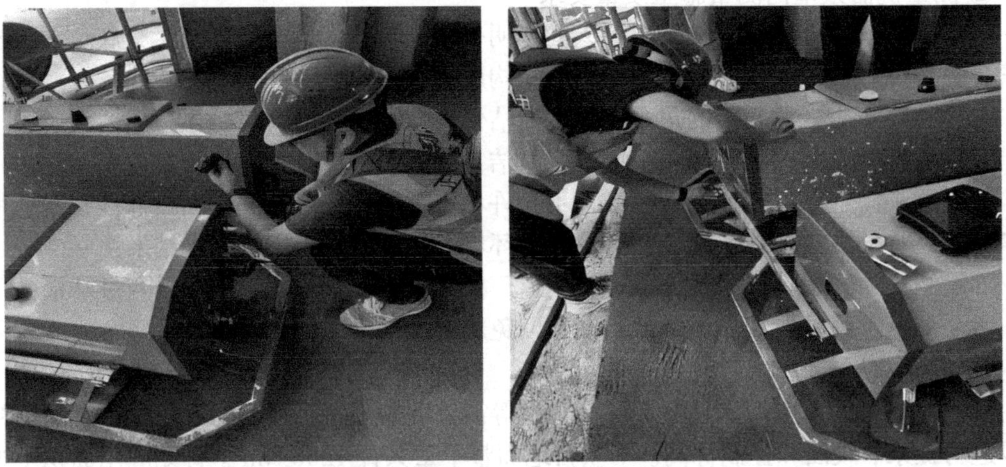

图 3.1.30　设备实操调试

c. 地面基层处理

楼板基层表面的浮土、浮浆、砂浆块、落地灰等杂物采用地坪抓地机大面清理，地面与墙面和柱脚等交接阴角清理用剁斧、钢丝刷等人工辅助清理，产生的垃圾和杂物清理使用扫地机，由专业人员驾驶扫地机有序清理，清理同时打开扫地机自带喷雾设备喷雾洒水，防止扬尘。地面清理完成后，要对地面进行浇水浸润。

d. 结合层施工

根据设计要求，为了防止地坪产生空鼓，混凝土浇筑之前，对地面先涂刷水泥浆作为结合层，水泥浆中水：水泥比例为 1：0.4～1：0.45，并掺入 5%建筑胶水。

e. 地坪混凝土浇筑

地坪为 50mm 厚 C25 细石混凝土，混凝土采用商品预拌混凝土，运输采用电动小型运输车运输至施工部位，自动翻斗摊载；在监理等相关单位见证下取样，试块制作。

f. 智能整平机的使用

（a）设置激光发射器。根据设置的地面水平基准点和施工的位置布设激光发射器的位置，确保激光整平机在施工过程中任何位置均可接收到激光发射器的信号。根据信号发射器发射的信号调整混凝土整平机工作头的水平及高度，确保其高度处于混凝土地面的表面水准，同时确保混凝土整平机工作头处于水平状态，工作头两端高差不得超过 0.5mm。

（b）设备连接遥控器。启动整平机，长按遥控器电源按钮 3s，在遥控器触摸屏上操作配置，完成设置后重启遥控器，遥控器会自动连接整平机。

（c）操作设备施工。设备配置完毕后，等待混凝土摊铺完成，智能整平机的整平头宽度为 2m，根据地面几何尺寸，设计好整平机作业路线，将整平机行驶到工作区域作业面的起点位置，在遥控机上，推杆切换到自动，出现“自调平”字样（整平头自动调整为水平），激光切换到自动模式，设定油门 0.07m/s，开启振捣推平，机器行走沿着长方向推动方向杆作业。整平过程路线要直线行走，第一单线行走至底端后掉头折返整平第二路线，第一线与第二线要相互交合，直至施工整平完毕。智能整平机施工作业如图 3.1.31 所示。

图 3.1.31 智能整平机施工作业

（d）施工完毕后，将设备驶出作业区域，进行冲洗，不得向设备内部核心区冲水，清洗完毕后，根据实际情况将机器拆分或整机安置到转运架内。

g. 智能抹光机的使用

设备开机与遥控连接如图 3.1.32 所示，抹光机作业如图 3.1.33 所示。操作要点如下：

图 3.1.32 设备开机与遥控连接

图 3.1.33 抹光机作业

（a）遥控机设置。智能抹光机调试完成，运至作业区域，在施工现场设置遥控机。

（b）抹光作业。地坪混凝土整平后，待混凝土初凝，前置条件作业面人踩上去有脚印但下沉不超过 5mm，抹光机进行第一道作业，将调试完成后的智能抹光机运至作业区，长按遥控器开关按钮 3s，然后松开，遥控器开机同时显示屏亮起，连接主机，“抹盘转动”二挡开关往上拨，启动抹盘转动左边摇杆（油门）往上推，给定油门，右摇杆控制智能抹光机前进、后退、左右移动，在地坪混凝土上匀速行走抹光，抹至混凝土表面有水泥浆出现，保持地坪平整度。

（c）耐磨材料及第二道作业。当抹光机第一道抹光提浆到饱满状态时，均匀铺洒高强度耐磨材料，厚度为 3mm，再次把智能抹光机放置地坪位置进行抹光作业，按第一道方式施工，机器人抹光收光要平整有光泽。

h. 设置分隔缝、养护及成品保护

操作要点如下：

（a）终凝后 24h 内切割，按地坪柱轴线进行放线，用切割机切割伸缩缝，避免收缩开裂。

（b）终凝后 24h 内，及时洒水进行养护，每天浇水 2 次，至少连续养护 7d 后方准上人，养护期间房间应封闭，禁止进入，养护要及时、认真、严格按要求进行养护。

（c）地面养护期间不得上人，其他工种不得进入操作，养护期过后也要注意成品保护。

③ 质量控制

a. 原结构混凝土地面清理要充分洁净，做好水泥浆接浆，防止空鼓；

b. 智能整平机在整平过程中严禁超推，控制好标高；

c. 智能抹光机在抹光过程中严禁超抹，控制好平整度；

d. 通过加强对设备的维护保养，使设备处于最佳的使用状态以满足工程进度和施工工艺规程的要求；

e. 地坪质量控制：表面平整度允许偏差 3mm；标高允许偏差±3mm。

（3）地坪涂敷机器人

对地面进行粗磨、细磨与抛光作业，确保地面平整度与光洁度达到高标准。在大面积地下室等开阔区域，机器人能快速完成大面积研磨，每小时处理面积达 200m^2，是人工效率的 5 倍。借助智能控制系统，远程监控机器人工作状态，及时调整参数，保障研磨均匀。机器人在研磨同时，启动清洗功能，利用高压水枪冲洗地面，将污泥吸入内置过滤装置。经过多级过滤，污泥被分离，清水循环使用，污泥则被压缩固化。在固化地坪施工关键环节，机器人根据地面面积与材质，精确控制固化剂涂抹量。通过均匀喷涂，确保固化剂充分渗透地面，增强地面硬度与耐磨性。在地下室通道等高频使用区域，经机器人施工的地面，硬度提升 30%，有效延长使用寿命。

地坪涂敷机器人如图 3.1.34 所示。

图 3.1.34　地坪涂敷机器人

（4）内墙喷涂机器人

① 施工工艺流程，如图 3.1.35 所示。

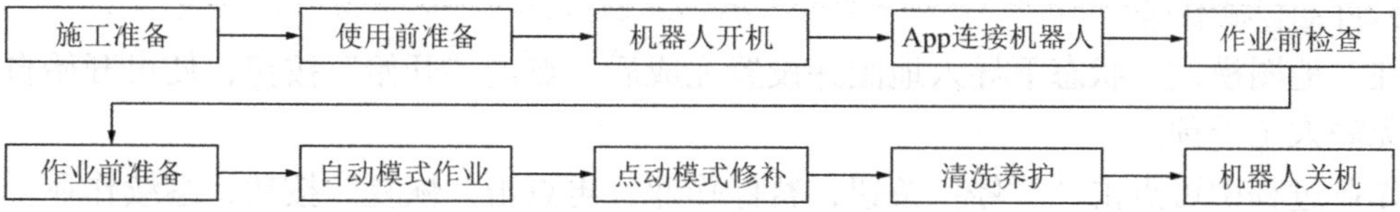

图 3.1.35 施工工艺流程图

② 操作要点

a. 施工前准备

（a）喷涂所需的涂料品牌及颜色等应符合图纸及业主要求，进场材料必须具备产品合格证书及相应的性能检验报告。

（b）抹灰、腻子等基层处理应严格按照施工规范及图纸要求施工到位，基层含水率、涂料黏度等符合规范要求。

b. 使用前准备

准备施工场景建筑图纸，并转化为无标注可识别的图纸。

c. 作业前检查

机器人设备连接成功后，点击“开始工作”图标，App 进入工作界面，检查平板页面上各个信息是否正常，并测试设备移动是否正常，若均为正常，便可准备施工作业。待机械臂信息显示“回零位完成”，且机械臂指示灯为绿色时，说明机械臂启动成功。此时可以点击“回零位”按钮，试动机械臂。图 3.1.36 为内墙喷涂机器人调试。

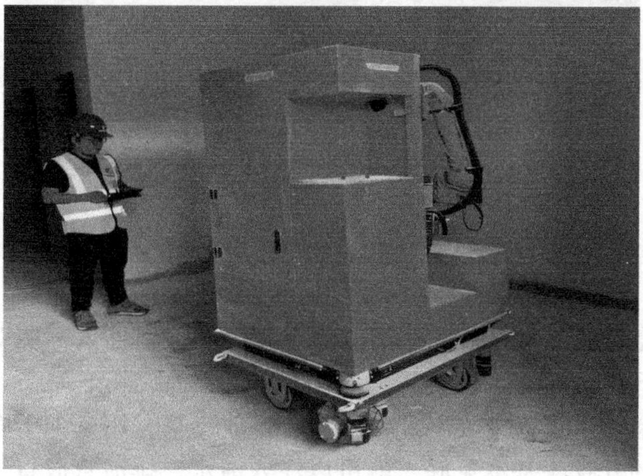

图 3.1.36 内墙喷涂机器人调试

d. 作业前准备

（a）调整作业参数

点击屏幕右上角“设置”按钮，进入参数设置界面，不同设备类型（乳胶漆喷涂、打磨、腻子喷涂）下进入的工作界面，设置参数略有不同。

（b）上传施工地图

机器人自动喷涂必须在“地图模式”状态下进行，并上传地图和设置作业点，点击屏幕右边“地图”按钮。

（c）将所需的涂料运至施工现场，并倒入机器人料筒内。

e. 自动模式作业

在“地图模式”状态下导入地图并设置完成后，点击“开始”按钮，便可开始自动作业，无需人工干预。

作业过程中可点击“暂停”按钮，暂停作业，再点击“恢复”按钮，继续作业。作业过程中或作业完成后点击“停止”按钮，退出自动模式，回到转移模式。

自动作业完成后，点击“停止按钮”，退出自动作业模式，回到转移模式。

f. 点动模式修补

自动作业完成后，如有喷涂不到位的地方需要修补，可以选择点动模式，进行补充作业。在主工作界面的右边，点击“点动”按钮，进入点动界面。操作人员可以点击“1”～“5”按钮选择喷涂第几道，机械臂走到第几道的起始位，对不需要重复喷涂的区域设置好非作业区间，再点击“开始喷涂”按钮，开始喷涂当前道。点击“取消”，退出点动模式，回到转移模式。图 3.1.37 为机器人喷涂作业。

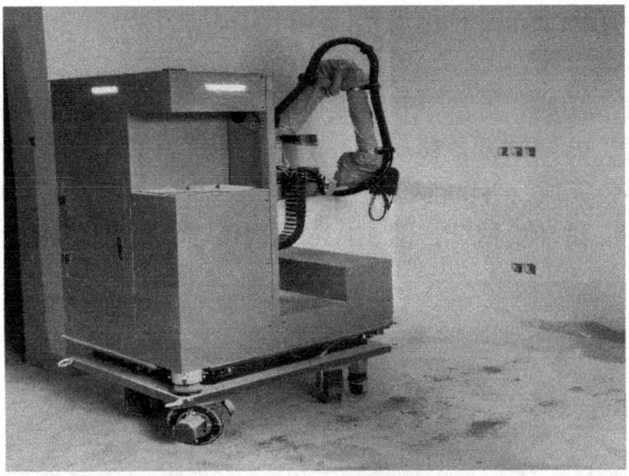

图 3.1.37　机器人喷涂作业

g. 清洗养护

作业完成后，需对机器人进行一些清洗和养护。喷涂机器人需要对喷涂机和管道进行清洗，清洗步骤如下：

（a）将料桶多余的乳胶漆排放出来，用喷枪排放出来，用一个干净的桶回收。

（b）等到多余的乳胶漆基本见底，就可以注入清水，排泄管放置于料桶外面，进行回流，一边注入清水，一边排泄，直至排泄出清水，然后旋动压力控制器至最小，再将填料阀旋转至水平方向，旋动压力控制器，逐步增大，开始加压，打开喷嘴开关，仍然一边注入清水，一边喷，直至喷出清水。

（c）旋动压力控制器至最小，打开喷嘴开关，卸载管内的压力。然后拆除过滤网和喷嘴，冲洗干净。

（d）最后对整机和各个激光测距传感器进行擦拭，保持干净。机械臂回零，清洗养护完成。

③ 质量控制

a. 墙面喷涂施工质量及验收参照《建筑装饰装修工程质量验收标准》GB 50210—2018 等规范要求执行。

b. 施工前应编制专项施工方案并经审批后实施。施工前对施工人员进行专项技术交底，并做好相应记录。

c. 涂料工程施工前应由施工单位按工序要求做好样板，经建设单位及相关单位认可后进行施工。

d. 新建筑物的混凝土或抹灰基层在用腻子找平或直接涂刷涂料前应涂刷抗碱封闭底漆。

e. 混凝土或抹灰基层在用溶剂型腻子找平或直接涂刷溶剂型涂料时，含水率不得大于 8%；在用乳液型腻子找平或直接涂刷乳液型涂料时，含水率不得大于 10%；木材基层的含水率不得大于 12%。

f. 涂饰材料的黏度应根据施工方法、施工季节、温度、湿度等条件严格控制，并由专人负责调配。喷涂时，应控制涂料黏度，喷枪压力，保持涂层均匀，不漏底、不流坠、色泽均匀。

g. 同一墙面或同一作业面同一颜色的涂饰应用相同批号的涂饰材料。

h. 涂料施工完毕，应按涂饰材料的特点进行养护。施工后应根据产品特点采取成品保护措施。被污染的部位，应在涂饰材料未干时清除。

（5）外墙喷涂机器人

① 施工工艺流程（图 3.1.38）

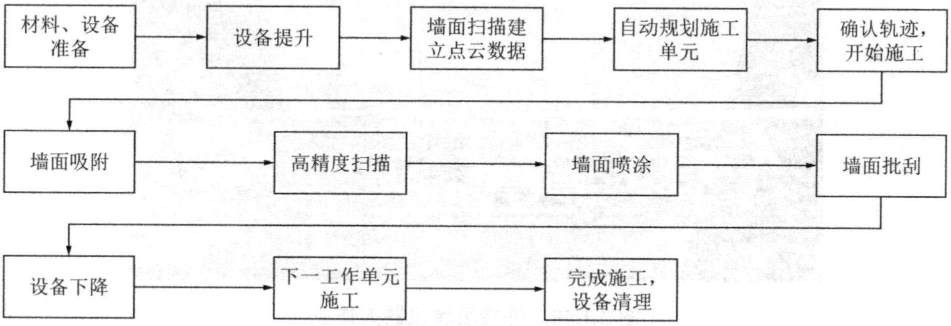

图 3.1.38　施工工艺流程图

② 操作要点

a. 人工施工完成基层处理及美纹纸保护后，吊篮人工操作平台需更换为机器人平台施工，首先把人工操作平台放置地面或施工最低点，确保钢丝绳完全不受力的情况下抽出工作钢丝绳和安全钢丝绳，接下来进行机器人设备安装。

（a）检查机器人设备平台各个关节处是否固定牢固。

（b）检查提升机安装架是否与机器人设备平台前、后护栏是否在一条直线上，检查后将提升机立置于地面，将提升机安装在提升机安装架上，拧紧所有连接螺栓上的螺母；安全锁应完好有效，安装时注意使安全锁支架朝向平台外侧。严禁使用超过有效标定期的安全锁（标定有效期为一年）。

（c）拧下安全锁上的六角螺母，将提升机的上限位行程开关安装在该处。

（d）将电器箱挂在工作平台后篮片的中间空格处，将电机插头、手握开关插头分别插入电器箱下部相应的插座内（下限位行程开关安装在提升机安装架下部的安装板上）。

（e）各航空插头分别插入电器箱下面对应的插座内，所有航空插头在接插过程中必须对准槽口，保证插接到位，以防止虚接损坏，确认无误后连接电源。

b. 机器人描缝作业

在外墙智能风稳平台的基础上，基于墙面扫描点云数据和 BIM 信息识别，实现墙面喷墨轨迹规划，再通过在滑轨末端搭载喷涂系统，实现墙面自动描缝。此平台可实现高精度、高效率、无人化作业，解决现场工人描缝不顺直、乱涂乱画的问题。

c. 机器人喷涂作业

（a）施工前准备：安全设施检查、检查设备结构是否有异常、连接电源、启动 UPS。

（b）功能检查排查：操作员连接电脑远程控制机器人，根据《日常检查表》逐步对传感器、螺旋桨、机械臂、滑台等进行检查测试。

（c）加料和调枪：连接外部设备（空压机、供料系统）、根据不同涂料在楼下进行调枪、试喷涂。

（d）上墙施工：操作员设定好目标施工参数，进行机器人自主施工。

（e）清理工作：完成当天施工后要对喷涂系统管路进行清理、对附着在机器人上的涂料进行清理。图 3.1.39 为外墙喷涂机器人作业。

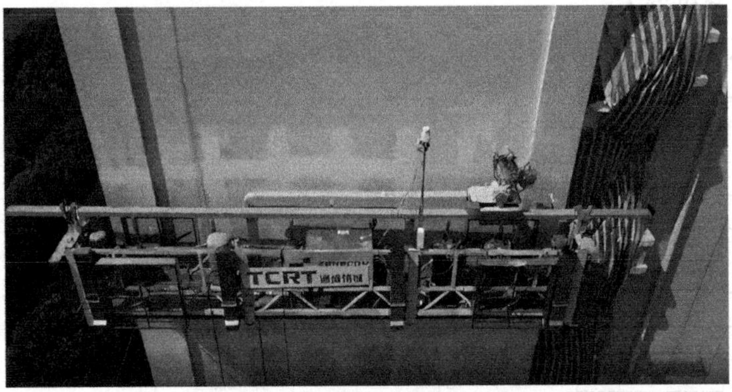

图 3.1.39　外墙喷涂机器人作业

③ 质量控制

涂料涂饰工程的允许偏差和检验方法见表 3.1.8、表 3.1.9。

涂料涂饰工程的允许偏差和检验方法　　**表 3.1.8**

项次	项目	允许偏差（mm）	检验方法
1	立面垂直度	4	用 2m 垂直检测尺检查
2	表面平整度	4	用 2m 靠尺和塞尺检查
3	阴阳角方正	4	用 200mm 直角检测尺检查
4	装饰线、分色线直线度	2	拉 5m 线，不足 5m 拉通线，钢直尺检查
5	墙裙、勒脚上口直线度	2	拉 5m 线，不足 5m 拉通线，钢直尺检查

涂料涂饰工程的检验方法　　表 3.1.9

项次	项目	普通涂饰	高级涂饰	检验方法
1	颜色	均匀一致	均匀一致	观察
2	光泽、光滑	光泽基本均匀，光滑无挡手感	光泽基本均匀，光滑	观察
3	泛碱、咬色	允许少量轻微	不允许	观察
4	流坠、疙瘩	允许少量轻微	不允许	观察
5	砂眼、刷纹	允许少量轻微砂眼、刷纹通顺	无砂眼、无刷纹	观察

（6）智能电梯

在导轨安装时，利用高精度激光测量仪，确保导轨垂直度偏差每 5m 不超过规定值，偏差控制在±0.5mm 以内，为电梯安全运行奠定基础。在电气系统安装方面，认真检查线路连接，用绝缘电阻测试仪检测绝缘电阻，保证达到安全标准，防止漏电事故发生。配备多重智能安全系统，确保安全运行，超载保护系统要非常灵敏，一旦载重超过额定值，电梯立即停止运行并发出警报。当电梯出现超速下滑时，防坠安全器能迅速制动，将轿厢平稳停住，保障人员安全。制定严格的维护检查制度，加强日常维护与检查。每天作业前，操作人员都要对电梯进行常规检查，包括外观、运行状况等。每周安排专业维修人员进行深度检查，使用诊断仪器检测关键部件，如驱动电机、控制系统等，及时发现并处理潜在问题。每月进行一次全面保养，更换易损件，添加润滑油，确保电梯始终处于良好运行状态。

5）普及版工程装备应用措施

（1）座驾式抹平抹光机械

座驾式抹光机如图 3.1.40 所示。

图 3.1.40　座驾式抹光机

操作要点如下：

① 在操作座驾式混凝土抹光机之前，需要做充分的准备工作。首先，检查设备的各项性能指标，确保其处于良好的工作状态。同时，操作人员应穿戴好相应的防护装备，如安全帽、防护眼镜和手套等。此外，对工作环境进行全面评估，确保场地平整、无障碍物，并设置好警示标志，以防止非操作人员进入工作区域。

② 启动设备前，务必确认所有控制开关都处于关闭状态，并检查油、水、电等系统是

否正常。按照设备启动程序逐步启动座驾式混凝土抹光机，注意观察仪表盘和设备运行状态，确保一切正常。操作时，握紧操纵杆，让机身保持平衡，扶稳抹光机，在地坪上作业时要及时调整方向，以免机器失去控制。

③ 在操作过程中，保持匀速行驶，避免急转弯或急刹车，以防止混凝土表面出现不均匀或损坏。根据混凝土表面的实际情况，适时调整抹光机的抹刀角度和压力，以达到最佳的抹光效果。在操作过程中，密切关注设备的工作状态，如出现异常应立即停机检查。

④ 座驾式抹光机适用于初凝阶段的混凝土表面处理。混凝土的初凝时间应根据具体的气候条件和配合比来确定。一般来说，混凝土的初凝时间在 2～4h 左右，具体时间需根据实际情况调整。

⑤ 混凝土表面状态：在使用座驾式抹光机前，混凝土表面应达到一定的硬度和平整度。通常，混凝土浇筑后需要等待一段时间（如 2～3h），待其表面稍微硬化但尚未完全凝固时进行抹光作业。此时混凝土的表面应无明显凹陷或凸起，以确保抹光效果。

⑥ 湿度和温度控制：混凝土的湿度和温度对其表面处理效果有重要影响。过高或过低的湿度和温度都会影响混凝土的硬化过程和表面质量。因此，在使用座驾式抹光机前，需确保混凝土表面的湿度和温度在适宜范围内。

（2）钢筋一体弯箍机

钢筋一体弯箍机如图 3.1.41 所示。

图 3.1.41　钢筋一体弯箍机

操作要点如下：

① 接通操作台的电源，并连接主机电源，打开电源开关进行主机电缆顺序的测试，确保设备能够正常工作。若发现切刀遮挡了钢筋出口，表示电缆连接顺序有误，此时应调整任意两个线口的位置。若切刀未遮挡钢筋出口，则说明连接正确。

② 通过遥控器操作，先点击使大轮压紧，小轮则会自动松开。将钢筋放入机器中，再点击大轮松开，此时小轮会自动压紧钢筋。然后使用遥控器点击小轮进料按钮，将钢筋推送至大轮下方。再点击大轮压紧，通过大轮进料按钮将钢筋送至切刀位置。

③ 将旋钮调整回参考位置，点击启动按钮。进行单个钢筋的测试，以确认其是否正常工作。

④ 在内置选项中选择任意图形，并设置为自动操作模式。点击启动按钮，观察机器是否能够正常制作箍筋。在确认单个箍筋能够正常调直后，将旋钮调制至连续操作模式，并点击启动按钮，机器即可连续正常生成箍筋。

⑤ 点击“工艺参数”按键，里面有常见几种图形的快速设置。进入快速图形参数设置后，根据图示的位置和顺序依次设置各个参数。完成参数设置后点击“调用”按键，选择要调用的组别。如果要加工的形状不在所给的图形中，则可以点击下方波浪状的按键，进行个性化的参数设置。

⑥ 对于钢筋弯箍机的角度调整，需要注意弯箍机内部有三个行程开关，一个控制停止，两个控制角度。调整角度时，不要动控制停止的行程开关，而是调整控制角度的行程开关，通过旋转行程配合行程开关从而控制上方钢筋折弯角度。

（3）振平尺

振平尺如图 3.1.42 所示。

图 3.1.42 振平尺

操作要点如下：

① 将合适长度的尺身与振动电机正确连接并固定好，确保连接紧密，防止在振动过程中出现松动。如果需要安装扶手，要将其安装牢固，高度调整到适合操作人员握持的位置。

② 将振平尺放置在待振平的混凝土表面，启动振动电机，待电机达到稳定的振动频率后，再开始移动振平尺。启动时要注意观察电机的启动情况，如有异常声音或振动不平稳，应立即停机检查。

③ 操作人员双手握住扶手，以均匀的速度推动振平尺前进，速度一般控制为 1～2m/min，具体根据混凝土的稠度和振平效果适当调整。推动过程中要保持振平尺的水平，避免倾斜或晃动，以保证混凝土表面平整。

④ 在相邻两次推动振平尺时，要有一定的重叠区域，一般重叠宽度为 10～20cm，确保混凝土表面振捣均匀，无漏振现象。对于混凝土表面不平整的部位，可适当放慢速度或增加停留时间，进行重点振捣和找平。

（4）振平覆膜一体机

振平覆膜一体机如图 3.1.43 所示。

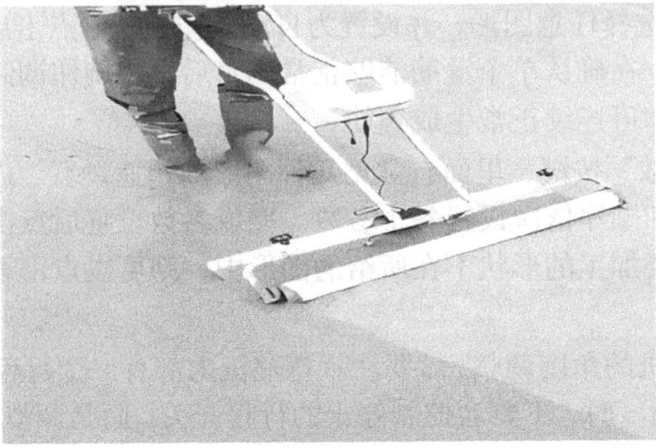

图 3.1.43　振平覆膜一体机

操作要点如下：

① 开机前检查各部件是否正常，如胶辊是否磨损、加热装置能否正常升温、传动部件运转是否顺畅等，避免运行中出现故障。

② 根据覆膜需求，选择合适厚度、宽度和材质的薄膜，并检查薄膜有无破损、褶皱。同时，准备好待覆膜的纸张或其他材料，确保表面平整、干净，无杂物和灰尘。

③ 根据材料的特性和覆膜要求，合理设置温度、速度、压力等参数。一般纸张覆膜温度为 60～80℃，压力为 0.2～0.5MPa，速度根据材料和覆膜效果调整。

④ 将薄膜卷正确安装在放卷装置上，调整好张力，然后按照设备指示的穿膜路径，将薄膜平稳穿过各导辊和胶辊，确保薄膜位置准确，不跑偏。

⑤ 将待覆膜材料整齐地放置在进料台上，调整好位置和间距，使其能顺利进入覆膜区域。对于较厚或较硬的材料，要注意防止卡纸。

⑥ 确认无误后启动设备，先低速运行，观察薄膜与材料的贴合情况、胶辊压合效果等。如无异常，再逐渐调整到合适的速度。运行过程中，要随时观察覆膜质量，如有气泡、褶皱等问题，及时停机调整。

（5）全自动钢筋捆扎机

全自动钢筋捆扎机如图 3.1.44 所示。

图 3.1.44　全自动钢筋捆扎机

操作要点如下：

① 检查捆扎机各部件是否完好，送带轮、切刀等有无磨损，电线是否破损。按要求将捆扎带装入带盘，确保带卷顺畅，将钢筋整理顺直并摆放整齐便于捆扎。

② 根据钢筋直径、捆扎密度要求，调整捆扎机的捆扎力度，一般直径大的钢筋需较大力度；设定捆扎速度，在保证捆扎质量的前提下，提高工作效率；确定捆扎圈数，通常重要结构或粗钢筋捆扎圈数要多。

③ 启动电源将捆扎机的机头对准钢筋交叉点，踩下脚踏开关或按下操作按钮，机器自动送带、捆扎、切断。多根钢筋捆扎时，按顺序逐点进行，保持间距均匀。

（6）钢筋电子画线器

钢筋电子画线器如图 3.1.45 所示。

图 3.1.45　钢筋电子划线器

操作要点如下：

① 使用前检查画线器外观有无损坏，显示屏是否清晰，各按键功能是否正常，电量或电源连接是否稳定，避免因设备故障影响画线工作。

② 根据钢筋直径、形状和画线需求，挑选合适的画线针、夹具等配件。如绘制较粗钢筋的线，需选用较粗、硬度高的画线针，确保画线清晰、准确。

③ 用钢丝刷等工具清除钢筋表面的油污、铁锈、灰尘等杂质，保证画线针与钢筋表面良好接触，使画出的线条清晰、精准。

④ 将电子画线器通过夹具等牢固地固定在钢筋上，确保在画线过程中设备不会晃动或移位。若固定不牢，会导致画出的线条不直、位置不准确。

⑤ 启动画线器，匀速推动设备沿钢筋移动，保持移动速度均匀，使线条的粗细和深浅一致。遇到钢筋弯曲部位，要根据弯曲角度和半径，适当调整推动速度和方向，保证线条的连贯性和准确性。

（7）电动扳手

电动扳手如图 3.1.46 所示。

图 3.1.46　电动扳手

操作要点如下：

① 查看电动扳手外观有无破损、裂缝，电线是否完好，插头有无松动，开关能否正常工作，确保无安全隐患。

② 操作人员需佩戴护目镜，防止碎屑飞溅伤害眼睛；穿戴防滑手套，以便更好地握持工具，防止手部滑落受伤。

③ 用双手紧握电动扳手，将身体重心稳定，确保在操作过程中能控制住工具，避免因反作用力导致身体失衡。

④ 把套筒头套在螺栓或螺母上，确保完全套入且无偏差。启动电动扳手时，先使用低速挡，当螺栓或螺母开始转动后，再根据需要调整到合适的转速，按规定的扭矩值进行紧固操作，可通过扭矩控制装置进行设定和监测。

⑤ 拆卸螺栓或螺母时，同样将套筒头准确套好，选择合适的旋转方向启动电动扳手。若遇到螺栓或螺母生锈、卡死等情况，不要强行拆卸，可先使用除锈剂等辅助工具，或采用手动先松动再用电动扳手拆卸的方式。

（8）电动钢筋弯曲机

电动钢筋弯曲机如图 3.1.47 所示。

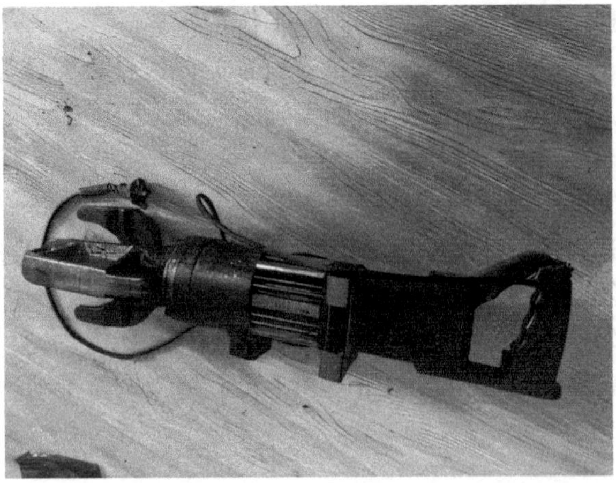

图 3.1.47　钢筋弯曲机

操作要点如下：

① 查看机体有无变形、损伤，各部件连接是否牢固，电机有无异常声响，传动皮带或链条松紧是否合适，润滑部位是否缺油，防护装置是否齐全有效。

② 根据钢筋弯曲的形状和尺寸，选择合适的弯曲模具，安装并固定在弯曲机上，确保模具安装牢固，与钢筋接触良好。

③ 将钢筋平稳放置在工作台上，一端对准弯曲模具中心，启动送料装置，使钢筋缓慢进入弯曲区域，送料时要保持钢筋与模具的轴线平行。

④ 根据钢筋的弯曲角度要求，在操作面板上设定好相应参数，启动弯曲电机，使钢筋按设定角度弯曲。弯曲过程中，操作人员要站在安全位置，严禁用手触摸钢筋和模具，观察钢筋弯曲情况，如有异常立即停机。

（9）电动钢筋切断机

电动钢筋切断机如图 3.1.48 所示。

图 3.1.48 电动钢筋切断机

操作要点如下：

① 查看机体有无损伤、变形，各部件连接是否牢固，传动带松紧是否合适，电机接线是否正确、有无漏电风险，刀具是否锋利、安装是否稳固，润滑部位是否缺油，冷却系统能否正常工作。

② 将钢筋平稳放置在进料架上，使钢筋与切断机的刀具保持垂直，且钢筋的中心线与刀具的中心线对齐，启动送料装置，控制送料速度均匀，避免钢筋倾斜、扭曲进入切断区域。

切断操作：根据钢筋的直径和材质，合理调整切断机的切断压力和行程。当钢筋送至预定长度时，操作切断按钮，使刀具快速切断钢筋。切断过程中，操作人员要站在安全位置，严禁用手靠近刀具和钢筋。观察切断情况，如刀具是否切偏、钢筋有无飞弹等异常。

③ 如需连续切断多根钢筋，要确保每根钢筋的送料长度一致，且在切断完成后，及时将切断的钢筋移走，避免堆积影响后续操作。

（10）长杆打磨机

长杆打磨机如图 3.1.49 所示。

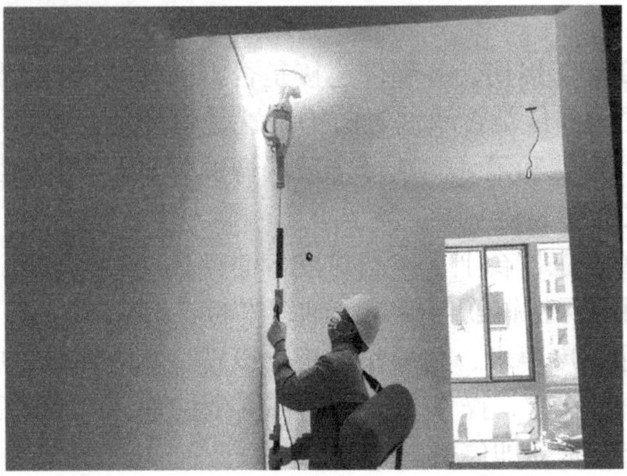

图 3.1.49　长杆打磨机

操作要点如下：

① 将长竿平稳固定在夹具或工作台上，确保牢固不晃动，若长竿较长，可加辅助支撑防止弯曲。将选好的打磨头或砂轮片正确安装在打磨机上，拧紧固定螺母。

② 双手紧握打磨机手柄，保持机身稳定，启动开关，等打磨头转速稳定后，将其轻轻接触长竿待打磨部位，按预定方向和顺序移动打磨机，移动速度均匀，根据长竿表面情况调整打磨力度，避免用力过猛。

③ 操作时必须戴护目镜、防尘口罩等防护用品，防止打磨产生的碎屑、粉尘进入眼睛和呼吸道。打磨中若发现异常振动、噪声或火花，应立即停机检查。

④ 打磨完成后，先按停止按钮关闭打磨机，待打磨头完全停止转动后，再拔掉电源插头。及时清理打磨机和长竿上的碎屑、粉尘，用干净布擦拭设备，检查打磨头磨损情况，必要时更换，给设备的活动部件加润滑油，将打磨机存放在干燥、安全处。

（11）扫地机

扫地机如图 3.1.50 所示。

图 3.1.50　扫地机

操作要点如下：

① 查看扫地机外观有无损坏，滚刷、边刷是否缠绕杂物，滤网是否清洁，电池电量是

否充足，各部件连接是否正常，确保扫地机的轮子转动灵活，无卡滞现象。清除地面上的大块垃圾、尖锐物品以及可能缠绕滚刷的绳索、线头，将地面上的易碎品、贵重物品收纳好，避免在清扫过程中造成损坏。

② 根据清洁需求选择合适的清洁模式，如自动模式可让扫地机自主规划路径进行全面清扫，重点模式适合对特定脏污区域加强清洁，还可通过手机 App 或机身按键设置清洁区域、预约清洁时间等参数。

③ 将扫地机放置在平坦的地面上，按下启动按钮或通过手机 App 远程启动。运行中注意观察扫地机的工作状态，若遇到障碍物，扫地机应能自动避开或绕行，如出现被困或异常报警，需及时处理。

④ 不要在潮湿的地面或有积水的区域使用扫地机，防止电机短路损坏。避免让扫地机进入地毯边缘、门槛等易卡住的地方，当扫地机在充电或运行时，不要触摸其滚刷、边刷等运动部件，以防发生意外。

⑤ 针对核心风险预警要有预防措施，如表 3.1.10 所示。

核心风险预警 **表 3.1.10**

风险类型	高发场景	预防措施
碎屑飞溅	金属废料清扫	增设前置磁吸装置
电池短路	积水区域作业	启用 IP67 防水模式
轮胎穿刺	钢筋堆放区	切换实心胎 + 胎压监测
粉尘爆炸	木屑/涂料粉末聚集	联动雾炮系统降尘

（12）红外线水平仪

红外线水平仪如图 3.1.51 所示。

图 3.1.51 红外线水平仪

操作要点如下：

① 查看机身有无损坏、裂缝，电池电量是否充足，开关、旋钮等部件是否正常，检查红外线发射窗口是否清洁无遮挡，确保光线能正常发射。选择相对平坦、开阔的场地，周围无强磁场、强干扰源，远离大型金属物体和振动源，避免影响水平仪的精度。

② 将水平仪平稳放置在三脚架或其他稳定的支撑物上，通过调节三脚架的腿或水平仪的调平旋钮，使水平仪上的气泡处于中心位置，实现精确调平。

③ 打开电源开关，等待水平仪预热稳定，一般需 1～2min。有的水平仪需进行校准，按照说明书操作，让红外线在已知水平或垂直的基准面上进行校准。

④ 根据需要选择不同的测量模式，如水平测量、垂直测量或角度测量等。将红外线投射到目标物体上，通过观察红外线与目标的重合情况或使用配套的接收装置读取数据，进行水平度、垂直度等测量工作。移动水平仪时要先关闭电源，移动后重新调平、校准。

⑤ 使用完毕后，先关闭水平仪电源开关，再取下电池，防止电池过度放电。用干净柔软的布擦拭水平仪机身和红外线发射窗口，去除灰尘和污渍，将水平仪放入专用的收纳箱中，妥善保存，避免挤压、碰撞。

（13）激光测距仪

激光测距仪如图 3.1.52 所示。

图 3.1.52　激光测距仪

操作要点如下：

① 用手握紧测距仪，保持机身稳定，使激光发射方向与测量目标垂直，以确保测量结果准确。对于手持式测距仪，可双手持握，将其抵在身体稳定部位；对于三脚架安装的测距仪，要确保三脚架稳固且安装正确。

② 根据测量需求，通过操作按键在测距仪上设置测量单位（如米、英尺等）、测量模式（如单次测量、连续测量、面积测量、体积测量等）。

③ 通过测距仪的瞄准器或显示屏上的瞄准辅助线，对准测量目标，按下测量按钮，待测距仪发出激光并完成测量后，读取显示屏上显示的测量数据。若进行长距离或高精度测量，可能需要多次测量取平均值以提高准确性。

④ 测量结束后，按下电源键关闭激光测距仪，若使用电池供电，可取出电池，防止电池长时间放置在设备中造成损坏。用干净的软布擦拭激光测距仪的机身和窗口，去除灰尘和污渍。将设备存放在干燥、阴凉、无腐蚀性物质的地方，避免挤压和碰撞。

⑤ 根据不同应用场景选用相应模式，模式参数对照如表 3.1.11 所示。

模式参数对照表　　**表 3.1.11**

应用场景	推荐模式	精度范围	数据输出
钢结构安装	反射片模式	±0.3mm	CAD 坐标文件

续表

应用场景	推荐模式	精度范围	数据输出
地形测绘	长程脉冲模式	±50mm/100m	高程剖面图
设备巡检	温差补偿模式	±1mm/℃	温差变形报告

⑥ 对于曲面测量，每个曲面单元采样点密度 ≥ 9 点/m^2，开启曲面自适应聚焦功能。

⑦ 对于跨障碍物测量，定位障碍物两侧基准点误差 ≤ ±2mm，对虚拟中线进行计算（支持 BIM 数据导入），配备专用棱镜组采用两次反射测量。

⑧ 对于强光环境作业，切换至 1500nm 红外激光，这一波段在太阳光干扰下表现最为稳定。将测距仪固件升级到 v3.2 版本，启用数字滤波算法。并配备了激光增强接收器。在接收激光信号时，它能增强有效信号，抑制背景光噪声。

（14）数字电动钢筋切断机

数字电动钢筋切断机如图 3.1.53 所示。

图 3.1.53 数字电动钢筋切断机

操作要点如下：

① 准备阶段检查

a. 刀片磨损：刃口厚度 ≤ 0.2mm（使用激光测厚仪）。

b. 验证液压系统：压力值稳定在 18MPa ± 0.5MPa。

c. 工作台面校准：水平度误差 < 0.5mm/m^2。

d. 钢筋预处理：校直弯曲度（允许偏差 ≤ 2mm/m）。

e. 安全区域划定：红外感应范围 1.5m（CLASSⅢ安全防护）。

② 智能参数设置，如表 3.1.12 所示。

智能参数设置表 **表 3.1.12**

参数类型	推荐设置	智能优化建议
钢筋直径	自动识别（ϕ6～40mm）	误差 > 0.5mm 时手动校准
切断频率	30～50 次/min	振动补偿模式自动激活
切口精度	±0.3mm	开启激光定位辅助
物联网模式	启用区块链存证	自动生成施工日志

③ 切断操作流程

a. 将钢筋推入 AI 识别区（绿色激光定位）。

b. 语音指令“开始送料”（支持普通话/英语）。

c. 自动检测并规避表面缺陷（裂纹识别率 ≥ 99%）。

d. 双手离开危险区（压力传感器启动）。

e. 触发红外安全开关（双按钮同步按压）。

f. 观察人机界面屏（HMI）实时数据（功率波动 < 5%）。

6）智能生产

（1）桩工程

工程采用预制根植桩，操作要点如下：

① 借助 BIM 技术搭建三维模型，将桩基的钢筋布置、混凝土强度等级、预埋件位置等信息整合其中。通过模拟施工，预演不同施工顺序和工艺对周边建筑的影响，最终确定最佳施工方案，减少对周边环境的干扰。

② 在预制桩生产工厂，构建了高度自动化的生产线。钢筋加工环节，数控钢筋弯曲机和调直机按照预设程序，将钢筋精准加工成所需形状和尺寸，误差控制在极小范围内。钢筋笼制作时，自动焊接机器人快速、精准地完成焊接工作，相比人工焊接，效率提高了 50%，且焊接质量更稳定。混凝土浇筑采用自动化布料与振捣设备，依据设定参数精确控制浇筑量和振捣时间，确保每根预制桩的混凝土密实度达标。同时，在生产设备上安装传感器，借助物联网技术将设备运行状态、生产进度、构件质量等数据实时上传至生产管理系统，管理人员可远程监控生产情况，及时调整生产计划。

③ 现场采用钻孔根植施工工艺成桩，该工艺能有效减少对周边土体的扰动。桩基连接则启用智能机器人自动焊接，机器人配备先进的视觉识别和定位系统，可快速找准焊接位置，焊接过程稳定、高效，大幅缩短施工时间。

④ 对预制桩基构件，采用超声波检测和低应变检测等无损检测技术进行全面质量检测。检测设备自动采集数据，并通过专业分析软件判断构件内部是否存在缺陷，如空洞、裂缝等，及时生成详细检测报告。一旦发现问题，立即进行标记并安排返工处理，确保每一根桩基都符合质量标准。

⑤ 为每根预制桩基构件赋予唯一二维码，从原材料采购开始，将供应商信息、检验报告，到生产加工过程中的各项参数、质量检验结果，再到出厂运输的物流信息，全部记录在数据库中。在后续施工中，若某根桩基出现质量问题，只需扫描二维码，就能快速追溯到问题源头，及时采取措施解决，有效保障了整个项目的质量安全。

（2）主体装配构件

主体装配构件包括 PC 构件、ALC 构件，主体装配构件深化如图 3.1.54 所示，操作要点如下：

① 基于 BIM 模型深化设计 PC 外墙构件。考虑到现场狭窄，运输车辆进出不便，通过模拟不同拆分方案，发现将较大的外墙构件拆分成两块较小的更便于运输和吊装，且成本未增加，进度提前了 3d。同时，利用 BIM 协同平台，设计单位发现某层 PC 构件与 ALC 隔墙有冲突，及时与施工单位、预制构件厂家沟通修改，避免了现场返工。

② 制造执行系统（MES）根据订单需求制定生产计划，提前安排原材料采购，避免了

因原材料短缺导致的停工。生产过程中，自动化布料机出现故障，MES 系统及时预警，维修人员迅速处理，避免影响整体进度。同时，传感器监测到养护车间湿度不达标，自动调节设备使湿度恢复正常，保证了构件质量。

③ 智能仓储管理系统对 PC 柱、ALC 墙板等主体装配构件分类存储。通过自动化立体仓库存储，提高了仓储空间利用率。自动导引车（AGV）根据指令将构件精准配送到指定施工区域，相比传统人工搬运，物流效率提高了 40%，且减少了构件损坏。

④ 在吊装 PC 屋面梁时，配备先进传感器与控制系统的塔吊实时监测构件位置和吊钩受力情况。当发现构件姿态稍有偏差时，智能算法自动调整，实现了精准吊装，避免了因吊装不准确导致的返工和安全隐患，吊装效率提高了 30%。

图 3.1.54　主体装配构件深化

（3）装配式装修

操作要点如下：

① 利用 VR 技术让客户身临其境地感受不同装修风格。客户在虚拟空间里将现代简约风格的客厅集成墙面换成中式风格，同时把装配式地板的颜色从浅木色改为深木色，实时看到修改后的效果，最终确定个性化方案。设计师从构件库中选取对应风格的预制隔墙、集成吊顶等构件，通过参数化编程调整尺寸和细节，3d 内完成设计。

② 工厂通过柔性生产线，在生产整体厨房时，调整设备参数对板材进行切割、打孔，完成橱柜的生产；生产集成墙面时，再次调整参数和工艺流程，切换加工模式，满足不同规格和款式要求，整个生产过程高效有序，按时交付产品。

③ 现场采用卡扣式连接的集成吊顶和磁吸式连接的装配式地板。安装工人按照详细的操作规程，先将集成吊顶的卡扣对准卡槽快速安装，一人一天能完成 $50m^2$ 的安装。安装装配式地板时，利用磁吸特性快速拼接，不仅缩短了安装时间，而且拼接紧密，整体效果好。

④ 在安装预制隔墙时，安装人员利用激光测距仪和水平仪实时检测。当检测到一面隔墙垂直度偏差超出标准时，通过调整底部垫片及时纠正偏差。整个装修过程中，通过智能检测工具保证了集成墙面、整体卫浴等构件的安装质量，避免了返工。

6. 质量要求

1）BIM 质量标准

（1）模型精度要求

工程项目各阶段 BIM 模型细度应满足项目所需的 BIM 应用要求，其对应的深度等级代号应符合表 3.1.13 的规定。

各阶段 BIM 模型细度 表 3.1.13

各阶段模型名称	模型细度等级代号	形成阶段
方案设计模型	LOD100	方案设计阶段
初步设计模型	LOD200	初步设计阶段
施工图设计模型	LOD300	施工图设计阶段
深化设计模型	LOD350	深化设计阶段
施工过程模型	施工过程模型	施工过程模型
竣工模型	竣工模型	竣工模型

（2）模型协同质量

设计方创建的建筑模型和施工方创建的结构模型坐标系统要一致，避免整合时出现错位。各方共同制定模型整合与协同规则，统一坐标系统为国家大地坐标系，规定统一的图层设置，如建筑主体结构为红色图层、水电管线为蓝色图层等，并规范构件命名，如梁命名为“L-楼层号-编号”。当设计图纸因消防规范调整变更了部分疏散通道时，设计方及时修改模型，各专业对模型进行闭合校核，发现并优化了疏散通道与部分设备房位置冲突的问题。同时，建筑构件（如墙体）明确了材质为加气混凝土、规格为 200mm × 600mm × 2000mm、生产厂家为 ×× 建材厂。空调设备构件附加制冷量 5000W、维护周期 6 个月等信息。建立模型审核机制后，每周进行一次模型质量检查，在一次碰撞检查中发现了通风管道与部分结构梁存在硬碰撞问题，及时调整设计，避免了施工中的返工。

（3）模型应用质量

按照施工计划将基础施工、主体结构施工、装饰装修等各工序时间节点和逻辑关系录入模型，通过模拟展示调整施工计划，如发现主体结构施工中因模板周转不足导致部分楼层施工延误，要及时增加模板投入。质量验收前明确模型与验收内容对应关系，验收过程详细记录结果并关联到模型。在质量验收环节，利用 BIM 模型进行隐蔽工程验收，如电气管线铺设验收时，明确验收内容为管线规格、走向等与模型中的对应关系，将验收结果如实际管线位置偏差等记录在模型中，保证验收结果可追溯。某区域因前期施工记录不完整，通过模型记录准确追溯到当时电气管线的铺设情况，顺利完成后续施工。

2）软件平台质量要求

（1）施工人员使用软件平台的质量数据采集模块。在施工现场，工人通过手机移动端就能便捷录入桥墩混凝土浇筑的质量数据，如浇筑时间、坍落度数值等。录入时，系统自动关联该桥墩的构件编号、设计参数等信息，数据实时上传至数据库。项目经理在办公室通过电脑端就能查看这些数据的统计分析结果，如不同时间段混凝土坍落度的波动情况，及时发现质量异常趋势，提前采取措施，避免质量问题发生。

（2）数据兼容

设计团队使用 Revit 进行设计，施工管理团队使用 Project 安排进度计划，现场通过智能传感器采集环境数据。软件平台凭借良好的数据接口，顺利对接 Revit，将设计模型中的建筑结构、设备管线等信息完整导入，并且准确识别和保留模型中的材质、规格等各类信息。同时，与 Project 对接，实现施工进度计划与质量数据的关联，例如在质量数据采集时能直接关联到对应施工工序的时间节点。与智能设备数据采集系统对接后，将施工现场温湿度、噪声等环境数据实时导入平台，为质量分析提供多维度数据支持，使各参与方基于统一的数据平台协同工作。

（3）软件平台采用多重用户身份认证，施工人员登录时需通过指纹识别、密码以及手机验证码三重认证；数据在传输过程中采用 SSL 加密协议，存储时使用 AES 加密算法进行加密。在访问权限控制方面，基于角色设置权限，如项目经理可查看和修改所有质量数据，普通施工人员只能录入本人负责区域的质量数据，监理人员可查看所有数据但不能修改。通过这些安全防护措施，保障了项目建设过程中质量数据的安全性，防止数据泄露与非法操作。

3）智能机器人质量要求

（1）技术交底可靠。机器人进场时，厂家技术人员对操作人员进行了详细的技术交底，不仅讲解了设备的操作方法，还通过现场演示，让操作人员熟悉操作要领。操作人员在技术交底后进行了试运行，熟悉设备性能。每天开工前，操作人员都会对机器人进行预运行，检查机械臂等活动部件，并添加润滑油，保证设备运行顺畅。在一次操作中，操作人员发现机器人焊接头出现轻微晃动，立即停止操作，下班前对设备进行了全面清理排查，并联系维修人员对不稳定的焊接头进行维修保养，避免了后续施工中出现质量问题。

（2）技术性能可靠。机器人配备大容量锂电池，续航时间可达 8h，满足了一个工作日的大部分清洁任务。当电量不足时，可通过快速充电接口进行充电，充满电仅需 2h，大大减少了因能源问题导致的施工中断。在连续的作业中，机器人要始终稳定运行。

（3）适应环境作业。在复杂施工环境使用前，对机器人进行充分测试；操作人员要熟练掌握机器人编程和参数调整方法，以应对不同施工需求。操作人员通过调整参数，机器人顺利完成任务，满足了项目多样化施工需求。同一台机器人能根据指令完成不同工作，展现出高度的作业灵活性。

（4）台账质量要求

资料收集包括从项目开始到竣工的所有资料，分类标准要明确，方便查找和统计。将实施方案分册整理，包括项目的整体规划、施工组织设计等；把 BIM 应用场景相关资料单独成册，如利用 BIM 进行户型优化设计、施工进度模拟的成果等；建筑互联网及智慧工地应用场景分册包含智能监控系统的运行数据、人员定位系统的使用记录等；机器人应用场景分册记录了机器人在砌墙、地面打磨等作业中的应用情况；普及版工程装备场景分册整理了常用施工设备的使用统计；应用证明材料分册存放各类设备的验收报告、软件的授权文件等；应用成果记录分册展示项目获得的奖项、节能数据等。通过这样的分类管理，在项目总结阶段，能够快速进行应用统计及对比，分析智能建造技术的应用效果，为后续项目提供参考。

7. 安全与环保、保证措施

1）安全措施

（1）设备安全评估。施工单位在设备进场前，严格审查制造商安全资质，确保其具备行业安全认证。分析不同工况，模拟强风天气下塔吊稳定性，制定塔吊在不同风力下的作业限制，如 10 级风及以上停止作业。

（2）系统安全防护。合理设置用户权限，设计人员可查看修改设计模型，施工人员仅能查看相关施工部分模型。数据传输采用 SSL 加密，存储用 AES 加密。每月进行漏洞扫描，一次发现 SQL 注入漏洞后及时修复，避免黑客攻击导致数据泄露或系统瘫痪，保障施工安全管理不受影响。

（3）人机协同保障。清晰划分人机工作界面，明确工人在设备运行前负责检查参数；运行时在特定监控区域观察设备状态，每 15min 记录一次数据；设备故障时，按应急流程先按下紧急停止按钮，再排查故障原因。整个流程避免了工人与设备干扰，保障施工安全。

（4）安全警示防护。在人机协同区域，设置明显警示标识，安装声光报警装置，确保警示标识醒目、报警装置有效。合理设置安全防护设施，为工人配备带信号接收功能安全帽，智能设备设安全防护光幕。一旦设备故障异常移动，报警装置启动，安全帽也发出警报，工人及时撤离，光幕阻止人员靠近，避免事故发生。

（5）数据分类管理。将关键施工工艺数据设为最高机密，只有项目负责人等少数人凭指纹和密码双重认证访问；施工进度数据为普通级别，施工管理人员均可查看；人员信息数据为保密级别，企业人事管理人员或项目管理人员可访问。

（6）数据隐私保护。收集人员指纹信息，采用匿名化技术处理，将指纹信息转化为特定代码存储。在收集前告知施工人员使用目的、范围并获书面同意，遵循《中华人民共和国个人信息保护法》相关规定，有效保护人员隐私。

2）环保措施

（1）智能环保监测。在项目施工现场的不同区域安装检测设备，靠近居民区的一侧、物料堆放区、土方作业区等，分别安装空气质量传感器、噪声传感器、水质监测设备。在土方作业区安装扬尘传感器，每 15min 采集一次数据，通过 5G 无线传输技术，将数据实时发送到环保管理平台。平台对数据进行分析，生成可视化图表，方便管理人员直观了解环境状况。

（2）环保数据预警。在管理平台上，设置施工扬尘浓度预警阈值为 500μg/m^3，噪声预警阈值为白天 70dB、夜间 55dB。当扬尘传感器监测到某区域扬尘浓度达到 550μg/m^3 时，系统立即通过短信和 App 向现场环保负责人推送预警信息。负责人收到后，安排洒水车 15min 内到达该区域进行洒水降尘作业。

（3）设备节能减排。选用配备能量回收系统的智能塔吊，在塔吊起升机构下降过程中，系统自动将势能转化为电能并储存到电池组中，供塔吊后续运行使用。同时，利用智能控制系统，根据吊运物料的重量和高度等实际施工需求，自动调整塔吊电机功率。例如吊运较轻物料时，自动降低功率，避免能源浪费。

（4）能源循环利用。在施工现场周边空闲区域，安装一定数量的太阳能板，为小型智能监测设备和用于现场巡查的无人机充电。每天早上，工作人员将电量耗尽的设备和无人机放置在充电区域，太阳能板在白天将太阳能转化为电能进行充电，保障设备和无人机正常运行。同时，采用 5 辆电动智能施工车辆用于物料短距离运输，替换原来的燃油车辆。

（5）垃圾分类回收。在施工现场设置建筑垃圾智能分类设备，当建筑垃圾被倾倒至分类设备时，设备通过图像识别和传感器技术，对建筑垃圾进行自动分类。例如，将废钢材、木材、砖块等可回收建筑垃圾分离出来，分别输送到不同的收集区域。利用智能运输调度系统，实时规划运输路线，安排车辆将可回收垃圾及时运输至回收处理场所。

（6）效果评估改进。每周对环保措施效果进行评估，分析环保监测数据和现场实际情况。例如发现某区域施工扬尘控制效果不佳，通过分析监测数据发现该区域在物料装卸时扬尘较大，现场检查发现围挡存在破损。于是及时修补围挡，同时将该区域洒水降尘频率从每天 3 次增加到 5 次，并调整物料堆放方式，改为在物料堆放区覆盖防尘网，以持续提升施工现场的环保水平。

8. 应用效益

1）全过程应用 BIM 发现图纸不足部分并进行调整，三维全视角展示所有建筑物的形状及参数，指导项目技术交底及交叉施工的衔接，通过模拟施工合理安排，缩短施工工期；模型数据可供后期运维应用。

2）应用智能建造的设备设施，节约大量人工，提高工程质量，安全得到保障，缩短工期。

（1）大面积混凝土地面采用整平机器人、抹光机器人，相比传统工艺，效益分析如表 3.1.14 所示。

效益分析表 **表 3.1.14**

序号	内容		传统方法	智能施工方法
1	找平		打点、冲筋	智能整平，激光控制标高
2	施工范围		分格分块	整层一次成型施工
3	平整度		偏差 5mm	偏差 3mm
4	效率		$800m^2/d$	$3000m^2/d$
5	质量		存在空鼓开裂	无空鼓开裂
6	感观		一般	整洁平整美观
7	劳务	基层清理	5 人/$1000m^2$	2 人/$1000m^2$
		找平	3 人/$1000m^2$	0 人/$1000m^2$
		整平	5 人/$1000m^2$	1 人/$1000m^2$
		抹光	5 人/$1000m^2$	1 人/$1000m^2$
	小计成本		较高	节省 5 元/m^2

（2）用智能施工升降机综合成本降低了 38.4%，经济效益显著效益分析如表 3.1.15 所示。

效益分析表 **表 3.1.15**

施工方法	人工费	机械费	效率对比	月成本费用
传统施工升降机	6500 × 2 元	月租 5500 元	100%	18500 元
智能施工升降机	0 元	月租 12000 元	95%	12000 × 0.95 = 11400 元

（3）喷涂机器人能够根据预设的程序和参数，自动完成各种工序，极大地提高了施工效率，且喷涂机器人在作业过程中可以连续工作，进一步提高了工作效率。综合效益分析如表 3.1.16 所示。

效益分析表 表 3.1.16

序号	内容	传统施工	喷涂机器人
1	作业时间	每天 8h 左右	每天 12h 以上
2	喷涂次数	人工控制，偶有误差	精确控制遍数
3	完成精度	受技术及精力影响	精度高
4	施工质量	平整度 5mm	平整度 3mm
5	观感质量	一般	好
6	作业人员	同等工效（每日完成面积）下约 5 人	1 人
7	综合成本	较高	节约 3 元/m^2

3.2 智能建造在安全管理方面探索

3.2.1 安全管理问题

1. 安全人员监管仍有局限

安全员的常态化巡视与隐患排查是保障安全生产工作的关键，但仅凭人力难以实现对工地的全方位、无死角监管。经 2024 年第三季度安全员考勤情况统计，温州市有约 7%的安全员存在安全巡视工作停留在表面甚至到岗率低、隐患排查频次低的情况，安全隐患往往被忽视或未能及时整改，从而增加安全事故发生的概率与风险。

2. 工程施工安全风险加大

随着工地规模扩大和施工难度增加，传统人工作业方式所暗藏的安全风险愈发显著，2024 年新增危大工程施工作业 601 项，同时伴随着高处施工等危险场景，一直是建筑施工领域不可忽视的严峻挑战。针对这些问题，持续深化施工现场安全管控方法，引入智能建造设备以替代部分传统人工危险性较高的施工作业，成为提升施工安全性、降低人为事故风险的有效途径。

3. 传统式的教育效果不佳

目前，建筑工人所处的环境是一个智能建造技术快速发展的行业。国家统计局农民工监测报告显示，2023 年全国建筑业农民工总量 4582 万人，平均年龄 43.1 岁，初中文化程度占 52.1%。由此反映，建筑业农民工群体人数多，年龄结构偏大，学历层次及文化水平普遍较低。传统的安全教育培训（如晨会、例会、书面考试等）形式难以满足现代建筑行业技术更新和快速发展的要求。

3.2.2 智能建造技术的应用

针对上述问题，围绕建筑工地“人、机、料、法、环”五大核心管理要素，细致探究智能建造技术在提升建筑施工安全生产水平中的具体实践与成效。

1.“人”——严控关键人员安全管理

在项目安全管理中，聚焦关键人员（项目经理、安全员、特种工等）管理至关重要。安全员作为施工安全防范的“哨兵”，其角色举足轻重；特种工由于其作业的复杂性和高风险性，是人员管理中的重中之重。

（1）为强化建筑施工领域关键岗位人员的在岗履职尽责，温州市创新实施安全员巡视记分管理机制与特种作业人员数字化管理。通过构建建筑产业工人综合信息平台，将温州市安全员登记入库并实行安全巡视记分管理，在工地主要通道口、起重设备及危大工程等5～10个重要部位悬挂安全巡视二维码，安全员通过“先扫脸、后定位、再打卡”的方式每日完成至少5次工地巡视并扫码上传安全隐患，每月扫码巡视率低于70%的安全员每缺少一天扣2分，对于累计扣分达12分的安全员，平台将自动推送培训通道，组织安全员参加线下脱岗培训，形成数字化闭环管理。通过数字化比对安全员巡视数据，评估安全员个人履职成效，分析各县市区安全员履职水平，对表现欠佳的地区实施重点督促与差异化整改策略。根据巡视记录的问题数据统计，识别并分类工地潜在隐患，集中力量进行整改销项，确保安全管理精准高效。

安全员巡视记分管理机制的实施，标志着安全员管理迈入数字化、精细化新阶段。该举措不仅优化了建筑工地安全巡视工作流程，更促进了安全员队伍整体素质的提升。

（2）特种作业人员的数字化管理可实现从计划制定、流程审批到作业监控的全流程线上管控。一是在特种工入场前，建筑产业工人综合信息平台利用数字技术构建特种作业人员信息库，录入特种工身份信息、资格证书及健康档案等数据，完成特种工的审核与入库工作。系统动态监控证书有效期，提前30天发送延期提醒，避免因证书过期导致的合规风险。通过人脸识别与电子证书验证，确保特种工信息无误、持证上岗。二是在特种工作业阶段，系统融合“AI＋视频监控”功能，实时监控高风险作业，支持视频直播、语音对讲等功能，使监管人员随时掌握作业动态，确保特种工规范作业。当系统识别到作业过程中存在安全风险时，将立即预警并推送给相关部门，促进隐患快速整改，进一步保障特种作业安全。

特种工作业数据的统计分析，可掌握特种工底数、地区分布、证书类型及工作状态变化。数据可显示特种工在不同区域、时期下的作业活跃度，精准识别特种作业管理的薄弱环节和潜在风险，助力制定针对性措施。

2.“机”——推广智能设备普及应用

智能机器设备在建筑施工领域可丰富施工手段并提升作业效率，不仅能够精准执行电焊、高空作业等危险任务，还通过加强日常监测、规范施工操作，保障施工现场安全。

（1）智能机器设备正逐步代替建筑工人完成一些危险、繁重或重复的施工任务，降低了人员作业风险。例如：①智能化无人驾驶施工升降机融合了智能控制、远程操控等技术，实现了箱内人数的智能监控与一键自动精准停靠功能，增强了升降过程的安全性。②焊接机器人能够在高处、高温、粉尘等恶劣条件下实现远程操作、精准作业，减少因人为操作不当、施工环境恶劣而导致的安全事故。③高处作业垂直升降平台为施工人员提供了安全稳定的工作空间，使施工人员能安全完成外墙作业、设备安装等高空作业任务。智能机器设备的广泛应用，展示出其在建筑施工领域降低施工安全风险、保障人员安全方面的巨大价值。

随着技术的不断成熟和应用场景的持续拓展，智能机器设备将成为推动建筑施工安全与效率双提升的关键驱动力，推动建筑施工迈向更智能、更安全、可持续化的发展道路。

（2）智能监测设备构建了全天候、无死角的安全监测体系。例如：①基坑自动化监测技术对基坑开挖过程中的深层水平位移、地下水位等数据进行采集、传输、分析并设置预警机制，高效防范基坑施工中的坍塌等安全风险。②高支模监测报警系统可实时监测高支模结构的位移、变形、应力等参数，及时捕捉异常信号并发出预警，有效预防高支模安全事故。③临边防护智能监测系统则可通过智能感知技术，对临边区域实施不间断监控提醒，一旦发现违规行为或安全隐患，立即触发警报，确保及时消除安全隐患。智能监测设备凭借实时监测与智能防护功能，实现对潜在风险的即时预警与精准防控，降低安全事故的发生频率。

相较于人为管理在时效性和空间覆盖上的局限性，智能监测设备能够实时、全面地捕捉工地现场的作业细节，有效弥补安全人员监管局限问题，大幅提升管理效率。

3.“料”——强化材料安全过程管控

建筑施工材料防控是确保工程安全的基础。实施起重机械关键部位电子证书管理，确保其构件安全；推广铝、塑料模板等高性能建筑材料，提升现场安全与作业效率。

（1）为强化起重机械安全管理，温州市实施了起重机械重要部位悬挂电子证书制度管理，要求塔吊大臂前段、顶升横梁、标准节等起重机械重要部位悬挂电子证书，记录生产、出厂以及维保等相关信息，并接入信息化管理平台。未来起重设备信息化管理工作中，将重要构件的出厂日期、设备检测、维保情况等关键信息动态更新至信息平台，从根源减少因设备构件老化、未及时开展维保等原因导致的安全隐患。另外，通过系统平台对设备维保过程实行监督管理，要求在维保、检测时，由工作人员扫描人脸信息、确认人员资格后开展工作，并将维保检测内容、监理单位及使用单位人员的现场合照等信息上传系统，实现全流程可追溯、可监控，确保作业安全与设备稳定运行。

实施起重机械重要部位电子证书管理，可以加强设备一体化管控，防止设备重要部位出现年份过老、构件损坏等问题，杜绝出现“组装机、翻新机”等问题。

（2）铝模板和塑料模板凭借各自鲜明的优势在建筑施工中得到广泛应用。①铝模板在设计和制造时通过预留固定孔位实现模板的便捷垂直运输，每块铝模构件均配备独一无二的“身份码”，通过扫码识别构件编号、拼装位置，指导现场铝模拼装作业，降低施工现场的安全风险。②塑料模板则以其高效、高质、经济的特性，成为智能建造中的优选材料。相比传统木模板，塑料模板在减轻劳动强度、降低支撑系统安全隐患等方面表现出色，其轻量、耐腐蚀、不易形变的特点使模板组装与拆卸更加便捷，降低工人的操作难度，有效避免了复杂作业中的安全隐患。

通过以铝代木、以塑代木，不仅避免了木模板施工中劳动强度大、支撑系统安全隐患高等问题，更能实现高颜值与新科技的完美融合，推动建筑行业绿色、智能发展。

4.“法”——优化安全管控策略方法

建筑行业属于高风险且环境复杂的领域，存在较多不安全因素。因此，要想保证建筑工程顺利进行，必须采取有效的安全管控策略，加强安全生产管理。

（1）BIM 技术是智能建造技术的核心之一，以可视化、精细化和信息集成为特点，为施工现场的安全生产提供有力保障。首先，BIM 技术构建的三维模型直观展示复杂施工环境，简化安全信息传递，提升安全教育的效果，使安全教育更加直观、具体，增强施工人员的安全意识与应对能力。其次，在作业环境监测方面，BIM 技术通过模拟大型施工场景（如钢结构吊装），实时反映作业环境变化（如吊装高度、距离的调整），从而快速制定安全措施。另外，BIM 技术通过碰撞检查优化设计，提前识别潜在隐患，输出危险源清单，与施工方案、应急预案相关联，确保风险应对措施的精准有效。

BIM 技术作为智能建造领域的可视化施工指导工具，优化施工安全管理，革新工人传统教育模式，提升培训教育效果，是推动建筑行业稳步前行的重要动力。

（2）危大工程作为建筑施工领域中的高风险环节，推行危大工程系统管理，实现从危险源辨识到施工完成的线上全链条管控尤为重要。一是在项目筹备初期，建设单位在施工招标文件中列出危大工程清单并明确相应的风险因素，为施工方风险评估与措施应对提供依据。二是在施工准备阶段，建立危险源清单，组织专家论证危大工程施工方案，从源头上消除或降低施工风险。同时依托信息化手段，将危大工程关键信息（如施工部位、方案编制、交底情况等）录入线上管理系统，实现施工过程的信息化、动态化监管。三是在高风险的超危大工程施工过程中，邀请方案论证专家进行现场指导，助力施工队伍及时发现并整改安全隐患，保障危大工程安全推进。

危大工程线上管控贯穿危险源识别、方案论证、施工信息管理及专家指导服务等多个环节，提升安全管理水平，改善建筑施工领域安全风险日益加剧的问题。

5.“环”——构建环境安全监控体系

为构建全面高效的建筑施工环境安全监控体系，视频监控系统与无人机技术的融合应用正逐步成为保障环境安全不可或缺的关键手段。

（1）建筑工地依据其实际规模与具体需求。①在施工区、材料堆放区、塔吊作业区等关键位置布置高清摄像头，构建覆盖整个工地的监控网络，实现 24 小时不间断的安全守护。②塔吊安全监控系统通过集成电子标签、智能识别技术及高精度传感器，实时捕捉并分析塔吊运行状态，一旦发现异常立即发出警报，有效预防塔吊倾覆、碰撞等安全事故的发生。③在工地进出口位置安装智能识别监控设备，利用人工智能与图像识别技术，对进出工地的人员与车辆进行自动抓拍验证，实时监测、报警工人进场未佩戴安全帽等违规行为，提高工人管理效率，增强工人安全意识。

智慧工地视频监控体系极大拓宽了监管视野，减少了传统“人盯人”模式的局限性，实现远程实时共享信息，确保施工任务安全进行。

（2）无人机技术的引入为建筑安全生产监管带来了新面貌。无人机凭借其高清相机与红外热成像仪等设备，精准捕捉并传输建筑工地及其周边的环境信息，为管理者提供更为灵活的施工巡视视角。在施工辅助方面，无人机在高空作业、狭窄空间等复杂环境中，能有效提升施工效率，降低安全风险。在建筑检查中，无人机可替代传统高风险、低效率的人工检查方式，传统的检查方法需要人工爬楼检查建筑物的各个方面，存在耗时、危险、易忽略隐患等问题，而使用无人机可以快速进行建筑“全身扫描”，排查建筑物漏水、裂缝、电气老化等安全隐患，为建筑物维护与保养提供依据。

无人机巡视与人工巡视互补，突破了时间与空间的限制，实现了全天候、高效能的隐患排查，显著提升了巡检效率与覆盖面。

3.3 智能建造在质量管理方面探索

在房建市政工程质量管理中实现“预防—监测—改进”闭环的智能化，能够有效提升工程质量水平，降低质量风险。以下将从预防、监测、改进三个环节的智能化实现方式、相互之间的联系以及实现闭环的关键要点等方面进行阐述。

3.3.1 预防环节智能化

1. 风险预测与分析

借助大数据分析技术，收集整理过往类似工程的施工数据、质量问题案例、安全事故记录等，建立风险预测模型。同时结合人工智能算法，对当前工程的设计方案、施工环境、材料选用等因素进行综合分析，预测可能出现的质量安全风险，如混凝土裂缝、地基沉降、高空坠落等，并提前制定针对性的预防措施。

1）智能预测工程潜在质量风险

利用传感器、物联网等技术实时采集工程的环境、结构等数据，再通过大数据分析工具挖掘其中潜在的质量风险因素。运用机器学习算法，如随机森林、支持向量机等，基于历史数据和实时数据构建质量风险预测模型，预测可能出现的质量问题。通过建立实时监测系统，一旦数据出现异常，系统能及时发出预警，以便工作人员采取措施。

案例：某多栋高层住宅引入智能预测工程潜在质量风险的技术体系。在建筑物关键部位，如基础、主体结构的梁、板、柱等位置，预埋高精度应力、应变传感器以及位移传感器；在施工现场部署温湿度传感器、风速传感器等，全面监测环境数据。通过蓝牙等物联网通信技术，将传感器采集的数据实时传输至中央数据处理平台，保证数据传输的及时性与稳定性。采用专业大数据分析软件，对采集到的海量数据进行深度挖掘。例如，分析混凝土浇筑时温度、湿度与混凝土强度增长之间的关联，以及不同施工阶段结构应力、位移变化规律。基于收集到的本项目及其他类似房建项目的历史数据，包括原材料质量数据、施工工艺数据、质量事故数据等。开发了基于 BIM 与物联网融合的可视化监测系统。将传感器数据与 BIM 模型关联，实现工程结构和环境数据的三维可视化展示，使质量风险状况一目了然。在主体结构施工阶段，系统提前预测到某栋楼因混凝土浇筑顺序不合理，可能导致部分梁出现较大裂缝的风险。施工方及时调整施工方案，避免了裂缝的产生，保证了结构安全。通过实时监测系统的预警，及时发现了因持续降雨导致基坑边坡位移异常，施工人员迅速采取加固措施，避免了基坑坍塌事故。应用该智能预测系统后，工程质量问题发生率降低了约 25%，返工率降低了 20%，有效缩短了工期，减少了后期维修成本。

2）大数据分析优化工艺参数

（1）混凝土配比优化。收集原材料性能、环境温度/湿度、混凝土强度等数据，分析各因素对混凝土性能的影响程度，建立预测模型，找到满足强度、耐久性等要求的最优配比。通过实时监控调整，保证不同施工条件下混凝土质量稳定。

案例：某大型房建项目中，施工单位利用大数据分析平台收集了大量混凝土试块的抗压强度、抗渗性等数据，以及原材料的各项指标和施工环境数据。经过数据分析，发现水胶比、砂率和外加剂掺量对混凝土强度和耐久性影响显著。通过建立回归模型，调整配合比，使混凝土强度标准差降低，耐久性大幅提高，减少了因混凝土质量问题导致的返工和维修成本。

（2）焊接电流优化。采集焊接过程中的电流、电压、焊接速度、焊缝质量等数据，分析焊接电流与焊缝质量的关系，根据焊接材料、接头形式等因素确定合适的电流范围。利用实时监测数据自动调整焊接电流，确保焊缝质量均匀稳定。

案例：在某市政桥梁建设项目中，为了保证焊接质量，安装了焊接数据监控系统，实时采集焊接电流、电压等参数。通过对大量焊接数据的分析，结合焊缝的无损检测结果，发现不同钢材厚度和焊接位置对应的最佳电流范围。当焊接较厚钢材时，将焊接电流适当提高，避免了未熔合等缺陷；在焊接薄板时，降低电流，防止烧穿。最终，焊缝一次合格率从原来的85%提高到95%以上，提高了施工效率和工程质量。

3）实现精细化质量管控

在建筑施工领域，BIM与物联网（IoT）平台的集成，在解决混凝土浇筑温度、钢筋绑扎间距等关键数据的采集与管理问题上成效显著。借助各类物联网传感器，如温度传感器、激光测距传感器、位移传感器等，对施工现场进行全面部署。温度传感器嵌入混凝土浇筑体中，实时感知混凝土内部的温度变化；激光测距传感器安装在钢筋绑扎作业区域，对钢筋间距进行精准测量。这些传感器持续采集数据，并通过无线通信技术，如蓝牙、Wi-Fi、ZigBee、4G/5G等，将数据传输至IoT平台。

建立数据处理与分析模型：IoT平台将收集到的海量数据进行初步整理和分类，去除异常数据后，传输至BIM模型。BIM模型融合了建筑的三维几何信息、施工进度、材料属性等多维度信息，通过预先设定的算法和规则，对混凝土浇筑温度、钢筋绑扎间距等数据进行分析。例如，设定混凝土浇筑温度的合理范围以及钢筋绑扎间距的标准值，当实际采集数据超出或低于设定阈值时，系统自动触发报警机制。此外，还可以进行可视化交互。通过BIM + IoT平台集成，将采集和分析的数据以可视化的形式呈现。施工人员和管理人员可以通过电脑端、移动端等设备，随时随地查看施工现场的实时数据，并以直观的图表、图形方式展示数据的变化趋势。在BIM模型中，异常数据对应的构件会以醒目的颜色或标记显示，方便工作人员快速定位问题所在。

案例：某工程项目采用BIM + IoT平台集成技术，在混凝土浇筑区域布置温度传感器，在钢筋绑扎部位安装激光测距传感器等物联网设备。传感器实时采集混凝土浇筑温度、钢筋绑扎间距等数据并上传至BIM模型。当混凝土浇筑温度超出预设的适宜范围，或钢筋绑扎间距不符合规范要求时，系统会自动报警。例如在一次大体积混凝土浇筑中，系统监测到局部温度过高，可能引发裂缝风险，现场管理人员及时采取了降温措施，避免了质量问题的发生，有效降低了质量风险。

所有采集到的数据都与BIM模型中的相应构件进行关联，形成了完整的质量数据链。在施工过程中以及竣工后的任何阶段，一旦发现质量问题，都可以通过BIM模型快速定位到具体的构件，查看该构件在混凝土浇筑和钢筋绑扎等环节的详细数据，包括温度变化曲线、钢筋绑扎间距的测量记录等，实现了质量问题的精准追溯。如在后期的墙面裂缝检查中，通过平台可清晰查看对应部位浇筑时的温度数据及钢筋情况，为分析裂缝原因提供了有力依据。

基于BIM + IoT平台，管理人员可以实时掌握施工现场的各项质量数据，根据混凝土浇筑温度的变化，合理安排后续施工工序，如调整养护时间和方式；根据钢筋绑扎间距数据，及时指导工人进行调整，确保施工质量符合标准。同时，平台还能对数据进行分析，生成质量报告和统计图表，帮助管理人员进行精细化的质量决策。例如，通过对不同区域混凝土浇筑温度数据的分析，优化了混凝土配合比和浇筑方案，提高了整体施工质量。

4）实现材料精益化管理

通过RFID或二维码追踪材料防止不合格材料流入工地。一是材料唯一标识赋予。在材料生产或采购环节，为每一批次甚至每一件材料都粘贴上包含特定信息的 RFID 标签或二维码。标签或二维码中存储了材料的基本信息，如生产厂家、生产日期、规格型号、批次编号、质量检测报告编号等关键数据。这些信息构成了材料独一无二的“身份证”，为后续的追踪和管理提供了基础。二是进场信息采集。当材料运抵工地时，工作人员使用专用的 RFID 读写设备或扫码枪对材料上的标签或二维码进行扫描，系统自动记录材料的进场时间、运输车辆信息、交货数量等内容，并与采购订单和质量标准进行比对。若发现材料信息与订单不符或缺少必要的质量证明文件，系统会立即发出预警，阻止材料进入工地存储区域。三是存储环节监控。材料进入仓库后，其存储位置信息也会与 RFID 标签或二维码关联。仓库管理人员通过扫描设备更新材料的存储位置、存储环境参数（如温度、湿度等）。系统会根据材料的特性和存储要求，设定预警阈值，当存储环境超出适宜范围时，及时发出警报，提醒管理人员采取措施，保证材料在存储期间的质量不受影响。四是使用过程追踪。在材料投入使用时，施工人员需要再次扫描材料的 RFID 标签或二维码，记录材料的领用时间、领用人员、使用部位等信息。系统将这些信息与施工进度计划和设计要求进行匹配，确保材料被正确、合理地使用。同时，对于一些关键部位使用的材料，系统会进行重点监控，防止不合格材料被用于重要结构。

案例：某施工企业利用 BIM + RFID 物料跟踪管理能力组件，为构件赋予 RFID 标签作为“身份证”。在构件加工阶段，通过扫描标签关联加工信息，对不符合加工标准的构件进行预警，避免不合格构件进入运输和施工现场，从源头把控质量风险。依托 C8BIM 平台，采用 RFID 非接触群读技术，在构件运输、进场、安装、验收等阶段，通过手持式 RFID 扫描设备快速扫描构件状态信息并实时更新上传至平台。工作人员通过物料可视化看板，可直观查看构件从加工到安装的全过程状态信息，实现了全流程的可视化追溯。集成 RFID 打印技术，可直接在系统中选中 BIM 目标构件批量打印 RFID 标签，精准对应每个构件。同时针对不同材质的构件，研发了玻璃、柔性抗金属的 RFID 亮灯标签，借助 RFID 手持机定位查找功能，可实现夜间构件快速盘点，提升了物料管理的精细化水平和工作效率。

案例：某工程项目经理部对每批材料设置专属的“二维码身份证”。材料进场时，管理人员通过扫描二维码，可快速获取材料的供应商、规格、检验报告等详细信息，与采购要求和质量标准对比，及时发现不合格材料，防止其进入工地。

利用二维码平台，将材料从进场、存储到使用的各环节信息记录在二维码中。管理人员和施工人员通过手机扫描二维码，就能直观了解材料的来源、运输过程、存储时间和位置、使用部位等全生命周期信息，实现了材料信息的可视化追溯。

在整个施工管理环节搭建二维码管理系统，将材料管理与人员管理、设备管理等其他环节关联。通过二维码记录材料的出入库时间、数量、领用人员等信息，精确掌握材料的使用情况，便于进行成本核算和资源调配，实现了工程项目的精细化管理。

2. 施工方案优化

运用 BIM 技术，对施工方案进行三维建模和虚拟仿真。在虚拟环境中模拟施工过程，提前发现潜在的施工冲突和问题，如工序不合理、空间碰撞等，避免施工过程中的变更和返工。此外，施工人员可根据 BIM 模型中的详细信息进行施工，确保施工质量符合设计要求。还能将质量检查结果记录在模型中，方便跟踪和整改。

案例：某大桥施工采用了以下技术措施。一是模拟施工优化方案与预判风险。利用 BIM 技术构建了三维模型，并结合时间维度形成 4D 模型，甚至融入成本等维度形成 5D 模型。通过模拟施工过程，对复杂的桥梁结构施工顺序、工艺进行优化。例如，对主塔施工、钢梁架设等关键环节进行模拟，提前发现施工流程中可能存在的碰撞、干涉等问题，如不同施工设备与结构之间的空间冲突，及时调整施工方案，避免了实际施工中的返工和延误。借助 BIM 模型结合地质勘察数据、气象数据等，对施工过程中的风险进行预判。如通过模拟洪水期水位对桥梁基础施工的影响，提前制定防洪预案和施工进度调整计划。同时，对高空作业、大体积混凝土浇筑等高危作业环节进行风险分析，提前采取防护措施，保障施工安全。将项目的 BIM 模型与施工进度、质量验收数据进行深度关联。施工过程中，每一道工序的完成时间、质量检测结果等数据都与 BIM 模型中的相应构件进行绑定。例如，将混凝土浇筑的时间、强度检测数据与桥梁的梁体构件关联，将钢结构焊缝的检测数据与钢梁构件关联。二是关联数据实现可视化追溯。建立了可视化追溯平台，管理人员可以通过平台直观地查看桥梁任何部位的施工历史和质量情况。当发现某一部位出现质量问题时，能够快速追溯到施工时间、施工班组、使用材料等信息，为质量问题的分析和处理提供了全面的数据支持，实现了质量管控的精细化和可追溯性。三是移动终端对比发现偏差。施工人员和管理人员配备了平板电脑、AR 设备等移动终端。这些移动终端安装了与大桥 BIM 模型对应的应用程序，能够实时获取 BIM 模型数据。在施工现场，施工人员可以通过移动终端将现场实际施工情况与 BIM 模型进行对比。如利用 AR 设备，将虚拟的 BIM 模型与现实场景进行叠加，直观地查看实际施工与设计模型是否存在偏差。对于钢筋绑扎位置、模板安装尺寸等细节，通过移动终端的测量工具和对比功能，能够快速发现偏差，及时进行调整，确保施工质量符合设计要求。

案例：某工程项目采用“BIM + 4D”技术，将 2D 图纸转换为 3D 图纸，对 16.2m 超深基坑施工等复杂工程进行施工过程模拟。在施工前对设计方案进行定量模拟“预演”，梳理出各工序重难点，如出土效率低、多专业交叉等问题，有针对性地进行施工预演，辅助方案评审优化，提前预判质量风险，减少现场返工。依托智慧工地一体化平台，以 BIM 作为载体，集成全生命周期各类数据，将 BIM 模型与施工进度等数据关联，当出现质量问题时可快速定位和追溯。利用 BIM 的毫米定位功能，将 1：1 的 BIM 模型叠加在施工工地现场，可视化指导现场施工，管理人员可直观地发现现场与模型的偏差。

案例：某工程项目采用 BIM5D 施工模拟对叠合板吊装等施工过程进行模拟，将吊装方位、定位牵引、支撑稳定等安装细节一次交底到位，提前发现安装过程中可能出现的问题，减少返工风险，加快施工速度。以智慧建造一体化平台为基础，整合多模块数据，将 BIM 模型与项目管理等数据关联，实现对质量问题的追溯和管理。项目部管理人员可通过 PC 端和手机 App 开展线上巡检，将现场情况与 BIM 模型对比，即时上传安全和质量问题至云平台，实现从问题发现到整改的闭环管理。

3.3.2 监测环节智能化

1. 传感器网络部署

在施工现场及工程结构中广泛部署各类传感器，如温湿度传感器、位移传感器、应力传感器、气体传感器等，实时采集工程施工过程中的环境参数、结构状态、设备运行等数据。通过物联网技术，将这些传感器数据汇聚到统一的监测平台，实现对工程状态的全面实时监测。

1）混凝土养护智能监测

混凝土养护智能监测是通过传感器、智能控制系统等技术手段，对混凝土养护过程中的温度、湿度等关键参数进行实时监测和调控，以确保混凝土在最佳环境下养护，提高混凝土质量。

在混凝土结构内部和表面布置温湿度传感器，实时采集温湿度数据。传感器将数据传输至智能控制系统，系统根据预设的最佳养护温湿度范围，自动控制养护设备，如喷淋系统、保温设备等，进行湿度调节和温度控制。

对于大体积混凝土，可采用无线测温系统。在混凝土中预埋测温感应器，利用远程系统实现对混凝土温度的实时监控。根据温度变化，采取相应的养护措施，如蓄水、覆盖等，以减小温差，防止混凝土开裂。

案例：某大型商业综合体项目的地下室大体积混凝土基础施工时在大体积混凝土内部按一定间距埋设了无线温度传感器，表面布置温湿度一体传感器。这些传感器与无线测温系统及智能控制系统相连。无线温度传感器实时采集混凝土内部温度，温湿度传感器监测表面温湿度，数据通过无线传输至智能控制系统，实现数据的快速汇总与分析。系统设定了混凝土养护的温湿度安全阈值，如温度过高可能导致混凝土开裂，湿度不足会影响强度增长。当监测数据超出阈值时，智能控制系统立即启动应急预案，自动开启喷淋系统增加湿度、调整保温设备降低温度，有效避免了因温湿度失控引发的混凝土裂缝、强度不达标等质量风险。智能监测系统完整记录养护全过程数据，包括各传感器采集的温湿度数值、设备启停时间与状态等。若混凝土出现质量问题，能精准追溯到具体时间点的温湿度状况、养护设备运行情况，为质量问题分析提供详实依据，明确责任主体，便于采取针对性改进措施。通过对监测数据的实时分析，施工方可以精确掌握混凝土不同部位的温湿度变化。例如，发现靠近外墙的混凝土区域湿度略低，便针对性地加强该区域喷淋强度；依据内部温度分布，动态调整保温措施，实现精细化养护，提升了混凝土整体质量均匀性。该项目应用混凝土养护智能监测后，混凝土质量显著提升，经检测强度均达标，裂缝发生率较传统养护方式降低80%以上。同时，减少了人工巡检工作量，提高施工效率，缩短了施工周期，为项目节约成本约15%，取得良好的经济效益与社会效益。

2）基坑变形智能监测

基坑变形智能监测是指利用先进的传感器技术、数据采集与传输技术、数据分析与处理技术等，对基坑的变形情况进行实时、连续、高精度的监测。

（1）传感器监测技术：在基坑的围护结构、周边土体和建筑物等部位安装各类传感器，如位移传感器、应变传感器、压力传感器、水位传感器等，实时获取基坑变形的相关数据。

（2）测量机器人监测技术：测量机器人可自动识别和跟踪测量目标，按照预设的程序和频率进行测量，能快速、准确地获取基坑监测点的三维坐标，实现对基坑变形的自动化监测。

（3）遥感监测技术：通过无人机遥感、卫星遥感等手段，获取基坑及周边区域的大范围影像和地形数据，利用图像处理和分析技术，提取基坑变形信息，可用于监测基坑周边地表的宏观变形情况。

案例：某建设项目基坑施工中，智能监测系统配置智能影像传感器硬件。仅需将标靶布设在监测主体上即可开展监测工作，具有支持多标靶同时检测、自动识别编号，高精度、高准度等特性。可实现对结构物表面相对位移的实时监控，数据精度达到毫米级，且可一键输出报表，能应用于基坑等多种场景。

实时采集基坑的水平位移、垂直沉降等数据。系统设定了严格的预警阈值，当监测数据接近阈值时，立即自动向项目管理人员发送预警信息。施工方在收到预警后，迅速暂停施工，组织专家分析原因，及时调整了支撑结构的施工参数，避免了基坑坍塌等重大质量安全事故，保障了施工质量与周边环境安全。

智能监测系统详细记录了从监测设备安装、数据采集、传输到处理分析的全过程数据。一旦出现数据异常或质量问题，可通过系统追溯到具体的监测时间、地点、设备运行状态以及当时的施工工况等信息。在基坑某区域出现异常沉降时，通过追溯发现是因某时段附近大型机械作业振动影响，施工方据此制定了针对性的防护措施，并为后续类似问题的处理提供了参考依据。借助智能监测系统的高精度传感器，获取基坑变形的细微数据变化。通过对这些数据的深度分析，施工方可以精确了解基坑不同部位在不同施工阶段的变形特征。如在基坑开挖过程中，根据监测数据精确调整土方开挖顺序和速度，对变形较大的区域提前采取加固措施，实现了基坑施工的精细化管理，提高了施工效率，同时减少了资源浪费。

3）机器人在测量管道缺陷

机器人搭载了高清摄像头、超声波传感器、漏磁检测仪等多种检测设备。在检测时，通过履带或轮式驱动装置在管道内平稳前行。高清摄像头实时拍摄管道内壁影像，用于直观查看管道表面是否存在裂缝、腐蚀坑等缺陷；超声波传感器发射超声波，根据反射波分析管道壁厚变化，检测内部缺陷；漏磁检测仪则利用铁磁性材料的漏磁现象，精准定位管道的腐蚀、变形等情况。

案例：某管道施工过程检测中，选用了履带式管道检测机器人。机器人搭载的高清摄像头以30帧/s的速度拍摄管道内壁，通过图像识别算法实时分析有无裂缝、腐蚀坑；超声波传感器以10MHz的频率发射超声波，根据回波时间和强度精准计算管道壁厚；漏磁检测仪利用永磁体对管道励磁，一旦管壁有缺陷，磁力线畸变产生漏磁信号，被传感器捕捉定位。通过设定多种缺陷的量化标准，当检测数据触发预警值时，系统立即停止机器人前进并向监控中心发送警报。如当检测到管道壁厚减薄超过10%或发现深度大于5mm的裂缝时，现场技术人员会根据具体情况制定修复方案，降低管道泄漏风险，保障管道安全稳定运行。机器人检测全程记录各项数据，包括检测时间、地点、检测设备原始数据、发现的缺陷详情等。这些数据存储在云端服务器，若后续管道出现问题，能随时调取历史检测数据，明确当时检测情况，便于追溯问题根源，确定责任主体。根据不同管段的重要程度和历史检测数据，制定个性化检测计划。对于穿越人口密集区或地质复杂区域的管道，加密检测频次和精度。利用检测数据构建管道三维模型，直观呈现管道状况，对微小缺陷进行标注和跟踪，为管道维护提供精准依据。

使用管道检测机器人后，该管道检测效率提高了5倍，检测覆盖率达到100%，人工检测时容易遗漏的微小缺陷也能被精准识别。在后续一年的运行中，管道事故发生率降低了80%，大大减少了因管道故障导致的经济损失和环境污染。

2. 智能图像识别

利用摄像头、无人机等设备，获取施工现场的图像和视频信息。借助人工智能图像识别技术，对图像和视频进行分析处理，识别材料的质量问题，如外观缺陷、规格不符等，及时发现施工过程中的异常情况。

1）钢结构焊接质量智能监测

（1）传感器监测技术。应变传感器可测量焊接过程中的应变变化，评估结构变形情况。温度传感器能监测焊接时的温度分布与变化，防止因过热或过冷而影响质量。光电传感器利用光电效应监测光辐射和电弧稳定性。

（2）基于机器视觉的监测技术。通过摄像头等设备采集焊接区域的图像，运用图像处理和分析算法，对焊缝的形状、尺寸、表面质量等进行监测，可检测出焊缝的偏差、气孔、裂纹等缺陷。

（3）基于人工智能的监测技术。运用机器学习和深度学习算法，对采集到的焊接数据，如焊接电流、电压、声音、图像等进行分析和处理，识别焊接过程中的异常情况和缺陷类型。

案例：某大型桥梁建设工程传感器监测技术应用如下：在桥梁的桥墩、梁体等关键部位安装应变传感器和温度传感器。应变传感器采用振弦式传感器，通过钢弦的振动频率变化将物理量变为电量，来测量桥梁结构在施工和使用过程中的应变变化。温度传感器选用高精度的热电偶传感器，可实时监测混凝土内部和表面的温度。光电传感器则用于监测桥梁夜间施工照明的光辐射稳定性，确保施工环境的光照条件。设定应变和温度的安全阈值，当应变数据超出阈值，预示结构可能存在变形风险，及时调整施工工艺或对结构进行加固。温度异常时，采取相应的温控措施，如调整混凝土配合比、加强养护等。光电传感器若检测到光辐射不稳定，及时检查照明设备，保障施工安全。传感器采集的数据与施工时间、位置等信息同步存储在数据库中，方便在桥梁后续使用过程中，若出现结构问题，可追溯到施工阶段的相关数据，分析问题原因。根据应变数据，优化桥梁的预应力施加方案，确保结构受力合理。依据温度监测数据，对大体积混凝土施工进行分阶段温控，防止出现温度裂缝。

基于机器视觉的监测技术应用如下：在桥梁施工现场安装多个高清摄像头，对焊接区域、混凝土浇筑面等进行实时图像采集。运用边缘检测、特征提取等图像处理算法，分析焊缝的形状、宽度是否符合标准，检测混凝土表面是否存在裂缝等缺陷。一旦检测到焊缝偏差超出允许范围或混凝土表面出现裂缝，系统立即发出警报，施工人员暂停施工，进行整改，避免质量问题扩大。所有采集的图像和分析结果都进行分类存储，建立质量档案，便于对桥梁不同部位、不同施工阶段的质量情况进行追溯。根据焊缝图像分析结果，实时调整焊接参数和焊接路径，提高焊缝质量。对混凝土表面的微小裂缝进行标记和跟踪，为后续的修补工作提供依据。

基于人工智能的监测技术应用如下：建立桥梁结构的有限元模型，并结合施工过程中的各种监测数据，利用深度学习算法进行训练，构建桥梁结构安全评价模型。同时，采用人工智能图像识别技术，对施工现场的人员、设备、材料等进行识别和管理。安全评价模型实时评估桥梁结构的安全状态，当出现风险时，提前发出预警，制定相应的风险应对措施。图像识别技术可对施工现场的违规行为进行识别和报警，如人员未佩戴安全帽、设备违规操作等。

对所有的监测数据、模型计算结果、图像识别记录等进行长期保存，方便随时查询和追溯桥梁施工过程中的各种信息。根据模型分析结果，优化桥梁施工方案和施工进度，合理安排资源投入。通过图像识别技术，对施工现场的材料堆放、设备停放等进行规范管理，提高施工效率。

应用效果如下：桥梁施工过程中，结构变形得到有效控制，混凝土温度裂缝数量减少了40%，施工照明稳定性大幅提高，保障了施工进度和质量。焊缝质量合格率提高到95%以上，混凝土表面裂缝发现率达到90%，提前发现并处理了大量质量隐患，减少了后期维修成本。桥梁施工安全事故发生率降低了60%，施工效率提高了30%，实现了桥梁建设的智能化、精细化管理。

2）智能设备应用情况

（1）智能塔吊

智能塔吊通过5G、物联网、人工智能等技术，实现远程操控、自动定位、智能避障等功能。可使操作员在地面通过可视化大屏和操作杆等设备远程操控，避免高空作业风险，还能通过多信息融合智能远程控制实现高效人机协同，提升吊装效率，节省人工成本。

案例：某工程在技术改造工程塔吊中安装了高精度数字传感器、主机、显示屏、防碰撞模组、摄像头等硬件设备，通过物联网将塔吊的高度、幅度、回转、重量等运行数据实时采集并传输。利用5G的高速率、低延迟特性，确保数据传输的稳定性和及时性，使远程操控几乎无延迟。系统内置自主研发的平面防碰撞计算法和立体防碰撞计算法，运用人工智能算法结合回转、速度、幅度等多个限位数据，实时高速计算各塔吊的碰撞关系，实现平面和立体防碰撞自动切换与告警预知。

针对群塔作业，设置防碰撞最小安全距离不得小于2m，高塔大钩不得路过矮塔大臂，系统可根据实时计算提前预警和制停，避免塔吊碰撞。实现了限行区域保护，在用厂区、工人休息区等标记为限行区域，塔吊接近时会自动告警并控制塔吊在施工区域内运转。塔吊司机认证不通过不能上机作业，设备主机定时抓拍人脸照片进行识别，防止中途无故换人。塔机安全监测系统的管理平台可完整记录各个运行时间段内塔吊的运行数据、告警数据。结合视频和三维运行轨迹能完整还原每次告警风险的过程。通过监测系统管理平台可保留、查看设备管理痕迹，一塔一码，扫码即可查看塔吊基本信息、检查记录、维修保养记录等。以往更换塔吊司机需管理人员爬塔吊重新设置权限，应用系统后，可远程下发人员权限，耗时由半小时缩短至一分钟。

应用效果如下：应用监测系统后未发生一起钢丝绳剐蹭事故，有效降低了安全风险。塔吊司机遇到制停后可在判断无风险的情况下低速通过，保障了生产活动的正常进行，没有因安全管理而降低生产效率。实现了对塔吊的全过程管理，提升了项目整体管理水平，提高了管理效率和精准度。

（2）无人压路机

无人压路机运用北斗定位、自动避障、自动规划路径等技术，能在线监测密实度，可实现远程控制整车起停车、锁车等功能，适用于多种复杂施工环境，能提高施工效率、保证施工质量、降低人员劳动强度。

案例：某工程施工现场应用无人压路机，安装了高精度北斗定位系统，为压路机提供精准的位置信息，实现对压路机运行轨迹和姿态的精确控制，确保其按照预设路线行驶。配备毫米波雷达和具有人员障碍安全识别功能的设备，可精确探测设备前后方和侧方障碍物，当检测到障碍物时能及时制动或避让。施工人员在平板设备上根据工作区域的形状和大小，为压路机提前设置压实区域电子围栏等参数，压路机在智能系统引导下，自动规划并严格按照预设路线完成行驶、转向等任务。机身搭载压实传感器，可实时采集施工区域和车辆的运行数据，并传输至摊铺碾压质量监测系统，实现"随压随检"。可由单人手持平板设备实现对多台车辆的远程控制，完成整车起停车、锁车等功能。压路机按预设参数和路线作业，有效避免人工操作导致的漏压、过压、欠压、超速等问题，保证压实质量的稳定性。一旦监测系统发现压实质量不达标或车辆运行异常，会自动调整后续压实策略，如改变压实速度、振动频率等。

监测数据和信息即时回传至系统服务器，完整记录每次压实作业的相关数据，包括运行轨迹、压实度、设备状态等。管理人员可在任意互联网终端查看施工信息、实时碾压情况和输出相关作业情况，便于对施工过程进行追溯和分析。能精确设置压实区域电子围栏、压实组合方式、行驶速度、压实目标值等参数，满足不同施工部位和材料的压实要求。传统路面碾压班组大概 18 人，引进智能压路机后，现场只需保留辅助和协调人员 5 人，提高了人员管理效率。

应用效果如下：可实现 24 小时全天候连续施工，相比传统压路机，大幅提高了施工效率，加快了项目的施工进度。通过精准的轨迹控制和实时的压实度监测，保证了路基的压实质量，减少了质量隐患。减少了施工人员在现场的工作时间，降低了劳动强度，降低了人机交互作业的安全风险。

3）AI 视觉识别质量监控和验收

（1）建筑外立面检测：利用无人机搭载高清摄像头和 AI 视觉识别技术，对建筑外立面进行巡检，快速识别外立面的裂缝、脱落、渗漏等问题。例如对高层建筑外立面进行多模态数据采集，通过 AI 识别技术赋能，可快速筛查出缺陷部位。

（2）混凝土施工质量检测：在混凝土浇筑过程中，通过摄像头采集混凝土表面的图像，分析混凝土的表面平整度、密实度等，判断是否存在蜂窝、麻面等质量问题。

（3）钢筋工程检测：通过拍摄钢筋绑扎现场的图像，利用 AI 算法识别钢筋的间距、数量、位置等是否符合设计要求，还能检测钢筋的锈蚀情况。

（4）室内装修质量检测：对室内墙面、地面的平整度、垂直度，以及门窗的安装质量等进行检测。如通过图像分析判断墙面是否平整、有无裂缝，门窗是否密封不严等问题。

（5）道路桥梁质量检测：对道路路面的裂缝、坑洼，桥梁结构的裂缝、变形等进行监测。比如利用 AI 视觉识别技术可以快速识别出道路上的裂缝，并对裂缝的长度、宽度等进行测量。

案例：某大型市政道路桥梁施工中，无人机搭载高像素摄像头，采集道路桥梁多角度影像，利用 AI 算法识别道路裂缝、桥梁结构裂缝及变形。施工场地内固定摄像头实时拍摄混凝土浇筑、钢筋绑扎画面，通过图像识别分析混凝土表面平整度、密实度以及钢筋间距、数量和位置。针对室内装修部分，移动手持拍摄设备采集室内墙面、地面、门窗图像，借助 AI 视觉技术检测平整度、垂直度和安装质量。AI 视觉识别系统预设质量标准阈值，一旦检测到裂缝宽度超过允许范围、钢筋间距不符合设计要求等问题，立即发出警报。施工人员可迅速采取补救措施，如修补裂缝、调整钢筋位置，避免质量问题扩大化，降低后期维修成本和安全隐患。所有采集的图像数据及 AI 分析结果都按时间、施工部位分类存储。当出现质量问题时，可追溯到具体施工阶段的影像资料和分析报告，明确问题产生的时间节点和可能原因，为责任认定和后续改进提供依据。基于 AI 视觉识别的精确测量和分析，施工方根据道路裂缝分布、桥梁变形数据，有针对性地调整施工工艺。在混凝土施工中，依据表面质量分析结果，优化浇筑振捣流程；钢筋工程里，按照间距检测结果，精准定位钢筋绑扎位置，实现精细化施工。

应用效果如下：应用 AI 视觉识别技术后，道路桥梁质量缺陷检测率提高了 40%，提前发现并解决大量潜在质量问题。施工效率提升 25%，减少人工检测时间，加快施工进度。同时，因质量问题返工次数减少 35%。

4）无人机巡检进行质量监控和验收

（1）建筑外观检查：搭载高分辨率摄像机对建筑外立面、屋顶、玻璃幕墙等进行巡检，快速捕捉裂缝、脱落、渗漏等问题。

（2）内部空间检测：搭载摄像机和灯光装置进入建筑物内部，检查天花板、墙壁、楼梯、走廊等区域，验证是否符合设计和规范要求。

（3）施工进度监测：定期采集施工现场影像数据并生成实景三维模型，与施工计划对比，分析进度偏差。

（4）隐蔽工程辅助检测：对一些难以直接观察的隐蔽工程部位，如地下管道铺设、屋面防水等，通过搭载特殊传感器，如热成像仪等，检测其施工质量。

（5）尺寸精度测量：搭载定位和测量设备，对建筑物的尺寸、几何特征、平整度等进行精确定位和测量。

案例：某大型商业综合体项目使用多旋翼无人机，针对建筑外观，配备 2 亿像素高清摄像机，以稳定飞行姿态环绕建筑拍摄，获取高分辨率影像。内部空间检测时，无人机安装 LED 补光灯与超广角相机，能灵活穿梭于各区域。进度监测方面，利用摄影测量技术，定期采集影像生成实景三维模型。隐蔽工程检测搭载热成像仪，检测地下管道和屋面防水，通过温度差异判断质量。尺寸精度测量使用实时动态（RTK）差分定位系统和激光测距仪，结合三维建模软件分析建筑物尺寸。无人机实时传输影像，发现外观裂缝、内部墙体不平整等问题立即预警，督促整改。针对隐蔽工程，热成像异常及时核查，避免后期返工。进度监测中，对比计划模型，偏差超限时调整施工方案，确保按时完工。建立数据管理系统，存储无人机采集的影像、模型、测量数据，标记时间、位置等信息。若出现质量问题，随时调取历史数据，明确问题出现阶段和责任主体。依据高精度测量数据，对建筑结构偏差进行精准分析，指导施工微调。利用进度模型细化施工计划，合理分配资源，优化施工顺序。

应用效果如下：项目整体施工周期缩短 15%，质量缺陷检出率提高 30%，人力投入减少 20%，有效保障项目按时按质交付，降低成本，提升管理水平。

3.3.3 改进环节智能化

1. 数据收集

（1）质量检测报告记录。利用区块链不可篡改和可追溯的特性，将质量检测的各项数据和报告实时上链存储，确保数据真实性和完整性，方便各方随时查阅，也为后续质量问题追溯提供依据。

（2）材料来源记录。在材料采购、运输、使用等环节，通过区块链记录材料的供应商、批次、运输轨迹等信息，实现材料来源的全流程追溯，防止假冒伪劣材料进入项目。

（3）验收记录。将验收的时间、人员、内容、结果等详细信息记录在区块链上，形成不可篡改的验收档案，提高验收的透明度和可信度，便于责任认定和后续查询。

案例：某大型建筑工程项目搭建了基于联盟链的区块链平台，运用哈希算法对质量检测报告、材料来源信息、验收记录等数据进行加密处理，确保数据的安全性和不可篡改。通过智能合约技术，实现数据的自动上链存储和按权限访问。质量检测机构在完成检测后，检测数据会自动触发智能合约，将数据加密后存储在区块链上，参与项目的各方（如建设单位、施工单位、监理单位等），凭借各自的私钥可以在区块链平台上查看相应权限内的数据。

在质量检测报告记录方面，以往纸质报告或传统电子文档存在被篡改风险，而区块链技术让数据真实可靠。如在混凝土强度检测中，数据实时上链，一旦发现强度不达标，可快速锁定问题，避免因数据造假而使用不合格材料进入下一施工环节。在材料来源记录上，通过区块链对材料采购、运输、使用全流程监控，防止使用假冒伪劣材料。像钢材采购，能清晰地看到供应商、批次等信息，若某批次钢材出现质量问题，可迅速追溯到源头，及时更换。验收情况记录在区块链上，让验收环节更透明，验收人员不敢随意篡改结果，保障工程质量。

区块链的可追溯性在项目中发挥重要作用。从材料采购开始，材料来源的各项信息就记录在链上，如木材供应商信息、运输轨迹等，每一个环节都有迹可循。在施工过程中，质量检测报告也实时记录，当出现质量问题时，可根据区块链上的记录，快速定位是材料问题还是施工环节问题。比如墙面出现裂缝，通过追溯材料来源，发现某批次水泥存在质量问题，再通过质量检测报告查看当时的检测情况，明确责任。在验收环节，验收记录的可追溯性便于后续查询，若出现争议，可依据区块链上的记录进行责任认定。

借助区块链技术，项目实现了精细化管理。建设单位可以实时查看材料来源和质量检测情况，对施工进度和质量进行精准把控。施工单位通过区块链上的信息，合理安排材料使用和施工计划，提高施工效率。监理单位可以更全面地监督工程质量，依据区块链上的数据进行严格监管。例如，通过材料来源记录，施工单位可以根据不同批次材料的特点，合理安排施工顺序，避免因材料差异导致的施工问题。

该项目应用区块链技术后，工程质量得到显著提升，因材料问题和质量检测数据造假导致的质量事故发生率明显降低。在管理效率上，各方查阅数据的时间大幅缩短，原本查询一份质量检测报告可能需要花费数小时，现在通过区块链平台，几分钟内即可获取。同时，责任认定更加清晰，减少了因质量问题和验收争议产生的纠纷，节约了时间成本和经济成本。

2. 数据分析与诊断

对监测环节收集到的大量数据进行深度分析，运用机器学习算法和数据挖掘技术，找出数据背后隐藏的规律和趋势。通过与预设的标准和规范进行对比，准确诊断出工程中存在的问题及其原因，为改进措施的制定提供科学依据。

案例：在某大型房建项目中，施工方在项目现场部署了温湿度传感器、结构应力传感器、位移传感器等多种设备，同时利用 BIM 模型关联施工进度、材料信息、人员信息，搭建了全面的数据采集体系。这些传感器每隔 15min 自动采集一次数据，并实时上传至云平台，保障数据的完整性与时效性。

针对采集到的海量数据，项目团队运用 K-Means 聚类算法分析混凝土养护过程中的温湿度数据，以识别异常养护阶段。同时，使用决策树算法对建筑结构应力数据进行分析，判断结构的稳定性。在对建筑裂缝数据的分析中，结合深度学习算法，通过图像识别技术对裂缝的宽度、长度和深度进行精确测量。

在混凝土浇筑过程中，通过对温度传感器数据的实时分析，发现某栋楼地下车库浇筑时，混凝土内部温度在短时间内急剧上升。经对比预设的温度变化曲线，判断可能因水泥水化热过高引发混凝土开裂风险。项目团队立即调整浇筑方案，采取分层浇筑和预埋冷却水管的措施，有效避免了裂缝的产生。

利用位移传感器对建筑物主体结构的位移数据进行持续监测。在数据分析过程中，发现某高层住宅在施工至 10 层时，顶层位移出现异常波动。经深入分析，确定是由于塔吊作业时对建筑物产生了侧向力，且支撑体系存在局部薄弱环节。项目团队及时加固了支撑体系，并优化了塔吊作业流程，保障了主体结构的施工安全。

借助 RFID 标签，对钢材、水泥等主要建筑材料进行全程追踪。在数据分析过程中，发现部分批次的水泥强度检测结果异常。通过追溯系统，迅速定位到这些水泥的生产厂家、进货时间和使用部位，及时将问题水泥退场，避免了质量隐患。

通过对施工进度数据的分析，发现传统的施工工序安排存在资源浪费的问题。项目团队运用关键路径法对施工进度进行优化，重新调整了各工序的先后顺序和时间安排，将原本计划 24 个月的工期缩短至 22 个月。利用数据分析结果，对人力、物力和财力资源进行合理配置。根据不同施工阶段的需求，动态调整施工人员数量和设备投入，避免了资源的闲置和短缺，降低了项目成本。

应用效果如下：通过数据分析与诊断技术的应用，该项目的质量风险得到有效控制。施工进度管理更加科学，项目整体工期缩短。在成本控制方面，通过精准的资源调配，节约了建设成本。同时，由于可溯性管理的加强，责任认定更加清晰，减少了施工过程中的推诿扯皮现象，提高了项目管理的整体效率和协同性。

3. 自动化控制与反馈

通过智能化的控制系统，实现对工程施工过程的自动化控制。当监测到工程出现异常情况时，系统能够自动触发相应的改进措施，如分析监理日志、施工报告，自动生成质量整改建议。调整施工设备的运行参数、启动应急预案等。同时，改进措施的实施效果要及时反馈到监测环节，以便对改进效果进行评估和验证，形成闭环的管理流程。

案例：某超高层建筑施工项目采用 IoT 技术连接各类施工设备与传感器，收集施工过程中的实时数据，如塔吊的运行状态、混凝土浇筑的压力和温度等。控制系统基于大数据和云计算平台，运用人工智能算法进行数据分析和决策。例如，利用边缘计算技术在施工现场的设备端进行初步数据处理，减少数据传输压力，再将关键数据上传至云端进行深度分析。当检测到异常时，通过自动化控制技术，如可编程逻辑控制器（PLC），直接调整施工设备的运行参数。

在超高层建筑施工中，垂直度控制至关重要。通过安装在建筑物关键部位的高精度传感器，实时监测建筑物的垂直度。一旦监测数据超出预设的安全范围，自动化控制系统立即启动。系统自动分析近期的监理日志和施工报告，判断可能导致垂直度偏差的原因，如塔吊吊运物料不均衡、混凝土浇筑速度过快等。随后自动生成质量整改建议，如调整塔吊吊运计划、优化混凝土浇筑流程，并通过自动化设备调整施工参数，及时纠正偏差，有效降低了建筑物倾斜甚至倒塌的质量风险。

自动化控制系统对整个施工过程进行详细记录，包括设备运行参数的调整、异常情况的发生时间和处理措施等。这些数据都存储在区块链平台上，确保数据的不可篡改和可追溯。例如，当后期发现某楼层的混凝土强度不达标时，可以通过区块链上的记录，追溯到当时混凝土浇筑时的设备运行参数、施工时间、操作人员以及整改措施的实施情况，快速准确地确定问题产生的原因和责任主体。

借助自动化控制与反馈系统，施工方可以实现对施工过程的精细化管理。系统根据实时监测数据，自动优化施工设备的运行参数，提高施工效率和资源利用率。例如，在电梯安装过程中，自动化控制系统根据电梯轿厢的重量、楼层高度等数据，自动调整电梯安装设备的提升速度和力度，确保安装精度和施工安全。同时，根据整改措施的反馈结果，持续优化施工方案，进一步提高施工管理水平。

借助自动化系统对垂直度、混凝土浇筑等关键指标实时监测与调控，大楼垂直度偏差始终控制在极小范围，相较传统施工，偏差率降低 23%，避免了因垂直度问题导致的结构安全隐患。混凝土浇筑环节，通过精准调控温度、流速等参数，混凝土内部孔隙率降低，保障了建筑结构的稳固性。系统实现设备间高效协同，物料运输与塔吊吊运配合精准，设备闲置时间减少 25%，施工进度提前 85 天完成，提前开启项目后续运营，让建筑能更早投入使用。通过优化设备运行参数，施工设备能耗降低，以塔吊为例，精准的吊运规划减少了空转耗能。异常情况自动预警与整改建议生成，从发现问题到解决问题时间缩短，管理决策更加及时。各部门基于系统共享数据，沟通协作更加顺畅，沟通成本降低，项目管理效率大幅提升。

4. 智能决策支持

基于数据分析和诊断结果，结合专家知识库和案例库，运用智能决策系统生成针对性的改进方案。系统可以根据不同的问题场景，提供多种改进措施的建议，并对每种措施的预期效果进行评估和预测，帮助工程管理人员做出科学合理的决策。

案例：某大型桥梁建设项目运用了大数据分析技术，整合各类施工数据，如施工进度、材料使用、设备运行状态等。通过机器学习算法对海量数据进行挖掘和分析，建立数据模型。同时，结合知识图谱技术构建专家知识库和案例库，将桥梁建设领域的专业知识、过往成功与失败案例结构化存储。智能决策系统基于深度学习框架，如 TensorFlow，根据数据分析结果和知识库内容生成改进方案。例如，当分析到桥梁墩柱施工进度缓慢时，系统通过对历史相似案例的检索和机器学习模型的运算，快速给出多种可能的解决方案。

在桥梁建设过程中，当监测到桥梁结构应力数据接近安全阈值时，智能决策系统立即介入。系统基于数据分析结果，参考专家知识库中关于桥梁结构安全的知识以及过往类似应力异常案例的处理经验，生成针对性的改进方案。如建议暂停施工，对施工工艺进行优化，调整混凝土浇筑顺序和速度，同时加强对桥梁结构的实时监测。通过及时实施这些决策建议，有效避免了因应力异常可能导致的桥梁结构坍塌等严重质量风险。

智能决策系统对每一次决策过程和结果都进行详细记录，包括问题描述、数据分析过程、参考的知识库内容、生成的改进方案以及实施效果等。这些信息都存储在分布式数据库中，形成完整的决策日志。例如，在桥梁后期维护中发现某部位出现裂缝，通过查询决策日志，可以追溯到施工阶段该部位出现问题时的决策过程，了解当时采取的改进措施及效果，为当前裂缝问题的解决提供参考依据，明确责任主体和决策流程。

借助智能决策系统，项目实现了精准高效管理。在材料采购环节，系统根据施工进度数据、材料库存数据以及历史材料使用情况，运用数据分析模型预测不同施工阶段的材料需求。当预测到某种关键材料库存不足时，系统结合市场价格波动、供应商供货能力等因素，提供多种采购方案建议，如选择不同供应商、调整采购时间等，并评估每种方案的成本和交付风险。施工方根据这些建议进行科学决策，优化材料采购计划，提高资源利用效率，降低施工成本。

智能决策支持系统在该桥梁项目中成效显著。在质量把控上，项目关键部位的质量检测合格率从应用前的 75%提升至 90%，因施工决策失误引发的质量隐患大幅减少，有效保障了桥梁的长期稳定性与安全性。施工进度大幅提速，原本预计的工期得以提前 25%完成，为后续项目环节争取了充裕时间。成本控制成果斐然，通过精准的材料采购规划与施工工艺优化，直接节约建设成本达 8%。

3.3.4 智能化应用总结

在房建市政工程领域，实现“预防—监测—改进”闭环的智能化，对提升行业水平具有多维度的价值。预防阶段，运用大数据、人工智能等技术，深度挖掘过往工程数据，精准识别潜在风险因素，提前制定防范策略，从源头上降低质量、安全隐患发生的概率。监测环节，借助物联网传感器全方位实时收集施工过程中的各类数据，涵盖工程实体状态、设备运行参数以及人员作业情况等，为后续决策提供可靠依据。一旦监测到异常，系统迅速响应，自动生成改进方案，利用自动化控制技术调整施工参数，优化施工流程，及时解决问题。这种智能化闭环管理模式，从工程质量管理角度，能有效控制质量偏差，提升建筑结构稳定性；从施工效率角度，实现资源高效调配，加快施工进度；从成本控制角度，减少返工和浪费，节约建设资金；从可持续发展角度，降低能耗与污染，推动绿色建造。

3.4 示范工程案例

3.4.1 住宅工程案例

1. 工程概况

乐清市胜利塘北片 10-05-16 地块建设项目，位于乐清市滨海新区胜利塘北片核心区，总建筑面积 110491m^2，主要结构包括地下二层车库，裙房 4 层；主楼 A 塔层数 24 层，建筑高度为 99.90m，主楼 B 塔层数 21 层，建筑高度为 88.80m。两幢塔楼皆为异形呈三叶草对称布局，项目建成后成为集办公、商业于一体的综合楼。

2. 智能建造实施目标

通过采用 BIM 技术、建筑互联网 + 智慧工地数据决策系统、新型材料 + 工业化生产、智能机器人、智能设备、智能建造技术场景应用，实现施工管理的设计数字化、施工智能化、生产工业化，实现智能建造流程的高效化、标准化、精细化，进而提高施工效率，降低生产成本，培养智能建造领域的专业人才，充分利用信息技术手段，实现建筑行业的数字化转型，建立健全智能建造标准体系，提高企业及项目的竞争力，达到“浙江省智能建造示范项目”标准。

3. 智能建造亮点

1）BIM 技术应用

（1）译筑云 BIM 协同管理平台

图 3.4.1 为译筑云 BIM 协同管理平台。各参建方可通过平台，了解 BIM 模型的深入应用，从而对施工现场项目的质量，安全，进度进行控制。大大提高了现场的施工质量和施工效率，实现了设计、施工和后期运维等各阶段的信息共享和协同作业。

图 3.4.1　译筑云 BIM 协同管理平台

图 3.4.2 为译筑云手机端信息化技术应用。通过使用译筑云手机 App 实时记录现场施工完成情况，定期上传项目动态，用于交流，学习，真正实现信息公开，资源共享。BIM 模型可以在 App 端打开，便于各参建方人员进行查看与实际施工。

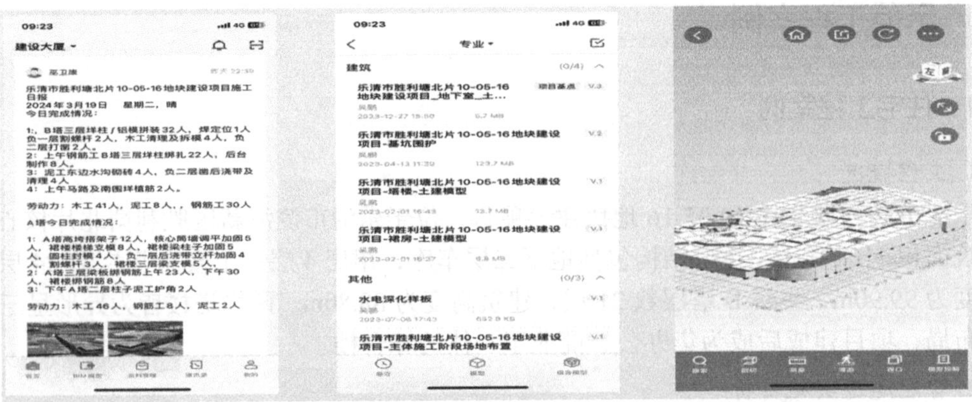

图 3.4.2　译筑云手机端信息化技术应用

（2）BIM 技术应用范围

全面引入 BIM 技术进行施工管理，实现了从设计到施工再到数字化交付的无缝衔接。图 3.4.3 为各专业模型及管综优化分析。BIM 根据施工图进行全专业建模，BIM 技术应用了施工总平面布置、综合管网矛盾碰撞搜重和优化、基于 BIM 技术的虚拟化建造及工厂预制化、日照分析净高分析、虚拟样板工程、工程量分析、墙体工程的精细化施工、施工阶段风险源模型展示和安全教育等应用场景。

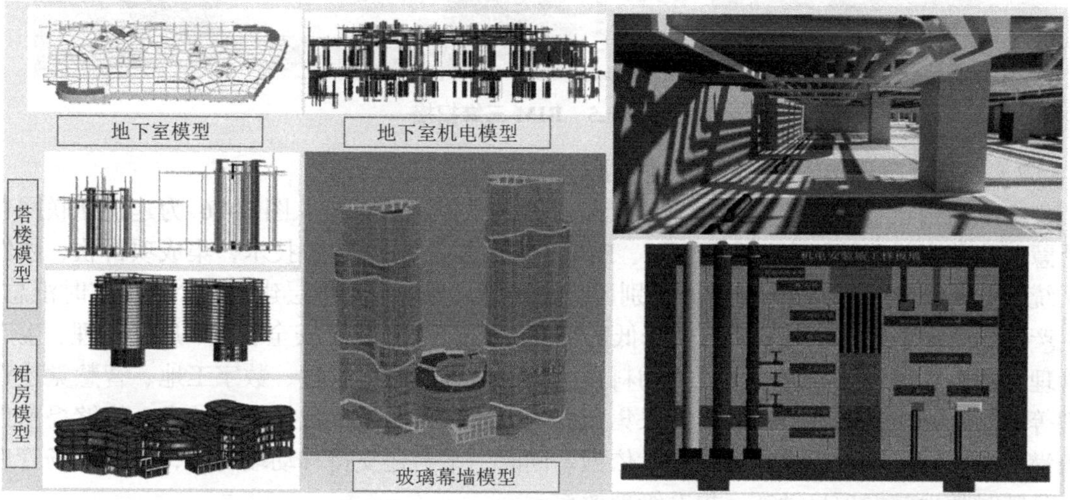

图 3.4.3　各专业模型及管综优化分析

（3）BIM + VR 技术

引入 VR 技术，利用 BIM + VR 技术交叉手段，实现模型与实体的融合。图 3.4.4 为 BIM + VR 技术。VR 助手能将 BIM 模型在真实环境中进行厘米级定位，叠加在项目现场，弥补了传统 BIM 模型应用交互能力不足的问题。利用 VR 全景拍摄、图像拼接、虚实融合、轻量化等关键技术，对项目内关键点位建设前中后场景进行全景对比，支持工程 BIM 模型与实景采集图像的全景虚实融合，实现工程的安全生产宣导与沉浸式评价。

图 3.4.4　BIM + VR 技术

（4）BIM 三维扫描技术

图 3.4.5 为 BIM 三维扫描。通过使用三维激光扫描项目现场点云真实数据模型与 BIM 模型整合，可以清晰地看到点云所形成的面和 BIM 结构梁、柱的面吻合良好，且误差很小，并作出误差分析报告，保证现场跟图纸的统一性。

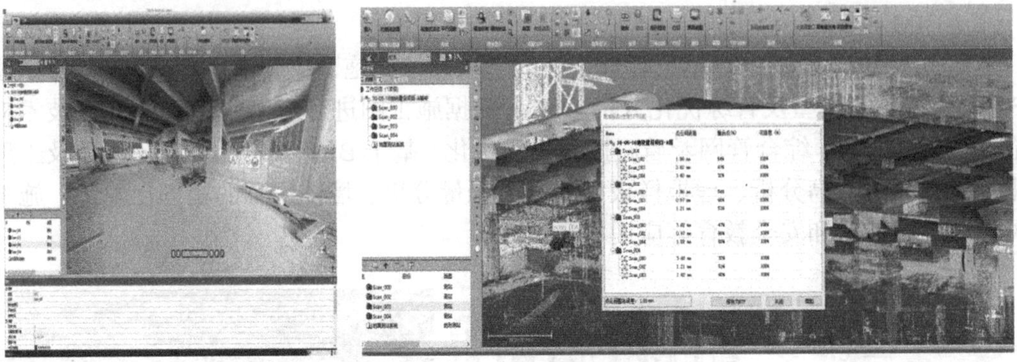

图 3.4.5　BIM 三维扫描

2）建筑互联网 BIM + 智慧工地数据决策系统

本工程构建了建筑互联网 + 智慧工地平台的数据决策系统，图 3.4.6 为建筑互联网 + 智慧工地数字化监管平台。利用 IoT、BIM、大数据、AI 等核心技术，集成项目软、硬件系统，实现数据汇总、分析、智能识别风险并预警，为项目管理层建设一个数据实时汇总、生产过程全面掌握、项目风险有效降低的“项目大脑”。集成了安全管理、质量管理、生产管理、技术管理、劳务管理、智能物料系统、大型机械智能管理、数字工地、智慧党建管理等多功能模块，实现数据的实时采集、分析和共享。通过大数据分析技术，能够提前预警潜在的质量问题，为决策提供科学依据。同时，平台还支持移动端访问，便于现场管理人员随时随地掌握项目动态，提升管理效率。

图 3.4.6　建筑互联网 + 智慧工地数字化监管平台

图 3.4.7 为塔吊塔机监测系统 + 吊钩可视化。塔机监测系统，可数字化显示现场塔机的幅度、高度、重量、倾角等运行数据，一旦塔吊操作过程中发生不安全行为，可实时预警，运行记录和报警信息实时上传到智慧工地系统，便于远程监管和信息留存。吊钩可视化，通过在塔机加装传感器及摄像头等物联网智能硬件，帮助塔司清楚地看到吊装全过程的视频监控，避免盲吊，降低事故发生的概率，一旦发生安全事故，视频记录将作为还原事故过程的依据。

（1）塔吊塔机监测系统 + 吊钩可视化

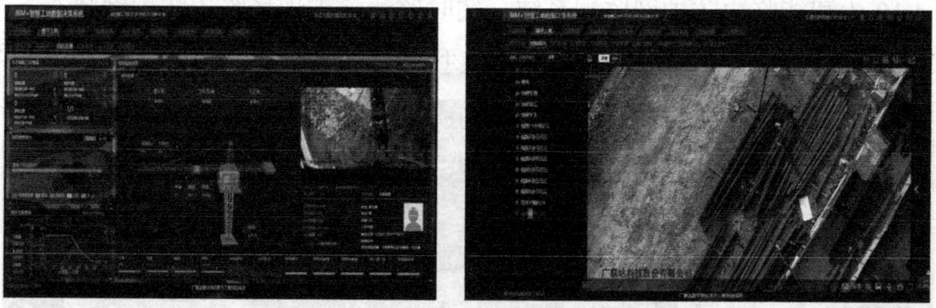

图 3.4.7　塔吊塔机监测系统 + 吊钩可视化

（2）AI 蜂鸟盒子、智能广播

图 3.4.8 为 AI 蜂鸟盒子、智能广播，集成主流视频监控设备，内嵌 AI 算法，利用 AI 蜂鸟盒子、智能广播识别技术监测施工现场的安全隐患，智能分析现场异常行为，第一时间给出预警并对视频留痕，如未戴安全帽、违规操作等，及时发出预警，保障工程质量和人员安全。

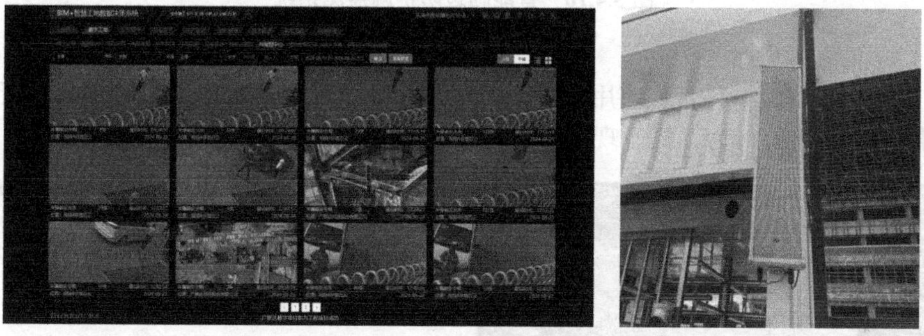

图 3.4.8　AI 蜂鸟盒子、智能广播

（3）施工升降电梯监测

图 3.4.9 为施工升降电梯监测系统，实时监测升降机的载重、轿厢倾斜度、起升高度、运行速度等参数，并上传到智慧工地系统，一旦出现运行风险，现场真人语音报警，并推送报警信息至管理人员，及时督促整改。

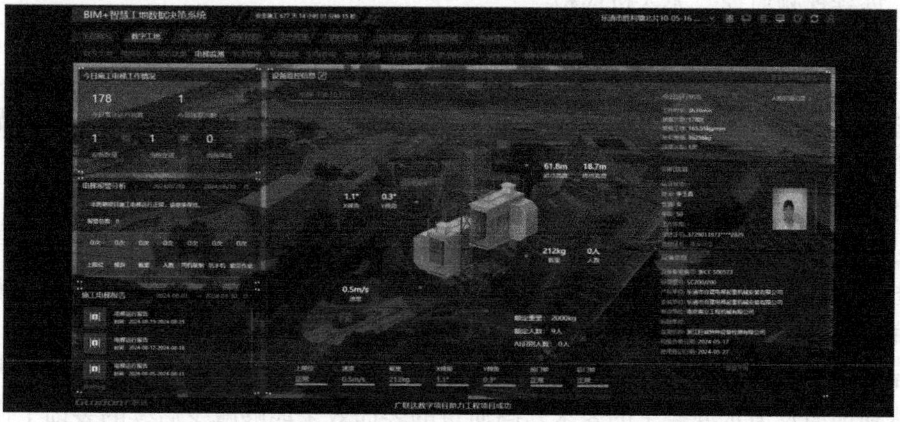

图 3.4.9　施工升降电梯监测系统

（4）智能临边防护网监测

图 3.4.10 为智能临边防护网监测系统，实时监测施工现场临边防护网状态，当防护网遭到破坏时可实时报警，通过智慧工地系统显示临边破坏位置，快速定位追溯相关责任人。

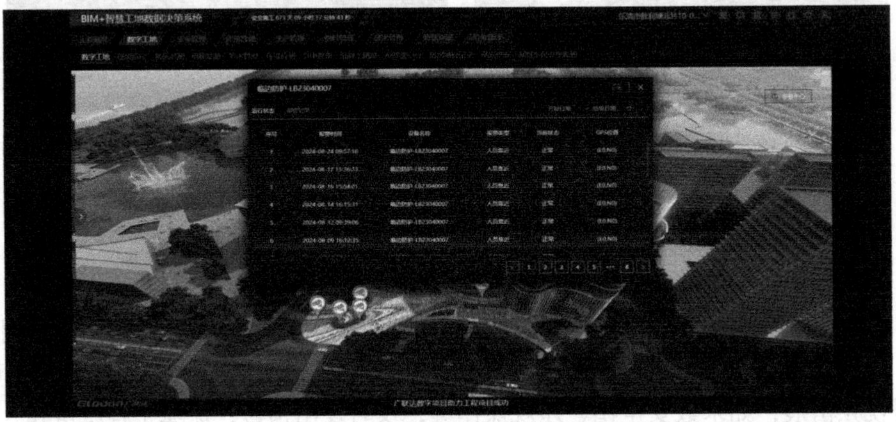

图 3.4.10　智能临边防护网监测系统

（5）智能物料管理

图 3.4.11 为智能物料管理应用场景，应用 AIoT 技术实现对施工现场大宗物资验收的智能管控，严防作弊行为，提升现场人员过磅效率，助力现场物资的精细化管控。

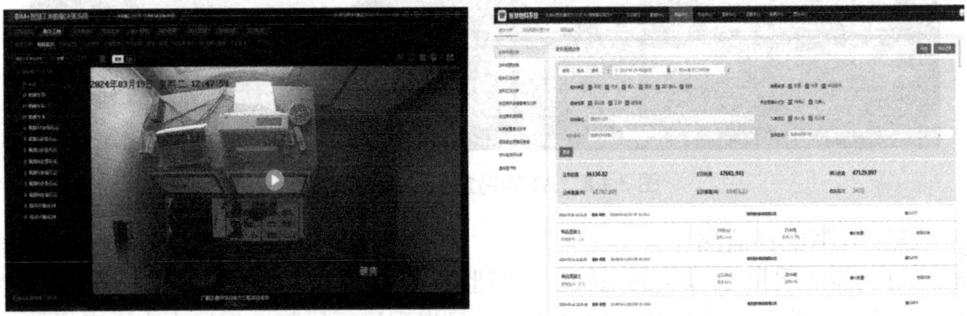

图 3.4.11　智能物料管理应用场景

（6）远程视频监控、无人机巡检

采用现代科技手段，远程视频监控、无人机巡检等，对施工现场进行全方位、全天候的监控。图 3.4.12 为无人机应用管理，生成施工区域二维、三维模型，全面掌握工程进展，保存完整历史信息通过三维模型构建动态施工变化图，直观展示施工进度。基于无人机建模计算土方量，速度快，成本更低。

3）定制 + 工业化生产三叶草形状异形圆弧梁铝模

针对工程独有三叶草圆弧梁，特别定制了铝模系统。图 3.4.13 为三叶草形状异形圆弧梁流程图。通过精准计算和 BIM 三维建模，工业化生产异形铝模。确保了每一段圆弧梁的尺寸准确无误、弧度流畅自然。不仅精度高、拆装方便，还大大提升了施工效率与安全性，确保了异形结构的精确成型，减小了现场人工操作的误差。异形圆弧梁成型平整光洁，基本上可达到饰面及清水混凝土的要求，高质量的表面效果能够减少后续的装饰工作，成本控制效果显著，且工程施工效率较普通模板有显著提升。在环保性能及长期经济效益方面也更符合绿色建筑理念。

图 3.4.12　无人机应用管理

图 3.4.13　三叶草形状异形圆弧梁施工流程图

4）智能机器人 + 产业工人

项目采用实测实量机器人、四轮激光整平机器人、内墙喷涂机器人、地面研磨机器人、地面涂敷机器人。图 3.4.14 为智能机器人应用场景。对产业工人的培育孵化采用技能培训、岗位轮换、师徒制度、激励机制等举措，通过智能机器人与产业工人的协同作业提升施工效率、保障施工质量，将先进的智能机器人技术与经验丰富的产业工人相结合，不仅实现了施工过程的自动化、智能化，还促进了产业工人的技能提升与职业发展，进而推动建筑行业的转型升级与高质量发展。针对楼板混凝土浇筑完成后无需找平即可直接施工环氧地坪，项目部创新应用智能机器人技术结合现场质量控制，实现混凝土楼板无找平层直接施工环氧地坪漆，显著提升施工质量与效率，并有效控制成本。图 3.4.15 为无找平层的环氧地坪漆施工工艺，该工艺集成了四轮整平机器人、地面研磨机器人及地面涂敷机器人的协同作业，以确保施工效率、质量与成本控制达到最优。

5）智能施工电梯

智能无人升降机通过自动化和智能化的操作，实现了笼内、楼层之间的全自动呼梯，无需专人操作，从而节省了人力成本，提高了工作效率。此外，智能施工升降机的应用还可以实现高效减速效率达 96%，进一步提升了工作效能。图 3.4.16 为智能施工电梯，智能无人升降机配备了多项安全装置，如人数识别控制系统、人脸识别系统、视频监控系统等，能够严格控制入梯人数，防止超员，保证操作安全。同时，还具备自动识别故障、智能语音播报等功能，进一步增强了施工过程中的安全性。

图 3.4.14　智能机器人应用场景

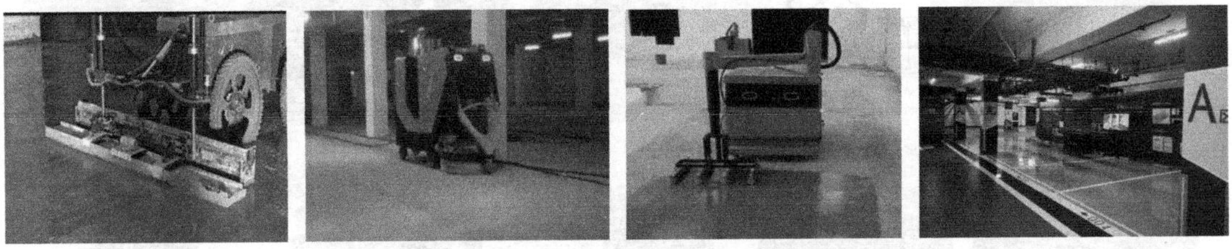

图 3.4.15　无找平层的环氧地坪漆施工工艺

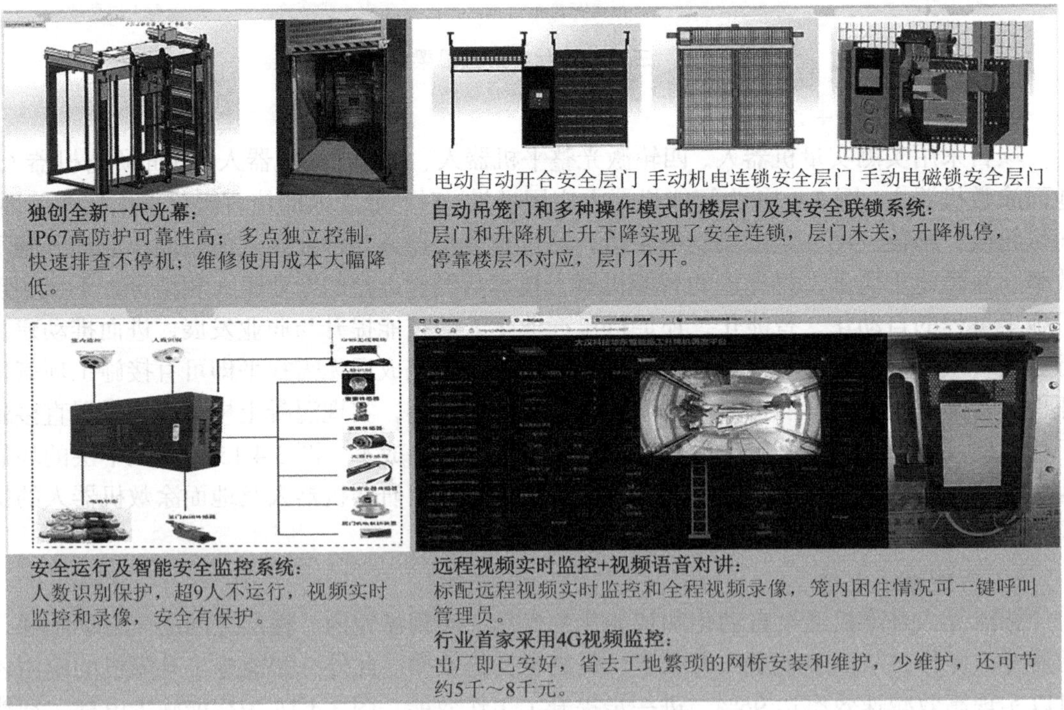

电动自动开合安全层门 手动机电连锁安全层门 手动电磁锁安全层门
独创全新一代光幕：
IP67高防护可靠性高；多点独立控制，快速排查不停机；维修使用成本大幅降低。
自动吊笼门和多种操作模式的楼层门及其安全联锁系统：
层门和升降机上升下降实现了安全连锁，层门未关，升降机停，停靠楼层不对应，层门不开。
安全运行及智能安全监控系统：
人数识别保护，超9人不运行，视频实时监控和录像，安全有保护。
远程视频实时监控+视频语音对讲：
标配远程视频实时监控和全程视频录像，笼内困住情况可一键呼叫管理员。
行业首家采用4G视频监控：
出厂即已安好，省去工地繁琐的网桥安装和维护，少维护，还可节约5千～8千元。

图 3.4.16　智能施工电梯

6）BIM 技术应用 + 砌体免开槽工艺

通过 BIM 技术建立砌体结构和管线布置的三维模型，实现设计意图的可视化。利用

BIM 模型提前发现并解决设计与施工中的潜在冲突，优化管线排布方案，减少后期变更和返工。图 3.4.17 为免开槽工艺与传统工艺对比。通过采用特殊的连接件和施工工艺，实现了在墙体上直接安装管线或设备而无需开槽，有效减少了施工过程中的材料浪费和建筑垃圾的产生。同时，免开槽技术还避免了因开槽引起的墙体结构破坏和渗水问题，提高了建筑的整体性能和耐久性。此外，该技术还加快了施工进度，降低了施工成本，为项目的绿色施工和高效施工提供了有力保障。

图 3.4.17 免开槽工艺与传统工艺对比

3.4.2 厂房工程案例

1. 工程概况

项目位于浙江省乐清市柳市镇电器城大道东侧，本项目建设用地面积 31553m^2（47.33 亩），项目由 1 幢办公楼、1 幢宿舍楼、2 幢生产车间及相关附属用房组成，总建筑面积 80594.08m^2，其中地上建筑面积为 75740.40m^2，地下建筑面积为 4853.68m^2，为钢混框架 + 剪力墙结构，设计使用年限 50 年。

2. 智能建造实施目标

以“智能建造装备 + 产业工人”为核心，协同建设装备库、班组库、项目库，从项目端、产业端、政府端探索数字赋能，施工图二三维（BIM）联合审查系统、“筑通”金融集采平台、工程“全链管”应用系统在项目进行应用。主要应用场景为数字设计、建筑互联网、数字监管、智能生产、智能施工、智能装备、智能建造产业工业培育等。以 BIM 技术为引擎，以“数建云平台”工程全生命周期建筑产业互联网平台为数字管理手段，在部分分项工程实施智能建造，包括混凝土浇捣与养护、大面积地坪、墙面涂料、部分装修、智能测量、智能装备、金融集采等。

3. 智能建造亮点

1）数字设计-BIM 技术运用

（1）三维场地布置

如图 3.4.18 所示，根据施工场地特点和施工要求进行在基础、主体、装修等不同阶段科学的三维立体规划，包括生活区、加工区、仓库、道路、管线等的布置，合理利用施工用地，保证现场运输道路畅通，方便现场管理。

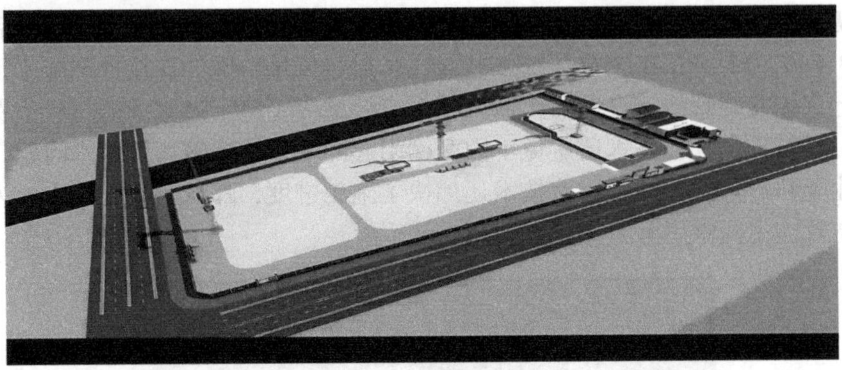

图 3.4.18　三维场地布置

（2）BIM + AR 应用

如图 3.4.19 所示，对管道、风管进行综合排布，交叉施工进行可视化交底、技术综合施工，可视化复核。

图 3.4.19　AR 可视化交底

（3）综合管线排布

如图 3.4.20 所示，消防泵房区域管线密集，对消防、喷淋管道进行综合排布，保证施工安装空间，减少碰撞，并基于管线综合模型进行预留洞口定位。

图 3.4.20　综合管道 BIM 深化设计

（4）墙体精细化排板

砌体、幕墙、ALC墙板等内外墙通过BIM深化设计，提前确定所需材料，合理规划运输数量。进行集中加工，减少工人的二次搬运，提高施工质量、效率。

（5）装修面层排板及深化设计

工人宿舍和员工公寓，装修采用装配式装修，BIM技术的参数化设计，如图3.4.21所示，将设计元素划分成标准化的模块、单元、组件，优化装修产业生产力结构，各部品部件在工厂模块化生产，整体一体化卫浴，现场采用干做法拼装安装。主要特点：BIM数字设计、工业化生产、装配施工、信息化协同。

图3.4.21 装配式装修BIM深化设计

（6）危险源可视化

图3.4.22为危险源可视化，施工组织设计及方案，确定主要危大风险源，进行BIM三维建模，对作业人员进行可视化安全教育。

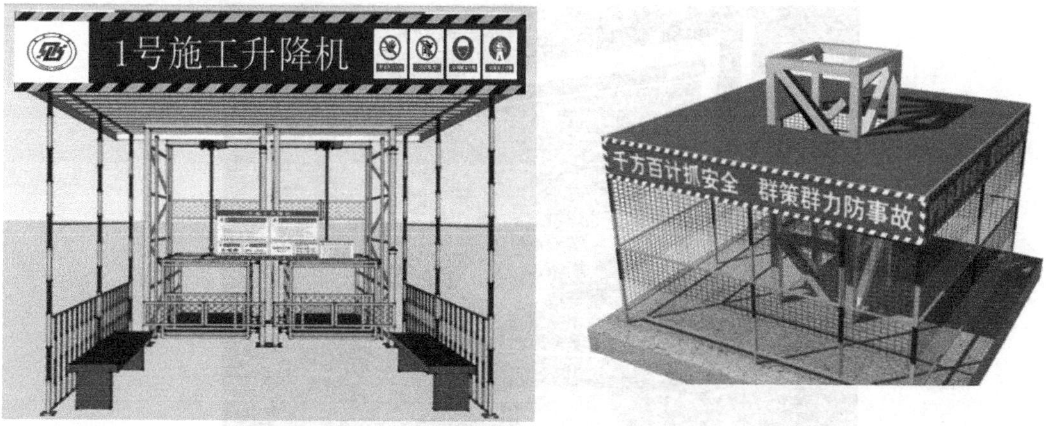

图3.4.22 危险源可视化

（7）施工预算及商务算量

结合BIM算量模型，进行各分部分项工程量预算，如图3.4.23所示，对现场各区块、各部位、各时段的成本、材料用量作出提前规划，减少现场材料用量的少进、错进。

钢筋总重量 (kg)：158.473

	构件名称	钢筋总重量 (kg)	HPB300		HRB400			
			6	合计	8	12	18	合计
1	KL21(1)[17	158.473	4.396	4.396	35.392	25.645	93.04	154.077
2	合计	158.473	4.396	4.396	35.392	25.645	93.04	154.077

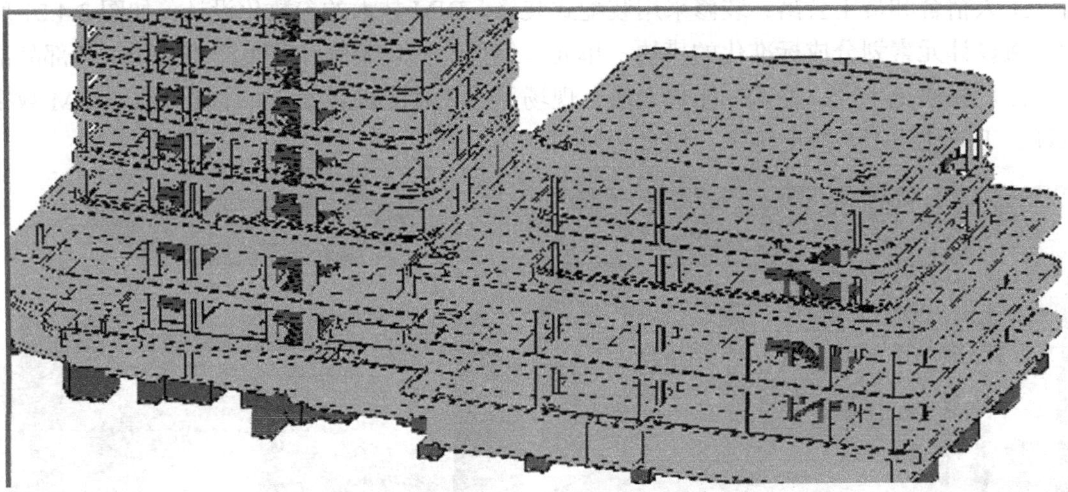

图 3.4.23　BIM 施工预算及商务算量

2）建筑互联网 + 智慧工地

“数建云”是基于 BIM 技术工程全生命周期管理协同平台，打造的以 BIM 技术为核心，进行 BIM 模型轻量化，应用物联网、人工智能技术并与建造环节紧密结合，实现从建筑设计、施工到运维全生命周期、全闭环信息化管理且拥有完全知识产权的服务平台。图 3.4.24 为数建云平台，该平台打通建筑全生命周期各个业务阶段信息孤岛，深度挖掘数据的价值，为客户提供全方位、全业务、全生命周期的数字化服务。

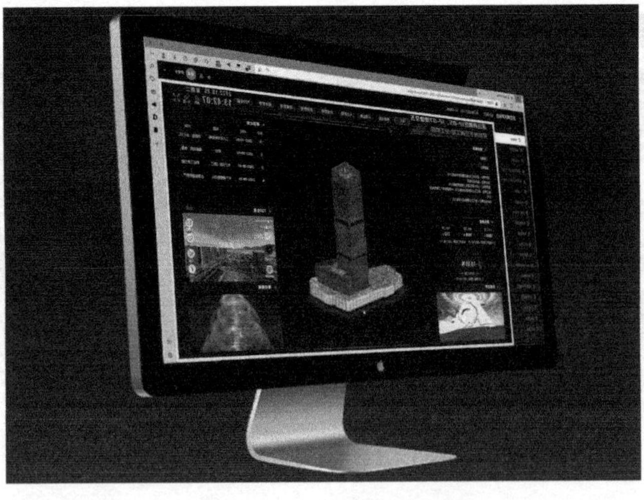

图 3.4.24　数建云平台

（1）“数建云”平台服务于建筑全生命周期的多方主体包括：建设单位、监理单位、设计单位、施工单位。

（2）“数建云”多端看模：使用轻量化技术，通过轻入口实现 BIM 协同支持移动端、Web 端无损轻量模型展示，模型版本更新留痕可查，随时随地根据需求隐藏/剖切，浏览查看构件数据参数信息与模型进度模拟。

（3）“数建云”图模定位：通过 2D 图纸定位三维构件位置或三维模型定位 2D 图纸位置，进行图纸与模型关联。达到 2D 图纸与 3D 模型同框显示并联动定位。

（4）“数建云”报表分析：如图 3.4.25 所示，可在线查看图纸变更、碰撞报告、净高分析等技术文件，在此基础上进行数据汇总，形成多类别数据看板辅助决策。

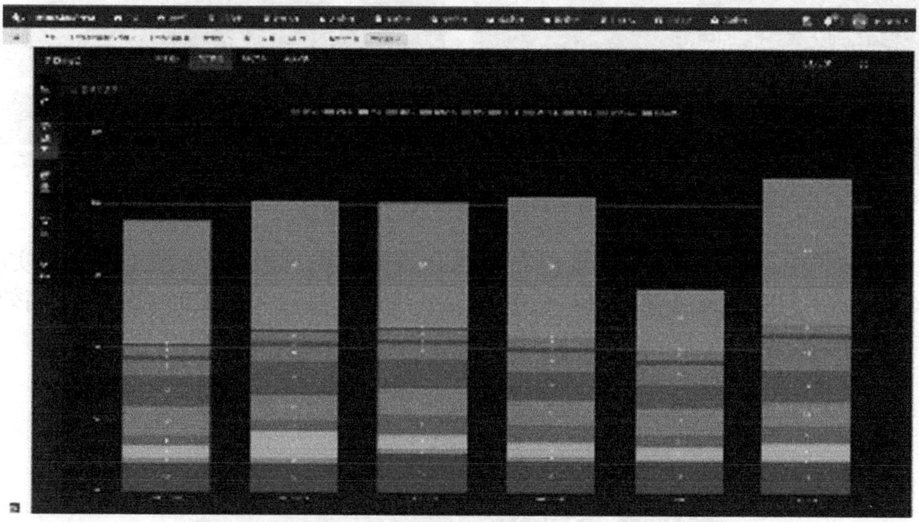

图 3.4.25　报表分析

（5）“数建云”模型漫游：如图 3.4.26 所示，支持实时在模型中进行漫游模拟、数据测量。

图 3.4.26　模型漫游

（6）“数建云”标准作业、质安留痕、巡检闭环、进度上墙、施工日志、数字例会、同步看板、互动审批、任务督办。

3）智慧工地-数建云＋AI

（1）实名制AI技术管控：人员实名制安全通道，设置AI安全识别监控，对佩戴安全帽、警示背心等行为抓拍与提醒，降低安全隐患。如图3.4.27所示。

图3.4.27　实名制AI技术管控

（2）视频监控：运用现场重要地段布设的高清摄像头，对施工工地进行全域实时监控，如图3.4.28所示，相关人员可以随时随地登录平台并通过接入的实时画面远程高效地掌控现场一手信息。

图3.4.28　视频监控

（3）智能安全帽：巡检人员佩戴有自动成像和定位功能的安全帽，数据传输至“数建云”平台，实时管理人员，排查安全隐患。详见图3.4.29。

图3.4.29　智能安全帽

（4）配备可视化吊钩：利用现场安装的传感器与吊钩摄像头，实时动态呈现塔吊载重、倾角、幅度等设备重要指标信息。如图3.4.30所示，通过吊钩实时画面避免视野盲区操作风险，同时对司机操作超警戒数据进行报警，报警信息同步至项目管理人员，杜绝项目违规作业行为。

图 3.4.30　可视化吊钩

（5）自动智能喷淋系统：如图3.4.31所示，环境监测仪联动智能喷淋系统，实时控制扬尘。

（6）基础监测：针对施工现场布置的多组传感器，在平台上可查看传感器分布位置，监测数据，以及是否有隐患的存在，从而实现对现场的远程管控，及时通知现场人员进行相应的整改，避免现场发生安全事故。

（7）物料管理：基于数字地磅软硬件系统，如图3.4.32所示，实现车车过磅的自动计重，形成材料大数据看板。为实时分辨优劣供应商，完善供应商管理体系提供数据支撑。同时能够排除人为因素，堵塞管理漏洞，从而达到节约成本提升效益的目的。

图 3.4.31　自动智能喷淋

图 3.4.32　智慧地磅

（8）水电管理：基于“数建云”平台，如图3.4.33所示，安装智能水表、电表，进行能耗控制、对比。

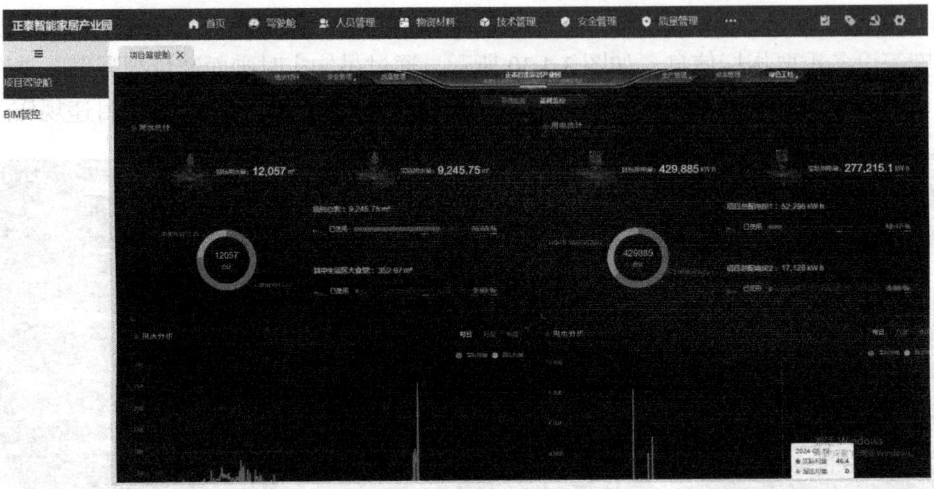

图 3.4.33　水电表控制

4）金融采集-“数建云”+采集

（1）化解项目融资难

银行直接信用授信，解决建筑企业工地项目资金短缺问题；材料资金稳定保障，解决供应商资金回款不及时问题；金融机构合作放贷，解决客户融资成本高问题。

（2）解决融资风险控制难

平台与银行链接，实时掌控资金动向，确保资金安全；平台基于“数建云”系统，现场情况可视，实时进度可见，质量可控，确保项目安全；平台与第三方检测机构贯通，用料数据透明，确保材料安全。

5）数字监督

（1）浙里建：工程审批、市场监控、工程图纸在线、施工现场管控、工人保障在线等。

（2）“二三维”BIM 联审：分类分级审查、规范数据标准和汇聚应用、三维自动落图。

（3）“全链管”系统：数据全面实时采集、建材全程实时管理、设备赋码入库管理、过程预警管控、检测智能抽检、验收资料一键生产、重塑验收流程。

（4）智慧工地监管平台：AI 监控数字巡检、企业综合评价、在线指挥协同应急。

6）智能生产-桩基工程

本工程采用预制根植桩，如图 3.4.34 所示，根据地质勘察报告采用 BIM 技术进行深化设计，承载力验算，模拟施工；在工厂里用数控设备预制生产。现场采用钻孔根植施工工艺成桩，桩基连接采用智能机器人自动焊接。该工法自带 50t 吊装设备，泥浆减少 70%，施工便捷速度快。

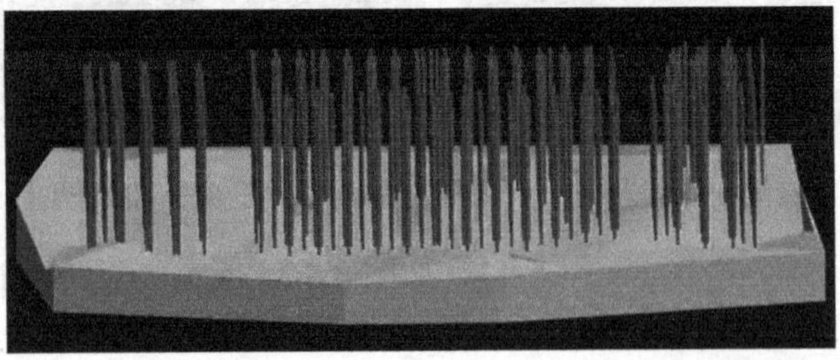

图 3.4.34 根植桩施工

7）智能施工（专业版）

（1）智能整平机

智能整平机采用智能激光找平算法以及线控底盘技术，实现无人自主运动及高精施工。如图 3.4.35 所示，在混凝土浇筑后，对地面进行高精度整平找平施工，整机体积小、机动灵活、操作简单、施工地面平整度高、地面密实均匀。

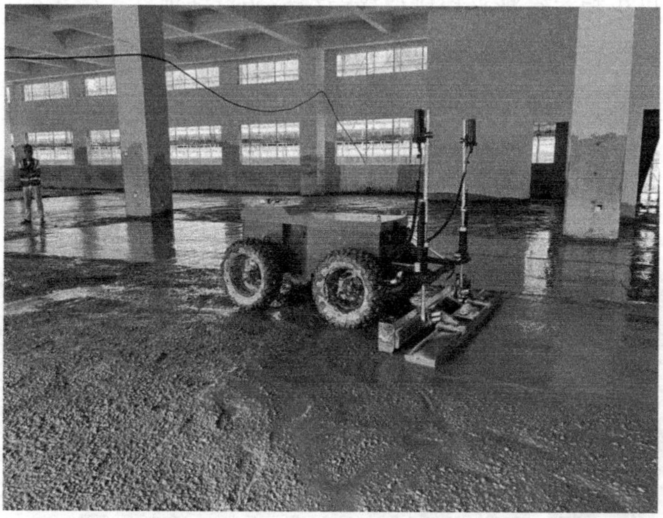

图 3.4.35 智能整平机

（2）智能抹光机

采用非轮式底盘技术以及智能运动算法，实现无人自主运动及高精施工。同时，通过自主研发的电池驱控平台，实现施工过程的零碳排放。由图 3.4.36 可见，整机体积小、机动灵活、操作简单、施工抹光度高。

（3）智能喷涂机器人

利用融合环境感知、柔性控制等技术，集成自然导航底盘及自主升降喷涂机构，实现无人自主室内喷涂作业。如图 3.4.37 所示，通过无人控制软件平台，实现机器人对墙面、天花板、阴阳角、门窗等的自主喷涂，具备施工效率高、施工质量佳等特点，同时通过一人多机的模式，最大程度地发挥机器人施工的优势。

图 3.4.36　智能抹光机

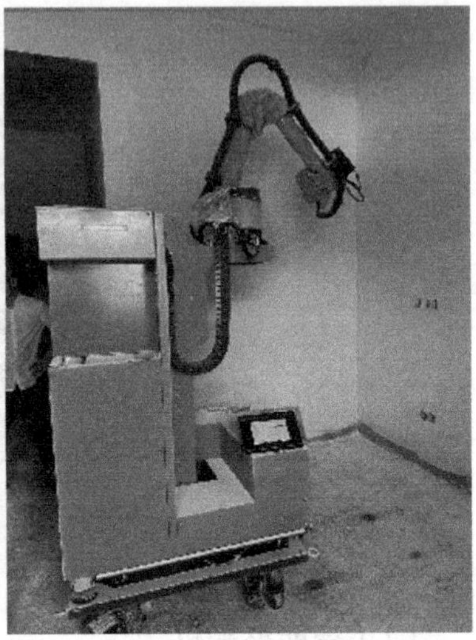

图 3.4.37　智能喷涂机器人

（4）智能激光测量机器人

如图 3.4.38 所示，扫描覆盖建筑室内和外立面全生命周期，形成结构化数据，智能激光测量机器人能通过对建筑图纸矢量化和三维激光扫描仪逆向建模的自动拟合，完美实现工程管理实测实量、BIM 数据应用的操作可视化、数据分析结构化、测量自动化、正逆向数据比对。

（5）自动扫地机

如图 3.4.39 所示，扫地机器人需要一人驾驶，人机协同，扫地能力强，效率高，自带喷雾功能，防止扬尘。

图 3.4.38　测量机器人

图 3.4.39　扫地机器人

8）智能施工（普通版）

（1）混凝土振平尺

混凝土振平尺优点：混凝土振平尺替代了传统施工工艺中的滚筒和刮尺两道工序，降低了成本，提高了效率。如图 3.4.40 所示，混凝土振平尺机身使用经久耐用的铝合金材料，整机轻巧，使用简便、安全，平整度高，混凝土振平尺采用钛镁铝合金刮板，经久耐用，平整度高，混凝土振平尺高效的减振块可减少上方发动机和扶手的振动，混凝土振平尺刀片更换简便。整机重量轻，搬运方便。机器上配有紧急停车开关。

（2）振平覆膜机

混凝土自动振平覆膜机主要是用于混凝土浇筑的工作中，如图 3.4.41 所示，此款设备浇筑后会进行覆膜养护，防止水分蒸发过快造成的脱水，混凝土可自动振平、去脚印。覆膜机助力推动覆盖薄膜养护普及进程，保证混凝土施工效果。

图 3.4.40 混凝土振平尺

图 3.4.41 振平覆膜机

（3）钢筋绑扎机

如图 3.4.42 所示，钢筋绑扎机重量轻、外观精巧，整机重量只有 3.2kg，操作方便、简单，可单手操作，提高了工人操作的安全系数，绑扎速度快。绑扎速度是人力操作的 3～4 倍，每个结的绑扎时间为 1s，大大减轻了工人的劳动强度。配有强劲的锂电池，充电时间 70～80min，每次充电可以连续捆扎 1300～1500 个结，使机器方便携带工作。

图 3.4.42 钢筋绑扎机

9）智能装备

如图 3.4.43 所示，智能施工升降机实现无人驾驶，自动控制人员数量，连接升降机管理平台，设置中控台，一人可以同时管理多个吊笼，安全管控。

图 3.4.43　智能施工升降机

3.5　本章小结

1. 智能建造方案编制

提出了施工方案编制的编制要点，具体阐述了智能建造场景应用的技术实施事项，其中包含了 BIM 技术应用场景、建筑互联网＋智慧工地应用场景、机器人应用场景及普及版工程装备应用场景，最后还提供了编制范本。

2. 智能建造在安全管理的应用

聚焦建筑工地“人、机、料、法、环”五大核心管理要素，提出了智能建造技术在提升建筑施工安全生产水平中的应用。介绍了从严控关键人员安全管理、推广智能设备普及应用、强化材料安全过程管控、优化安全管控策略方法、构建环境安全监控体系在项目中的具体实践与成效。

3. 智能建造在安全质量管理的应用

从预防、监测、改进三个环节探讨智能建造在质量管理方面的应用。预防环节智能化方面包括风险预测与分析、施工方案优化；监测环节智能化方面包括传感器网络部署、智能图像识别；改进环节智能化方面包括数据收集、数据分析与诊断、自动化控制与反馈、智能决策支持。在房建市政工程领域，实现“预防—监测—改进”闭环智能化，是提升工程质量、保障安全与提高效益的关键路径。这种智能化闭环管理，形成了从风险预判到实时监控，再到优化提升的良性循环，推动房建市政工程行业迈向智能化、精细化发展新阶段。

第 4 章

人才支撑体系创新研究

4.1 概述

建筑业人才是产业发展的重要主体，无论是决定企业经营发展策略，开展工程现场管理，还是在最一线的施工作业，都需要高素质的行业人才队伍来承担具体的业务工作。本章以温州为例对此进行探讨。当前，温州市共有各类注册人员 25624 人，现场管理 41841 人，技术工人 69222 人（数据源自“浙里工程建设数字化管理系统”，2024 年 4 月 28 日），产业队伍规模非常庞大。表 4.1.1 为温州市建筑业人才数据。

温州市建筑业人员数据　　表 4.1.1

注册人员				职称人员	技术工人	现场管理人员
一级建造师	二级建造师	造价工程师	监理工程师			
7136	15623	794	2071	25423	69222	41841
合计：25624						

与此同时，温州产业队伍建设的问题也非常突出，部分企业家在管理上仍采用家族企业模式，缺乏现代化企业管理理念；项目现场人员不到位，缺乏掌握新技术、新材料、新工艺的积极性；建筑产业工人队伍仍存在无序流动性大、老龄化现象突出、技能素质低、权益保障不到位等行业通病，从温州市房建和市政工程农民工年龄结构来看，40 岁以上工人共 28.80 万人，占全体工人比重达 66.6%，产业工人老龄化趋势显著（数据源自“实名制考勤系统监管端”，2024.4.28）。这些情况无不对产业高质量发展带来掣肘。近年来，虽然国家、省各级政府部门陆续制定了《住房和城乡建设部等部门关于加快培育新时代建筑产业工人队伍的指导意见》《浙江省人民政府办公厅关于推动浙江建筑业改革创新高质量发展的实施意见》和《浙江省人民政府办公厅关于进一步支持建筑业做优做强的若干意见》，温州市也相继在《温州市政府办公室关于进一步支持建筑全产业链高质量发展的实施意见》等文件中提出了促进转型升级、强化人才支撑等保障措施，但是随着供给侧结构性改革不断深化，实现建筑产业高质量发展对温州探索智能建造背景下的人才培育新范式提出了更迫切的要求。

2022 年 11 月温州开展“智能建造”试点后，确定了“智能建造装备 + 产业工人”的试点工作特色，制定了“一核三库”的发展策略，即以培育熟练掌握智能建造装备操作技能的专业劳务班组为核心目标，以装备库、班组库和项目库“三库”协同发展为实施路径。在推动试点目标落实落地的过程中，传统建筑企业也面临企业经营、项目管理、施工作业方面“智能建造”新型人才短缺问题，如何培育智能建造产业人才队伍，成为主管部门、院校、企业和产业工人孵化基地需要共同研究和讨论的重要命题。本章结合当前产业工人孵化基地、企业和院校在产业人才队伍培育方面的案例，梳理温州智能建造产业工人实践模式创新，分析存在困难问题，并提出进一步优化的意见建议。

4.2 产业孵化基地探索案例

产业工人孵化基地作为推动智能建造产业工人培育的重要载体，本章选取江楠产业工人孵化基地（以下简称江楠产业基地）作为研究对象，并对其产业工人培育方式进行案例分析。

江楠产业基地位于温州市瓯海区高铁新城核心板块，自 2022 年 5 月获浙江省建设厅批准作为全省产业工人孵化试点基地以来，与建筑企业、院校共同成立了温州产教融促进会，并承载起探索培训新型产业队伍班组机制的重要任务，并形成了三方面特色经验。

为了建立适应温州“智能建造装备 + 产业工人”新型智能建造模式的产业队伍培育路径，江楠产业基地对智能建造背景下产业工人、班组与劳务企业之间的新型劳务关系进行了探索，并从组织架构、数字赋能和保障服务三个维度赋能推进。

4.2.1 重塑组织架构

江楠产业基地以“三级四化一提升”模式为主体框架，优化了智能建造语境下的新型劳务关系。“三级”是指公司级、项目级和班组长级的三级垂直体系，并对各类角色的职责进行了重新定位，制定了公司负责人—项目负责人—班组长的新型组织架构。图 4.2.1 为三级垂直体系，在这种组织架构中，公司负责人负责统筹公司所有项目班组作业，保证班组生产工作的正常运行。项目负责人负责项目所属的班组管理工作，保证项目的班组作业的有效进行。班组长直接负责班组施工管理工作，协调各方关系确保工程质量，配合项目负责人落实“六项制度”管理，配合做好工人工资发放的管理，协调处理工地因自身班组突发应急事故。这种新型组织架构的最大好处是凸显班组的价值，使施工实际操作者班组长从隐形台后走到台前，成为显在的管理环节。“四化”是指管理标准化、平台数字化、核查动态化、赋能生态化，构建从班组申报、培训、评星、回炉的管理标准化，通过温州市建筑产业工人综合平台和班组长管理系统实现平台数字化，通过设置星级评定、专家组评审和奖优惩劣推动核查动态化，通过开展政策宣导、班组长园区建设、招工用工、综合服务形成赋能生态化。“一提升”是指提升班组长综合素养与技能水平，采用“分级管理、星级评定，动态核查、综合服务”的实施措施，从而实现“提

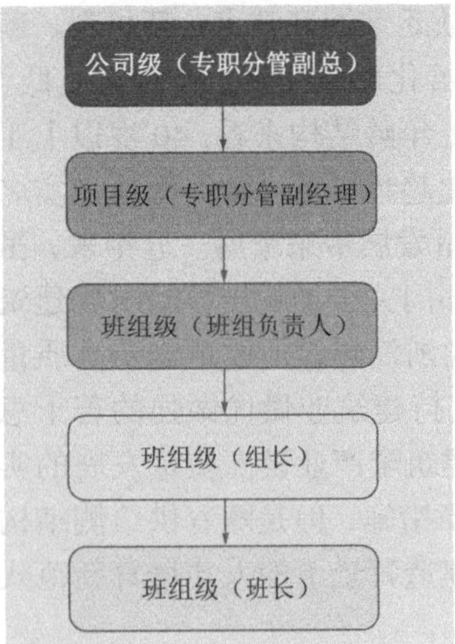

图 4.2.1 三级垂直体系

升班组长综合素养与技能水平”的核心目标。

4.2.2 强化班组培育

江楠产业基地依托自身智能建造装备集中采购优势，与各智能建造机器人供应商开展合作，通过提供智能建造机器人操作培训、日常维修保养以及销售租赁服务，逐步形成了智能建造班组集聚孵化的产业优势。目前，江楠产业基地与博智林科技公司（全系列建筑机器人）、上海盎维科技公司（测量机器人）、深圳领鹊科技有限公司（内墙喷涂机器人、研磨机器人）合作共打造了四个智能建造班组（测量机器人班组、地坪涂敷机器人班组、混凝土类机器人班组、室内喷涂机器人班组）。以测量机器人班组为例，班组集中培训周期为 3 天，现场教学实操培训内容包括（机器人操作、简易故障排除、运行路线规划等）。同时，江楠产业基地开发建设的温州市建筑产业工人综合信息平台加设了班组长赋能服务模块，汇集了培训合格的班组信息，依托其产业平台管理优势，为企业用工和班组承揽业务提供双向沟通渠道。此外，江楠产业基地依托“工友之家”App、抖音学习号、微信公众号等多种形式提供智能建造专业知识和技能培训，提升班组长和工人的专业能力。

4.2.3 实施积分管理

江楠产业基地发挥劳务市场优势，率先探索劳务班组积分制管理，为主管部门建立智能建造班组积分管理制度提供试点经验。江楠产业基地以班组为最小评价单元，根据主管部门、项目各方主体、产业协会和行业专家对班组长在建筑市场及工程作业过程情况的量化评价结果，对班组所在的劳务公司进行赋分评级，最终建立市场导向的劳务公司星级评定机制。对评定等级较高的劳务企业，在智能建造综合管理平台予以标志和优先推广。同样，对于存在其他失信行为的班组，较低的评定结果也为企业用工加设了一道信用关卡。

积分管理侧重于对班组智能建造服务能力和规范管理的评价，具体评价内容主要分为三方面：①对班组队伍建设情况进行评价。如按照班组人员规模、持证上岗和实名管理情况进行赋分。②对智能建造机械装备应用情况的评价。如通过采购、租赁等方式购买测量机器人、墙面喷涂机器人等智能建造机械设备的，按照设备数量和施工工程量予以赋分。③ 对施工业绩的评价。如向班组服务的总包单位采集履约评价意见，以及根据质量创优情况按照等次予以加分。

在评价结果应用方面，通过建立评优选优、免检加分、反馈复查机制，提高了市场主体对班组评价结果的认可度。①评优选优机制，引导和促进建筑工程劳务市场的良性发展，公开、公平、公正地选择信誉良好、实力雄厚的建筑工程劳务企业和建筑技术作业承包班组及劳务人员。同时，对于存在管理薄弱，薪资保障不到位和施工质量安全意识淡薄的班组，也将通过积分核减予以标注，促使班组长和工人按规定进行整改，从而形成良性的用人氛围。②免检加分制度。通过降低对优质班组作业成果的检查频次，在减轻企业迎检负担的同时，也引导市场主体积极参与积分评价的市场规则。如对在主体施工阶段采用积分班组的项目，其木工、钢筋工、混凝土工班组长通过系统进行管理，且在评审中均被确定为星级班组的，其班组所属项目入选温州市建设工程优质结构工程评审中，施工的主体部分实行免检。在装饰装修阶段，智能建造班组长主动申报入系统管理，并评审确定为星级班组的，在评选智能建造试点或示范项目时，可以在积分中予以加分。装配式装修和特种作业班组长主动申报入系统管理，并评审确定为星级班组的，所在项目评选瓯江杯，可以在积分中予以加分。③反馈复查机制。定期开展智能建造班组反馈复查，通过组织班组承建项目的建设、施工和监理单位进行反馈评价，反馈结果影响班组等级调整。此外，将项目智能建造场景验收结果与班组评价相关联，从而依托市场遴选优质班组，为优质班组拓展业务。

4.3 职业院校案例

除了项目班组以外，现场管理人员是智能建造产业队伍拼图中重要的组成部分。智能建造技术催生出大量新的岗位，需要对应的职业教育。但从院校教育的角度来看，智能建造领域人才培训起步较晚、课程设置针对性不强等问题依然存在。从全省范围来看，浙江省仅浙江大学、浙江工业大学、浙江广厦职业技术大学等少数学校开办智能建造工程专业的高校，教育资源从整体上看仍不足以满足浙江乃至全国范围内对此类人才的广泛需求。

目前，温州市职业高校中，温州市职业技术学院、温州安防职业学院等院校已部署开设了智能建造相关专业，以适应新兴建筑产业发展和新职业需要。

4.3.1 智能建造培育机制构建

在温职业院校遵循“职业”体系发展，以培育立足于建筑工程一线的、高层次的核心技术人员为目标进行产业队伍培育，并构建相适应的人才培育体制机制。在培育目标上，温州市职业技术学院以培育建筑技术和信息化、智能化技术相融合，知识宽广、技能复合的产业人才为目标，着力开展提供智慧工地现场技术支持的 BIM 技术员、解决现场施工技术问题的施工管理人员，扎实专业知识和应用能力的智能系统操作员以及预制构件生产工等人员培育。温州安防职业学院以项目管理工程技术人员、八大员的职业方向，培育具有建筑工程技术、互联网、人工智能、自动化等多学科融合专业知识，能胜任一般土木工程项目的构件工业化生产和制作、建筑信息化全过程集成应用、智能化施工、智慧管理和智能监测与维护等工作的智能建造高素质技术技能人才。

为了适应人才培育要求，在温职业院校从校企联合培养、双师培养、跟踪反馈等体制机制建设进行了广泛的探索。

（1）校企联合培养机制。例如安防职业技术学院通过加强校企合作、产教融合，探索有效的校企联合培养模式，逐步将企业真实项目转化成专业课程案例，突出实践教学。在专业课程中，以企业需求为导向，根据建筑产业各领域对高职智能建造技术专业人才的需求，与产业链相关企业共同制定由基本素质培养、基本技能积累、职业能力形成、职业岗位训练等构成的智能建造技术专业人才培养方案。积极开展项目教学、案例教学、情境教学、模块化教学等教学方式，广泛运用启发式、探究式、讨论式、参与式等教学方法，推进翻转课堂、混合式教学、理实一体教学等新型教学模式，推广教师采用“一平三端”智慧教学系统，推动课堂教学改革。

（2）双师培育机制。为学生学习实践配备学校专业教师和企业师傅，由专业教师负责实践课程理论教学，企业师傅负责指导技能实操训练。依托产业学院，推行校企人员双向交流培养和互相聘用机制，学校吸纳优秀企业技术人员和能工巧匠担任兼职教师，完善企业兼职教师聘用办法和标准，建立企业兼职教师库，对企业教师从职业教育理念、教学方法、课程建设能力等方面进行专项教学能力培训，共同培育一支责任心强、业务素质高、懂得教学、相对稳定的兼职教师队伍。企业聘任专业能力强、科研水平高的教师，参与企业技术创新和产品研发，提升教师技术研发、成果转化等水平。

（3）跟踪反馈机制。学院建立毕业生跟踪反馈机制及社会评价机制，并对生源情况、在校生学业水平、毕业生就业情况等进行分析，通过掌握培育方向和智能建造岗位的匹配情况，定期评价人才培养质量和培养目标达成情况。

4.3.2 智能建造培育路径创新

与传统工程管理的职业培育路径不同，在温院校在智能建造专业学生的培育模式上，将更多的教育重心放在智能技术相关新技术、新材料、新工艺上，并在课程设置、培育路径和育人模式上进行创新。

（1）以智能建造技术应用为核心的课程设置。通过对行业前沿研究和企业需求调研，院校以 BIM 技术、装配化技术、智能控制技术等重点开设核心课程，进行人才培育。如温州安防学院以建筑工程技术专业为基础，与自动化、智能化、BIM 等相关技术相融合，依托物联网、大数据、无人机、工业机器人、智能控制技术等相关专业，聚焦建筑企业智能测绘、智能设计、智能施工和智能运维管理，重点培养能够从事装配式构件工业化生产和制作、建筑信息化全过程应用管理、智慧工地施工组织管理、智能测绘、检测、监测与维护等智能建造技术方面工作的高素质复合型技术技能人才，为此，温州安防学院开设了“智能建造施工技术”“装配式建筑构件制作与安装”“BIM 全过程管理与应用”“BIM 标准化建模”课程，让学生学习了解智能建造施工方案与工艺，掌握装配式构件设计、策划与生产安装操作，熟悉使用 Revit 进行 BIM 建模，并基于 BIM 技术开展场地布置、施工组织、成本控制等项目管理手段。与之类似的是，温州市职业技术学院在课程设置中，增加“BIM 技术基础与 Revit 建模”“装配式构件生产与施工”“智慧工程应用”等建筑智能化、工业化方面课时。除此之外，温州市职业技术学院将智能建造落脚在实训能力培育上，以温州建筑业联合会为纽带，与万洋集团有限公司、浙江大成工程项目管理有限公司、广联达科技股份有限公司展开合作，为学生提供实训岗位，面向职业需求开发专业课程，并联合建立了包括国家级虚拟仿真实训基地在内的一系列实训基地，引入数字孪生、虚拟现实、物联网等技术进行建设，为学生提供 BIM 实训室、数字孪生装配式结构施工实训室、建筑机器人实训室、数字测绘实训室、无人机测绘实训室、智能建造人机协同实训室、结构工法实训室等一系列实训场景。

（2）以专业能力锤炼为核心的三层次递进式培育进程。在对学生专业能力进行培育的过程中，院校也按照学习内容的深浅、重要性，建立与课程设置相匹配的“三层次递进式”培养模式。岗位群专业能力划分为三个层次，第一层次为基础能力，主要是以传统建筑工程技术为基础，树立智能建造的职业思维；第二层次为核心能力，包括 BIM + GIS + IoT 技术的信息化集成能力，装配式构件智能生产和安装的工业化操作能力和信息模型的智能化管理能力；第三层次为行业能力，通过实习加综合实训，实现校企深度融合，实现智能建造全生命周期综合实践能力，体现了“共性 + 个性”的特征。以职业能力为基础，以核心能力培养为平台、以行业能力为支撑、根据社会需求灵活调整行业支撑点。

（3）以岗位需求为核心的“岗课训证赛”融通育人模式。院校育才的过程中，注重将岗位需求、课程设置、能力训练、证书考取、技能竞赛相结合，积极引导学生提升智能建造综合水平。对于专业课程主要基于工作过程进行课程设计，加强学习情境设计和教学组织设计。专业课程的教学要求开展行动导向、理实一体、项目教学、工学交替等多种工学结合的教学模式，突出培养学生的综合能力和素质。把 1 + X 建筑信息模型职业技能等级证书、1 + X 装配式建筑构件制作与安装职业技能等级证书、1 + X 智能建造设计与集成应用职业技能等级证书考试大纲融入课程，提高学生的就业能力在教学过程中引入丰富多样的教学方法，引导学生积极参与教学过程，重点要促进学生的自主学习。

（4）以技能培育为核心的分阶段岗位实践课程。通过校内实践、专业劳动实践、校外实践教学三维合一的课程设置，引导学生顺利适应智能建造岗位需求。

在校内实践中，院校设置 BIM 标准建模、数字化计量与计价、装配式建筑构件制作与安装、BIM 综合管线应用为重点，设置实训课程，引导学生按照课程掌握 Revit 建模、BIM 计量计价、装配式建筑实体模型和 BIM 碰撞模型。

在专业劳动实践设置上，主要通过砌体砌筑、抹灰等施工作业训练，提高学生对建筑工程作业环境的实际认识，同时，也与后续智能建造机器、装配化装修课程与实践课程相呼应，让学生对智能建造机器、设备的效益有更加深入的认识。

在校外课程实践上，设置了认知实习、专业社会实践、跟岗顶岗实习三个模块。认知实习主要组织学生体验工程项目管理岗位或建造过程，让学生能清楚认识一个工程项目从开工到竣工的整个建设流程或某个管理阶段的具体工作岗位的运作方式。专业社会实践通过安排学生调查智能建造技术推广应用情况或建筑工程领域目前某个或若干方面政策要求及相关知识，例如温州安防学院聚焦“智能建造装备 + 产业工人”模式，聚焦智能建造装备增值化评估需求，开发实践课程，开展施工作业人机竞赛实践活动，通过组织学生开展短期机器人操作培训，提升学生的职业技能和综合素质，并与一线工人开展作业竞赛，进行技术与效益对比。引导学生对智能建造技术应用现状及前景有初步认识或对智慧工地发展现状有初步了解。跟岗顶岗实习则是以装配式吊装、工程管理、BIM 建模和建筑智能运维管理等岗位为重点，与企业合作设置岗位锻炼的实景体验，为学生创造工程管理真实岗位的工作经验。

4.4 智能建造企业案例

作为产业队伍培育拼图的最后一块，建筑企业作为产业工人和项目管理队伍的直接管理者，在推动产业队伍现代化转型升级上具有决定性的影响作用。因此，以温州市正立建设集团等智能建造试点企业为研究对象进行分析。

4.4.1 调整组织架构

智能建造对企业的人才队伍提出了新的要求，相对应的，企业也在转型的过程中对原有的人才架构进行了新的调整。以正立建设集团为例，该公司聚焦智能建造目标，通过公司决策层、项目管理层和技术研发层三级推进机构重建实现企业从传统建设模式向智能建造模式转型。公司决策层成立智能建造领导小组，建立统筹协调机制。由董事长挂帅，公司经营班子、各职能部门负责人为成员，全面负责公司智能建造发展规划，确定智能建造实施方案，统筹指导智能建造各项工作的推进。项目管理层立足于智能建造事业部，落实智能建造业态，负责智能建造运营体系的建设、智能建造人才的培养、智能建造技术的研究、智能建造业务的市场拓展。技术研发层设立智能建造技术中心，由企业工匠大师、高级工程师牵头，组建智能建造科研部门，致力于绿色智慧建筑产业创新、智能建造技术、BIM 技术的研究与应用。从人员配置来看，正立建设集团根据智能建造与传统产业需求差异，配置了数字设计、互联网开发等一系列领域的新技术人员，2023 年度公司全职员工 560 人，研发人员 113 人，研发人员占全部职工 20.18%。

4.4.2 数字平台赋能

以数字化协同为手段，提升项目管理精细化水平。通过项目负责团队 BIM 技术应用能力建设，实现紧跟图纸设计高效建立 BIM 模型，利用 BIM + VR 虚拟漫游等技术，提前发现问题，从而优化建筑立面、厂区物流动线、生产线布置等方案，尽早部署各专项设计，提升各专业图纸的契合度，避免了边设计、边施工、边修改引发的问题。同时，通过 BIM 模型轻量化平台，将二维图纸与三维模型相结合，进一步提升了项目管理人员识图能力，项目管理人员能轻松查阅三维图纸，实时了解掌握施工现场人员、进度、机械、物料等情况和相关数据。而公司研发的 BIM + AR 组合技术，也让 BIM 模型和施工现场环境相融合，让模型“走入”施工现场，提升模型的应用便利。

4.4.3 组织人员培训

正立建设集团主要依托关键工作和关键岗位“师带徒”模式加强新型建筑产业工人的培育。公司先组织对工匠大师工作室成员进行培训教育，提升管理人员数字设计 BIM、建筑互联网、智能施工、智能生产、智能装备、智能监督六方面能力水平。在业务骨干熟练掌握相关技术能力后，以“师带徒”模式进行智能建造人员培训扩面。以智能建造机器人应用为例，正立建设集团与设备供应商先组织工作室技术骨干到厂家学习实践，设置产品介绍、模拟操作和现场实操等专业课程，并根据工艺流程编制作业指导书。在工作室骨干培训完成后，针对不同专业，成立实测实量机器人班组、地面整平抹光机器人班组、智能喷涂机器人班组，各班组配备专业班长 1 名、技术员 1 名、操作工 1 名、辅助工 2 名，由各专业工作室技术骨干进行培训，进行专业理论学习、现场实操、施工工艺等培训。智能建造实施之后，及时总结并进行分析。

4.4.4 强化人才储备

正立建设集团与温州市职业技术学院、温州安防职业学院等高校，开展校企合作，定制人才需求，做好智能建造“现场工程师”人才储备。如与温州市职业技术学院签订战略协议，遴选智能建造相关专业符合培养条件的大二、大三学年的学生作为校企双方“现场工程师”的培养对象，通过设立“正立晚训”，输出实战化课程系列，重点进行工程成本管理、工程安全生产、工法与质量管理小组活动成果工法（QC）编写入门、项目生产全流程管理、智能建造、建筑产业数字化等课程培训，组织参加智能建造技能竞赛，突出紧贴项目现场实际情况，解决学生由校入企过渡时的专业痛点。

4.5 本章小结

4.5.1 重塑产业队伍培育模式

与传统建筑产业队伍着重培育各类班组工人和施工员的方式不同，温州以行业需求为导向对产业队伍培育模式进行了重塑。建筑企业作为智能建造项目实施的主体，在开展项目建设过程中积累经验、发现问题、明确诉求，针对项目的实际需要，对院校、产业工人孵化基地提供实践案例和培育目标，提出人才培养的倾向性意见。院校与产业工人孵化基地则根据企业需求，区分重点培养人才，最终在三方协力下，共同推进了智能建造立体化产业队伍体系建设。

产业工人孵化基地以项目一线技术工人为重点，通过重塑智能建造劳务管理关系，依托班组长组建相对固定的产业工人队伍，通过对智能建造机器人、机具操作人的培养，形成了工业化、数字化赋能的产业队伍重要基础力量。

院校从职业素养、理论修养、技能涵养三方面出发，解决总结智能建造工程的技术技能的重点难点，积极探索智慧工地、智能建造等建造产业新工艺、新方法，总结理论和技能需求，制定新时代智能建造产业工人培育体系，通过实景展示、案例教学、项目实操、执业考核等方式，培育知识型、技能型、创新型的智能建造产业工人，为不断向工业化、数字化、绿色化的建筑业输送中坚力量。

智能建造企业除了为院校、基地提供“需求清单”外，还依托企业特色，为产业人才提供锻炼和实践的岗位，并在项目建设过程中实现对技术工人和现场管理人员的培育遴选，锻炼产业人才的项目数字化建造能力、综合性管理能力，逐步挖掘出符合产业需求的企业上层管理力量。

4.5.2 重塑产业人才组织关系

新型产业工人培育对产业工人体系的组织关系进行了再次架设，优化了智能建造语境下的新型劳务关系，建立公司级、项目级和班组长级的三级垂直体系，并对各类角色的职责进行了重新定位，凸显班组的价值，使施工实际操作者班组从隐形台后走到台前。并对班组实施积分管理，创新智能建造班组的评优选优、免检加分、反馈复查机制，在制度上对智能建造班组与建筑市场的良性互动提供了保障。智能建造班组通过强化智能建造施工能力，尽心尽责开展工程建设来获取更高星级的班组评价结果，从而赢取市场；企业通过星级评价对智能建造班组组织施工行为进行管理，也间接为整个市场遴选优质班组。在这种正向的引导关系下，工程项目的智能建造水平和质量安全程度也无形中得到提升。

在企业管理队伍方面，温州建筑企业通过设立“智能建造研究中心”、专业研究应用团队，也从企业组织架构上迈出了向智能化方向转型的步伐。

4.5.3 重塑专业技能提升方向

在智能建造技术人员、项目管理和公司运营人员的培育中，温州市从设备、平台和管理理念三方面着手赋能。通过智能建造机器人、建筑机具的实操训练，增进对建筑施工装备的掌握了解；通过 BIM 相关课程、智能建造平台应用，提升施工组织数字化管理能力和三维读图识图用途水平；通过新工艺、新设备的综合学习和新型组织能力培训，打造智能建造企业经营团队。

第 5 章 BIM 技术支撑体系创新研究

5.1 BIM 应用场景

5.1.1 BIM 成熟应用点

随着数字技术和智慧城市建设的迅猛发展，中国 BIM 技术已进入全面应用阶段，并在市政道路、轨道交通、房建等各类工程规划、设计、施工、运维阶段进行 BIM 应用，形成以 BIM 三维设计和 BIM 数字化表达的建造新业态，各阶段成熟 BIM 应用点见表 5.1.1。

各阶段成熟 BIM 应用点汇总 **表 5.1.1**

阶段		BIM 应用点
设计阶段	初步设计阶段	场地和建筑性能分析模拟 面积明细表统计 机电专业模型构建 建筑结构平面、立面、剖面检查 建筑、结构专业模型构建
	施工图设计阶段	各专业模型构建 施工图预算与工程量计算 二维制图表达 净空优化 碰撞检测及三维管综
施工阶段	施工准备阶段	预制构件加工 施工方案模拟 施工场地规划 施工深化设计
	施工实施阶段	竣工模型构建 虚拟进度与实际进度对比 质量与安全管理 设备与材料管理 施工过程工程量计算 竣工结算工程量计算
运维阶段		运维模型构建 设施设备管理 空间管理 应急管理 资产管理 能源管理

5.1.2 设计阶段

1. 初步设计阶段

设计阶段的BIM技术应用主要集中在初步设计和施工图设计阶段。

如图5.1.1所示，BIM技术应用在初步设计阶段以各专业模型构建、平立剖面检查为主，约占96%；另外，约15%的项目已开始将BIM技术用于设计概算和工程量计算中。

基于建筑、结构专业模型的建立，在初步设计阶段可以反映建筑项目实际场景情况，并体现出建筑物整体布局、主要空间布局以及重要场所，以呈现设计表达意图；通过机电专业模型的构建，可以提前发现并调整模型中的空间冲突，并及时调整结构、建筑专业来避免后续施工调整。

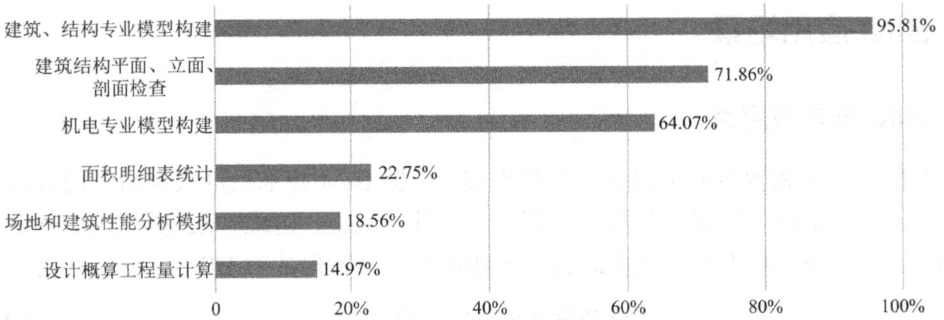

图5.1.1 初步设计阶段BIM技术应用情况

2. 施工图设计阶段

在施工图设计过程中使用BIM技术能发现很多在传统的二维图设计当中通过单一的专业校审很难发现的隐蔽冲突。

如图5.1.2所示，约93%的项目将BIM技术应用于各专业模型构建；30%的项目应用于二维制图表达。借助BIM技术三维可视化的效果，在传统二维设计的基础上可更加清晰地表达设计意图。

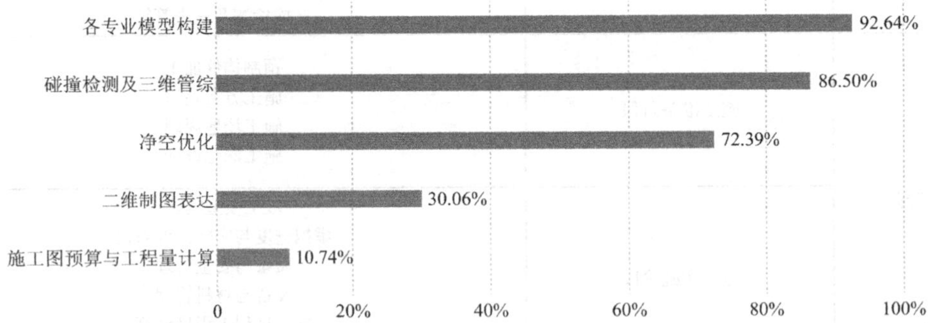

图5.1.2 施工图设计阶段BIM技术应用情况

同时约有87%的项目应用了碰撞检测及三维管综BIM技术，此应用通过机电与土建专业人员协同建立专业BIM模型，综合分析管线数据信息与土建设施的关联信息，核查土建预留、机电安装、管线碰撞、空间净高等是否存在矛盾冲突及是否满足相关要求。通过此项BIM技术的应用，可大大减少设计中的错、漏、碰、缺，并减少后续的设计变更及施工返工。

约 72%的项目应用了净高优化 BIM 技术，此项应用通过在一些管线交叉密集的复杂区域和节点位置绘制局部剖面，结合三维展示，精确表达各管线位置及标高，规定各类专业管线模型颜色，标注或建立辅助净空几何模型，演示净空条件，增强设计意图表达，以净空指标检验净空数据，模型中快速调整定位达到复核及优化净空目的。

已有近 11%的项目将 BIM 技术应用于施工图预算与招标投标清单工程量计算。

5.1.3 施工阶段

1. 施工准备阶段

施工阶段的 BIM 技术应用主要集中在施工准备和施工实施两个阶段。施工准备阶段 BIM 技术应用情况如图 5.1.3 所示，BIM 技术应用在施工深化设计上约占 84%，应用于施工场地规划及施工方案模拟分别约占 58%和 55%，应用于构件预制加工已逾 20%。

在施工准备阶段，84%项目通过将 BIM 技术用于深化设计，使之符合施工阶段的特点及现场情况，完整表示工程实体及施工作业对象和结果，增强或优化补充施工图表达，细化与协调优化工程算量，协助成本管控。

58%的项目应用施工场地规划技术，通过 BIM 模型可视化特点，快速对施工场地进行协调管理，检查场地布置合理性，优化场地布置。BIM 三维模型直观展示项目临设规划后真实的空间形态，实现多方无障碍信息共享，方便管理人员全面评估临设工程布置比选，使管理更科学、措施更有效，提升现场施工效率，从而缩短施工工期。

通过施工方案模拟应用，对重难点位置通过 BIM 精细化和预建造模拟，提前发现问题，合理优化施工方案。

在构件预制加工中应用 BIM 技术，可有效形成精细化模型数据，高效传输到加工制造环节，降低物料浪费，为预制件品质标准化提供数据保障。

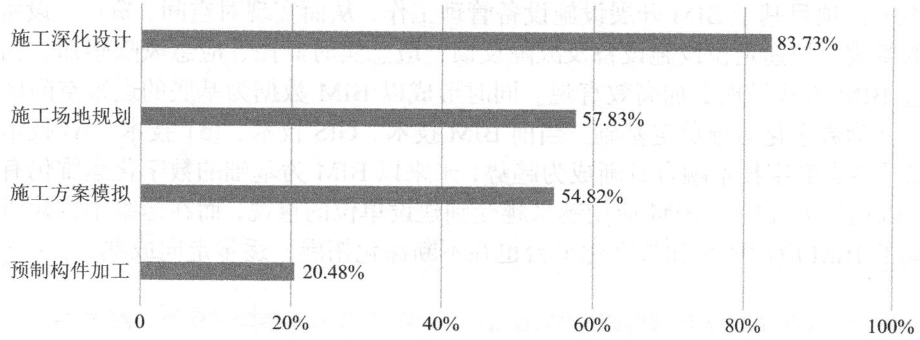

图 5.1.3 施工准备阶段 BIM 技术应用情况

2. 施工实施阶段

施工实施阶段 BIM 技术应用情况如图 5.1.4 所示，近 72%的项目使用 BIM 构建竣工模型，以便准确表达建筑的几何信息、材料信息和施工安装信息等，形成辅助竣工验收，构建运维数字资产底座的基础数据等。

约 57%的项目使用 BIM 平台将方案中的施工活动和对象虚拟化，进行分析和模拟，将三维模型与施工进度计划结合，用于进度可视化、设备定位、现场空间分析、识别潜在的施工流水冲突、资源分配计划，以及用作不同项目参与方沟通协调的有效工具，有助于施工参与方高效找准差异，辅助进度改进计划，并合理安排施工现场资源调度。

近40%的项目在施工阶段使用BIM用于施工质量和安全管理，通过BIM模型的精细化展示、可视化模拟，以模型单元和物理设施构建映射关系数据资源中心，集成质量作业和安全作业程序，记录与预警非常规因素并高效协调，形成数字化管理体系，实现对施工质量安全的精细化管控。

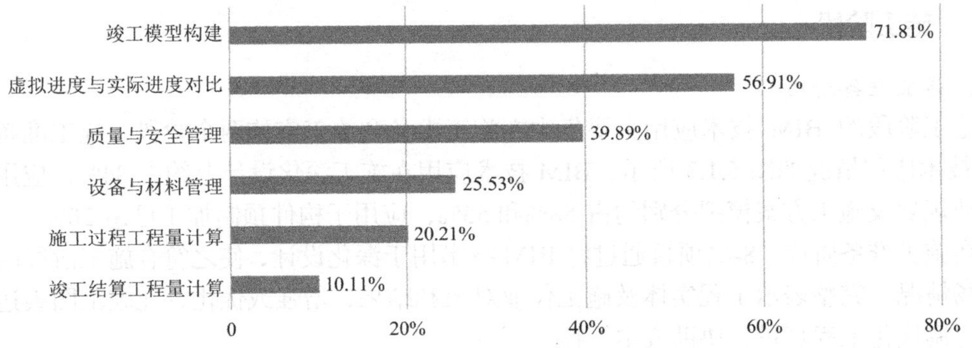

图 5.1.4　施工实施阶段 BIM 技术应用情况

5.1.4　运维阶段

结合建筑中智能化、网络化、数字化技术以实现数字化管理的BIM运维管理技术需要通过互联网和计算机局域网处理运维信息系统管理中心的各项日常业务的数字化应用，达到提高效率、规范管理、向客户提供优质服务的目的。

运维阶段BIM技术应用情况如图5.1.5所示，超过88%的项目使用BIM进行运维模型构建。基于BIM的三维表达与统一单元化数据特性，能够快速形成运维阶段设施设备的直观数字空间与三维数字模型，将BIM单元化模型数据与运维各类数据分类集成，面向运维业务场景。

约50%的项目基于BIM开展设施设备管理工作，从而实现对空间、资产、设备、能源等方面的管理。快速定位设施设备及故障反馈，应急实时监控、应急风险感知、辅助应急预案通过BIM方式呈现更加高效直观。同时形成以BIM数据为基底的运维空间区划及数字资产，并为数字化运维奠定基础。当前BIM技术、GIS技术、IoT技术、AI技术的快速发展，以及各类数字技术融合日渐成为趋势，未来以BIM为基础的数字化运维仍有较大发展空间。以运维为导向的BIM应用越来越受到建设单位的重视，而在运维中构建以业主需求为导向的BIM应用体系和数字化平台也在不断深化拓展，逐步走向成熟。

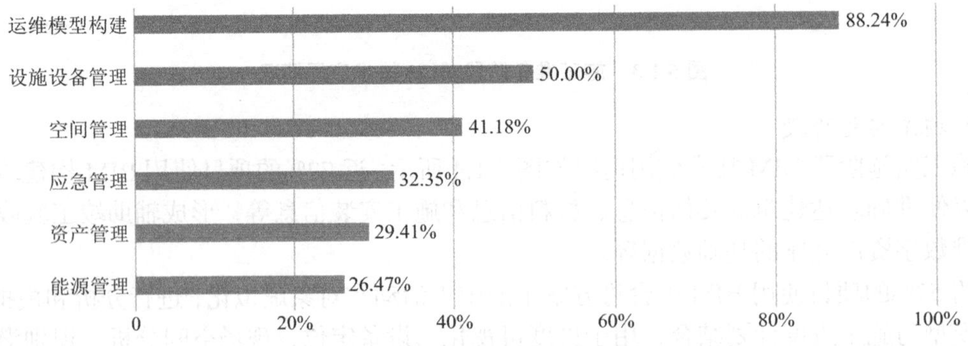

图 5.1.5　运维阶段 BIM 技术应用情况

5.2 BIM 全生命周期的应用探索

5.2.1 设计阶段 BIM 应用探索

1. 存在问题

（1）目前 BIM 平台建设的工作较为繁重，成本极高，采购专业 BIM 软件费用高昂，且随着版本升级需持续投入。在有限的业务量下企业难以承受额外的 BIM 建模费用及工作量。目前各软件公司建模软件及应用软件收费价格高，且各软件之间数据无法互通，造成现场应用部门与主管部门无法及时对模型进行应用与监督。

（2）BIM 正向设计缺乏 BIM 出图的技术标准，对 BIM 模型转化为施工图纸的流程、图层设置、标注规范等缺乏统一标准，不同设计团队出图方式和格式差异大，导致图纸在施工单位、审查机构等流转时易出现理解偏差。

（3）在不同的设计阶段对于 BIM 技术的需求不同，工作界面难以界定。提供的建模深度不够，大部分处于应付交差。

（4）BIM 出图周期较长，从建立 BIM 模型到最终出图，涉及模型搭建、整合、校审、转化等多个环节，每个环节都需耗费大量时间。相较于传统 CAD 绘图，BIM 出图流程复杂，尤其是在处理复杂项目时，易造成出图延误，影响项目进度。

2. 应对策略

（1）行业协会可以建立地域性建设工程 BIM 应用平台，集成各方软件公司建模成果与应用成果，增加项目参与方对于 BIM 技术应用的参与度。各方软件公司打破密码收费限制，分级打开常用、众用平台。让软件公司分级收费，减轻企业在 BIM 费用上的开支，提升企业对于 BIM 技术的接受度。软件供应商要优化产品与服务，根据企业需求，开发定制化功能，提高软件的适用性。针对企业的不同规模和使用需求，制定灵活的价格策略，如提供长期合作优惠、批量采购折扣等。企业根据项目类型、规模和周期，选择灵活的软件授权方式，如按项目、按时间或按功能模块购买。建设单位对于 BIM 技术应用的费用在招标时予以充分考虑，在不同的阶段和应用方面对核心软件的使用不应设限。例如，不能限定 BIM 技术只能使用 Revit 及其关联软件，比如在造价方面要允许使用广联达、品茗等软件，在装饰效果图方面使用效果表现更好的 3DsMAX 等。在建筑建模时可利用 BIMBASE、广联达数维等更实用的国产化软件。

（2）制定统一技术标准。制定 BIM 出图技术标准，明确图层命名规则、线宽设置、标注样式等细节；设计单位内部依据行业标准，制定详细的出图模板和操作指南，加强对设计人员的标准培训，并建立审核机制，确保图纸符合标准规范。

（3）提升建模深度。组织设计人员参加针对性的 BIM 技术培训，邀请专家分享复杂系统建模经验；建立内部的 BIM 模型库，收集各类建筑元素和系统的深度建模案例；在项目启动前，明确建模深度要求，并在设计过程中加强监督和检查。应根据项目使用要求，确定建模精度。比如，使用 BIM 技术辅助现场施工，进行进度管理、空间管理、三维场地布置、综合管网碰撞优化等方面应用，BIM 模型精度达到 LOD300 即可，如有项目有具体需要，局部建模精度可达到 LOD400、LOD500。

（4）运用参数化设计、模型复用等技术，提高建模效率；建立高效的团队协作机制，并行开展模型搭建和校审工作；引入先进的BIM出图插件和工具，简化模型转化为图纸的流程；提前规划出图计划，合理安排各环节时间，确保按时出图。

3. 具体BIM应用项

（1）多专业协同设计

搭建基于BIM的协同设计平台，建筑、结构、给水排水、电气、暖通等各专业设计师在同一三维模型中开展设计工作。通过实时共享和更新模型数据，各专业间能及时发现并解决设计冲突。例如，建筑专业调整空间布局后，结构专业可立即在模型中看到变化，同步检查结构受力情况，给水排水和电气专业也能据此调整管线走向，避免因专业沟通不畅导致的设计返工，极大提高设计效率与质量。

（2）设计方案比选与优化

利用BIM模型创建多种设计方案，从建筑造型、功能布局、空间利用等多维度进行对比分析。结合VR和AR技术，让业主和设计团队沉浸式体验不同方案的空间感受。通过能耗模拟分析不同方案的能源消耗，通过结构力学分析评估结构安全性，通过经济成本分析对比造价。综合各项分析结果，选出最优设计方案，并对方案进一步优化完善。

（3）可视化设计表达

将传统二维图纸转化为三维BIM模型，以直观的三维形式展示建筑设计成果。利用渲染、动画等技术，呈现建筑的外观、内部空间、装修效果等，使非专业人员也能清晰理解设计意图。例如，制作建筑漫游动画，展示建筑从外部环境到内部各个功能区域的空间序列，为业主汇报和项目宣传提供生动的素材，提升沟通效果。

（4）BIM人工漫游

设计团队可通过BIM人工漫游在虚拟建筑模型中直观感受空间尺度、流线组织等，及时发现并调整不合理的设计，如门窗位置、走廊宽度等，提高设计质量。

（5）仿真模拟

对建筑的采光、通风、能耗等进行模拟分析，根据模拟结果优化建筑朝向、开窗大小等设计，提高建筑性能。

（6）性能分析与优化

借助专业分析软件与BIM模型集成，对建筑的采光、通风、声学、热工等性能进行模拟分析。根据采光模拟结果，调整窗户大小、位置和遮阳设施，优化室内采光效果；通过通风模拟，设计合理的通风系统，改善室内空气质量；依据声学模拟，采取隔声、吸声措施，降低噪声干扰；基于热工模拟，优化建筑围护结构，提高能源利用效率，打造绿色节能建筑。

（7）工程量计算与造价估算

利用BIM模型的参数化特性，自动准确计算各分部分项工程的工程量，如墙体、门窗、混凝土用量等。将工程量数据与造价信息库关联，快速估算项目造价。设计变更时，模型自动更新工程量和造价，实时反映成本变化，便于设计师在设计阶段控制成本，为项目投资决策提供准确依据。

（8）碰撞检查与管线综合优化

整合各专业模型，进行全面碰撞检查，发现建筑、结构与设备管线之间以及各专业管线内部的碰撞问题。例如，检查给水排水管道与结构梁冲突、电气桥架与通风管道交叉打架等情况。通过在BIM模型中调整管线走向、标高和布局，合理避让，优化管线综合方案，避免施工阶段因碰撞导致的拆改返工，降低施工成本和工期延误风险。

（9）建筑生命周期可持续性评估

在设计阶段，基于BIM模型对建筑全生命周期的可持续性进行评估，考虑建筑材料的选用、能源消耗、废弃物排放等因素。选择环保、可回收的建筑材料，优化建筑设计以减少能源消耗，规划合理的废弃物处理方案，降低建筑对环境的影响，实现建筑的可持续发展目标，满足绿色建筑评价标准要求。

（10）施工可行性分析

从施工角度出发，利用BIM模型对设计方案进行施工可行性分析。模拟施工过程，评估施工难度和风险，如大型构件的吊装方案、深基坑开挖的支护措施等。根据分析结果，对设计方案提出优化建议，确保设计方案在施工阶段切实可行，减少施工过程中的技术难题和安全隐患。

（11）与地理信息系统（GIS）融合

将BIM模型与GIS数据相结合，充分考虑建筑项目的地理位置、地形地貌、周边环境等因素。在场地规划阶段，分析地形对建筑布局的影响，合理利用地形高差设计建筑；结合周边交通、公共设施等信息，优化建筑出入口和交通流线设计，使建筑与周边环境更好地融合，提升项目的整体价值。

（12）设计标准与规范检查

开发基于 BIM 的设计标准与规范检查插件，将国家和地方的设计标准、规范内置其中。在设计过程中，实时检查模型是否符合相关标准和规范要求，如建筑防火间距、疏散通道宽度、无障碍设计等。一旦发现不符合项，系统及时提醒设计师进行修改，确保设计成果合规，减少设计审查阶段的问题。

（13）装配式建筑设计与深化

在装配式建筑设计中，利用BIM模型进行构件拆分设计，确定预制构件的尺寸、形状和连接方式。对预制构件进行深化设计，详细设计钢筋布置、预埋件位置等。通过BIM模型模拟构件的生产、运输和吊装过程，优化生产和施工流程，提高装配式建筑的质量和施工效率，降低成本。

（14）室内装修设计与展示

利用BIM模型进行室内装修设计，从空间布局、色彩搭配、材料选择到家具布置进行全方位设计。通过实时渲染技术，呈现逼真的室内装修效果，让业主提前感受装修后的空间氛围。利用BIM模型进行装修材料统计和成本核算，便于控制装修预算。同时，与施工阶段的BIM模型对接，确保装修设计的可施工性。

（15）智能化系统设计集成

在建筑智能化系统设计中，基于BIM模型进行智能化设备的布局和系统集成设计，如安防监控系统、楼宇自动化系统、智能照明系统等。模拟智能化系统的运行效果，优化设备位置和系统配置，实现各智能化系统之间的互联互通和协同工作，提升建筑的智能化水平和管理效率。

（16）项目进度管理与设计计划优化

将设计进度计划与 BIM 模型关联，利用项目管理软件对设计项目进行进度跟踪和管理。通过模拟不同设计任务的时间安排和资源分配，优化设计计划，合理安排设计人员工作，避免任务冲突和资源浪费。实时监控设计进度，及时发现进度偏差并采取措施进行调整，确保设计项目按时完成。

5.2.2 施工阶段 BIM 应用探索

1. 存在问题

（1）设计模型和施工模型不匹配。设计阶段重点在于表达设计意图，对施工细节和现场实际情况考虑较少。施工阶段因施工工艺、现场条件等因素需对模型进行调整补充，如预留孔洞、施工措施等内容在设计模型中缺失。因为缺乏设计阶段的BIM模型，所以导致在施工实施阶段都采用逆向建模。导致工作周期较长，而且工作程序繁杂，次序颠倒，不利于BIM应用技术的充分及时发挥。

（2）建筑施工企业相对而言，技术力量较为薄弱，在建模工作中和外协单位合作较多，而外协单位水平也是良莠不齐，工作目标很难统一，模型检查工作也极为烦琐，从而导致模型不能充分应用，很多时候流于形式，沦为观赏物。施工现场作业人员文化水平和技术能力参差不齐，部分人员对BIM技术理解和接受程度低，不习惯使用BIM模型指导施工。而且施工过程中，BIM模型与进度、成本、质量等管理环节融合不足，仅用于简单的可视化展示，未充分发挥其在进度模拟、成本分析、质量管控等方面的作用。

（3）基于逆向设计需求的分析不足，导致逆向建模时建模单元定义不统一，难以形成施工阶段所需的相关数据。导致在施工使用阶段需要根据需求进行二次建模，造成工作量较大。比如，划分建模单元时有的按建筑构件划分，有的按施工区域划分，这使得不同建模成果难以整合和对比分析，影响逆向建模在施工监测、改造方案制定等方面的应用效果。

2. 应对策略

（1）建立设计与施工的协同平台，在设计阶段邀请施工方参与，充分沟通施工需求和现场条件，使设计模型更贴合施工实际。设立专门的变更管理流程，发生设计变更时，及时更新施工模型，并做好记录和版本管理，确保双方模型的一致性和信息同步。

（2）开展分层级、针对性的培训，对管理人员侧重项目管理维度的BIM应用培训，对一线施工人员则采用直观、易懂的方式，如现场演示、操作视频等，提升他们使用BIM模型的能力。同时，引入项目管理软件与BIM模型集成，将进度计划、成本数据、质量检查标准等信息关联到模型中，实现基于BIM的全流程项目管理。

（3）制定逆向建模的标准规范，明确建模单元的定义原则和划分方法，优先考虑通用性和可操作性。在项目开始前，组织相关人员进行技术交底，确保对建模单元的定义达成共识。建立审核机制，对逆向建模成果进行检查，对不符合标准的及时纠正。

3. 具体BIM应用项

（1）施工场地动态布置

运用CIM与BIM深度融合技术，结合无人机定期航拍，对施工场地进行全方位、动态化三维建模。在模型中详细规划施工各阶段的生活区、加工区、仓库、材料堆场以及施工道路布局。随着施工进度推进，根据现场实际情况及时在BIM模型中调整场地布置方案，如因基础施工阶段结束，材料堆场需求变化，可在模型中重新规划场地，合理分配空间。通过实时更新模型，直观反映施工现场情况，确保高效利用施工用地，保障现场运输道路始终畅通无阻，方便现场管理与施工组织。

（2）施工进度模拟与优化

基于 BIM 模型，将施工进度计划与模型中的构件相关联。通过 4D（三维模型加时间维度）模拟技术，直观展示整个施工过程，清晰呈现各施工工序的先后顺序、持续时间以及相互逻辑关系。利用进度管理软件分析模拟结果，预测施工中可能出现的进度延误风险点，如某关键线路上的工序因资源调配不足可能延迟。针对这些风险点，在 BIM 模型中调整施工顺序、增加资源投入或优化施工工艺，制定针对性的进度优化措施，提前预防进度问题，确保项目按时交付。将施工过程中的实际进度、质量等数据与数字孪生模型关联，实时监控施工进度，对比实际与计划的差异，及时调整施工策略。

（3）施工方案模拟与比选

对于复杂施工环节，如深基坑开挖、高大模板搭建、大型设备吊装等，在 BIM 模型中建立详细的施工方案模型。模拟不同施工方案的实施过程，分析各方案在施工安全、施工难度、施工成本以及对周边环境影响等方面的差异。例如在大型设备吊装方案模拟中，对比不同吊装设备、吊装路线和吊装时间的方案，评估各方案对周边建筑物和施工场地的影响。通过模拟比选，为施工决策提供科学依据，选择最优施工方案，降低施工风险，提高施工效率。

（4）工程量精确计算与成本控制

借助 BIM 模型的参数化特性，自动准确计算各分部分项工程的工程量，点击已完工程图示，快速形成工、料、价分析。通过 BIM 算量模型，提取出各个构件的钢筋量、混凝土量、模板量等，同时得到钢筋的下料单，协助现场更好地管控各项材料的使用量。同时结合 BIM 商务模型，对现场各区块、各时段的材料用量做出提前规划，减少现场材料用量的少进、错进，避免因材料错乱而导致的工期延误，为后期的施工节省了大量的时间。将工程量数据与工程造价信息相结合，实时统计和分析施工成本。在施工过程中，一旦设计变更或施工方案调整，BIM 模型能迅速更新工程量和成本数据，及时反映成本变化情况。通过对比实际成本与预算成本，找出成本偏差原因，采取相应措施进行成本控制，如优化材料采购计划、合理安排施工人员，避免成本超支。

（5）BIM 人工漫游：施工人员借助 BIM 人工漫游熟悉建筑结构和施工环境，提前规划施工顺序、运输路线等，提高施工效率。

（6）质量管控与问题追溯

在 BIM 模型中为每个施工构件赋予质量信息属性，包括材料规格、质量标准、验收记录等。利用移动终端设备，施工人员在现场进行质量检查时，可实时将检查结果（如合格、不合格、缺陷描述等）录入 BIM 模型。一旦发现质量问题，通过模型快速追溯到问题构件的原材料供应商、施工班组、施工时间等信息，分析质量问题产生的原因，制定整改措施。同时，基于 BIM 模型对质量数据进行统计分析，找出质量问题高发区域和施工环节，针对性地加强质量管控，提高工程质量。

（7）安全风险识别与预警

结合 BIM 模型和安全管理知识库，对施工现场进行安全风险识别。通过模型模拟施工过程，分析可能存在的安全隐患，如高处作业区域的防护措施不足、临时用电线路布置不合理等。在BIM模型中标记风险位置，并设置预警阈值。利用传感器监测施工现场的环境参数（如风速、温度、湿度）和设备运行状态（如塔吊运行角度、载重），一旦数据超出阈值，系统通过BIM平台及时发出预警，通知相关人员采取措施消除安全隐患，预防安全事故发生。

（8）多专业协同与碰撞检查

在施工阶段，持续利用BIM模型进行多专业协同管理。将建筑、结构、给水排水、电气、暖通等各专业模型整合，进行施工过程中的碰撞检查。例如在管道安装施工前，通过BIM模型检查管道与结构构件、其他专业管线之间是否存在碰撞。及时发现并解决碰撞问题，避免施工过程中的拆改返工，提高施工效率和工程质量。又如通过BIM技术对地下车库管线进行了综合碰撞检查，提升了各类管线施工过程中的安装精度。

（9）施工交底与培训

利用BIM模型的可视化特性，将复杂的施工工艺和施工流程制作成三维动画或虚拟现实（VR）场景。在施工前，对施工人员进行可视化施工交底，使施工人员更直观、清晰地了解施工要求和操作要点。同时，基于BIM模型开展施工培训，如安全培训、新设备操作培训等，通过模拟真实施工场景，让施工人员在虚拟环境中进行操作练习，提高施工人员的技能水平和安全意识，减少施工失误。

（10）建立复杂节点的钢筋绑扎模型

该项技术基于预先处理施工实际和设计意图的匹配问题。条件成熟的情况下可进行钢筋的综合配料、配送。在复杂建筑结构节点处，如大型梁柱节点、转换层节点等，利用BIM软件建立高精度三维钢筋绑扎模型。结合设计图纸与施工规范，精确确定每根钢筋的位置、长度、弯曲角度及绑扎顺序，提前解决钢筋碰撞、锚固长度不足等问题。例如在超高层建筑的巨型柱节点，通过模型模拟，能清晰展现不同直径钢筋的空间关系，指导施工人员高效作业。

（11）装饰面层的铺装排板及优化

对于装饰面层，以地面石材铺装为例，借助BIM技术进行排板设计。输入石材规格、房间尺寸、图案要求等参数，软件自动生成多种排板方案，对比分析后选择最优方案，减少石材切割浪费，提升美观度。针对墙面、天花板等装饰面层，同样利用BIM进行排板优化，确保拼缝均匀、图案连贯。

（12）块（石）材地面定尺加工与智能排板

在块（石）材地面施工前，基于BIM模型精确测量所需石材尺寸，结合加工设备参数，对石材进行定尺加工。通过模型与加工设备的信息交互，实现自动化切割、打磨，提高加工精度与效率，减少材料损耗。从传统电脑排板向智能排板转变，智能排板系统集成人工智能算法，不仅考虑石材尺寸、房间形状，还能根据施工工艺、材料特性、成本等因素进行综合分析。输入现场实际数据，系统快速生成智能排板方案，如遇设计变更或现场突发状况，能实时调整排板，大大缩短排板设计周期，提高施工灵活性。

（13）装饰吊顶吊筋综合配料与复杂装饰节点处理

在装饰吊顶施工中，依据BIM模型确定吊顶造型、龙骨布置后，精确计算吊筋长度、数量及位置。考虑吊顶高度、承载重量、结构形式等因素，进行吊筋综合配料，避免材料浪费与不足。对于异形吊顶（如圆形、波浪形吊顶）和双曲面装饰面层施工，利用BIM建立详细的三维节点模型，直观展示龙骨、面板、吊筋的空间关系与安装顺序。通过模型进行施工模拟，提前发现施工难点与问题，制定针对性解决方案，指导工人准确安装，确保复杂装饰节点的施工质量与效果。

（14）砌体工程精细化组砌

运用 BIM 软件的砌体排布功能，根据建筑设计图纸、砌块规格、施工工艺要求，生成与施工方案匹配的皮数杆。在皮数杆上精确标注每皮砌块的高度、灰缝厚度，清晰展示门窗洞口、过梁、构造柱等位置，辅助工人精准砌筑。通过 BIM 模型，处理好灰缝与砌块的关系，确保灰缝均匀、饱满，满足强度与防水要求。在模型中模拟砌体施工过程，进行可视化管控，提前预知各区域所需砌块及其他材料数量，合理规划运输路线与运输量。在砌筑区域内，依据模型计算结果，投放相应数量砌块，进行集中加工，减少工人二次搬运，提高施工效率与质量，降低劳动强度。

（15）材料采购与库存管理

根据 BIM 模型计算的工程量和施工进度计划，制定精确的材料采购计划，明确材料的种类、规格、数量和采购时间。利用物联网技术，对材料的采购、运输、入库、出库和库存情况进行实时跟踪和管理。在 BIM 模型中关联材料信息，如材料供应商、价格、批次等，方便查询和管理。当库存材料数量低于设定阈值时，系统自动提醒采购人员补货，避免材料短缺影响施工进度，同时防止材料积压造成资金浪费。

（16）大型机械设备管理

在 BIM 模型中录入施工现场的大型机械设备（如塔吊、施工电梯、起重机等）信息，包括设备型号、性能参数、使用年限、维护记录等。利用传感器实时监测设备的运行状态（如运行位置、工作负荷、故障报警），并将数据反馈到 BIM 模型中。通过 BIM 平台对设备进行统一调度和管理，合理安排设备的使用时间和作业区域，避免设备闲置或冲突。同时，根据设备运行数据和维护计划，提前安排设备维护保养工作，确保设备安全、稳定运行。

（17）施工质量样板引路

基于 BIM 模型创建施工质量样板的三维模型，对关键施工工序和质量控制点进行可视化展示。在施工现场按照 BIM 模型制作实体质量样板，如墙体砌筑样板、门窗安装样板、防水施工样板等。施工人员参照质量样板进行施工，确保施工质量符合标准要求。利用 BIM 模型对质量样板进行多角度展示和讲解，方便施工人员理解施工工艺和质量标准，提高施工质量的一致性和可控性。

（18）施工现场环境监测与保护

在施工现场布置环境监测传感器，如粉尘传感器、噪声传感器、水质监测仪等，实时采集施工现场的环境数据。将环境数据与 BIM 模型关联，通过 BIM 平台直观展示环境参数的变化情况。当环境数据超出环保标准时，系统自动预警，提示施工单位采取相应的环保措施，如洒水降尘、调整施工时间以避免噪声扰民、污水处理达标后排放等，实现对施工现场环境的有效监测和保护，满足绿色施工要求。

（19）施工资料管理与协同

将施工过程中的各类资料，如施工图纸、设计变更文件、施工记录、验收报告等与 BIM 模型进行关联整合。通过 BIM 平台实现施工资料的集中管理和共享，不同参与方（建设单位、施工单位、监理单位等）可根据权限在线查阅、下载和更新资料。利用平台的协同功能，对施工资料进行在线审批和流转，确保资料的准确性和及时性。例如设计变更文件通过 BIM 平台快速传递给相关施工人员，避免因信息不畅导致施工错误。

（20）施工过程数字化记录与存档

利用 BIM 模型和多媒体技术，对施工过程进行数字化记录和存档。在施工关键节点和重要施工环节，通过拍照、录像等方式采集现场数据，并关联到 BIM 模型中的对应位置和时间点。这些数字化资料不仅为施工过程追溯提供依据，也为工程竣工验收和后期维护提供参考。同时，基于 BIM 模型的数字化存档方式，方便资料的存储、管理和查询，提高资料管理效率。

（21）施工临时设施规划与管理

在 BIM 模型中对施工临时设施进行规划设计，如临时办公区、生活区、仓库、加工棚等。模拟临时设施的布局和使用情况，优化临时设施的位置和空间利用。利用 BIM 平台对临时设施进行管理，记录临时设施的搭建、使用和拆除时间，以及设施内的设备和物资信息。通过 BIM 模型实时掌握临时设施的状态，合理调配资源，确保临时设施满足施工需求，同时避免资源浪费和安全隐患。

（22）施工劳动力管理

根据 BIM 模型中的施工进度计划和工程量，合理安排施工劳动力。在 BIM 平台上建立劳动力管理模块，记录施工人员的基本信息、技能水平、工作任务分配和考勤情况。通过实时跟踪劳动力的使用情况，分析劳动力需求与实际投入的差异，及时调整劳动力配置，避免劳动力短缺或过剩。同时，利用 BIM 平台对施工人员进行技能培训和考核管理，提高施工人员的整体素质和工作效率。

（23）施工场地周边环境分析与应对

借助 BIM 模型结合 GIS 技术，对施工场地周边环境进行详细分析，包括周边建筑物、道路、地下管线、河流等。通过模拟施工过程对周边环境的影响，如施工噪声、粉尘对周边居民的影响，基础施工对周边地下管线的影响等。根据分析结果制定相应的应对措施，如设置隔声屏障、采取降尘措施、制定地下管线保护方案等，减少施工对周边环境的不利影响，避免与周边居民和单位产生纠纷。

（24）施工变更管理与控制

在施工过程中，当发生设计变更或施工条件变化需要进行施工变更时，利用 BIM 模型对变更内容进行可视化展示和分析。评估变更对施工进度、成本、质量和安全的影响，制定变更实施方案。通过 BIM 平台对施工变更进行审批和管理，记录变更的原因、内容、审批过程和实施情况。确保施工变更得到有效控制，避免因变更管理不善导致工程混乱和成本增加。

（25）施工阶段的数字化协同会议

基于 BIM 平台搭建数字化协同会议系统，实现建设单位、施工单位、监理单位、设计单位等各方的远程协同沟通。在会议中，通过共享 BIM 模型，各方可以直观地讨论施工过程中的问题，如设计方案调整、施工进度协调、质量安全管理等。利用 BIM 模型的可视化特性，更清晰地表达各方意见和建议，提高沟通效率和决策准确性。同时，会议过程中的讨论记录和决策结果可以在 BIM 平台上进行保存和追溯，方便后续查阅和执行。

（26）智能化测量 + BIM 技术一体化系统

将智能化测量设备（如全站仪、GPS 接收机、三维激光扫描仪等）与 BIM 技术深度融合，构建一体化系统。在施工前，利用三维激光扫描仪对施工现场进行全面扫描，获取地形、既有建筑等数据，导入 BIM 模型进行分析，优化施工场地布置与施工方案。施工过程中，全站仪、GPS 接收机实时采集施工部位的空间坐标数据，与 BIM 模型中的设计坐标对比，实现实时测量监控。一旦发现偏差，系统自动预警，及时调整施工人员，确保施工精度。例如在高层建筑物的垂直度控制中，通过智能化测量设备与 BIM 模型的协同，能精确监测建筑物的垂直度变化，保障施工质量。利用该一体化系统，还可对已完成施工部位进行扫描复核，将实际数据与 BIM 模型对比，为竣工验收提供准确依据。

5.2.3 运维阶段 BIM 应用探索

1. 存在问题

（1）基于运维阶段的应用上，硬件配套不足，数据无法采集、集控系统或智能化体系不完善等因素导致模型的实际应用方面大打折扣，只能用于空间管理。在智慧建筑的建设方面没有起到应有的作用。运维人员对 BIM 模型的使用方法和价值认识不足，仅将其作为简单的可视化工具，未充分利用模型进行设施设备管理、应急预案制定等工作。同时，BIM 模型与实际运维流程结合不紧密，缺乏有效的应用场景和操作指南，导致模型在运维阶段的利用率低下。

（2）BIM 模型包含大量的设计和施工阶段数据，但在运维阶段，还需要整合来自物联网设备、物业管理系统、维修记录等多源异构数据。这些数据格式不同、存储方式各异，难以与 BIM 模型进行有效的整合和关联，使得运维人员无法全面、准确地获取建筑相关信息，影响决策和管理效率。

（3）建筑在运维过程中，会不断发生设备更换、空间改造、系统升级等变化，需要及时更新 BIM 模型以反映实际情况。然而，模型的更新涉及多个专业和部门，协调难度大。同时，更新过程需要专业的技术人员和软件工具，操作复杂，成本较高，导致模型更新不及时，与实际情况脱节。

2. 应对策略

（1）建立数据整合平台，采用数据接口、中间件等技术，实现不同来源、不同格式数据的统一接入和转换。建立数据标准和规范，对各类数据进行分类、编码和存储，确保数据的一致性和准确性。通过数据关联技术，将整合后的数据与 BIM 模型进行无缝集成，使运维人员能够在 BIM 模型中便捷地查询和分析各类相关信息。

（2）对运维人员的 BIM 应用进行培训，通过案例分析、实际操作等方式，让运维人员深入了解 BIM 模型在运维管理中的多种应用场景和价值。编写详细的 BIM 运维操作手册，明确各业务场景下模型的使用方法和流程，并进行推广和宣传，鼓励运维人员积极使用 BIM 模型解决实际问题。

（3）优化更新维护流程，加强模型更新的沟通与协作。采用轻量化建模技术和自动化更新工具，降低模型更新的技术难度和成本。定期对 BIM 模型进行检查和评估，及时发现并处理模型与实际情况不符的问题，确保模型的准确性和时效性。

3. 具体 BIM 应用项

（1）设备运行状态实时监控。在建筑运维阶段，借助物联网技术将各类设备（如电梯、空调、给水排水设备等）的传感器与BIM模型相连。传感器实时采集设备的运行参数，包括温度、压力、转速、电流等，这些数据实时反馈到BIM模型中对应的设备构件上。运维人员通过BIM平台就能直观地看到每台设备的实时运行状态，一旦参数超出正常范围，系统立即发出预警，当电梯运行速度异常、空调压缩机温度过高时，及时通知维修人员进行处理，保障设备稳定运行。

（2）采用数字孪生技术，实时反映建筑实体的运行状态，集成设备监测数据、能耗数据等，通过数据分析优化运维策略，如调整设备运行参数、合理安排维修人员等，实现建筑的智能化运维管理。

（3）设备故障诊断与预测性维护。模拟建筑设备的运行状态，预测设备故障，制定合理的维护计划，延长设备使用寿命。例如，通过分析空调系统的运行数据，预测到压缩机在未来一周内可能出现故障，运维人员可提前准备维修备件，安排维修计划，在故障发生前进行维护，避免设备突发故障对建筑运营造成影响，降低维修成本，缩短停机时间。

（4）空间利用效率分析。借助BIM模型的三维可视化和数据分析功能，统计不同区域的实际使用情况，如办公空间的人员分布、会议室的使用频率、商业区域的客流量等。通过对这些数据的分析，评估空间利用效率，找出空间浪费或拥挤的区域。例如，发现某层办公区域的部分工位长期闲置，而另一区域人员过于密集，可据此对办公空间进行重新规划和调整，提高空间利用率，降低运营成本。

（5）设施巡检管理。运维人员通过BIM人工漫游快速熟悉建筑内部结构和设备位置，便于日常巡检和故障排查。基于BIM模型制定详细的设施巡检计划，包括巡检路线、巡检时间、巡检内容等。利用移动终端设备，结合定位技术和二维码识别技术，引导巡检人员按照计划进行巡检。巡检人员在现场扫描设施上的二维码，即可在移动终端上查看该设施的相关信息（如设备型号、维护记录、上次巡检时间等），并记录本次巡检的情况（如设施状态是否正常、是否发现问题等）。这些数据实时同步到BIM模型中，生成巡检报告，方便管理人员对设施的运行状况进行跟踪和管理。

（6）能耗管理与节能优化。将建筑的能耗监测系统与BIM模型集成，实时采集水、电、气等能源的消耗数据，并在BIM模型中以可视化的方式展示能耗分布情况，如不同楼层、不同区域、不同设备的能耗占比。通过数据分析，找出能耗高的区域和设备，分析能耗过高的原因，如设备老化、运行参数不合理、能源浪费等。针对这些问题，制定节能优化措施，如调整设备运行时间、优化设备运行参数、更换节能设备等，并通过BIM模型实时监控节能效果，持续优化能耗管理方案，降低建筑运营能耗。

（7）消防安全管理。在BIM模型中集成消防设施信息，包括消火栓、灭火器、火灾报警器、喷淋系统等的位置和状态。利用BIM的可视化特性，制定消防应急预案，模拟火灾发生时的疏散路线和救援方案。同时，通过与消防监控系统的联动，实时监控消防设施的运行状态，一旦发生火灾，系统能快速在BIM模型中定位火灾位置，显示周边消防设施信息，为消防救援提供决策支持，提高火灾应急响应速度和救援效率。

（8）应急疏散模拟与演练。借助BIM模型和VR、AR技术，进行应急疏散模拟和演练。在BIM模型中设置不同的火灾、地震等紧急场景，模拟人员的疏散过程，分析疏散路线的合理性和疏散时间。通过VR、AR技术，让建筑内的人员身临其境地体验应急疏散过程，熟悉疏散路线和安全出口位置，提高人员的应急逃生能力。同时，根据模拟和演练的结果，对疏散方案进行优化和改进，确保在紧急情况下人员能够安全、快速地疏散。

（9）建筑物结构健康监测。在建筑结构的关键部位（如梁、柱、基础等）安装应力、应变、位移传感器，将传感器数据与BIM模型相连。实时监测建筑结构的受力情况和变形状态，通过数据分析评估结构的健康状况。当结构参数超出正常范围时，系统发出预警，提示可能存在的结构安全隐患。例如，通过监测发现某根柱子的应力突然增大，可能是由于周边施工或结构损伤导致的，及时进行结构检测和加固处理，保障建筑物的结构安全。

（10）室内环境质量监测与改善。利用BIM模型结合室内环境监测传感器，实时采集室内的空气质量（如甲醛、TVOC、$PM_{2.5}$等浓度）、温湿度、噪声等环境参数。在BIM模型中以可视化的方式展示室内环境质量分布情况，当环境参数不达标时，系统发出预警。通过分析环境参数数据，找出影响室内环境质量的因素，如通风不良、污染源等，采取相应的改善措施，如增加通风设备、治理污染源等，为建筑内的人员提供舒适、健康的室内环境。

（11）资产管理与盘点。将建筑内的所有资产信息（如办公家具、设备、设施等）录入BIM模型，建立资产数据库。通过BIM模型实现资产的可视化管理，可随时查询资产的位置、数量、规格、使用状态等信息。在进行资产盘点时，利用移动终端设备结合RFID技术，快速扫描资产标签，自动识别资产信息，并与BIM模型中的资产数据进行比对，实时更新资产状态，生成资产盘点报告，提高资产管理的效率和准确性。

（12）文档资料管理与协同。将建筑项目从规划设计到施工运维各个阶段的文档资料（如设计图纸、施工图纸、变更文件、验收报告、设备说明书等）与BIM模型进行关联。通过BIM平台，实现文档资料的集中管理和共享，各方人员可随时随地查阅和下载所需的文档资料。同时，利用BIM平台的协同功能，对文档资料进行在线审批、修改和版本控制，确保文档资料的准确性和一致性，提高工作效率和协同效果。

（13）维修养护工单管理。当建筑设施出现故障或需要进行定期维护时，通过BIM平台生成维修养护工单。工单中包含设施的位置、故障描述、维修要求、预计维修时间等信息，并自动分配给相应的维修人员。维修人员在接到工单后，可通过移动终端查看工单详情，获取设施的相关资料（如BIM模型、维修手册等），前往现场进行维修。维修完成后，在移动终端上记录维修结果，提交工单，系统自动更新设施的维护记录和状态信息，实现维修养护工单的全流程信息化管理。

（14）合同管理与费用控制。在BIM模型中集成建筑运维阶段的各类合同信息，包括设备采购合同、维修保养合同、能源供应合同等。通过BIM平台对合同的执行情况进行实时跟踪和监控，如合同款项的支付进度、服务期限、质量标准等。当合同执行过程中出现异常情况（如供应商未按时供货、维修服务不达标等）时，系统及时发出预警，提醒管理人员采取相应措施。同时，通过对合同费用的分析和统计，实现对运维成本的有效控制，避免费用超支。

（15）运营成本分析与预测。利用BIM模型和数据分析技术，对建筑运维阶段的各项成本进行分析，包括能源消耗成本、设备维修成本、人员管理成本等。通过对历史成本数据的分析，建立成本预测模型，预测未来不同时间段的运营成本。根据成本分析和预测结果，制定合理的成本控制策略，如优化设备运行模式、降低能源消耗、合理安排维修计划等，为建筑运营决策提供数据支持，提高运营经济效益。

（16）设施变更管理与审批。当建筑设施需要进行变更（如设备更换、管道改造、空间布局调整等）时，在BIM模型中进行变更方案的设计和模拟分析。评估变更方案对建筑结构、功能、其他设施以及运营成本等方面的影响，确保变更方案的可行性和安全性。变更方案通过BIM平台提交审批，相关部门和人员在平台上进行在线审批，审批通过后，按照变更方案实施。在变更实施过程中，利用BIM模型对施工过程进行监控，及时发现并解决问题，变更完成后，更新BIM模型中的相关信息，保证模型与实际情况的一致性。

（17）智能化物业管理。借助BIM技术和物联网、大数据、人工智能等技术，实现物业管理的智能化。例如，通过智能门禁系统与BIM模型的联动，实现人员和车辆的出入管理；利用智能照明系统根据室内光线和人员活动情况自动调节照明亮度；通过智能垃圾分类系统对垃圾进行分类收集和管理等。同时，利用物业管理软件与BIM平台的集成，实现物业费用的在线收缴、投诉处理、报修管理等功能，提高物业管理的效率和服务质量。

（18）建筑性能评估与优化。基于BIM模型，结合建筑性能模拟软件，对建筑的各项性能指标进行定期评估，如结构安全性、防火性能、隔声性能、采光通风性能等。根据评估结果，分析建筑性能存在的问题和不足之处，提出优化改进措施。例如，通过模拟分析发现建筑的采光效果不理想，可通过调整窗户的大小、位置或增加采光设备等方式进行优化，提升建筑的整体性能和使用舒适度。

（19）空间规划与调整决策支持。随着建筑使用功能的变化和业务发展的需求，可能需要对建筑空间进行重新规划和调整。利用BIM模型的可视化和数据分析功能，为空间规划和调整提供决策支持。在BIM模型中模拟不同的空间规划方案，分析方案对建筑结构、功能、流线、采光通风等方面的影响，评估方案的可行性和优劣性。同时，结合成本分析和效益评估，选择最优的空间规划方案，实现建筑空间的合理利用和价值最大化。

5.3 BIM复合技术

在互联网+的概念被正式提出之后迅速发酵，各行各业纷纷尝试借助互联网思维推动行业发展，建筑施工行业也不例外。BIM技术作为一种集成了建筑设计、施工、运营、维护等多个方面的全过程数字化技术，为建筑行业带来了革命性的变化。然而，单纯应用BIM技术的项目越来越少，更多的是将 BIM 与其他先进技术集成应用，以发挥更大的综合价值。因此，BIM复合技术应运而生。

现在阶段BIM复合技术主要集中在与虚拟现实、GIS、三维激光扫描、物联网、AI等结合方面，通过与其他先进成熟技术的结合，更加拓展了 BIM 技术的应用范围和价值意义，同时也推动了建筑行业的整体转型升级，促进了建筑行业信息化、智能化发展。

5.3.1 BIM+VR、AR

BIM模型作为一种三维可视化表达模型，以其三维可视、仿真的特点天然和虚拟现实技术共通共融。可在建设工程的设计、施工、运维、使用培训等全生命周期的重点环节融合应用，也可以在安全应急演练场景中实现沉浸式体验，提升建设及运营安全性。在更广泛的城市级应用中，BIM+虚拟现实联合打造虚实融合、高效便捷的个性化智慧生活信息服务场景，形成城市可视化管理解决方案。

1. 设计阶段应用

在设计阶段，通过虚拟现实技术创建沉浸式体验的场景，可以让业主单位更好地感受建成后的效果，从而加速决策。结合互联网传输，也可以实现基于VR的协同设计，在协同设计的过程中实时发现问题，完成设计协调，提升设计质量。根据英国NBS的《2023数字化施工报告》，74%的项目会使用虚拟现实场景以使客户漫游体验，62%的项目会使用设计和周边环境的可视化展示，53%的项目会使用碰撞检查。

2. 施工阶段应用

在施工阶段，虚拟现实主要应用在安全生产的教育培训、施工技术交底和施工巡检与验收方面，为施工人员和管理人员提供沉浸式的施工模拟体验。通过VR设备，用户可以身临其境地感受施工场景，如在虚拟环境中进行建筑结构的搭建、设备的安装调试等，提前熟悉施工流程和操作要点。AR技术则可以将BIM模型与现实施工现场相结合，在施工现场通过移动终端设备查看BIM模型中的信息，如施工图纸、设备参数、质量要求等，实现虚拟与现实的交互，提高施工效率和质量。例如：在某既有改造项目施工过程中，为了解决既有改造项目工期紧张、场地狭小、对视觉感官要求高的问题，应用BIM＋MR（混合现实）技术，将深化设计方案1：1在虚拟世界中还原，通过让班组人员佩戴VR眼镜，在施工前进行沉浸式交底，使班组人员直观理解机电管线的空间关系，提高施工安装的准确性，减少返工。

3. 运维阶段应用

在运维阶段，虚拟现实技术主要服务于巡检与隐患排查，尤其是应用于隐蔽工程的日常维护与应急排查。在某大桥运维管养项目中，通过BIM技术＋VR技术，巡检人员能迅速获取桥梁斜拉索、钢横梁等设施设备相关信息。结合VR技术，将大桥固定摄像机图像与BIM模型融合为一体，运维人员只需手持一台移动设备，通过扫描二维码，在真实视频图像环境中，简单点击操作即可查验有关设施、设备技术资料与实时数据，即可实现设施病害及设备故障的快速上报。

5.3.2 BIM＋三维激光扫描

三维激光扫描技术在文物保护、城市建筑测量、地形测绘、变形监测等领域广泛应用。BIM技术则通过数字化的方式表达建筑物的物理和功能特征，能够快速构建包含建筑物几何和非几何信息的三维模型。将三维激光扫描技术与BIM技术相结合，三维扫描得到的点云数据和BIM模型，可以充分发挥各自的优势，实现快速建立三维可视化模型。

1. 设计阶段应用

三维激光扫描能够快速、精确地获取既有建筑、场地的空间数据，将现实场景转化为点云数据。这些点云数据可导入BIM软件，作为设计的基础参照，设计师基于此构建更贴合实际的BIM模型，减少设计与实际情况的偏差。例如在古建筑修复设计中，通过三维激光扫描获取古建筑的精确外形、结构等数据，构建BIM模型后，可对修复方案进行模拟分析，最大程度保留古建筑原有风貌和结构特征。利用BIM模型的可视化和分析功能，结合三维激光扫描采集的数据，对设计方案进行验证。如在新建建筑设计中，通过扫描周边地形和已有建筑，分析新建建筑与周边环境的协调性，验证采光、通风等设计指标是否满足要求。根据验证结果优化设计方案，提高设计的合理性和可行性。

2. 施工阶段应用

施工过程中，定期使用三维激光扫描对已完成的施工部位进行扫描，将扫描得到的点云模型与BIM模型进行对比分析。能够快速、直观地发现施工偏差，如墙体的垂直度偏差、构件安装位置偏差等。施工人员根据对比结果及时调整施工工艺和方法，确保施工质量符合设计要求。例如在大型钢结构施工中，通过三维激光扫描实时监测钢构件的安装精度，有效避免因安装误差积累导致的结构安全隐患。

将三维激光扫描获取的施工现场实际进度数据与 BIM 模型中的施工进度计划进行关联。通过可视化对比，管理者可以清晰地了解施工进度情况，及时发现进度滞后的部位和原因。例如，当发现某区域的施工进度滞后时，可结合BIM模型分析该区域施工资源的投入情况，调整资源分配，采取措施加快施工进度，确保项目按时交付。

对于复杂的施工工艺和施工流程，如深基坑开挖、大型设备吊装等，利用BIM模型结合三维激光扫描数据进行模拟。在模拟过程中，考虑施工现场的实际空间条件、周边环境等因素，制定合理的施工方案，并对施工过程进行预演。通过模拟预演，提前发现施工中可能出现的问题，如施工设备与周边建筑物的碰撞、施工空间不足等，提前制定解决方案，提高施工安全性和效率。

3. 运维阶段应用

通过三维激光扫描获取建筑内部设施设备的实际位置、运行状态等信息，更新到BIM模型中。运维人员借助BIM模型，能够快速定位设施设备的位置，查看设备的相关参数和维护记录，实现设施设备的精细化管理。例如在大型商场的运维管理中，利用BIM＋三维激光扫描技术，运维人员可以快速找到故障设备，了解设备的详细信息，及时进行维修，减小设备故障对商场运营的影响。

对建筑结构关键部位进行定期三维激光扫描，监测结构的变形、裂缝等情况。将扫描数据与BIM模型进行对比分析，评估建筑结构的健康状况。当发现结构出现异常时，及时发出预警，为结构加固和维修提供依据，保障建筑的结构安全。例如在超高层建筑的运维中，通过三维激光扫描监测建筑主体结构的垂直度变化，及时发现潜在的结构安全隐患。

在建筑空间改造或重新布局时，利用三维激光扫描获取现有空间的实际数据，结合BIM模型进行空间规划和设计。通过模拟不同的改造方案，评估改造对建筑结构、设施设备、采光通风等方面的影响，选择最优的改造方案，降低改造过程中的不确定性和风险。例如在老旧小区改造项目中，利用BIM＋三维激光扫描技术，对小区的建筑空间、配套设施等进行全面分析，制定合理的改造方案，提升小区的居住品质。

5.3.3 BIM＋GIS

常用的GIS实景地形主要是数字高程模型（DEM），数据分辨率高，质量好，易于处理和可视化。GIS和BIM的融合，拓宽和优化各自的应用功能，提高大规模区域和长线工程的全生命期管理能力。

1. 设计阶段应用

将建筑BIM模型融入GIS平台，实现宏观与微观的结合。借助GIS的空间分析工具，如视线分析、日照分析、通风分析等，对建筑设计方案进行评估和优化。例如，通过视线分析确保建筑不影响周边景观视野；利用日照分析调整建筑间距和开窗位置，保证室内充足采光；依据通风分析优化建筑形态和布局，改善区域通风条件，提升建筑的功能性和舒适性。

2. 施工阶段应用

基于 GIS 的地理空间信息，结合 BIM 模型，对施工场地进行合理规划。分析场地地形地貌，确定材料堆放区、加工区、机械设备停放区以及临时道路等设施的最佳位置，避免场地冲突和资源浪费。同时，利用 GIS 实时跟踪施工材料、设备和人员的位置信息，结合 BIM 模型的施工进度计划，实现施工资源的高效调配和动态管理，提高施工效率。

将 BIM 模型中的施工进度信息与 GIS 的地理定位功能相结合，实现施工进度的可视化监控。通过在 GIS 平台上实时展示施工进度，管理者可以直观了解各施工区域的进展情况，及时发现进度偏差并采取措施进行调整。此外，利用 BIM 模型的质量信息与 GIS 的空间分析功能，对施工质量进行监测和评估。例如，通过对混凝土浇筑、墙体砌筑等施工部位的质量数据进行空间分析，找出质量问题频发区域，针对性地加强质量管控。

3. 运维阶段应用

借助 GIS 的空间定位和查询功能，结合 BIM 模型中设施设备的详细信息，实现设施设备的高效管理。在 GIS 平台上，运维人员可以快速定位设备位置，查看设备的运行状态、维护记录、维修历史等信息，及时进行设备维护和保养，提高设备运行的可靠性和使用寿命。同时，利用 GIS 的空间分析功能，对设施设备的布局进行优化，提高设备管理效率。

在发生火灾、地震等紧急情况时，将 BIM 模型与 GIS 技术融合，为应急管理提供决策支持。通过 GIS 的空间分析功能，结合 BIM 模型中的建筑结构、疏散通道、消防设施等信息，快速制定最佳疏散路线和救援方案。同时，利用 GIS 实时获取周边地理环境信息，如交通状况、救援资源分布等，为应急救援提供全面的信息支持，提高应急响应速度和救援效果。

5.3.4 BIM+RFID

BIM 与 RFID（无线射频识别）的结合价值，体现在包括物料追踪与管理、施工进度监控、施工进度监控、安全管理等方面。通过为每个物料贴上 RFID 标签，BIM 系统实时获取物料的位置、数量、状态等信息；通过在 BIM 模型中为每个施工阶段或任务分配 RFID 标签，系统可以自动记录实际进度，并与计划进度进行对比。BIM 模型本身具有高度可视化特点，结合 RFID 技术后，可以更加直观地展示项目的实时状态和信息。

1. 设计阶段应用

在设计过程中，为各类建筑材料和设备赋予唯一的 RFID 标签，将其详细信息（如型号、规格、性能参数、生产厂家、价格等）录入 BIM 模型。通过 RFID 技术与 BIM 的融合，设计师可以在模型中快速查询和调用这些信息，确保设计选用的材料和设备满足项目需求，同时也为后续施工和运维阶段的管理提供准确的数据基础。例如，在设计一栋商业综合体时，设计师可以通过 RFID 标签关联的信息，在 BIM 模型中对比不同品牌电梯的参数和价格，选择最适合项目的产品。

2. 施工阶段应用

在施工现场，利用 RFID 技术对材料和设备进行跟踪管理。通过在材料进场、存储、领用以及设备安装、调试、使用等环节设置 RFID 读写器，实时采集材料和设备的位置、状态等信息，并同步更新到 BIM 模型中。施工人员可以通过 BIM 模型随时了解材料和设备的情况，避免材料丢失、浪费以及设备闲置或故障未及时发现等问题。例如，当某种关键材料库存不足时，系统会根据 RFID 反馈的数据在 BIM 模型中发出预警，提醒采购人员及时补货。

将施工进度计划与 BIM 模型关联，利用 RFID 技术记录施工人员的工作进度和质量信息。施工人员在完成某个施工任务后，通过 RFID 设备将完成时间、质量检验结果等信息录入 BIM 模型。管理人员可以通过 BIM 模型实时监控施工进度，对比实际进度与计划进度的差异，及时调整施工安排。同时，对施工质量数据进行分析，找出质量问题的根源，采取针对性措施加以改进。例如，在混凝土浇筑施工中，通过 RFID 记录浇筑时间、振捣情况等信息，结合 BIM 模型进行质量追溯和分析。

3. 运维阶段应用

为建筑内的设施设备贴上 RFID 标签，在运维过程中，运维人员通过手持 RFID 读写器靠近设备，即可快速获取设备的详细信息，包括设备的运行参数、维护记录、维修历史等。这些信息与 BIM 模型相结合，为运维人员提供全面的设备管理支持，帮助他们及时发现设备故障隐患，制定合理的维护计划。例如，当电梯出现故障时，运维人员通过 RFID 读取设备信息，在 BIM 模型中查看电梯的结构和维修记录，快速判断故障原因并进行维修。

5.3.5 BIM+AI

AI 赋能建筑信息化，BIM 可为大模型提供训练数据。BIM 与 AI 的融合，将建筑信息模型的丰富数据与人工智能的强大分析、决策能力相结合，为建筑全生命周期各阶段带来变革性的应用与显著价值。但短期内，BIM + AI 的融合应用尚存在一些问题：第一是数据库内数据的丰富度需要提升；第二是需要将工程专业标准数字化；第三是减少 BIM 实施过程中人工干预。现已拥有大规模高质量数据的企业，解决这些问题后更有机会运用 AI 进行深度融合应用。

AI 技术与 BIM 技术结合，可提高数据分析的效率，甚至可在纷繁复杂无序的数据中找出共性的、潜在的知识和规律，为各方人员提供更为准确的决策建议，解决 BIM 中数据深度应用困难的问题。同时，BIM 作为数据集成与共享的平台，可为 AI 提供可靠的数据支持与结果可视化手段设计阶段应用。

BIM + AI 技术的应用价值主要体现在提高效率、节省人力成本，实现工作流程标准化、数字化，以及智能化辅助决策方面。通过 AI 机器人的自主学习能力使得工作更便捷、安全、精细，综合效率提高 2～3 倍，大幅降低人力成本。与此同时，各项数据能够按统一格式入库使得日常工作流转标准闭环。自动开展数字化考评进一步提升运维质量。智能辅助决策则通过数字化闭环流程，提供详实的数据支撑，引领科学管养模式，有效提升企业管理效率。

1. 设计阶段应用

AI 算法可对大量建筑设计案例数据以及项目需求进行学习分析，基于 BIM 模型为设计师提供创意灵感与设计建议。比如输入项目的功能要求、场地条件、预算限制等信息，AI 能够在 BIM 模型中生成多种初步设计方案，涵盖建筑布局、空间划分、外观造型等，设计师以此为基础，结合专业知识进一步优化，大幅提升设计效率，拓展设计思路。此外，

AI还能自动检查设计是否符合各类规范标准，像防火间距、疏散通道宽度等要求，及时提醒设计师修改，确保设计成果合规。

结合AI的机器学习技术与BIM模型，对建筑的采光、通风、能耗等性能进行更精准的模拟分析。AI通过对历史数据的学习，能快速准确地预测不同设计参数下建筑性能的变化情况。例如在采光模拟中，AI可根据窗户大小、位置、朝向以及周边建筑遮挡等因素，精确计算室内采光系数，帮助设计师调整设计方案，优化采光效果；在能耗模拟方面，AI能分析不同围护结构、设备选型对能耗的影响，为打造绿色节能建筑提供有力支持。

2. 施工阶段应用

AI利用BIM模型中的施工进度计划、资源分配、工程量等数据，结合历史项目经验和实时施工数据，预测施工进度趋势。通过分析可能影响进度的因素，如天气变化、材料供应延迟、劳动力短缺等，提前制定应对措施，优化施工进度计划。例如，AI预测到某关键线路上的工序可能因材料运输问题延误，系统自动调整后续工序安排，合理调配资源，保障整体施工进度。

基于AI的图像识别与数据分析技术，结合BIM模型对施工现场进行质量与安全风险监测。通过摄像头采集施工现场图像，AI识别其中的质量缺陷（如混凝土裂缝、墙体平整度问题）和安全隐患（如未佩戴安全帽、高处作业防护缺失），并在BIM模型中定位问题位置，及时通知相关人员整改。同时，AI还能对质量和安全数据进行深度分析，找出潜在风险规律，为制定针对性的预防措施提供依据，提升施工质量与安全管理水平。

3. 运维阶段应用

AI对BIM模型中建筑设备的运行数据（如温度、压力、振动等）进行实时分析，通过机器学习算法建立设备故障预测模型。提前预测设备可能出现的故障，通知运维人员及时维护，避免设备突发故障影响建筑正常运营。例如，通过分析空调系统的运行数据，AI预测到压缩机可能在一周内出现故障，运维人员提前准备备件，安排维修，降低维修成本和停机时间。此外，AI还能根据设备运行状况和维护历史，智能制定个性化的维护计划，提高设备使用寿命。

借助AI技术和BIM模型，对建筑能耗数据进行分析，找出能耗高的区域和设备以及能耗过高的原因。AI自动生成节能优化策略，如调整设备运行时间、优化设备运行参数、合理分配能源等，并通过BIM模型实时监控节能效果，持续优化能耗管理方案，降低建筑运营能耗，实现绿色运维。

5.4 BIM应用案例

5.4.1 案例一

1. 项目概述

（1）项目概况

滨江商务区 12-05 地块、12-07 地块及五号路地下空间工程，实际总建筑面积 135683.49m^2，其中地上建筑面积 80497.49m^2，地下建筑面积 55186m^2。地上主要使用功能为商业、办公、酒店，地下主要功能为车库及设备用房。

建筑工程设计等级为特级，设计使用年限为 50 年。主体采用框架-核心筒结构，地下室 3 层带局部夹层，地上裙房 5 层，屋面标高 25.500m，主塔楼 37 层，建筑高度 159.9m，幕墙顶部的高度 180m。

（2）BIM 概述

本项目特点为：结构复杂、项目协调工作量大、专业多、BIM 与危大工程结合、设备机房管综复杂，对此采取相应的措施，包括：施工过程中的三维交底、BIM 协同平台的应用、深化设计等。并配备了经验丰富的各专业 BIM 工程师，制定了相应的标准和流程，项目聚焦智能化、数字化协同施工，进行数字化设计、工业化生产、智能化施工，以绿色、低碳、智慧建筑为目的生产建造，实现智能建造。图 5.4.1 为项目 BIM 策划方案。

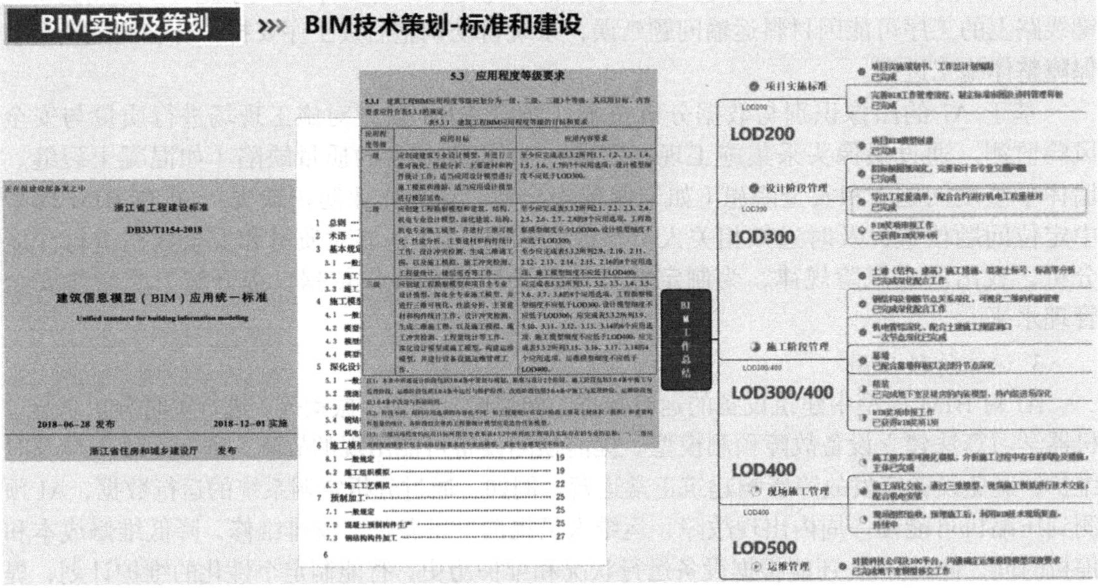

图 5.4.1 项目 BIM 策划方案

2. BIM 应用内容与平台

在项目开始前结合本工程项目特点进行 BIM 应用点分析确认，实施了以下应用内容：各专业模型建立、可视化交底、设计协同、优化报告输出、工程量提取、砌体排布、场地布置、综合管线排布、塔吊设备确认。同时进行智慧工地协同管理平台应用，从集团级数据、项目级数据、项目各阶段数据等维度实现项目的全过程协同管理。

（1）三维场地布置

基于 BIM 模型，对施工场地进行科学的三维立体规划，包括生活区、加工区、材料仓库、现场材料堆放场地、现场道路等的布置，可以直观地反映施工现场情况，合理利用施工用地、保证现场运输道路畅通、方便施工人员的管理，有效避免二次搬运及事故的发生，对永久设施和临时设施进行了有机结合。图 5.4.2 为基础阶段三维场地布置。

（2）塔吊位置确定

由于项目的外立面凹凸不平，每一层平面均不相同，所以塔吊的位置很难确定。如

图 5.4.3 所示，用三维可视化进行查看，快速地生成剖面能更清晰地测量外立面与塔吊的距离，这样能更准确地确定塔吊的位置。

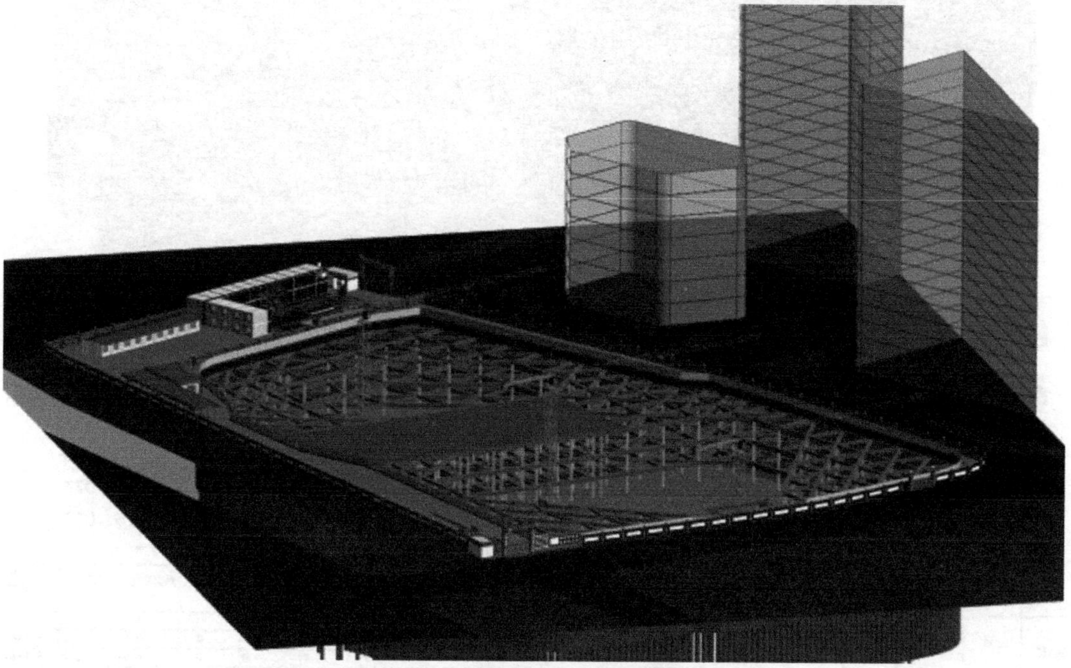

图 5.4.2　基础阶段三维场地布置

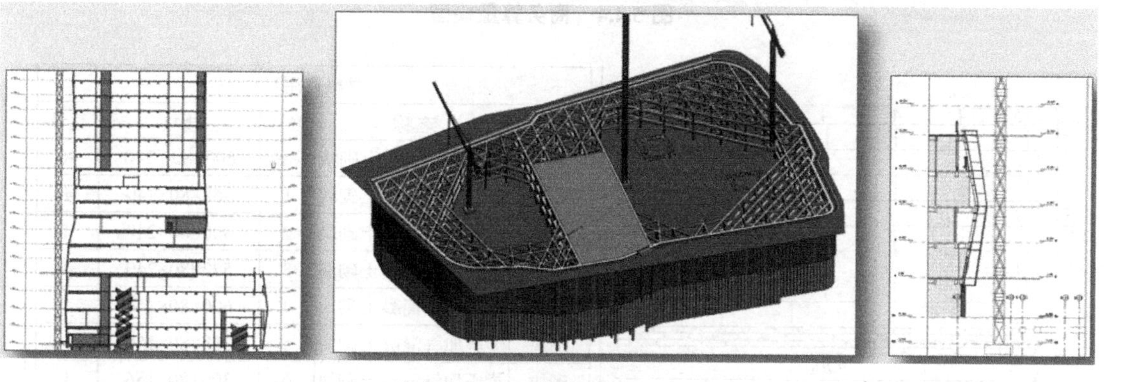

图 5.4.3　塔吊位置确定

（3）工程量计算

如图 5.4.4 所示，通过商务模型，提取出各个构件的钢筋量、混凝土量、模板量等，同时得到钢筋的下料单，协助现场更好地管控各项材料的使用量，结合 BIM 商务模型，对现场各区块、各时段的材料用量做出提前规划，减少现场材料用量的少进、错进，避免因材料错乱而导致的工期延误，为后期的施工节省了大量的时间。

（4）墙体精细化组砌

如图 5.4.5 所示，通过软件中的砌体排布功能，给予现场可视化管控，提前预估所需材料，合理规划运输数量，在砌筑区域内，计算出砌块所需用量，投放相应砌块量，进行集中加工，减少工人的二次搬运，提高施工质量、效率。

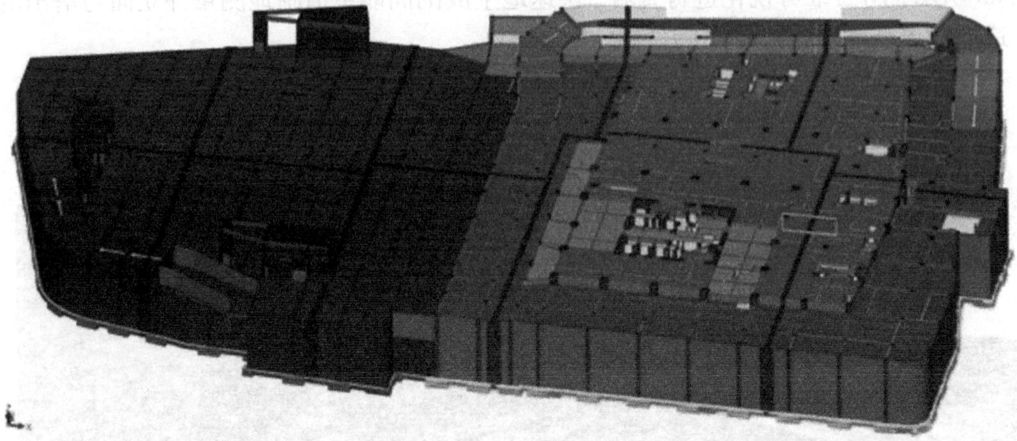

钢筋总重量（kg）：158.473

	构件名称	钢筋总重量（kg）	HPB300		HRB400			
			6	合计	8	12	18	合计
1	KL21(1)[17	158.473	4.396	4.396	35.392	25.645	93.04	154.077
2	合计	158.473	4.396	4.396	35.392	25.645	93.04	154.077

楼层	混凝土强度等级	名称	土建汇总类别	工程量名称													
				体积(m3)	模板面积(m2)	超高模板面积(m2)	脚手架面积(m2)	截面周长(m)	梁净长(m)	轴线长度(m)	梁侧面面积(m2)	单梁抹灰面积(m2)	单梁块料面积(m2)	截面面积(m2)	截面高度(m)	截面宽度(m)	模板面积(按含模量)(m2)
第3层	C30	KL21(1)	梁	0.65	7.661	0	0	1.4	6.5	6.5	6.5	0	0	0.1	0.5	0.2	6.2465
			小计	0.65	7.661	0	0	1.4	6.5	6.5	6.5	0	0	0.1	0.5	0.2	6.2465
		小计		0.65	7.661	0	0	1.4	6.5	6.5	6.5	0	0	0.1	0.5	0.2	6.2465
	小计			0.65	7.661	0	0	1.4	6.5	6.5	6.5	0	0	0.1	0.5	0.2	6.2465
合计				0.65	7.661	0	0	1.4	6.5	6.5	6.5	0	0	0.1	0.5	0.2	6.2465

图 5.4.4 商务算量模型

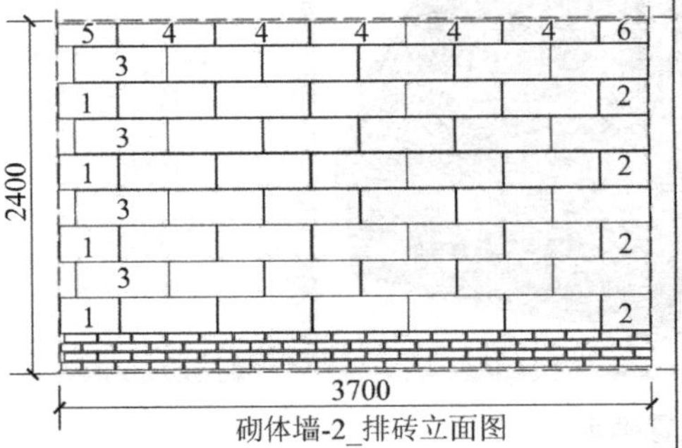

砌体墙-2_排砖立面图

材料需用表				
类型	名称	编号	规格	数量
砌块	蒸压加气混凝土砌块	标准	600×80× 240	40
砌块	蒸压加气混凝土砌块	1	368×80×240	4
砌块	蒸压加气混凝土砌块	2	300×80×240	4
砌块	蒸压加气混凝土砌块	3	572×80×240	4
砌块	蒸压加气混凝土砌块	4	600×80×156	5
砌块	蒸压加气混凝土砌块	5	368×80×156	1
砌块	蒸压加气混凝土砌块	6	300×80×156	1
导墙砖	实心砖		200×95×53	72

图 5.4.5 墙体排布图

（5）综合管线排布

合理对结构进行调整及提前预留洞口，对末端点位、支架深化等建模核查，综合考虑管线固定及加工样式，针对行车路线及人员流动密集区域进行合理深化，最终形成深化图 + 漫游对现场进行管控交底。图 5.4.6 为综合管线排布效果。

（6）机房深化分析

如图 5.4.7 所示，通过 BIM 技术模拟机房机组管线布置，保证机房内管线整洁美观，减少翻弯，保证管道阀门安装空间。输配系统优化，采用低水阻制冷机组、低阻力设备构件、135°顺水弯头、低阻力管道等，降低系统水阻力，降低水泵扬程，降低能耗。

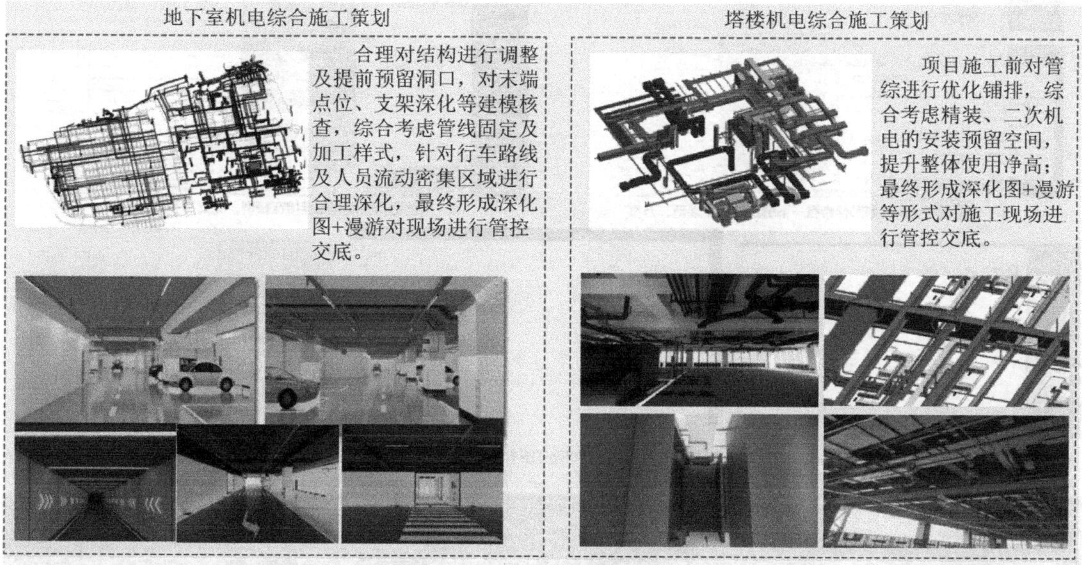
地下室机电综合施工策划
合理对结构进行调整及提前预留洞口，对末端点位、支架深化等建模核查，综合考虑管线固定及加工样式，针对行车路线及人员流动密集区域进行合理深化，最终形成深化图+漫游对现场进行管控交底。
塔楼机电综合施工策划
项目施工前对管综进行优化铺排，综合考虑精装、二次机电的安装预留空间，提升整体使用净高；最终形成深化图+漫游等形式对施工现场进行管控交底。

图 5.4.6 综合管线排布效果

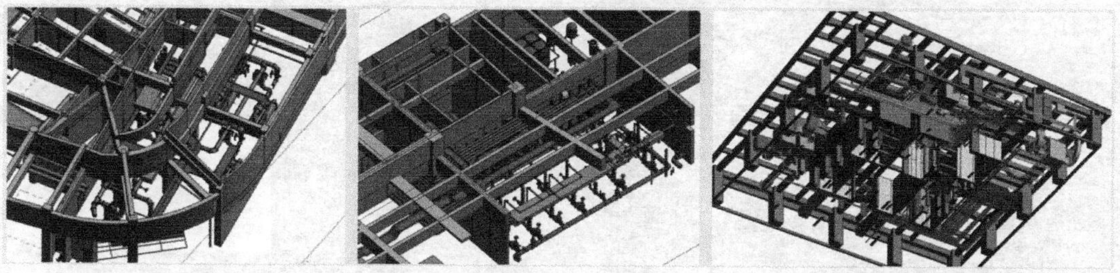

(a) 制冷机房整体管线深化　(b) 消防水泵房整体管线深化　(c) 避难层整体管线深化

图 5.4.7 机房深化图

（7）智慧工地协同管理平台

项目全生命周期产生的数据汇总于数据库，大数据驾驶舱以项目全过程建设管理数据为核心，从集团级数据、项目级数据、项目各阶段数据等维度实现项目的全过程协同管理。基于 BIM 的项目管理，实际为 BIM 模型的 3D、4D、5D、6D、7D 应用。管理平台实现了项目资料与 BIM 模型的挂接与管理，进度质量安全等应用管理，高效管理，减少事故发生。图 5.4.8 为智慧工地协同管理平台。

3. 效益分析

通过 BIM 辅助方案优化，利用 BIM 模型辅助商务算量，极大地提高了工作效率，节约了时间成本。其次，通过建立三维 BIM 场布模型进行施工用地合理配置及优化，可节约二次搬运、大型设备安拆费用等，并组织交通模拟，优化土方开挖方案及临边洞口防护方案。通过 BIM 平台辅助图纸、模型等变更管理，提高图纸传递效率和管理效率，减少图纸、模型、变更单等传递过程中的错误和偏差，方便项目资料和人员管理。

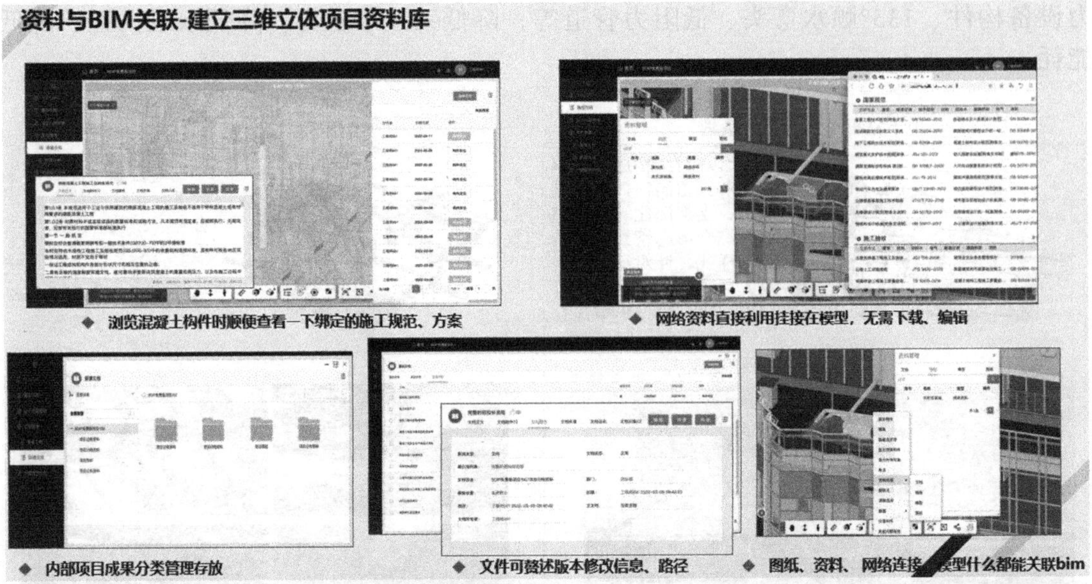

资料与BIM关联-建立三维立体项目资料库
◆ 浏览混凝土构件时顺便查看一下绑定的施工规范、方案
◆ 网络资料直接利用挂接在模型，无需下载、编辑
◆ 内部项目成果分类管理存放
◆ 文件可篡述版本修改信息、路径
◆ 图纸、资料、网络连接模型什么都能关联bim

图 5.4.8　智慧工地协同管理平台

5.4.2 案例二

1. 项目概述

（1）项目概况

南白象街道霞坊村城中村改造安置房（南湖未来社区一期）为浙江省第一批未来社区项目，位于温州市瓯海区，建筑面积 40 万 m^2，其中 D-05 地块用地面积 34730.7m^2，总建筑面积 172600.93m^2，地上建筑面积 116695.15m^2，地下建筑面积 55905.78m^2。本项目共计 10 幢建筑，地下室二层，一类高层住宅共计 9 幢，底层裙房和架空层，住宅楼层数有 21 和 33 层两种，最高楼建筑高度 97.4m；另有 1 幢两层的大学建筑。

（2）BIM 概述

本项目特点为：社会关注度高；项目楼宇多，管控难度大；各专业管理协调难度大；BIM 与装配式安装相结合。配备了经验丰富的各专业 BIM 工程师，制定了相应的标准和流程，本项目实现标准化、集成化 BIM 设计，多专业一体化模型建立，各专业进行实时的数据传递，更好地把控安全、质量、成本、进度。图 5.4.9 为 BIM 实施流程。

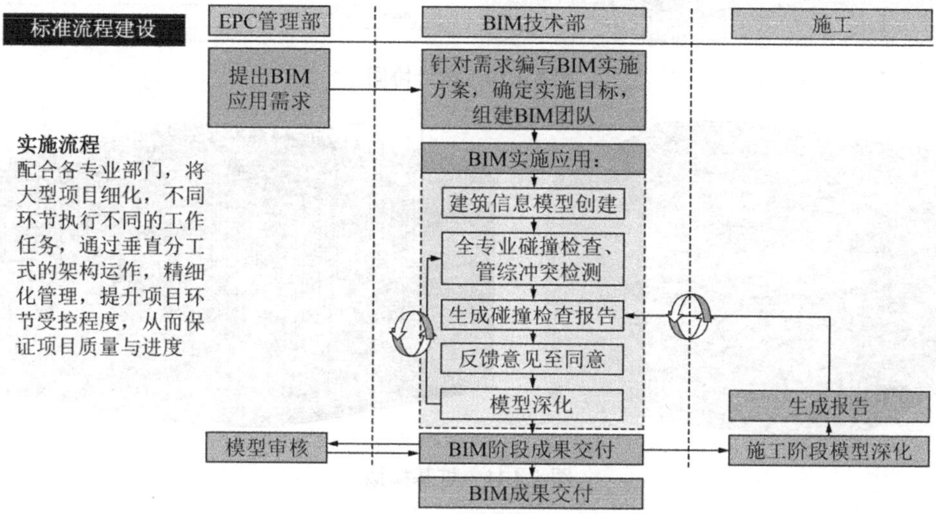

图 5.4.9　BIM 实施流程

2. BIM 应用内容与平台

在项目开始前结合本工程项目特点进行 BIM 应用点分析确认，我们明确了以下应用点（前期设计、桩基模拟、可视化交底、设计协同、优化报告输出、工程量提取、砌体排布、场地布置、综合管线排布、装配式三维设计）。同时进行智慧工地管理平台应用，更好地进行现场三控三管一协调。

（1）协同设计

如图 5.4.10 所示，在项目前期，在各个专业图纸设计阶段进行 BIM 建模，辅助设计工作，减少二维盲区，提高图纸质量。BIM 的三维可视化辅助各专业提资，更加形象直观，一目了然。提前发现图纸问题，减少图纸不统一导致的漏缺，从而提升工作效率与经济效益。通过 BIM 模型进行碰撞检查，记录形成碰撞报告，作为各专业提资依据。有效提升各专业协调效率。并对产生的碰撞问题进行设计协调，在设计端解决碰撞问题，提升设计质量。本次对 BIM 模型进行碰撞检查后，共发现机电各专业碰撞 3855 处（合理避让），机电各专业管线与结构板间碰撞 768 处（预留洞口），共计 4623 个问题。

（2）桩基模拟

项目地质复杂，持力层埋深差距较大，为了保证施工中桩基的施工质量，使用 BIM 模型模拟整个项目的桩长，为后期施工的桩长提供依据。对于偏差较大的桩长，进行二次复核，确保施工质量。图 5.4.11 为桩基模拟。

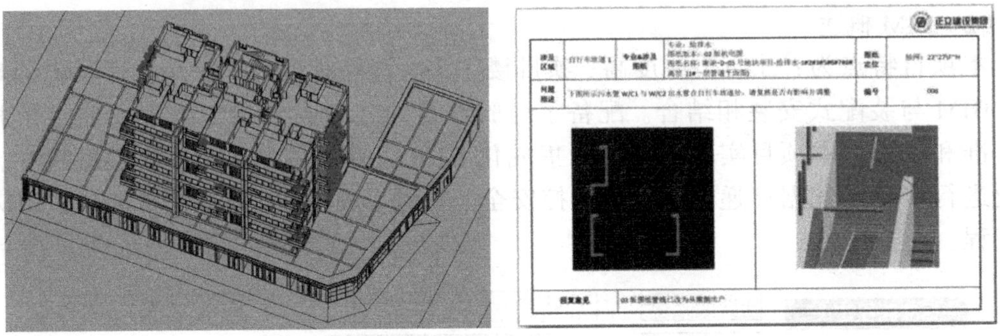

图 5.4.10　设计协同

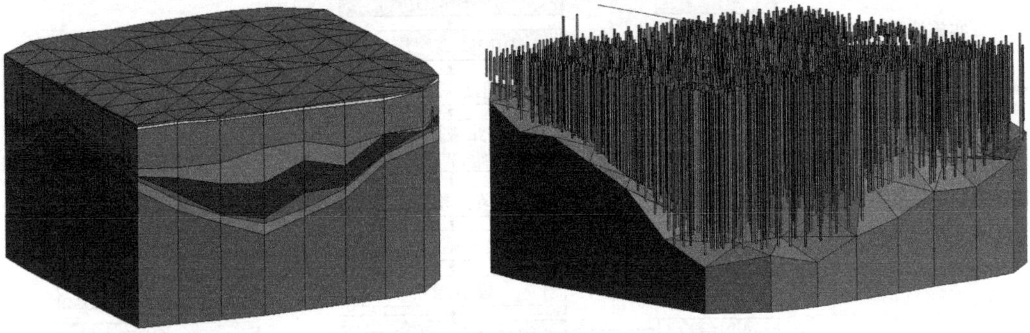

图 5.4.11　桩基模拟

（3）三维场地布置

基于 BIM 模型，对施工场地进行科学的三维立体规划，包括生活区、加工区、材料仓库、现场材料堆放场地、现场道路等的布置，可以直观地反映施工现场情况，合理利用施工用地、保证现场运输道路畅通、方便施工人员的管理，有效避免二次搬运及事故的发生。图 5.4.12 为施工区三维场地布置，图 5.4.13 为办公区三维场地布置。

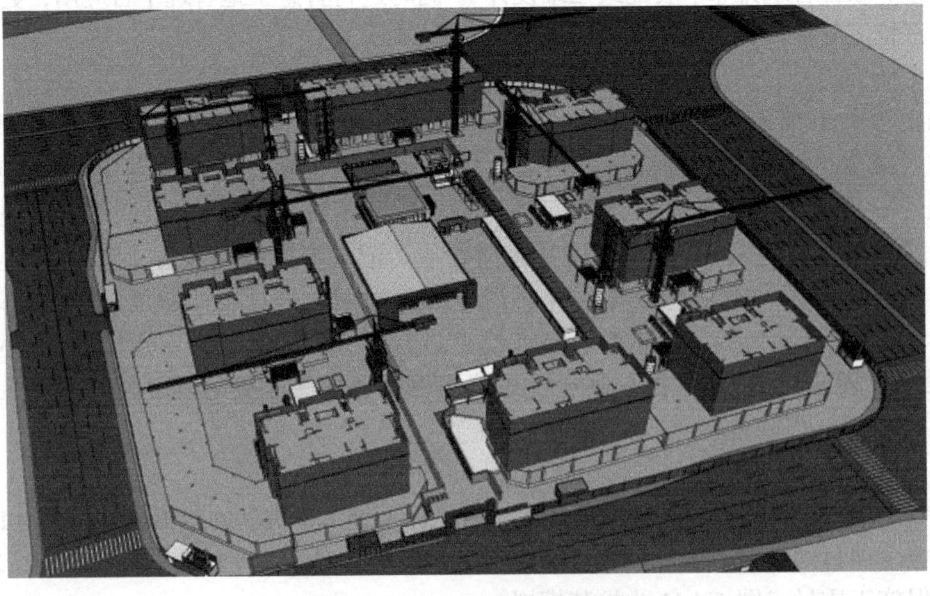

图 5.4.12　施工区三维场地布置

图 5.4.13　办公区三维场地布置

（4）工程量提取

如图 5.4.14 所示，利用优化好的 BIM 模型，导出工程量，辅助项目进行工程量和成本控制，便于项目部及早编制成本分析。将两份明细表进行人、材、机的数量对比，从而利用 BIM 技术及时做好工程计量工作的审核，防止工程进度款超付，并提高结算的准确度。

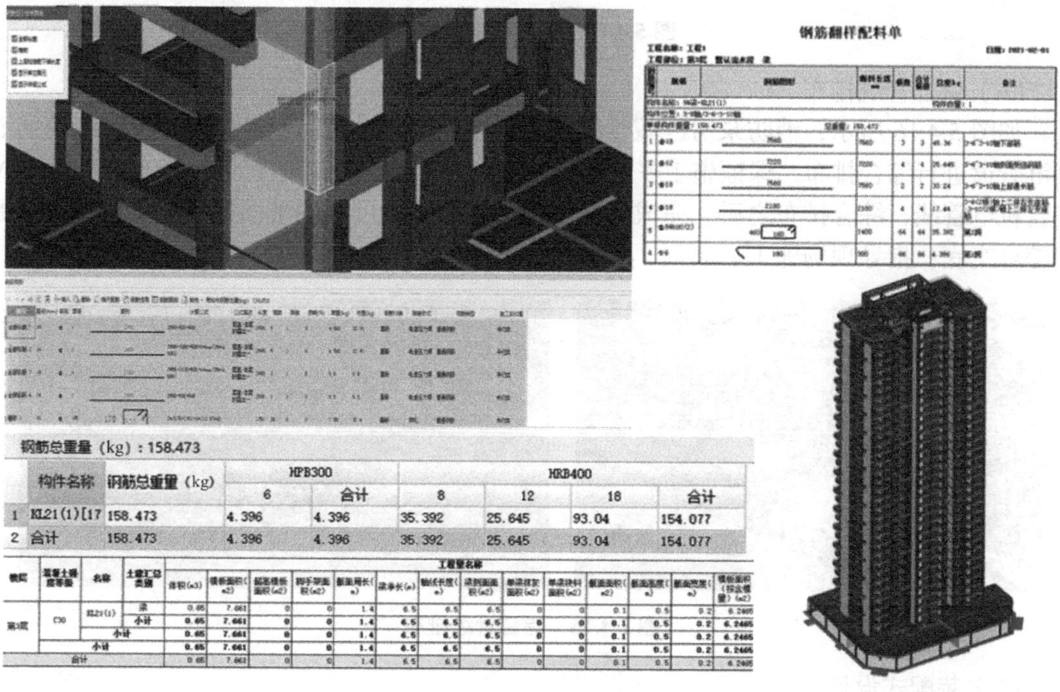

图 5.4.14　工程量提取

（5）墙体精细化排布

如图 5.4.15 所示，通过软件中的砌体排布功能，进行现场可视化管控，提前预估所需材料，合理规划运输数量，在砌筑区域内，计算出砌块所需用量，投放相应砌块量，减少工人的二次搬运，提高施工质量、效率，合理利用剩余材料，本工程通过 BIM 排布减少 3%～5%的材料浪费。

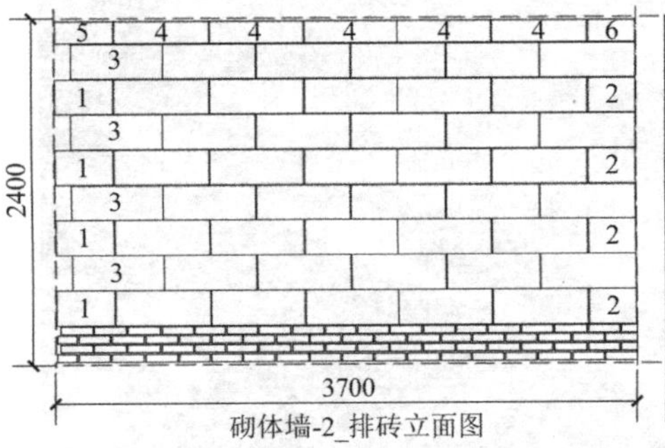

材料需用表

类型	名称	编号	规格	数量
砌块	蒸压加气混凝土砌块	标准	600×80×240	40
砌块	蒸压加气混凝土砌块	1	368×80×240	4
砌块	蒸压加气混凝土砌块	2	300×80×240	4
砌块	蒸压加气混凝土砌块	3	572×80×240	4
砌块	蒸压加气混凝土砌块	4	600×80×156	5
砌块	蒸压加气混凝土砌块	5	368×80×156	1
砌块	蒸压加气混凝土砌块	6	300×80×156	1
导墙砖	实心砖		200×95×53	72

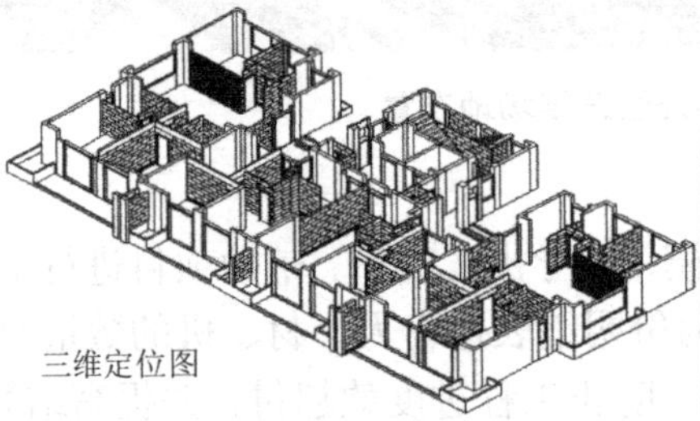

项目名称	南白象街道霞坊村城中村改造安置房（南湖未来社区一期）工程（D-05地块）		
设计单位	浙江正立建筑设计有限公司	制图	徐国标
建设单位	温州瓯海建设集团有限公司	楼号	4#楼
图名	砌体墙-2_排砖立面图	图别	排砖-02

图 5.4.15　墙体精细化排布

（6）综合管线排布

如图 5.4.16 所示，消防泵房区域管线密集，在保证各系统完整性的前提下，对消防、喷淋管道进行综合排布，保证施工安装空间，结合综合支吊架，进行优化排布。利用 BIM 整合机电管线，综合排布之后，完成碰撞检查，施工阶段可利用平面图与三维模型进行管线综合交底，指导现场施工。

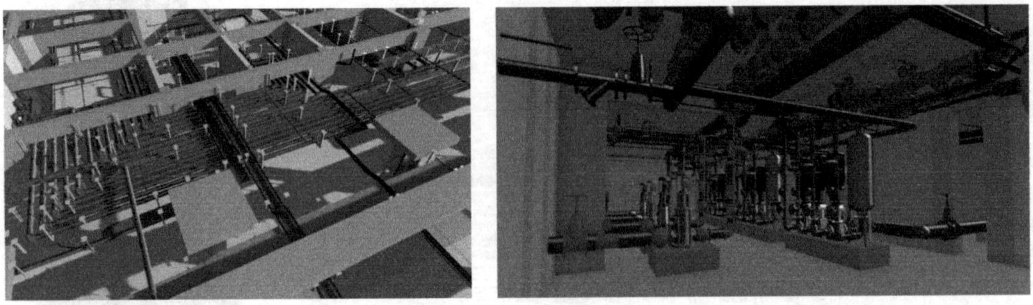

图 5.4.16　综合管线排布

（7）装配式设计

如图 5.4.17 所示，建立土建模型、机电末端点位模型，经过 BIM 模型深化以后，得出预制混凝土、钢筋的量，同时经过 BIM 的优化，达到现场安装钢筋零碰撞，精确机电预埋点位，减少安装返工。在管综完成后，结合室内装修，精确定位并预留预埋点位。通过 BIM

三维可视化及其模拟性，三维设计导出最终版平面图，做到真正将三维设计落地于施工。

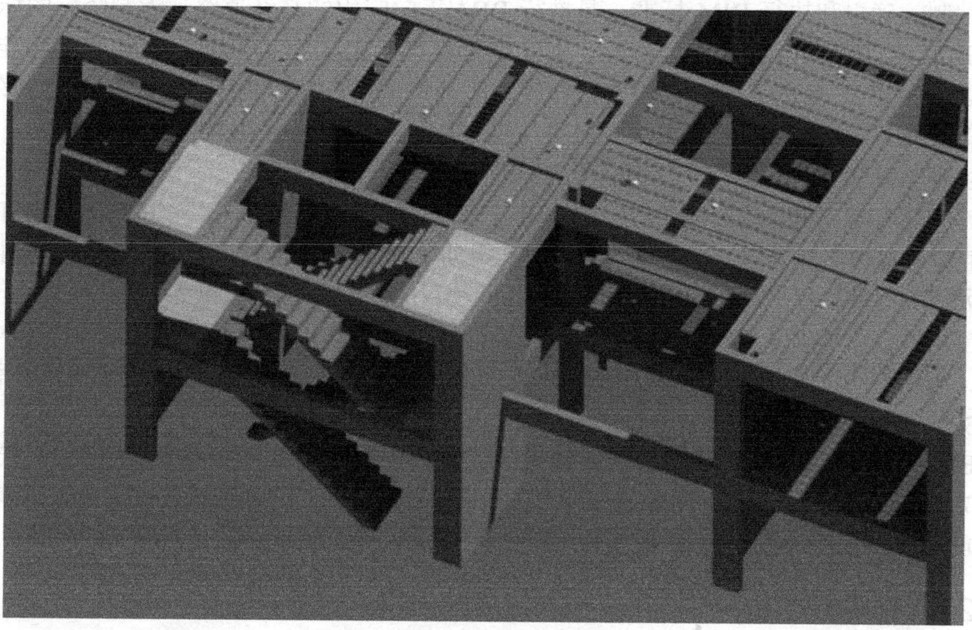

图 5.4.17 装配式设计

3. 效益分析

通过制定 BIM 应用流程和文件管理标准形成一套项目的 BIM 实施指南，用于指导后续项目的实施应用。经过 BIM 模型深化应用发现各类问题，解决碰撞点，节省费用十余万元，工期 20 余天，优化 EPC 项目设计施工的效率和质量。优化机电管线几百处，通过机电管线深化，提高了项目的施工效率，降低项目成本。通过 BIM 平台辅助图纸、模型等变更管理，提高图纸传递效率和管理效率，减少图纸、模型、变更单等传递过程中的错误和偏差；其次，通过 BIM 和二维码的结合应用，提高了项目技术交底的效率和效果，从而保证了施工质量，提高了从业人员的安全文明施工意识。

5.5 正向 BIM 设计探索

5.5.1 应用现状分析

近年来，BIM 正向设计技术在建筑行业的应用越来越广泛，从设计、施工到管理，已经成为许多项目的标配。通过 BIM 正向设计应用，设计师能够更加精准地模拟和优化设计，提高设计质量；施工单位则能有效地进行资源规划和进度控制，减少施工中的错误和浪费；管理部门则能更加方便地进行资产管理和维护，提高项目的整体运营效益。

目前 BIM 正向设计也存在一些问题，比如 BIM 正向设计缺乏 BIM 出图的技术标准，在不同的设计阶段对于 BIM 技术的需求不同，工作界面难以界定。提供建模深度不够，大部分属于应付交差等。

要实现全过程 BIM 正向设计，应完善建立以下应用技术路线，包括 BIM 正向设计的应用标准、标准化族库和协同化模式三部分内容：

1. 应用标准

编制、确立和执行 BIM 标准，是推行 BIM 正向应用的必经道路。编制统一的标准，包括 BIM 族库标准、BIM 模型标准、BIM 协同标准、BIM 审查标准、BIM 交付标准等，制定以 BIM 为平台的各参与方协同工作模式。确保项目在执行 BIM 正向应用时能够遵循统一的准则。

2. 标准化族库

族库是BIM中的重要组成部分，它提供了一个集中、标准化、可共享的建筑元素和组件库，族库通过提供标准化的建筑元素和组件，推动了BIM领域的标准化和规范化。标准化族库的元素和组件不仅提高了设计效率，还为不同项目之间的数据共享和交换提供了便利。BIM正向应用的核心基础是 BIM 模型，标准化族库还促进了 BIM 模型的数据质量和管理水平的提高，满足不同阶段BIM正向应用的需求，确保了模型在项目全过程的传递性和利用率。

3. 协同化模式

BIM 正向应用的核心优势在于其强大的信息集成和协同工作能力。利用 BIM 模型各参与方共享项目数据，从不同的需求角度操作同一构件元素。避免信息孤岛和沟通障碍，还实现了项目管理的数字化和协同化，降低了项目成本和风险，提升了项目的整体品质。

5.5.2 可推广价值点

1. 一模到底、一模多用

整个项目只需新建一份主模型，各参与方根据自身需求，对主模型进行深化、更新和使用。设计单位运用主模型分析、模拟、优化设计方案等进行正向设计，直接由三维模型导出图纸，形成与图纸一致的施工图模型；施工单位运用模型提取工程量、排布进度计划、模拟施工方案等进行施工管理，形成与工程实体一致的竣工模型。运营单位运用主模型提供的详细数据支持和分析，帮助管理人员更好地了解建筑的使用情况和性能表现，从而进行更有效的维护和管理。实现模型在设计、施工、运维全生命周期增量传递（一模多用）。

2. 成果交付数据化

在平面图纸中不论何种构件，均以“线”这一信息表达，依靠注释对于“线”进行解释，得到了墙、柱、管道等各种构件，但一旦注释缺失或所需信息较注释信息更加深入，无论是纸质版图纸还是CAD电子版图纸均无法得到所需内容。但是通过BIM正向应用，所需信息均包含在模型内，所见即所得，精细度高的交付模型可以与竣工建筑无异。

BIM 模型为数字化交付提供了基础数据模型，而数字化交付平台则为 BIM 技术的应用提供了扩展和深化的机会。通过这种结合，可以提高项目的协同效率和质量，实现数据的实时更新和共享。

3. 模型参数化联动

BIM模型信息都不是孤立的，当任何一个构件发生了变动，与之联动的其他所有构件信息和参数都将跟他一同更新与变动。避免了传统模式下修改过程耗时耗力且容易出现错漏的情况，提高了建模的准确性以及修改的效率。

5.5.3 存在的影响因素

1. 技术层面问题

（1）正向设计整体工作效率低于传统二维设计，正向设计出图的时间相对于传统二维设计增加 1.2～2 倍。

（2）三维设计制图表达的相关标准等尚不完善，目前出图可以基本符合国家二维制图规范，但额外增加了后期图纸修改工作量。

（3）国内目前尚没有三维审图、审模型的标准和机制，正向设计提供的模型与图纸无法达到与设计蓝图同等法律效应。

（4）国产建模软件与基于 Revit 的插件开发尚不成熟，需要团队拥有较强的二次开发能力，来支持正向设计过程中遇到的软硬件问题。

（5）提资形式需要继续通过项目实践、固化，原有的提资模式不再适用，模型是动态、变化的。

（6）三维设计的特点导致设计问题更容易暴露出来，大量设计问题前置，一定程度上增加了设计工作量。

（7）正向设计过程中详图部分由 CAD 绘制，无法达到全程三维设计。若采用三维技术绘制施工图详图，模型精度与绘图时间会成倍增加。

（8）设计经验丰富（3 年以上）、BIM 软件应用水平较高、具有三维设计思维的行业人才储备匮乏。

2. 三维设计人力效率问题

现阶段在三维设计过程中，设计团队负责总控、内外协调、设计计算、详图、设计说明、计算书；BIM 团队负责模型、图纸（除详图）、部分设计协调工作。

若三维设计采用设计人员与绘图人员分工协作，投入人力约为传统设计 1.3 倍，工作时间约为传统设计的 1.2～1.5 倍。

若三维设计采用设计与绘图为同一人员，投入人力不变，工作时间约为传统设计的 1.5～2 倍。

5.5.4 应对策略

1. 加快 BIM 人员能力提升

成熟的 BIM 设计师区别于 BIM 建模人员，BIM 设计师除具有 BIM 软件的操作能力之外，还要具备传统设计师的专业能力、BIM 应用能力、建筑工程业务经验、工程项目各业务线条信息整合的管理能力，是复合型人才，而这类人才目前还比较少。

这类人员缺少的主要原因有以下：

（1）BIM 人才培养方式匮乏。BIM 从业者学习 BIM 知识的主要渠道是 BIM 培训机构、BIM 方面的专业书籍、BIM 应用软件商，还有一定比例从业者通过咨询公司、行业组织，甚至是网络资源学习。整体来说，目前我国建筑行业缺乏健全的复合型 BIM 人才培养体系。

（2）院校培训内容与市场匹配度比较低。虽然国内各高校建筑相关专业对 BIM 越来越重视，也开展了相关的教学和科研，但 BIM 人才的培养聚焦在 BIM 理论，或者 BIM 软件建模上，缺乏与建筑工程实践的结合，同时缺乏对于 BIM 技术现场应用的实践操作。

（3）企业缺乏长期培育目标。迫于工作和业绩压力，企业领导对 BIM 重视程度不够，BIM 人才培养没有合理规划，受训人员主动应用意识不强，缺乏内在动力，导致 BIM 培训成为一时举措，训后持续应用和学习停滞。BIM 人才缺乏明晰的晋升通道和要求，BIM 人员往往被传统观念限定而导致边缘化。

（4）BIM 人员发展及认证体系不健全。从行业角度来看，虽然 2019 年国家人力资源和社会保障部将 BIM 工程师纳入新职业范畴，BIM 工程师正式成为国家承认的新职业发展方向，但 BIM 未被列入职业评价标准，职业发展前景仍然不甚明朗。众多 BIM 行业人员无法参与对应 BIM 工程师职称评审，导致 BIM 设计人员只能参与设计或施工工程来获取工作业绩以取得对应工程师职称。

针对上述问题，要深化 BIM 人才的培养，以企业为核心，院校、企业、行业形成培养链条，每个环节的培养方式进行改善，每个环节间充分衔接，具体解决措施如下：

（1）丰富 BIM 人才培养内容和方式。为了增加具有专业素养的 BIM 设计师，要加强 BIM 技术基础应用的学历教育和继续教育，教育和培训机构需要提供更多的 BIM 相关课程和实践机会，培养复合型人才。行业、企业着重于 BIM 技术应用的进阶型人才，根据行业的发展，补齐拉平 BIM 人才复合能力。

（2）健全院校理论与实践结合度。院校要加强高校建筑工程类相关专业 BIM 教学力度，重视专业与 BIM 技术的交叉，增加系统课程，理论与技术实操兼顾，培养 BIM 技术应用人才。培养过程中与企业实际工程业务相结合，使得高校毕业生在进入企业时能快速适应。依托工程建设项目实操，开展校企合作，引导职业学校培养产业发展急需的技能型人才，建立校企合作和 BIM 学科专业体系，在相关高校、职业学校支持开设相关专业或课程。通过结合 BIM 技术应用项目实训、专业课程学习等多种方式，建立实训体系培养一批精通全过程工程建设管理和 BIM 技术的复合型专业人才。

（3）拓展企业的 BIM 人才培养理念。企业领导需要具有数字化的远见，明晰 BIM 与企业战略之间的关联，根据企业不同层级岗位需求和不同业务线，建立企业培训 BIM 能力标准和结构体系。开展专业辅导培训、在职学习或结合老带新师徒制。

企业要健全基于 BIM 的复合型人才的晋升通道，建立统一的 BIM 价值评价标准，量化评价、考核 BIM 人员的工作能力。

（4）主管部门应及时完善 BIM 从业人员的职称及证书的获取途径，同时保证其证书与职称的合法合规性。在职称评审中明确纳入 BIM 技术应用，上海市、天津市、深圳市等地已明确将 BIM 设计纳入职称评审范围，鼓励 BIM 技术人才申报相关职称。

2. 加快自主软硬件研发

BIM 技术的发展离不开先进软件技术的支持，但目前 BIM 软件市场仍存在以下问题：

（1）软件本地化程度低。对国外软件依赖较大，存在被“卡脖子”的风险。且由于国内外工程场景、项目管理逻辑及业务习惯不同，对软件功能的需求也存在差异，这导致国外软件在国内水土不服。而国产 BIM 软件在底层核心技术上仍然依赖于国外的图形平台或进行二次开发，缺乏自主知识产权的三维图形引擎，在稳定性和性能上也存在一定差距。

国内主要的 BIM 建模软件企业包括美国的 Autodesk 公司的 Revit，Bentley 公司的 Microstation，中国的构力公司的 BIMBASE，广联达公司的数维设计软件等。国内另有众多 BIM 软件公司，基于美国的 Revit 软件从事二次开发，规模相对比较小。

（2）应用受限制情况时有出现。目前的 BIM 应用软件主要为设计及基础建模类，高端 BIM 应用需求受到软件工具、信息交换格式、二次开发、岗位工作规范度等的限制，难以收到实效。

（3）硬件不能匹配软件需求。BIM软件对计算机的要求较高，尤其是对于复杂图纸的处理，普通配置的电脑可能无法胜任，容易出现卡顿现象。随着BIM模型的不断增大，硬件的限制也会成为瓶颈。这对于一些中小型企业或项目来说可能是经济负担。

为了克服这些挑战，需要行业内的各方共同努力，主要措施如下：

（1）加强国产化BIM软硬件产品研发。BIM软件引擎的自主可控是解决“卡脖子”问题的关键，针对BIM技术图形引擎、建模等基础软件和关键薄弱环节，推动通过市场机制引导多方资本参与，支持企业研发创新，促进产学研用深度融合、一体化推进。推动自主可控BIM软件研发、工程项目全生命周期数字化管理平台建立，推动信息传递云端化，实现设计、生产、施工环节数据共享。推动设计、施工等建筑业企业创新组织结构和生产经营方式，优化项目建造方式。

（2）提升软件的适配性。一方面改进中国建模软件以扩大市场占有率，另一方面推进外国建模软件建模习惯及出图要求符合中国设计出图标准。积极培育国内能提供正向设计服务的软件企业，正向设计软件要打破以二维设计流程为模板的思路，不仅是采用简单三维模型二维化表达模式，而是寻求与BIM相适应的工程运作模式和标准化设计，以取得满意的应用效果。

（3）加强政策的支持力度。为了促进国内BIM软件的发展，政府应给予一些政策性指导，例如，不应限定施工过程中只能使用Revit或Bentley及其关联软件，在施工阶段应允许使用广联达、品茗等本土施工软件，在建模时可以使用BIMBASE、数维设计等国产化软件。

（4）降低硬件的运行成本。优化硬件与软件的兼容性。通过云计算和远程协作技术，将硬件投资集中到云端建设，重构设计计算模式，减少企业在本地的硬件投入。

（5）优化BIM设计审查。搭建基于BIM的设计审查平台，实现设计单位、审查机构等各方的在线协同。设计单位将BIM模型上传至平台，审查人员可在平台上直接进行模型查看、批注、问题反馈等操作，提高审查效率和沟通效果。平台还可设置不同权限，方便各方进行信息共享和管理。明确BIM模型各阶段的交付标准，包括模型精度、信息完整性等。例如，制定不同类型建筑项目的BIM模型深度等级标准，规定方案设计、初步设计、施工图设计等阶段模型应包含的详细程度和信息内容。

（6）升级完善标准和评价体系。围绕深化应用等推进工作，完善标准规范体系。BIM技术广泛应用于建筑行业，但不同的软件和平台可能会导致数据交换和共享的障碍。通过采用公认的中立数据标准，如IFC（Industry Foundation Classes）标准，可以增强BIM数据的互操作性，使得不同系统之间能够无缝交换和共享数据，制定统一的BIM数据交换标准和模型细度标准，确保不同软件和平台之间的兼容性，从而提升整个建筑行业的信息化水平和工作效率。编制BIM模型出图规则，支撑设计成果交付、工程计价、施工管控等环节的正向BIM应用。

完善BIM技术应用评价指标体系，建立BIM模型质量检查和评估体系，提高模型信息的准确性和可靠性。制定和完善BIM相关的政策、法规和标准，为BIM技术的应用提供法律和政策支持。发挥政府、社会团体和企业的各自优势，建立政府级、企业级、项目级BIM技术应用的评价体系，形成评价信息的日常采集体系和评价平台，定期发布应用推广的评价情况，作为调整优化 BIM 技术推进政策的依据。

（7）推进参建各方开展 BIM 技术应用。推动建设单位主导工程建设项目 BIM 技术应用，实现建设各阶段信息传递和共享。工程招标投标环节，在招标文件中明确 BIM 实施要求，并在后续签订合同时明确相应条款，在合同信息报送时如实填报；在施工图审查和综合竣工验收环节，组织编制与施工图、竣工图一致的 BIM 施工图和竣工模型；在交付使用时，将 BIM 竣工模型传递给运维单位，对于建设运维主体一致的新建工程，建设单位应当与物业服务企业等建筑物运维单位在运营服务合同中约定使用 BIM 技术开展运维管理的相关内容。

推动设计单位使用 BIM 模型开展工程设计。设计单位根据建设单位编制的 BIM 技术应用方案开展各项 BIM 设计工作，建立基于 BIM 的协同管理模式，推进 BIM 正向设计，应用 BIM 技术开展方案比选、性能分析、出图交付，保障图模一致性；将施工图 BIM 模型传输给施工单位，协助施工单位使用 BIM 模型指导施工。

推动施工单位使用 BIM 模型开展施工。推动运维单位使用 BIM 模型开展运维管理。运维单位利用 BIM 竣工模型信息，进一步根据设备设施情况、建筑关键结构情况等完善 BIM 运维模型，建立基于 BIM 模型的运维管理平台，实施空间管理、资产管理、设备设施管理、安防和应急管理、能源管理等。

BIM 技术的一个重要优势是能够实现全方位的信息共享和协作。通过建立统一的信息平台，各参建方可以在不受时间和地点限制的情况下，频繁互动，提升各方的互动频率，促进各方不断升级产品和服务。

（8）提升全过程监管水平。加强各环节 BIM 审批和监管，在土地出让、合同信息报送、规划许可、施工许可、竣工验收、运维等环节和阶段，加强 BIM 技术应用情况的抽查、审核和监管。通过在这些环节的监督和促进，可以有效提高工程项目的管理水平和质量安全监管能力，推动 BIM 技术在建筑行业的广泛应用和深化应用。

完善工程招标投标环节 BIM 技术应用管理措施。具备条件的工程，可以采用带 BIM 模型的招标。推动技术复杂的建设工程直接采用 BIM 投标文件的方式开展招标。在招标文件中明确规定采用 BIM 技术的具体要求，包括技术标准、模型要求等。这可以帮助投标人更好地理解项目需求，并在投标过程中提供符合要求的技术方案。

推行 BIM 模型辅助施工图设计文件审查、综合竣工验收。逐步推行规模以上建设工程使用 BIM 辅助施工图设计文件审查、抽查，将辅助审查的内容纳入施工图设计文件联合审查合格书或抽查意见书中。逐步推行规模以上建设工程在综合竣工验收阶段提交 BIM 模型，使用 BIM 模型辅助现场验收。

（9）营造良好的政策和市场环境。健全激励机制。对于建设工程中的 BIM 技术应用配套资金，建设单位应当加强使用管理，确保发挥 BIM 技术的应用效益。在区域 BIM 试点示范、数字化平台等方面有突出成果、突出贡献的企业，支持专项资金。

做好宣传交流。广泛开展 BIM 技术应用的典型案例和应用成效的宣传，提升行业和社会对 BIM 技术的认识。积极普及 BIM 技术知识，宣传 BIM 技术的相关政策、标准和应用情况，不断提高社会的认可度。支持协会等社会组织和第三方机构，通过举办 BIM 技术大赛、高峰论坛、学术成果研讨等多种形式，开展全方位、多层次的宣传交流。积极争取国家对口部门、相关国际组织的支持和指导，组织开展项目间、企业间、城市间 BIM 技术的应用交流和合作。开展 BIM 技术示范区试点和示范企业的评选工作，从多角度协同推进 BIM 技术应用的发展。

5.5.5 案例

1. 项目 BIM 概况

（1）项目概况

国际康复医学中心项目总建筑面积 20.3 万 m^2，地上建筑面积 14.27 万 m^2，地下建筑面积约 6.04 万 m^2，包括康复医疗中心、康复培训中心、120 急救指挥调度中心等 8 个子项。项目设计创新独特，打破了冰冷刻板的医疗建筑形象，将康复理念融入建筑造型中，成为现代健康城市中心“脊柱”。

（2）BIM 正向设计特点

相比于传统设计，BIM 正向设计不仅引发了设计方式的全面变革，同时也带来了一系列重要挑战。在该项目中，设计团队面临多重问题：庞大的项目体量与紧迫的设计周期使得 BIM 设计效率相对较低；跨多个专业领域的项目协同，提资流程烦琐，导致设计管理难以精准掌控，缺乏有效的过程管理工具和平台；医疗项目中，平面布局和机电系统的复杂性，给整个项目的设计和管线综合带来了困难；BIM 正向设计图模校审、打图和出图也面临不少挑战。

（3）技术标准的明确

BIM 正向设计体系首先明确了项目技术标准，包括模型管理要求、正向出图技术要求、全专业互提资料一张表、模型审查要求、设计流程管理等多个技术指导文件。这些标准化有助于确保项目设计的一致性和高质量。图 5.5.1 为 BIM 正向设计体系构架。

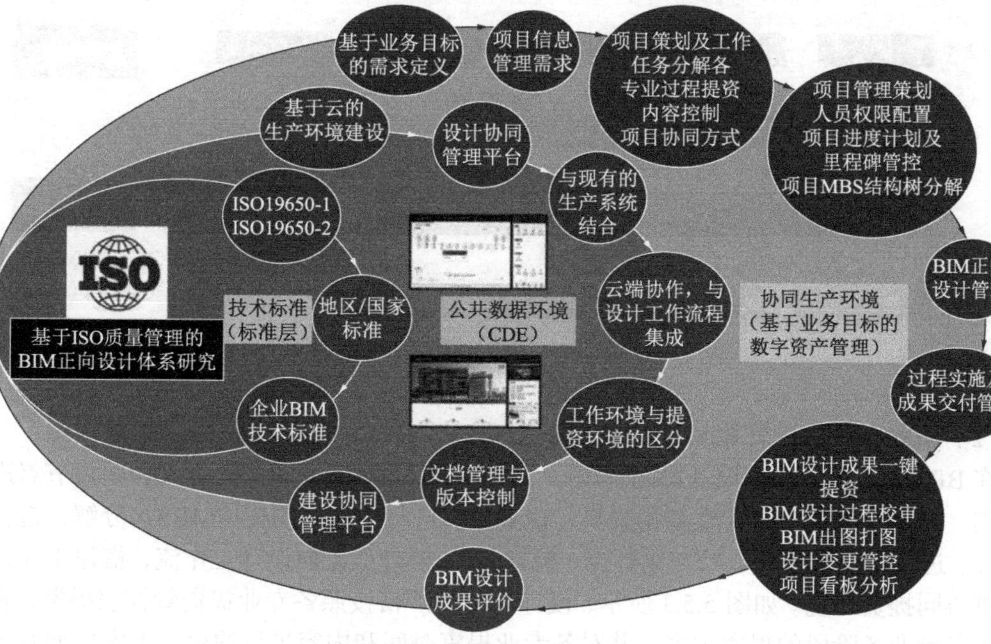

图 5.5.1 BIM 正向设计体系构架

（4）公共数据环境的构建

为了支持 BIM 应用，建设了公共数据环境（CDE），基于私有云进行了虚拟桌面部署。这个环境统一了生产工具和数据交换，实现了数据的集中管理和共享，为项目设计提供了便利。

（5）设计协同管理平台的开发

为应对项目设计的协同和管理需求，自主研发了设计协同管理平台。该平台涵盖了多专业协同、三维校审、成果交付和过程质量管控等多个关键环节，成为正向设计的关键性技术。该平台的应用成果形成了体系文件、项目生产机制、公共数据环境团队建设等一系列可推广、可落地的体系建设成果。设计协同管理平台是 BIM 正向设计体系中的核心组成，为全面实施正向设计提供了技术支持。

2. BIM 正向设计实施

（1）BIM 设计协同管理平台

如图 5.5.2 所示，设计协同管理平台的设计核心以 Web 端、Revit 插件端和 Windows 应用为基础，并基于 PDCA 任务引擎，高效完成任务分配和设计工作，提供高度灵活性和便捷性，使设计工作更加顺畅。在这个平台上，设计团队可以实时协同工作，确保高质量完成设计任务。同时，平台也注重数据的整合与流通，确保设计过程中各项任务得到准确追踪和管理。

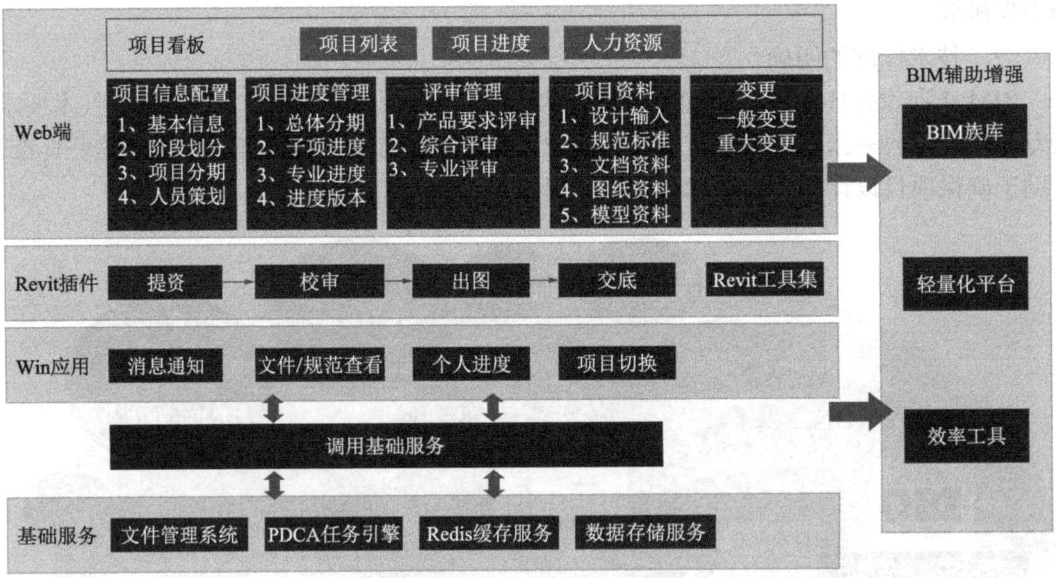

图 5.5.2　BIM 协同设计平台

（2）BIM 设计进度管控和设计协同提资环境

在 BIM 策划阶段，在设计协同管理平台上对项目设计人员、协同方式和项目节点进行了策划。将工作任务与设计模型相关联，在平台内进行模型结构树（MBS）分解，进行设计任务、进度、提资多环节精细化管控。梳理 BIM 全过程正向设计工作流，搭建正向设计的三维协同提资环境。如图 5.5.3 所示，设计人员需严格按照各专业提资管控表提资，表内标注了各专业各阶段的提资内容，并对各专业提资时间和内容进行约束。考虑模型版本迭代，设计痕迹可追可控，实打实地督促一模到底的正向设计。

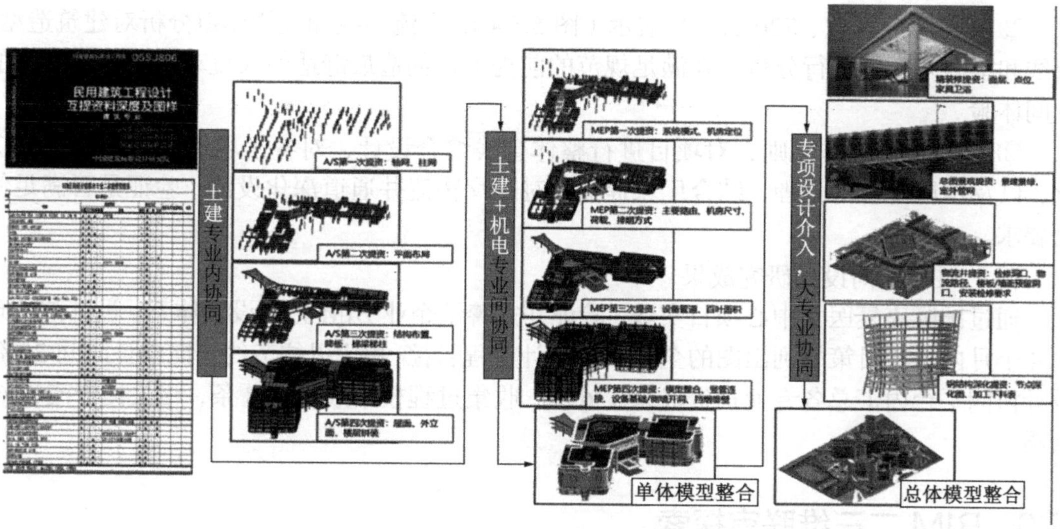

图 5.5.3 三维协同提资环境

（3）同步执行二维和三维校审

创新性研发的校审系统，可在同一平台上同步执行二维图纸和三维模型校审。此平台集成了二维图纸和三维模型的校、审、定三级校审流程，校审意见与模型构件和图纸关联，校审和设计人员可以通过平台发送和接收校审意见。设计人员可在校审平台上快速查找、修改和回复意见，加强正向设计的过程质量管控，保证图模一致性。

（4）正向设计优化

项目在设计阶段对建筑结构、造型、管综和性能分析等方面进行了优化。其主要设计优化有：

① 对康复医疗中心钢结构骨架进行优化。康复医疗中心大中庭钢结构桁架角度不一，通过 Rhino 和 Grasshopper 优化结构骨架线，提取骨架线定位反提到 Revit 和 Tekla 模型中，进行协同设计验证和设计深化。

图 5.5.4 720 云全景展示

② 通过疏散模拟、720 云全景展示（图 5.5.4）、人流动线和视线模拟分析对建筑造型、流线和室内外环境进行分析，在满足规范的前提下，创造最舒适的人流动线和简洁明亮的空间体验。

③ 拟定管线基本原则，对项目进行整体管线综合设计，对各子项进行管线和机房深化，以及预埋套管的处理。结合厂家提资，对医疗物流井通道深化设计，验证是否满足使用要求。

（5）BIM 正向设计研究成果

通过国际康复医学中心项目实践，验证并完善了企业 BIM 正向设计体系。设计院实现在 4 个月内从项目策划到出图的全施工图设计流程管控，相比以往节约正向设计时间 20%。设计协同平台内汇总各专业提资成果 136 项，收集过程校审成果 338 条，相关提资流程 60 余项。

5.6 BIM 二三维联审探索

5.6.1 概况

温州市施工图二三维（BIM）联审系统首创国内二三维联审新模式，核心在于打破传统施工图审查仅基于二维平面图纸的局限，创新性地将包括三维立体模型在内的结构化数据纳入审查范畴，通过“图形引擎、规则引擎”等核心能力开发，实现从人工审查向智能辅助审查的转变，推动施工图审查业务朝着在线化、数字化、智能化方向发展，同时配合浙江省“房屋码”管理，实现三维模型自动“落图”功能和 BIM 数据在工程建设全生命周期中的数据传导，助力“放管服”改革与营商环境优化，进一步提升了建筑信息模型设计能力和应用深度，促进建筑行业数字化转型升级。

5.6.2 技术方案要点

（1）多引擎协同。运用国产三维轻量化引擎实现模型轻量化处理，支持常见模型文件类型在线浏览，打破国外技术垄断；规范规则引擎结合规范条文拆解形成领域规则库；模型自动检查引擎借助 BIM 结构化信息特征，实现机器自动辅助审核校验与可视化展示，并运用 AI 结合多种算法，将二维图纸信息识别为结构化数据，完成图模信息比对和自动检查，提升审查效率与准确性。

（2）统一数据标准。依据国际通用标准.ifc 数据，打造契合温州及浙江省应用场景的统一数据格式.zdb，确保后续各方各阶段应用基于此进行信息共享共用，解决数据交换和兼容难题，保障数据的高效流通与利用。

（3）模型轻量化与多端浏览。基于数据库技术和 webgl 图形引擎达成模型轻量化，审查人员、设计单位等无需安装专业软件，就能通过电脑、手机、平板电脑等多设备在线浏览 BIM 模型文件，满足不同场景下的审查与设计需求，提升工作便捷性。

5.6.3 创新特色

（1）审查等级分级。实现 BIM 应用和项目需求相匹配，充分考量浙江省和温州市 BIM 技术应用现状，遵循“由易到难、循序渐进、试点先行、全面推广”原则，按照建筑工程规模及难度等分类设置四个审查等级。不同等级项目提交不同深度交付物进行审查，既立足当下 BIM 技术应用水平，又为未来技术发展预留拓展空间，逐步推动工程从二维设计向三维设计过渡，实现设计阶段数字化交付。

（2）二三维联合审查环境。实现二维图纸与三维模型的实时联动审查，审查人员利用计算机辅助人工智能审查工具，可随时在图纸或模型上批注问题，审查完成后一键导出审查结果报告，全过程记录审图情况，保障建设工程质量责任可追溯。

（3）审查监管应用场景。汇总施工图审查阶段设计和审查数据，打通二三维联合审查系统与 CIM 基础平台的技术标准。以 BIM 模型为信息载体，实现建设工程信息在审批、监管等部门间的共享，使各部门可从三维模型中直观读取信息，提高行政审批效率，为智慧城市、数字孪生城市建设提供基础支撑，推动 BIM 技术在工程建设项目全过程的落地应用，实现 BIM 数据多场景应用。

5.6.4 实施情况及应用成效

自实施以来，温州市众多建筑项目参与二三维联审试点。在实施情况上，设计单位积极应用 BIM 技术进行设计，审查机构熟练运用联审系统开展审查工作，建设单位也逐渐适应并借助该模式加强项目管理。应用成效显著：一是提升了审查效率，智能辅助审查减少了人工审查工作量，审查时间平均缩短 30%左右；二是提高了设计质量，提前发现设计问题，避免施工阶段变更，减少工程成本；三是推动了行业数字化转型，促进 BIM 技术在建筑行业全流程应用，为智慧城市建设积累大量数据，初步形成“互联网＋BIM”工程数字化管理应用新场景。

5.7 CIM 技术的创新研究

5.7.1 概况

温州市构建城市信息模型（CIM）应用体系，温州市 CIM 基础平台围绕温州市滨江商务区 11.5km^2 范围先行开展试点建设，主要建设 1 个数据底座和 4 个数字化应用场景：一是打造数据底座。通过空间中心引擎赋能，结合地理信息系统（GIS）等技术，归集时空基础、资源调查、规划管控、工程项目、公共专题、物联感知 6 大类 55 小类数据 33000 条。其中，在建筑方面，围绕基础信息、安全现状、功能属性等内容，在市区范围梳理小区 2051 个、城镇房屋 72662 栋、总建筑面积 20946.1 万 m^2。其中，滨江商务区 11.5km^2 范围，梳理小区 143 个、城镇房屋 2283 栋、总建筑面积 984.6 万 m^2。在市政基础设施方面，按照类型划分，在市区范围梳理市政道路 2130 条（包括断头路 137 段和快速路 7 段）、桥梁 1443 座、隧道 15 条，其他还包括供水、供气、污水处理、垃圾处理、景观绿化、环境卫生等专题数据（如公共绿地、垃圾处理厂、公共厕所等）与核心指标（如道路名称、长度、宽度、车道数等）。在模型方面，按照国家标准，利用倾斜摄影等技术，分层实现不同精度的模型覆盖。其中，市区全域实现白模覆盖。CIM2 级实景三维模型在滨江商务区 11.5km^2 内实现全覆盖。CIM3 级、CIM4 级及精细化市政基础设施、工程地质勘察等模型在滨江商务区核心区 2.4km^2 实现全覆盖。此外，按照 CIM5 级要求完成滨江商务区内大型公共建筑 BIM 建模 8 个，按照 CIM6 级要求完成重点历史建筑 BIM 建模 1 个。二是搭建应用场景。包括

“放心征迁”、城市基础设施建设、老旧小区改造、历史文化传承保护 4 个方面。其中，“放心征迁”围绕加快房屋土地征收拆迁，实现征迁工作实施全过程数字化管理，重点打通公安、民政、不动产登记等部门的数据共享，建立征迁入户调查事前“一本账”；实现征收合同自动生成、网上签约，倒逼征迁过程公开、透明，“一把尺子量到底”；建立安置房建设全过程预警监管，服务滨江商务区内 A-04、01-10、03-01-04a、P05-03 等多个地块安置房建设，为 2000 多套安置房源交付提供数据保障。城市基础设施建设整合时空基础数据，归集、清洗市区超 8000 个在建、已建的城市基础设施相关数据，初步建成多元、机构、海量的城市基础设施数据库，推动地下管线、城市生活垃圾处理、供水供气等实时数据管理。老旧小区改造整合市区 566 个老旧小区涉及楼栋、社区服务、景观绿化等多维度信息，为 169 个老旧小区改造和 412 个电梯加装（老旧电梯换新）项目提供数据支撑。历史文化传承保护以整理 3 个历史文化名城、10 个名镇、85 个名村以及 14 个历史文化街区时空数据为基础，通过精准构建 BIM 模型等，为历史文化街区整体保护和历史建筑单体活化提供数据参考。

5.7.2 主要成效

（1）建筑信息模型（BIM）的应用。一是加快 BIM 技术在滨江商务区扩面应用。按照达到功能级别几何精度的要求，在市民中心、会展中心、城市阳台、文化展示中心、滨江万象城以及展鑫大厦、展银大厦、数智大厦，构建 CIM5 精度 BIM 模型 8 个，模型表面凸凹结构精细化表达精度达到或超过 5cm。二是搭建重要建筑 BIM 应用场景。分别在设计阶段应用三维设计、碰撞检查、协同工作等，施工阶段应用施工模拟、施工指导、进度追踪等，运维阶段应用资产管理、灾害预防、智能维护等功能，全面提高工程建设效能。三是试点施工图二三维（BIM）联审。在滨江商务区 2km^2 范围内先行先试施工图二三维（BIM）联审。经模型审查意见反馈，减少约 30%图纸错误，5%返工，节省 5%工程进度。

（2）“房屋码”的应用。一是加快“房屋码”赋码生成。加快建筑房屋落图赋码，关联完成市区范围 6.9 万幢单体建筑码、20 万个房屋码数据。在滨江商务区建立市级房屋码数据仓，生成房屋码 1 万个。二是加快“房屋码”数字化应用。通过房屋码贯通工程建设项目设计、施工、（预）销售、验收、运维、征收等业务环节，实现工程建设项目全生命周期的“一码全链”管理。

（3）工程信息的数字化应用。一是地质勘察数字化应用。归集市区 53 项地质勘察工程钻孔地层、水位记录、动探记录等信息，构建滨江商务区地层分布等综合模型，为后续工程勘察建立准确的数据基础。二是管线建管三维化应用。推动管线工程建设的 BIM 技术应用，将滨江商务区核心区不同管线 BIM 接入 CIM 平台并加以串联，实现管线在 GIS 上的三维化，为后续研判管线相关情况提供物理展示上的直观参考。三是桩基施工数字化应用。将“全链管”应用中涉及桩基施工的相关业务数据与工程 BIM 模型对齐，利用 BIM 模拟碰撞等技术反馈桩基工程优化实施，强化工程质量安全和降本高效建设。

5.7.3 CIM＋应用场景建设的展望

（1）探索“最多挖一次”。努力打破市政管线数据管理“九龙治水”局面，以管网普查、城市体检等方式收集海量管线数据，搭建滨江商务区地下管线综合数据库，并通过特定交换机制和安全手段加快管线数据动态更新。探索建立滨江商务区工程建设管线开挖协同机制，将管线数据脱密接入 CIM 平台应用于各类工程开挖审批，以三维化等关键形式为研判工程交叉等情况提供数据参考。

（2）探索“楼宇自动化”。协调优化滨江商务区主要公共建筑物联感知设备总体布局和具体植入，尝试将企业自研物联系统、自用物联设备集成到 CIM 平台，实时采集物联数据（如能耗、预警等）至城市大脑。使用大模型等技术深化大数据分析和技术预测，加大对数据的清洗梳理、监测预警、分析研判等，用于建筑维护的节能降耗、增效降本、应急处突等。

（3）探索国际社区服务场景建设。以单体建筑、房屋赋码技术为基础创建滨江商务区数据接入统一标准，以“房屋码”串联滨江商务区云谷国际未来社区的人、房、物等多元信息。加快未来社区 9 大场景服务的整合接入，建设围绕 15min 品质生活圈的社区服务数字化应用场景集成的统一入口，高品质服务目标人群。

5.8 本章小结

5.8.1 BIM 创新应用

（1）介绍了 BIM 成熟应用点，总结了设计阶段、施工阶段、运维阶段的应用情况，并阐述了其在各阶段应用的效益。

（2）对 BIM 全生命周期的应用进行了论述，基于 BIM 技术应用存在的问题提出了应对策略，并阐述了设计阶段、施工阶段和运维阶段的具体 BIM 应用项。

BIM 在设计阶段应用特色是多专业基于同一三维模型协同设计，实时共享更新数据；将二维图纸转化为三维模型并借助渲染、动画、VR/AR 实现可视化表达；集成专业软件对性能、工程量、造价等进行模拟分析；内置标准规范插件实时检查合规性；融合 GIS 数据考虑地理环境，关联进度管理并开展专项设计。其价值在于提升设计质量，减少冲突、优化性能布局等；有效控制成本，精准算量计价、避免施工拆改；助力可持续发展，评估全生命周期打造绿色建筑；降低施工风险，分析可行性，提前解决隐患；提高沟通效率，可视化成果便于各方理解意图。

BIM 在施工阶段的应用特色是融合 CIM、物联网、传感器、GIS 等技术，通过三维建模、4D 模拟、可视化表达等手段，实现从场地布置、施工方案模拟到各类工程细节处理的全流程动态管理与协同作业，涵盖多专业协同、复杂节点建模、智能排板配料等。其价值在于可优化施工进度，提前预防延误；精准控制成本，避免材料浪费与超支；强化质量与安全管控，实现问题追溯与风险预警；提升施工效率，减少拆改返工与失误；促进绿色施工，保护周边环境；完善资料管理与协同沟通，为施工过程追溯、竣工验收及后期维护提供有力支撑。

BIM 在运维阶段的应用特色是通过与物联网、传感器、VR/AR、大数据、人工智能等技术深度融合，实现对建筑全要素实时感知与数字化管理。其价值显著，可实时监控设备运行，预测故障并维护，保障设备稳定；分析空间利用、能耗、资产、运营成本等数据，优化资源配置与成本控制；强化消防、应急、结构、环境等安全管理，提升建筑安全性与舒适度；实现文档、工单、合同、变更等流程信息化管理，提高协同与决策效率；推动物业管理智能化，定期评估并优化建筑性能，为空间规划调整提供决策支持，全方位提升建筑运维的质量与效益。

（3）BIM复合技术包括：BIM＋虚拟现实、BIM＋三维激光扫描、BIM＋GIS、BIM＋RFID、BIM＋AI，BIM复合技术的特色有：一是多技术融合。将BIM与虚拟现实（VR）、增强现实（AR）、地理信息系统（GIS）、物联网（IoT）、人工智能（AI）、三维激光扫描等先进技术结合，打破单一技术局限性，实现数据互通与功能协同。二是全生命周期应用。贯穿工程规划、设计、施工、运维各阶段，各阶段产生的数据不断丰富BIM模型，为不同参与方提供全面、准确的信息支持。三是可视化交互，借助VR、AR技术，把传统抽象的建筑信息转化为直观的三维立体模型，让各参与方沉浸式体验，实现高效的信息交互。

在工程管理方面，为各方提供统一数据平台，打破信息孤岛，实现信息实时共享与协同工作，减少沟通成本与错误。基于大数据与AI算法，对工程进度、质量、安全进行实时监测与风险预测，提前制定应对措施。精确计算工程量与材料用量，结合市场价格信息，实时监控成本，避免资源浪费与预算超支。

5.8.2 正向BIM设计创新

（1）分析了不同阶段的挑战并提出应对策略。设计阶段的主要问题在于BIM正向设计的标准化不足，建模深度不够，导致出图周期较长，难以满足业主的进度要求。施工阶段则由于缺乏设计阶段的BIM模型，导致逆向建模工作量大，模型质量参差不齐。运维阶段的挑战主要在于硬件配套不足，数据采集和智能化系统不完善，限制了BIM模型的实际应用效果。为了克服这些挑战，应大力推行正向设计技术，建立统一的BIM出图标准和建模标准，推动BIM模型在设计、施工、运维全生命周期的传递和应用。

（2）总结了BIM正向设计的特点。BIM正向设计的核心优势在于“一模到底、一模多用”，即通过一个主模型贯穿项目的设计、施工和运维阶段，实现信息的无缝传递和共享。BIM模型不仅能够提高设计质量，还能帮助施工单位进行资源规划和进度控制，提升施工效率。此外，BIM模型的参数化联动特性使得设计修改更加便捷，避免了传统设计中的错漏问题。

（3）阐述了BIM正向设计面临的问题及应对策略。BIM正向设计在实际应用中仍面临一些技术层面的问题，如三维设计效率较低、出图标准不完善、国产软件不成熟等。相关行业应加快BIM人员能力提升、推动自主软硬件研发、完善标准和评价体系等应对策略，以促进BIM技术的广泛应用。

5.8.3 CIM二三维联审

温州首创二三维联审模式，搭建施工图二三维（BIM）联审系统，打破传统二维审查局限，以多引擎协同、统一数据标准、模型轻量化多端浏览等技术要点，实现智能辅助审查与二三维联动审查；创新设置审查等级分级机制，打通与CIM平台标准实现多场景应用，大幅提升审查效率与质量，推动行业数字化转型，还建立数字化成果交付机制，为智慧城市建设和城市精细治理筑牢根基。

5.8.4 CIM应用创新

以温州为案例阐述了CIM技术的创新研究，重点介绍了1个数据底座和4个数字化应用场景。数据底座是通过空间中心引擎赋能，结合地理信息系统等技术，归集时空基础、资源调查、规划管控、工程项目、公共专题、物联感知6大类55小类数据。应用场景包括“放心征迁”、城市基础设施建设、老旧小区改造、历史文化传承保护4个方面。主要成效包括重要建筑BIM应用场景、“房屋码”的应用、地下管线的数字化应用。最后对CIM+应用场景建设进行展望，探索“最多挖一次”“楼宇自动化”和国际社区服务场景建设。

第 6 章

工艺支撑体系创新研究

智能建造施工工艺创新体现在六个方面：智能化原则、系统融合原则、质量提升原则、安全优先原则、降本增效原则、资源节约原则。在建筑行业的革新进程中，六大原则于行业和项目层面展现出非凡价值。从行业层面来看，智能化原则凭借前沿科技，推动建筑行业向技术密集型转变，系统融合原则打破各环节壁垒，构建一体化产业链，二者共同提升行业创新力与运行效率。从项目层面来看，质量提升原则筑牢品质根基，安全优先原则为项目推进保驾护航，降本增效原则与资源节约原则从成本和资源角度出发，在缩减开支、降低消耗的同时，实现经济效益与环境效益的统一。六大原则跨层面协同，既为每个施工工序的高品质完成筑牢基础，又引领行业迈向高质量发展。

6.1 施工工艺创新原则

6.1.1 智能化原则

智能化的施工工艺借助先进的技术手段，实现对施工过程的实时监测、精准控制与智能决策。在施工现场，物联网技术通过在设备、材料和人员上部署传感器，收集各类数据，并传输到中央控制系统。施工管理人员可以依据这些数据，及时发现施工过程中的问题，并做出相应的调整。例如，利用 BIM 技术创建新型拉片式铝合金模板的三维模型，对整个施工过程进行模拟。通过模拟，可以提前确定模板的安装顺序、拼接方式，以及与其他建筑构件的空间关系。还能发现潜在的施工难题，如模板与钢筋的碰撞问题，从而对施工方案进行优化。同时，将 BIM 模型与物联网技术相结合，为每个模板构配件赋予唯一的电子标签，实现对构配件的全生命周期管理。

6.1.2 系统融合原则

系统融合原则强调施工工艺与各个相关系统之间的深度融合与协同工作。施工工艺需要与设计、生产、运营等环节进行有机结合，形成一个完整的产业链条。通过建立信息共享平台，实现各环节之间的信息流通和协同作业，避免信息孤岛和重复劳动。例如，在组合带肋塑料模板施工工艺中，智能配模贯穿设计、生产、施工全流程，充分践行系统融合原则。设计环节，BIM 与配模软件联动生成配模方案，设计协同平台实现设计方与供应商的双向沟通、优化方案；生产环节，配模数据直接对接生产管理系统，驱动自动化柔性生产，质量检测数据又反向作用于设计和配模；施工环节，施工进度信息引导物料精准配送，二维码扫码实现安装指导与质量追溯；同时，全流程数据在项目管理平台汇总分析，为各方决策提供支持，推动各参与方协同合作，持续优化配模方案与施工工艺，促进设计、生产、施工各环节的深度融合与高效协同。

6.1.3 质量提升原则

质量提升原则即采用先进的施工技术和工艺，提高施工质量的稳定性和可靠性。施工工艺在各个环节要便于把控质量，减少质量缺陷，打造高品质建筑工程。例如，组合带肋塑料模板凭借出色的自身特性与科学的安装流程，双管齐下保障建筑施工质量。模板采用先进工艺生产，表面光滑、精度高，肋条设计增强结构强度，不仅让混凝土成型后表面无需过多处理，降低后期质量风险，还能在浇筑时有效抵御侧压力，确保构件尺寸精准。安装时采用合理的拼接设计配合特制配件，紧密连接模板、防止漏浆，施工过程中对模板垂直度、平整度的实时智能监测调整，进一步为安装质量筑牢根基。

6.1.4 安全优先原则

安全优先原则即将保障施工人员的生命安全和身体健康放在首位。施工工艺应当充分考虑施工过程中的安全风险，并采取相应的安全措施加以防范，保障施工人员的生命安全。例如，全钢智能附着式提升脚手架通过科学配置安全装置与搭建智能化监控体系，为施工安全提供了坚实保障。一方面，其配备防坠落、防倾斜装置以及同步升降控制系统，能在脚手架发生意外坠落、倾斜或升降不同步时迅速响应，避免事故发生；另一方面，借助传感器和智能控制系统，对脚手架的荷载、位移、倾斜度等关键参数进行实时采集和分析，一旦数据异常，系统立即自动停止升降并发出预警，施工人员和管理人员还可通过远程监控平台随时掌握脚手架的运行状况，及时消除安全隐患。

6.1.5 降本增效原则

降本增效原则旨在通过优化施工工艺和管理流程，降低施工成本，提高施工效率。在施工过程中，可以通过合理安排施工进度、优化资源配置、采用先进的施工技术和设备等方式，缩短施工周期，降低人工成本和材料消耗。例如，在某大型工业厂房建设项目中使用普特模板，施工团队在项目前期，利用 BIM 技术对框架柱进行 1∶1 建模。通过精确计算不同规格框架柱的数量、尺寸以及模板的拼接方式，确定了所需普特模板的准确数量。相比以往经验估算，避免了因模板数量过多造成的闲置浪费，以及因模板数量不足导致的二次采购。据统计，该项目模板采购量较传统估算方式减少了约 15%，大幅降低了模板采购成本。在模板安装环节，采用定位销和螺栓相结合的快速安装方式，使模板安装更加准确、高效。标准化作业流程的实施，极大地提高了施工效率，减少了施工过程中的错误和返工现象。与传统施工工艺相比，该项目框架柱施工周期缩短了约 20%。

6.1.6 资源节约原则

资源节约原则即施工工艺在满足施工要求的前提下，尽可能减少对资源的消耗和浪费。

在施工过程中，可以通过采用节能设备、优化施工方案、推广可再生能源等方式，降低能源消耗。同时，要加强对施工废弃物的管理和回收利用，减少对环境的污染。例如，工业厂房框架柱施工里，普特模板施工工艺通过多方面举措，充分落实资源节约原则。选材阶段，普特模板选用可回收的钢材、塑料，既耐用又能回收再加工，避免过度砍伐木材，保护森林资源。使用过程中，其独特设计让安装拆卸更便捷，模板周转次数达 20 余次，远超传统模板。施工团队合理规划使用顺序，在不同区域调配模板，提高复用率，减少模板投入。施工管理上，运用 BIM 技术模拟施工，精确规划用料，防止浪费。严格的现场管理降低了模板损坏率，延长使用寿命。

6.2 组合带肋塑料模板施工工艺

6.2.1 工艺原理

结合组合带肋塑料模板轻质、高强且肋筋分布合理可优化受力的特点，以及模板受力要求和配置需求，通过 BIM 技术智能配模，生产阶段依据模型数据进行构配件精准加工，生产出具备不同规格、形状的组合带肋塑料模板，其独特的肋筋结构进一步增强了模板的稳定性与承载能力。利用连接附件、支撑和紧固系统，按照特定规则将这些模板高效组合。组合过程中，运用智能检测系统进行实时监测并及时调整，形成稳定的整体结构。

6.2.2 工艺特点

（1）在智能化方面，借助传感器和图像识别技术实时监测模板施工状态，自动预警偏差并引导调整，保障施工质量。

（2）在系统融合方面，模板精度高，依据 BIM 技术智能配模，实现高效精准配模，模板设计、生产、施工形成一体化。

（3）在质量提升方面，模板采用高强度塑料材料制造，模板强度和刚度高，抗震抗压性能强，避免模板胀模等不良现象。

（4）在安全优先方面，模板的连接设计合理，安装拆卸方便且牢固可靠，能降低施工过程中模板坍塌等安全事故的发生概率。同时，塑料模板比传统模板轻，减轻了工人的劳动强度，降低高空作业风险。

（5）在降本增效方面，塑料模板可重复使用多次，降低了模板的采购成本。其安装速度快，能减少人工投入和施工工期，提高施工效率，进而降低项目成本。相比传统木质模板更加轻便，方便拆装，几何尺寸标准、作业难度小、劳动强度低、施工速度快，减轻了劳动强度。

（6）在资源节约方面，可以多次使用，在 600mm 宽截面尺寸内可以任意加工制作，裁切量小，对施工现场污染少，减少了建筑垃圾的产生，符合可持续发展的要求，在正常使用下可以周转 30 次以上，而且能 100%回收再利用。

6.2.3 施工工艺流程

组合带肋塑料模板施工工艺流程如图 6.2.1 所示。

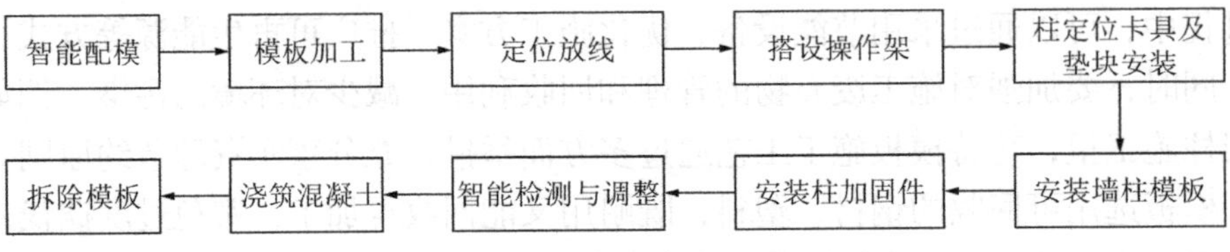

图 6.2.1　组合带肋塑料模板施工工艺流程

6.2.4　施工操作要点

1. 智能配模

依据施工图纸深化设计，利用 BIM 技术和智能配模软件，结合施工现场实际情况，考虑塑料模板规格，完成智能配模，生成配模图和材料清单。

2. 模板加工

按照配模方案在工厂进行组合带肋塑料模板的加工生产，严格把控加工精度和质量。完成加工后，将模板分类打包，运输至施工现场指定地点存放，存放场地需平整、干燥，避免模板变形或损坏。

3. 放线定位

（1）抄平：用检测合格的水准仪，得到框架柱施工的控制标高。

（2）放线：根据控制线，放出框架柱的轴线、边线和模板控制线。

4. 搭设操作架

按照施工方案中确定的架体搭设方案，进行操作架体搭设。图 6.2.2 为塑料模板加固及支撑图。

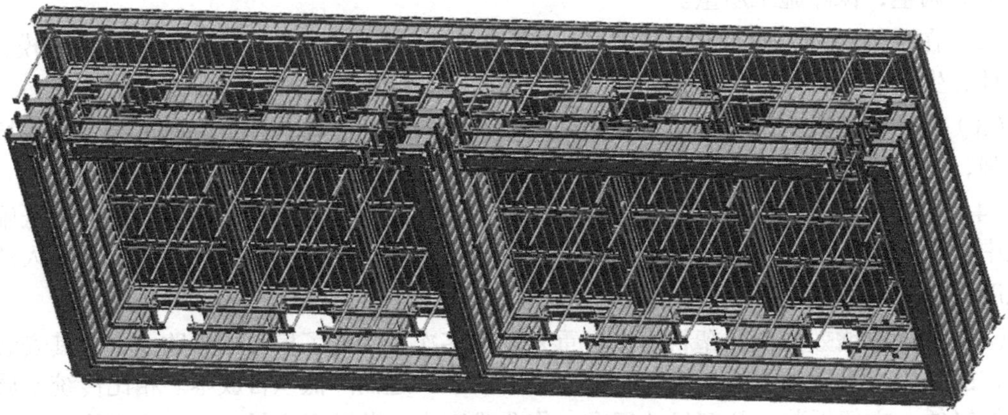

图 6.2.2　塑料模板加固及支撑

5. 柱定位卡具及垫块安装

按照框架柱的边线在柱钢筋根部安装定位筋，每一侧不少于两点，以控制模板位置；同时安装柱保护层垫块，防止加固时模板截面尺寸减小。

6. 安装墙柱模板

如图 6.2.3 所示，应先安装墙柱平板等模板，待模板安装完后，再安装防漏密封板及连接角模，用塑料模板专用连接件连接。

图 6.2.3 安装墙柱模板

7. 安装墙柱加固件

墙柱模板加固件应根据施工方案进行确定，施工中宜采用面接触材料，加固件间距按计算要求来确定且不宜大于 500mm，首道墙柱加固件距地面距离宜为 150mm。图 6.2.4 为塑模加固。

图 6.2.4 塑模加固

8. 智能检测与调整

在模板安装过程中，运用智能检测系统进行实时监测。在模板关键部位布置应力、位移传感器，同时利用无人机搭载高清摄像头周期性拍摄，通过图像识别技术分析模板的各项指标。一旦检测到模板的平整度、垂直度、拼接缝隙宽度等参数超出允许偏差范围，立即发出警报，施工人员根据警报提示对模板进行调整，直至各项指标符合标准。

9. 浇筑混凝土

模板安装完成并通过验收后，进行钢筋绑扎作业。钢筋绑扎完成经检验合格，即可进行混凝土浇筑。在浇筑过程中，控制好浇筑速度和高度，避免混凝土冲击力过大导致模板变形。使用振捣棒进行振捣时，避免振捣棒直接触碰模板，防止模板受损。安排专人对模板进行实时观察，若发现模板有位移、胀模等异常情况，立即停止浇筑，采取相应措施进行处理。

10. 模板拆除

（1）拆除墙柱侧模

一般情况下混凝土浇筑完 12h 后可以拆除墙柱侧模，先拆除斜支撑，再拆除穿墙螺栓，拆除穿墙螺栓时用扳手松动螺母，取下垫片，除下背楞，轻击螺栓一端，至螺栓退出混凝土，再拆除模板连接的销钉，用撬棍撬动模板，使模板和墙体脱离。拆下的模板和配件及时清理，搬运至上一层同一位置平放叠好。

（2）拆除顶模

一般情况下 48h 以后可以拆除顶模。顶模拆除先从梁、板支撑杆的位置开始，拆除梁、板支撑杆销钉和与其相连的连接件，然后拆除与其相邻梁、板的销钉，最后拆除模板，利用撬棍从模板与混凝土交接处撬下，拆除时确保支撑杆保持原样，不得松动。拆下的模板和配件及时清理，搬运至上一层同一位置平放叠好。

（3）拆除支撑杆

支撑杆的拆除应符合《混凝土结构工程施工质量验收规范》GB 50204—2015 关于底模拆除时的混凝土强度要求，根据留置的拆模试块来确定支撑杆的拆模时间，一般情况下，10d 后拆除板底支撑，14d 后拆除梁底支撑，28d 后拆除悬臂支撑，拆除每个支撑时，用一只手抓住支撑杆，另一只手用锤向松动方向锤击可调节支点，即可拆除支撑杆。

（4）模板拆除应注意事项

① 拆除前应架设工作平台以保证安全。

② 模板拆除时，混凝土强度必须达到设计允许值方可拆除。

③ 拆除模板时切不可松动和碰撞支撑杆。

④ 拆下模板后应立即清理模板上的污物，并及时刷涂脱模剂。

⑤ 施工过程中弯曲变形的模板应及时运到加工场进行矫正。

⑥ 拆下的配件要及时清理、清点、转移至上一层。

⑦ 拆下的模板通过预留传递孔或楼板空洞口传送至上层，零散的配件通过楼梯搬运。

6.2.5 效益分析

以某工程 8 号楼为例，单层建筑面积约 900m^2，共 24 个标准层，混凝土接触面积比按 3.3 计算。表 6.2.1 为木模板费用，表 6.2.2 为铝合金模板费用，表 6.2.3 为塑料模板费用。

木模板费用 **表 6.2.1**

材料分项	计算依据	费用计算
钢管、扣件、加固件租赁费	按建筑面积	13 元/m^2
材料费单价	按建筑面积	38 元/m^2
人工费	按建筑面积	125 元/m^2
使用木模板的造价： 材料费＋人工费＋耗材费	按建筑面积	176 元/m^2

铝合金模板费用 **表 6.2.2**

铝合金模板（租赁）	计算规则	费用
租赁费，包括附材	按建筑面积	15.8 元/m^2 × 3.3 = 52 元/m^2
人工费	按建筑面积	122 元/m^2
合计	按建筑面积	177 元/m^2

塑料模板费用 **表 6.2.3**

塑料模板（租赁）	计算规则	费用
租赁费，包括附材	按建筑面积	12 元/m^2 × 3.3 = 39.6 元/m^2
人工费	按建筑面积	115.5 元/m^2
合计	按建筑面积	155 元/m^2

比较以上各种模板的费用，塑料模板价格低于木模，另外与铝合金模板相比较，具有比较明显的价格优势，就 8 号楼而言，比木模节约 453600 元，比铝模节约 475200 元。

6.2.6 应用实例

温州万科映象广场位于浙江省温州市瓯海区，采用框架-剪力墙结构，于 2021 年 8 月开工，于 2024 年 9 月竣工。项目总建筑面积为 201059.26m^2，12 栋 24～26 层高层均采用组合带肋塑料模板工法施工。

利用 BIM 模型和配模软件生成多种配模方案，模拟不同拼接效果，综合考虑施工进度与材料成本，选定最优方案，生成精确配模图与材料清单，极大提高前期准备效率。根据不同的结构部位，如剪力墙、梁、板等，选择合适规格的组合带肋塑料模板。通过精确的配模设计，减少模板的拼接缝，提高模板的整体性与稳定性，降低漏浆风险。先进行墙柱模板安装，从角部开始，依据墙柱位置线调整模板，确保垂直度。模板之间使用回形销或塑料销紧密连接，竖向回形销满插，横向隔一插一。墙阴角处及墙梁交接处采用 50mm × 50mm 阳角条与阴角板配合固定，墙阳角处采用 50mm × 50mm 阳角条固定。安装梁、板模板时，墙柱模板垂直校正后，根据梁的位置和跨度，安装梁底模板及梁底支撑，板下钢管独立支撑与结构面的距离不大于 450mm，钢梁端采用“几”字扣与模板扣接，防止板底钢梁、支撑滑移。墙柱模采用钢背楞加固，背楞采用 60mm × 80mm × 3mm 冲孔型钢，钢垫板采用 200mm × 150mm × 3mm 的钢板，对拉螺栓采用直径 12mm 的螺杆。墙端头加固时，将直径 14mm 对拉螺杆一端焊接于背楞，另一端采用 300mm × 150mm × 3mm 厚钢板和螺母固定，确保模板在混凝土浇筑过程中不变形、不位移。施工过程中进行智能检测与调整，在模板安装时，关键节点布置位移传感器，发现位移偏差系统立即报警，施工人员迅速响应，依据反馈数据精准调整，避免质量隐患。

应用效果良好，剪力墙脱模后效果如图 6.2.5 所示，剪力墙表面光滑平整，无蜂窝、麻面、漏浆等质量缺陷，阴阳角线条顺直清晰，混凝土成型质量高，观感效果好，达到甚至超过传统模板施工的质量标准，减少了后期抹灰等装饰工程的工作量与成本。管线压槽一次成型效果如图 6.2.6 所示，通过在模板上预设管线压槽位置，实现了管线压槽与混凝土浇筑的一次成型。压槽深度、宽度准确，位置符合设计要求，避免了后期开槽对墙体结构的破坏，同时提高了水电安装工程的施工效率与质量。门窗固定片压槽效果如图 6.2.7 所示，在门窗洞口处，通过模板的特殊设计，使门窗固定片压槽一次性成型。压槽尺寸精准，满足门窗安装要求，凹槽处设计合理，能有效防止水顺固定片渗入室内，提高了门窗的防水性能，也方便了门窗安装施工，减少了因安装不当导致的渗漏隐患。外墙线条一次成型效果如图 6.2.8 所示，对于外墙线条，利用组合带肋塑料模板的可定制性，将外墙线条模板与主体模板一体化设计安装。混凝土浇筑后，外墙线条一次成型，线条流畅、尺寸准确，与主体结构连接牢固，减少了传统施工中外墙线条二次施工的工序，提高了施工效率，同时保证了外墙线条的美观性与耐久性。

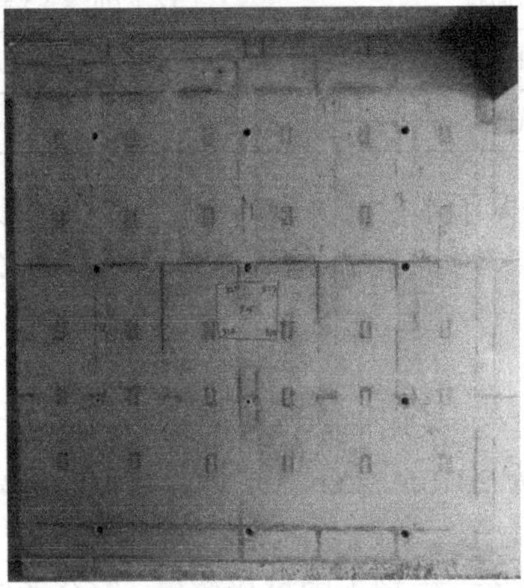

图 6.2.5　剪力墙脱模后效果

图 6.2.6　管线压槽一次成型效果

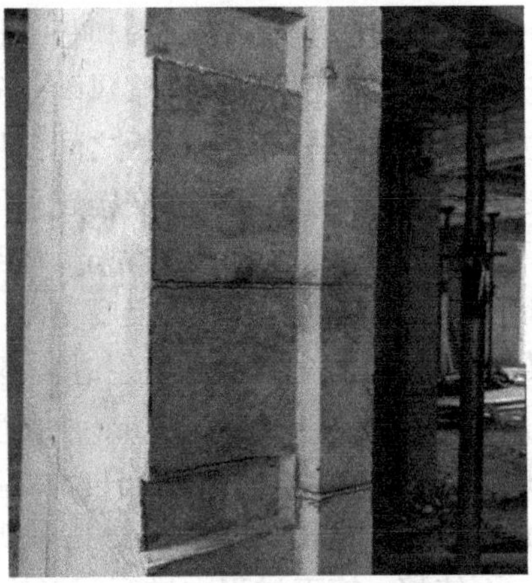

图 6.2.7　门窗固定片压槽效果

图 6.2.8　外墙线条一次成型效果

6.3　新型拉片式铝合金模板施工工艺

6.3.1　工艺原理

铝模配置依托 BIM 技术采用精准三维建模与动态配置，能实时监测施工现场模板使用情况，对接项目管理系统，减少材料浪费。拉片式铝模采用定制对拉片作为竖向铝模加固件，辅以斜拉绳形成整体模板加固体系，混凝土浇筑完成后采用定制工具敲除外露对拉片，其余拉片埋置于混凝土中，无螺杆洞封堵工序，墙面可直接进行后续装饰施工。竖向构件两侧模板加固采用对拉片，对拉片与相邻两块竖向铝合金模板采用销钉连接加固。

6.3.2 工艺特点

（1）在智能化方面，通过智能配模提高了配模的效率，减少模板拼接缝并提高周转率、减少材料浪费。施工人员可借助移动设备，随时随地查看模拟过程和施工方案，直观了解施工流程和要点。

（2）在系统融合方面，将铝合金模板施工过程中的数据，如模板使用次数、损耗情况、施工进度等，与项目管理系统进行集成。管理人员可通过项目管理平台，实时了解模板的使用状态和施工进度，合理安排资源调配，实现项目的精细化管理。

（3）在质量提升方面，混凝土成型质量高，脱模效果好，与混凝土接触面光洁平整；耐酸、耐腐蚀，适用于复杂的施工环境。表面平整度高，使混凝土表面光滑，减少了后期抹灰等工序的工作量，提升了建筑的整体质量。

（4）在安全优先方面，拉片式铝合金模板通过对拉片进行连接，连接方式简单可靠，增强了模板系统的整体稳定性。与传统的螺杆连接方式相比，拉片式连接降低了因螺杆松动导致的模板坍塌风险，提高了施工过程中的安全性。铝合金模板重量轻，便于施工人员搬运和安装，无需大型重型机械设备协助，降低了高空作业的劳动强度和安全风险。同时，在拆除模板时，也减少了因模板坠落造成的安全事故。

（5）在降本增效层面，将传统对拉螺杆改为对拉片，模板安装过程中无需预埋套管，混凝土浇筑完成后亦无需对螺杆洞进行封堵，可大大节省人工、材料及工期。铝合金模板具有较高的周转次数，一般可周转使用 200 次以上。与传统木模板相比，大大降低了模板的采购成本和租赁成本。

（6）在资源节约方面，铝合金模板有较优的力学性能、施工安装简便、不产生建筑垃圾、周转率高、可回收利用价值高。

6.3.3 施工工艺流程

图 6.3.1 为整体工艺流程，图 6.3.2 为墙柱模板安装流程，图 6.3.3 为墙柱模板拆除流程，图 6.3.4 为梁板模板安装流程，图 6.3.5 为梁板模板拆除流程。

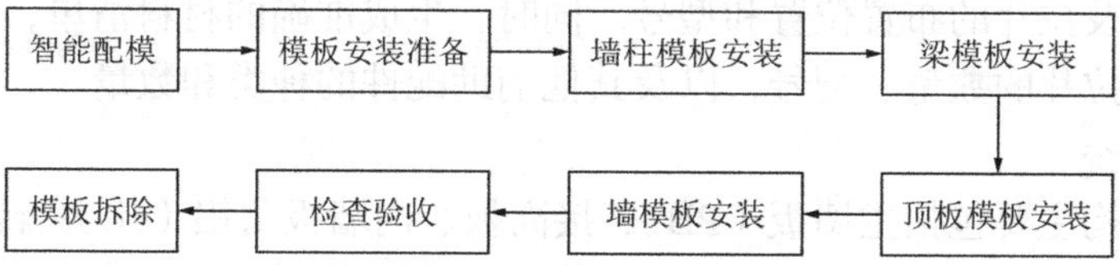

图 6.3.1　整体工艺流程

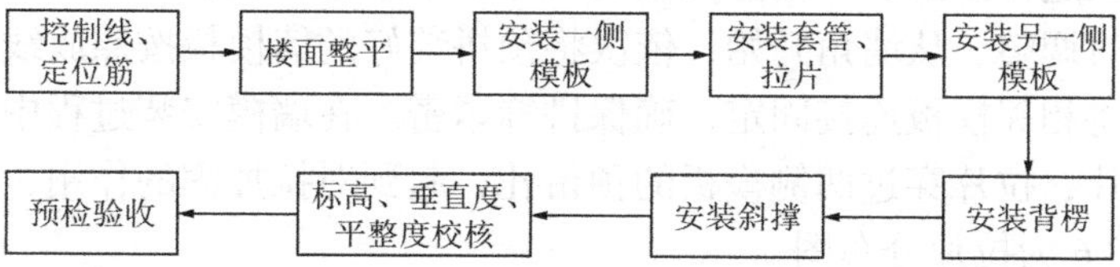

图 6.3.2　墙柱模板安装流程

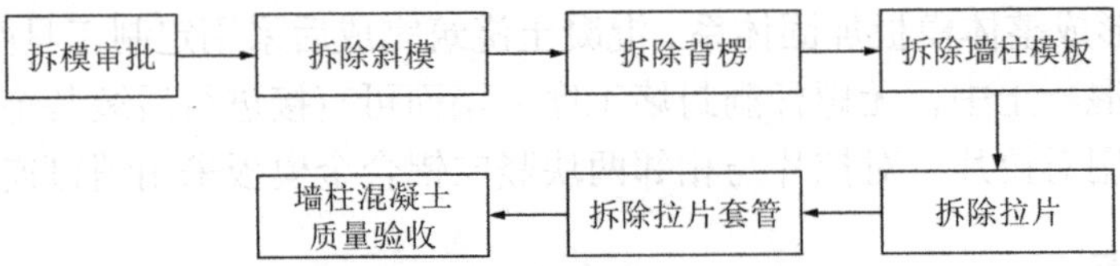

图 6.3.3　墙柱模板拆除流程

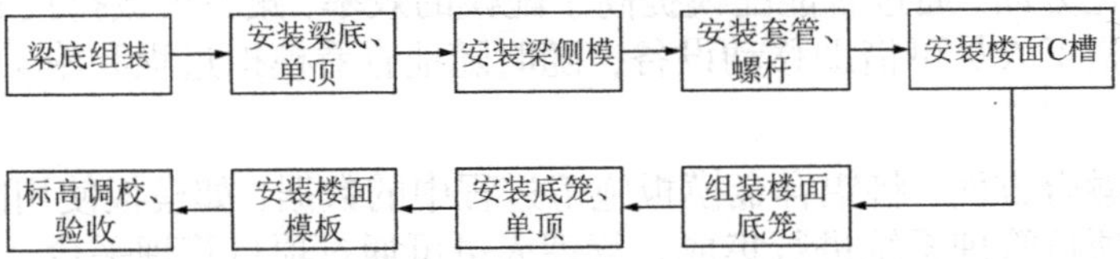

图 6.3.4　梁板模板安装流程

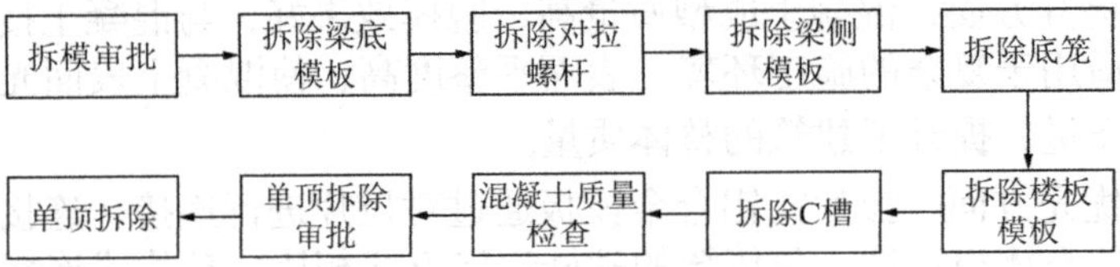

图 6.3.5　梁板模板拆除流程

6.3.4　施工操作要点

1. 模板配模

通过 BIM 技术将铝合金模板的规格型号、尺寸大小、力学性能以及拉片的型号、间距、布置规则等参数信息，与配模软件中的模板库进行关联。同时，设定施工过程中的各类约束条件，如施工荷载、安全系数、混凝土浇筑速度等，为后续的配模运算提供全面的数据支持和规则限制，确保配模方案既满足工程结构要求，又符合施工安全标准。配模软件通过智能算法自动进行模板的排列组合。软件模拟不同的模板拼接方式，充分考虑拉片在墙体模板中的布置位置和间距，以达到最佳的加固效果。在模拟过程中，软件会根据预设的优化目标，如减少模板拼接缝、提高模板周转率、减少材料浪费等，对各种配模方案进行评估和排序，生成多种可行的配模方案。确定配模方案后生成详细的配模图，包括模板平面布置图、立面图、剖面图以及节点详图等。在配模图中，明确每一块模板的位置、编号和连接方式，以及拉片的布置位置和型号。同时，生成准确的材料清单，包括铝合金模板的数量、规格，拉片的数量、型号，以及其他辅助配件的种类和数量。

（1）墙模系统

墙模系统结构主要包括主墙板（PB）、接高板、内墙板角铝（JL）、转角模板（QC）、导墙板（K 板）、拉片、方通、方通扣、小斜撑、K 板背楞及钢丝绳。在施工现场的指定区域，将铝合金模板进行预拼装，检查模板的尺寸、平整度以及各部件连接是否准确，对存在问题的部位及时调整。从墙角开始，依次将预拼装好的墙模板按照放线位置进行安装，使用销钉和销片将相邻模板连接固定，确保拼缝紧密。在墙模安装过程中，按照设计间距在模板上安装拉片，拉片穿过两侧模板的预留孔，起到对拉加固的作用，保证墙体厚度和防止胀模。图 6.3.6 为拉片分布图。

模板之间用销钉连接，使用 2mm 厚拉片对拉，外墙使用 5 道拉片，内墙 4 道，第 1 道距楼面 150mm 高，第 2 道距楼面 750mm，第 3 道距楼面 1350mm，第 4 道距楼面 1950mm，第 5 道在楼面 C 槽下 100mm，K 板加固采用 1m 长的特制竖方通，两块 K 板接缝处设置一根，另外两头各设置一根。其他螺杆体系位置背楞用一条 60mm × 40mm × 2.5mm 矩形钢管加固，背楞有直背楞和直角背楞两种，首道背楞距楼面 250mm，外第四道背楞距 K 板 150mm。

（2）梁模系统

如图 6.3.7 所示，梁模系统主要包括梁底阴角（CC）、梁底模板（LB）、梁侧模板（PB）、梁侧阴角（C）、梁底早拆头及独立钢支撑（单顶）等。

根据梁的位置和跨度，在楼面上搭设梁底支撑体系，确保支撑的间距和稳定性符合要求。在梁底模板设置梁底早拆头，在梁底早拆头下安装独立钢支撑，支撑间距最大不超过 1.2m。将梁底模板安装在支撑上，调整模板的标高和平整度，然后用销钉与支撑系统固定。在梁底模板安装完成后，安装梁侧模板，与梁底模板和墙模进行连接固定，同样使用销钉和销片确保连接牢固。在梁口位置安装专门的加固件，增强梁口处模板的强度和稳定性，防止在混凝土浇筑过程中出现变形或胀模。

（3）楼面系统

楼面系统主要包括楼面板、楼面龙骨、早拆头及独立钢支撑。在楼面上搭设楼面支撑体系，形成一个稳固的支撑平台。从一侧开始，将铝合金楼面模板依次铺设在支撑上，模板之间通过企口拼接，并用销钉固定，确保整个楼面模板的平整度和密封性。对楼面模板的拼接缝进行检查，对于缝隙较大的部位，采用粘贴胶带等方式进行密封处理，防止在混凝土浇筑时出现漏浆现象。

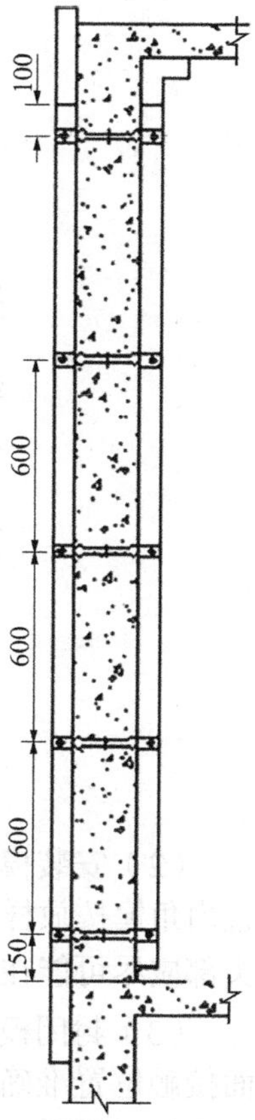

图 6.3.6　拉片分布

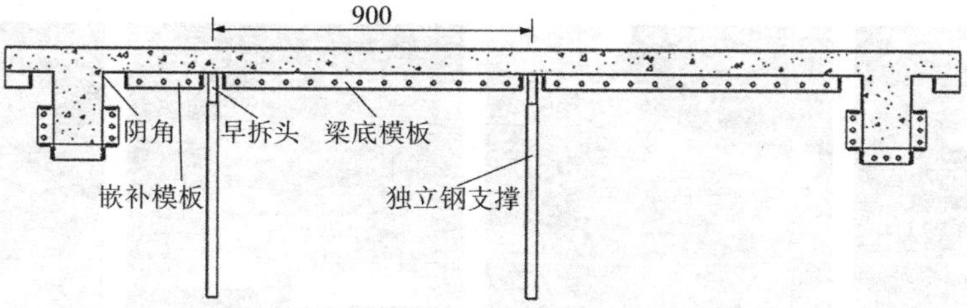

图 6.3.7　梁模系统

配用早拆支撑系统可提高模板的周转效率，使用独立钢支撑，支撑间距 ≤ 1300mm。图 6.3.8 为楼面板配模示意图。

2. 模板安装准备

模板安装原则为：先安装墙柱模板，后安装梁板模板及顶板模板，最后做外围线条及模板加固。

（1）初始安装模板时，可将ϕ12 钢筋固定在混凝土面上到外角模内侧，以保证模板安装对准放样线。所有模板都是从角部开始安装，这样可使模板保持侧向稳定。

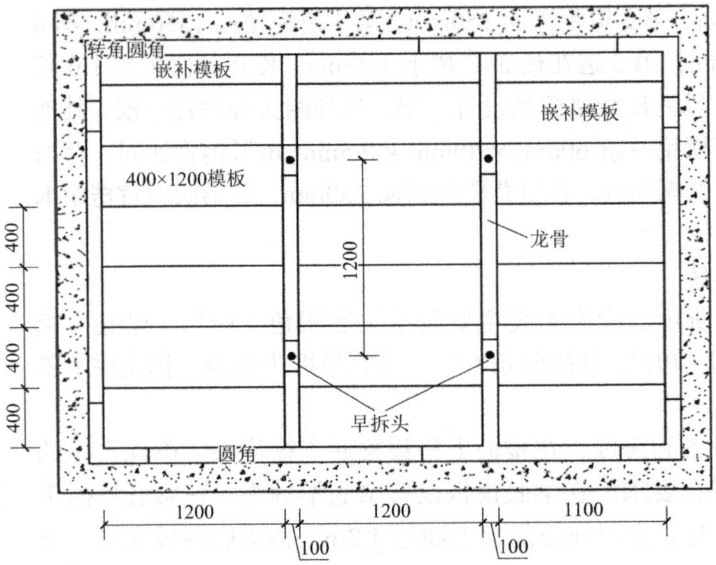

图 6.3.8 楼面板配模示意图

（2）安装模板之前，需保证所有模板接触面及边缘部已进行清理和涂油。当角部稳定且内角模按放样线定位后继续安装整面墙模。为了拆除方便，墙模与内角模连接时销子的头部应尽可能在内角模内部。

（3）封闭模板之前，需在墙模连接件上预先外套拉片，同时要保证拉片与墙两边模板面接触位置准确。当外墙出现偏差时，必须尽快调整至正确位置，只需将外墙模在一个平面内轻微倾斜，如果有两个方向发生垂直偏差，则要调整两层以上，一层调整一个方向。不要尝试通过单边提升来调整模板的对齐。

3. 墙柱模板安装

（1）如图 6.3.9 所示，将下层已拆并清理干净的模板按区域和顺序上传摆放稳当，如重叠堆放，应板面朝上，方便涂刷脱模剂，然后逐块涂刷脱模剂。

图 6.3.9 墙模板传递及堆码、刷脱模剂

（2）图 6.3.10 为墙模板安装图。内墙模板安装时从阴角处（墙角）开始，按模板编号顺序向两边延伸，为防模板倒落，须加以临时的固定斜撑（用木方、钢管等），并保证每块模板涂刷适量的脱模剂。

（3）将 C 槽竖立旋转 45°，卡入一侧拉片，再反向旋转 45°旋转并推入两排拉片之间；

将墙柱模板侧向旋转 45°（无模板一侧先靠紧拉片），并将模板向无模板一侧轻撞击拉片并迅速将另一侧推入两排拉片中间；用撬棍调整拉片与墙板孔位，并用销钉将第 5 道、第 7 道销钉锁紧；立即调整剩余拉片与墙柱模板孔位，并全部插入销钉（暂不装销片，待下一块模板按上面步骤完成后再将本块模板销片打上并紧固）；依次进行下一块墙柱模板安装。

图 6.3.10　墙模板安装

（4）竖向模板一般每 300mm 钉 1 个销钉，打插销时不可太用劲，模板接缝处无空隙即可，横向拼接的模板端部插销必须钉上，中间可间隔一个孔位钉上，并且是从上而下插入，避免振捣混凝土时振落。

（5）拉片安装

① 依据墙柱厚度选择对应尺寸拉片及数量。

② 目测拉片孔位是否有钢筋遮挡，如有，用铁锤轻敲拉片孔挡住的钢筋水电管，使拉片孔位置无障碍物。

③ 站立在墙柱钢筋一侧依次将所有拉片插入对应孔位。

④ 站立在墙柱已装一侧用撬棍调整拉片与墙柱模板孔位，使其对准插入销钉，装上销片并锁紧。图 6.3.11 为拉片安装图。

（6）背楞安装

背楞扣安装在从下往上数第 1、2 道拉片孔位置，内外墙两面各布置两道方通，方通安装在第 1、2 道拉片槽位置，方通最大长度$L \leqslant 4500$mm，方通两端各布置一个方通扣，中间间距$\leqslant 1200$mm。图 6.3.12 为背楞安装图，安装步骤如下：

① 将背楞扣从左至右横向插入两墙板销钉孔中，并插入销片锁紧。

② 手动调整整面墙所有背楞扣扣片到最大行程尺寸。

图 6.3.11　拉片安装

③ 将背楞从地面提起，水平放在背楞扣上，扣片贴在背楞侧边。

④ 用铁锤敲打扣片并锁紧。

图 6.3.12　背楞安装

（7）斜撑安装

① 墙柱模板两侧安装小斜撑，斜撑间距不大于 1200mm，墙端布置三个小斜撑。

② 宽度 ≥ 1200mm 的墙体设置不少于两根小斜撑，宽度 < 1200mm 的墙体或剪力墙短肢设置不少于一根斜撑，封板及两边必须设置斜撑，方柱设置三根斜撑。

③ 小斜撑底座距墙柱定位线 400～450mm。图 6.3.13 为斜撑安装图。

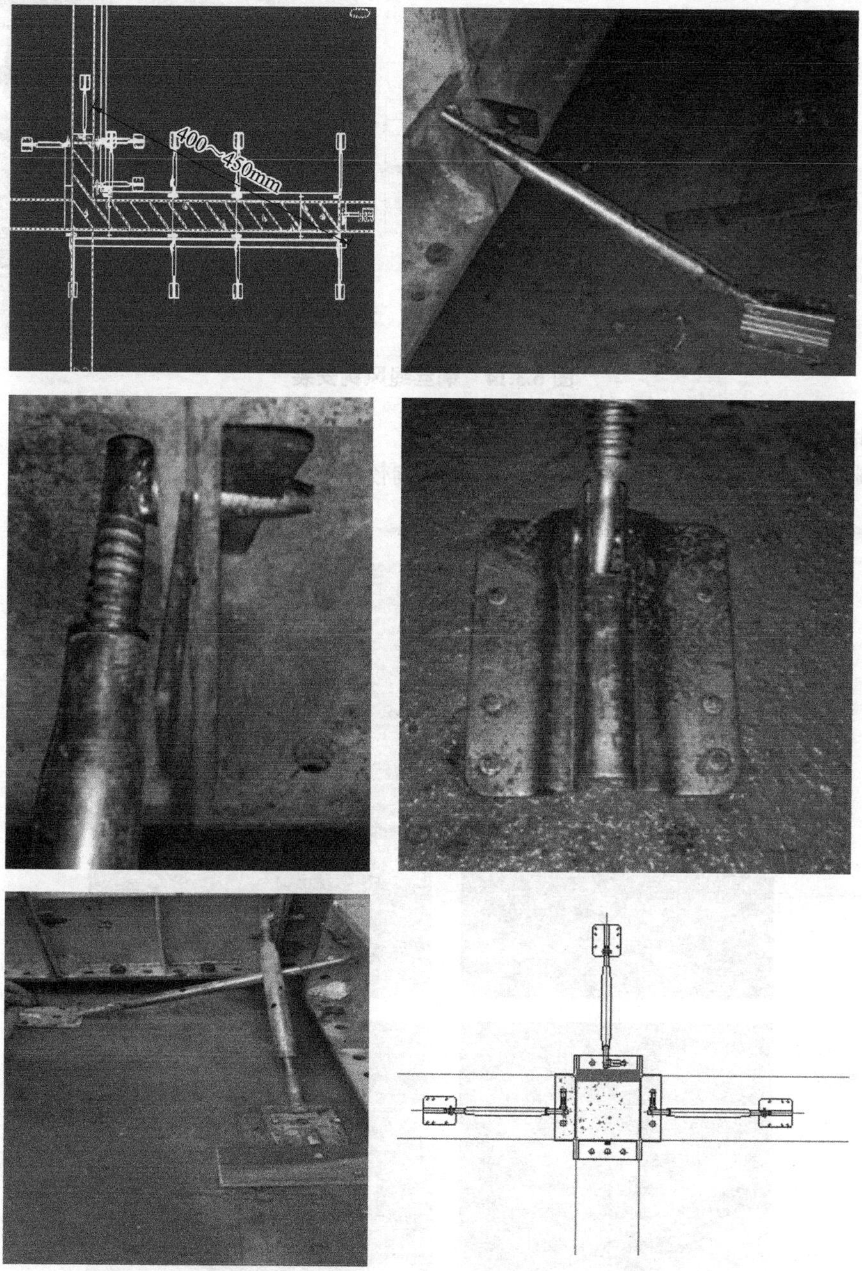

图 6.3.13　斜撑安装

（8）钢丝绳风钩安装

① 外墙内侧钢丝绳安装 100%，内墙不布置，布置间距 ≤ 1200mm。

② 外墙体长度 ≥ 2m 时，设置 2 道钢丝绳；外墙体长度 < 2m 时，在封板位置附近设置 1 道钢丝绳。

③ 预埋钢筋在墙柱定位线外 2m。图 6.3.14 为钢丝绳风钩安装图。

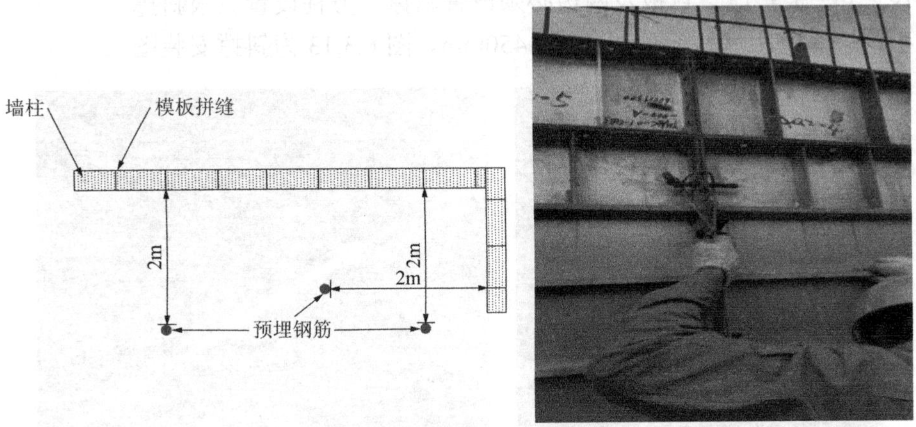

图 6.3.14　钢丝绳风钩安装

（9）墙柱模板调校

调校顺序：对线复核→标高调校→垂直度调校，图 6.3.15 为墙柱模板调校，调校步骤如下：

图 6.3.15　墙柱模板调校

① 观察墙体是否与墙体定位线重合，有误差时进行调节。

② 将激光水平仪装在支架上面并调平，激光水平仪对齐 1m 标高控制线，观察激光线是否与墙面控制点重合。

③ 混凝土面低于设计标高 5mm 以上，用废钢筋头填塞模板下端缝隙，直至符合安装要求。

④ 激光水平仪放置在 300mm 控制线上，调平，并调整激光水平仪垂直线使其与 300mm 控制线重合。

⑤ 用卷尺测量墙面与激光水平仪垂线距离，同一竖向面取点不少于 3 个（下、中、上），同一面墙取点间距为 500mm。以下点为标准复核墙面垂直度，用撬棍撬住斜撑调节孔调整。

⑥ 如上端尺寸小于下端，则用斜撑向外撑进行调节，如上端尺寸大于下端，则用钢丝绳及风钩往内拉。

⑦ 外墙模板垂直度调校时，线锥延伸到下层墙面不少于 1m，上下垂直度偏差 ≤ 5mm，且上口应向内偏。检查时，距转角 ≤ 200mm。

4. 梁模板安装

（1）先将梁底模板在楼面进行预拼装，如图 6.3.16 所示，将梁底模板连接成整体。

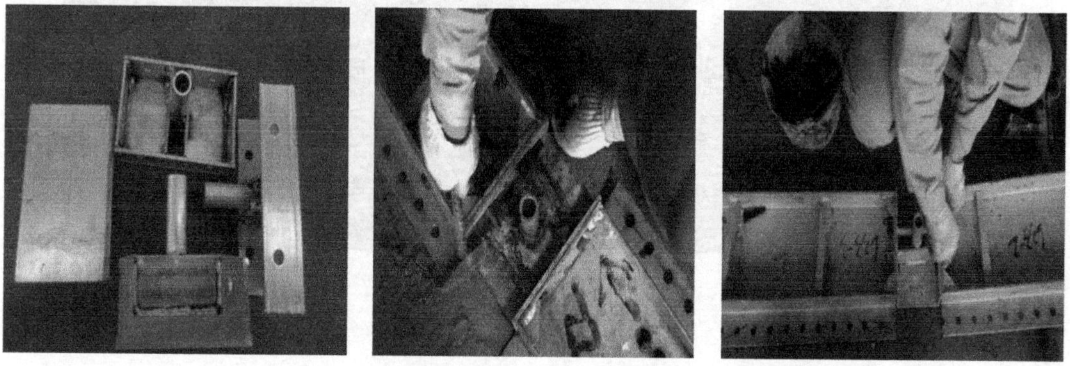

图 6.3.16　梁底模预拼装

（2）在楼板面上把已清理干净的梁底板（B）、早拆头（BP）、阴角模（LSA、梁与墙连接的阴角模）按正确的位置用插销钉好。尤其注意早拆头的支撑必须与下层的梁底支撑在同一垂直中心线上，以保证混凝土结构的安全。图 6.3.17 为梁底模及梁底与墙柱模板节点。

图 6.3.17　梁底模及梁底与墙柱模板节点

（3）装梁底板时需两人协同作业，一端一人托住梁底的两端，站在操作平台上，按规定的位置用插销把阴角模（LS）与墙板连接。如梁底过长，除两人装梁底外，另有一人安装梁底支撑，以免梁底模板超重下沉，使模板早拆头变形和影响作业安全。

（4）用支撑把梁底调平后，可安装梁侧模板，所有横向连接的模板，插销必须由上而下插入，以免在浇筑混凝土振捣时插销振落，造成爆模和影响安全。

（5）梁侧模安装

如图 6.3.18 所示，将梁侧模放置于梁底模对应位置上，对上销钉孔，用销钉连接，梁侧模按编号依序安装；梁侧模与梁底模相连时，每块侧模两端必须打销钉，销钉间距不超过 300mm，销钉大头朝上；相邻侧模最上、下必须打销片且大头朝上，销钉间距不超过 100mm。

图 6.3.18　梁侧模安装

5. 顶板模板安装

（1）如图 6.3.19 所示，安装完墙梁顶部的阴角模后，安装楼面底笼，然后按试拼装编号安装顶板，依次拼装标准板模，直至铝模全部拼装完成。楼面龙骨早拆头下的支撑杆应垂直，无松动。

图 6.3.19　顶板模板安装

（2）每间房的顶板安装完成后，须调整支撑杆到适当位置，以使板面平整，跨度 4m 以上的顶板，其模板应按设计要求起拱，如无具体要求，起拱高度宜为跨度的 1/1000～3/1000（铝合金模板起拱高度一般取下限 1/1000）。

6. 外围导墙板（K 板）及阳台线条安装

（1）在有连续垂直模板的地方，如电梯井、外墙面等，用导墙板将楼板围成封闭的一周并且作为上一层垂直模板的连接组件。图 6.3.20 为 K 板安装。

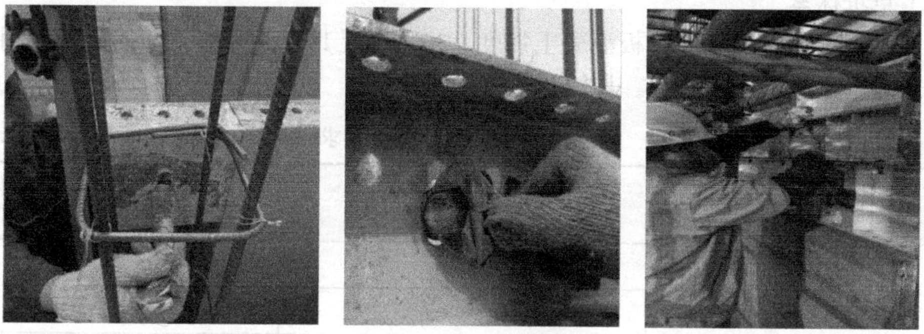

图 6.3.20　K 板安装

（2）第一层浇筑混凝土以后，二层导墙板都是必须安装的，一个用以固定在前一层未拆的模板上，另一个固定在墙模的上部围成楼板的四周。浇筑完混凝土后保留上部导墙板，作为下层墙模的起始点。导墙板与墙模板连接：安装导墙板之前确保已进行清洁和涂油工作。在浇筑期间为了防止销子脱落，销子必须从墙模下边框向下插入到导墙板的上边框。导墙板上开 26mm × 16.5mm 的长形孔，浇筑之前，将 M16 低碳螺栓安装在紧靠槽底部位置，这些螺栓将锚固在凝固的混凝土里。浇筑后，如果需要可以调整螺栓来调节导墙板的水平度，这也可以控制模板的垂直度。

7. 检查验收

（1）检查销钉是否按标准打满，销钉销片紧固，嵌入深度是否超过一半，图 6.3.21 为销钉销片检查。

（2）目测梁底模是否水平，如不平，用单顶进行调节。

（3）检查梁底模与固定盒相连是否紧固，牢靠。

图 6.3.21　销钉销片检查

（4）从两个相互垂直方向观察，将单顶调校至垂直，单顶顶到位。

（5）平整度、垂直度、顶板标高、截面尺寸检查。

如图 6.3.22 所示，用激光水准仪对齐 1m 标高控制线，再观察激光是否与墙柱上标高控制点重合。用激光水准仪对准墙 300mm 控制线，使激光线与其重叠，用卷尺复核墙体垂直度、平整度。外墙面垂直度用线锥及卷尺进行复核。

图 6.3.22 检查验收

8. 模板拆除

（1）早拆体系

① 支撑间距为 1300mm，板混凝土强度 C30，满足其规范要求。根据留置的同条件拆模试块来确定支撑杆拆除时间。具体要求见表 6.3.1。

支撑拆除时混凝土强度要求 表 6.3.1

构件类型	构件跨度（m）	达到设计的混凝土立方体抗压强度标准值的百分率（%）
板	≤2	≥50
	＞2，≤8	≥75
	＞8	≥100
梁、拱、壳	≤8	≥75
	＞8	≥100
悬臂构件	—	≥100

② 拆模时间确定

开工及季节变换时，分强度等级及时制作同条件混凝土试件，且各标号混凝土较规范要求的数量增加（墙柱增加不少于 1 组，梁板增加不少于 2 组），分别在各部位计划拆除模板时间及钢支撑拆除时间测试混凝土试件强度，用以检验拆模时间及调整计划拆除时间。

（2）吊模、飘窗、空调板等模板的拆除（图 6.3.23 为吊模拆除）

① 卫生间、厨房、阳台等下沉部位的吊模（矩形钢或木方）拆除后应立即清理干净，按区域位置用铁丝捆扎好以备下层使用。

② 吊板拆除清理好后平放在原位置，板面朝上。

③ 楼板面清扫干净，多余杂物（木方、短钢管等）堆放在不影响作业的地方（阳台）。

④ 飘窗、空调板等部位的盖板、内侧模板及阴角模应趁早拆除，清理好后放在原位置。

图 6.3.23　吊模拆除

（3）墙板拆除

① 用铁锤及撬棍从第 7 颗销钉位置依次往下拆除销钉销片直至整面墙柱下部销钉拆除完成。

② 站立于工作凳上面，用铁锤及撬棍拆除第 7 颗以上销钉销片（含与楼面 C 槽连接销钉）。

③ 用工具桶收集好全部销钉销片，整齐堆放至每户最大开间位置传料口附近。

④ 一般情况从与梁侧相接的第二块开始拆，拆不出时从封板旁第三块开始拆墙板。

⑤ 用背钩拆模器背钩横向钩住模板中部销钉孔，拆模器 90°弯靠住另一块模板或墙面，向人站立侧拉，使模板与混凝土分离（图 6.3.24a）。

⑥ 照上步拆除第二块及剩下墙板。

⑦ 将拆除的墙板按顺序依次成 65°角斜靠在墙上，离洞口 600mm 内严禁码放。图 6.3.24 为墙板拆除。

(a) (b) (c)

图 6.3.24　墙板拆除

（4）梁板拆除

① 墙板上传后，就可进行梁模板的拆除。拆梁底板时应有两人协同作业，撬松时两人托住梁底板，轻放地上，不可让其自由落下使模板受损，梁底支撑不可松动和拆除。

② 梁底拆除后清理干净放置在梁的下方，LS（梁与墙连接的阴角模），梁底阳角等小块模板如拆除或松动应及时连接牢固。

③ 拆梁侧模或墙头板时，操作平台（铁凳）不可放置在模板的正下方，应偏离 200～300mm，撬动模板时，一只手抓住模板的中部，不使其落下损坏，拆下清理后放置在原位置的正下方，以免混杂。图 6.3.25 为梁板拆除。

图 6.3.25　梁板拆除

（5）顶板拆除

① 顶板拆除前先将背楞、对拉螺栓、梁板等上传，地面杂物清理堆放在墙边，不影响操作平台（铁凳）的移动。先拆顶板面积较大的房间。

② 拆顶板应从第一排的中部开始，先拆除与此块模板相连的龙骨组件（MB），拆除其余三方插销，使用撬棍撬松拆除，再向两边拆，需两人协作，不可让其自由落下受损。

③ 拆顶板时严禁一次性拆除大面积模板的插销，应做到拆哪块板才松动哪块板的连接插销，更不允许撬落大面积模板，否则既不安全又损坏模板。

④ 阴角模（SL）第一块较难拆，先用铁锤轻敲振动，使其与混凝土表面脱离，再用专用长撬棍插入 SL 孔内撬动。较难拆除的模板，只要在安装时保证其表面清洁，均匀涂刷脱模剂，控制好拆模时间，拆模时也是比较顺利的。

⑤ 顶板和梁的支撑严禁松动和拆除。图 6.3.26 为顶板拆除。

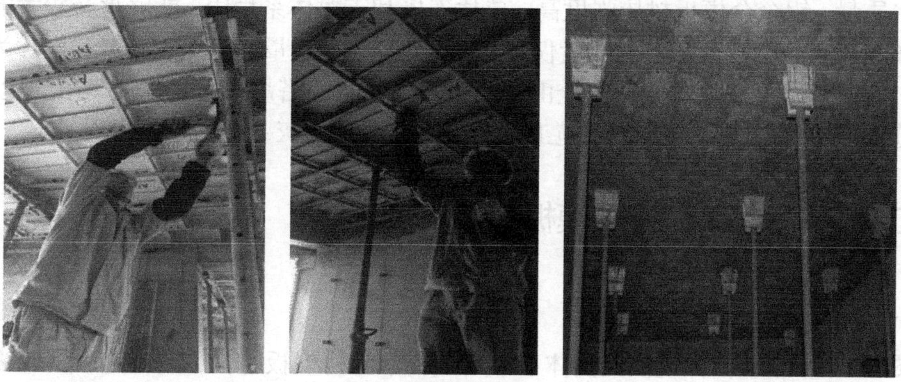

图 6.3.26 顶板拆除

6.3.5 效益分析

由于省去螺杆洞封堵工作，完全杜绝外墙渗漏水隐患，减少后期维护成本。混凝土成型效果好，实测合格率可达到 98%以上，大大降低混凝土缺陷修补费用。拉片式铝模零配件少，安装、加固、拆除操作简便，工人操作易上手，工效高，安装工效比传统模板施工快 2～3 倍，熟练的安装工人每人每天可安装 20m^2 左右，单层可节约 0.5～1d 工期，大大减少措施费、管理费等相关费用。一套模板正常施工可达到 4～5d/层，能较好地展开流水线施工，整体工期可缩短 20%以上，能减少项目的管理成本及资金占用成本。铝合金模板报废后，废料处理残值高，均摊成本优势明显。

6.3.6 应用实例

瑞安市安阳街道上沙塘村旧村改造 03-4 地块房地产开发建设项目建筑总占地面积 56250.33m^2，总建筑面积 203754.70m^2，地上建筑面积 158478.00m^2。铝模板面积 422313.87m^2。

采用铝合金模板专项施工，铝合金模板进行深化设计，在工厂进行模板加工，严格控制模板的尺寸精度。拉片两端的圆孔与墙体两侧模板通过销钉紧固，每根拉片长度固定，保证墙体截面处处相等。拉片安装间距不应大于 300mm，且距端部小于等于 200mm，拉片处必须安装销钉，整墙标准模板竖向不应少于 8 个，以确保模板连接牢固，有效传递混凝土侧压力。墙柱模板安装后，通过斜撑、钢丝绳等进行垂直度调整和固定，确保墙柱在混凝土浇筑过程中的垂直度。梁、板等水平构件支撑采用自主研发的盘扣组装式可调单顶与横杆，装拆便捷、整体稳定性好、安全可靠。单顶的间距根据梁、板的跨度和承载要求合理设置，一般控制在 1.2m 以内。

混凝土成型效果良好。铝合金模板表面光滑，浇筑后的混凝土表面平整光滑，实测平整度偏差控制在 3mm 以内，减少了后期抹灰等找平工序，降低了施工成本。模板体系整体性强，能够精确控制构件的尺寸，墙、柱、梁等构件的截面尺寸、位置精度高，与设计尺寸的偏差极小，有效避免了传统模板施工中常见的胀模、缩模等问题。通过配套的阴阳角模板及连接件，确保了阴阳角处模板拼接紧密、牢固，混凝土成型后的阴阳角线条清晰、顺直，角度标准，提高了建筑外观的美观度和整体质量。拉片式铝合金模板采用一次性拉片，拉片断口在墙内 5mm，无遗留洞口，无需后期堵洞，有效避免了因孔洞封堵不严导致的渗漏隐患。

同时，模板拼接严密，密封胶条的使用进一步增强了模板的防水性能，有助于提高建筑物的整体防水质量。铝合金模板材质强度高，拉片连接和支撑体系稳固，能够承受较大的混凝土侧压力和施工荷载。铝合金模板质量仅为20～25kg/m²，重量较轻，以销钉和楔片为主的连接方式，装拆极为简单、方便，完全由人工拼装，不依赖塔吊，大大降低塔吊的运行费用，加快了施工进度。该项目结合爬架施工，实现了外墙免抹灰，提高了工程质量。

6.4 工业厂房框架柱普特模板施工工艺

6.4.1 工艺原理

如图6.4.1所示，普特模板支模体系采用塑料卡扣将模板对位临时固定，然后使用U形扣进行模板之间水平连接，并使用M16螺栓对模板进行竖向连接，防止产生拼接缝。利用全站仪三维坐标测量系统对模板的垂直度进行检测，通过自动调节支撑系统进行矫正。模板拼装完成后使用钢背楞插销销钉加固，形成整体。因普特模板稳定性好、刚度大，在混凝土浇筑的过程中基本上不会产生变形，浇筑完成后混凝土表观成型质量好，可实现免抹灰。

图6.4.1 普特模板示意图

6.4.2 工艺特点

（1）在智能化方面，通过实时监测模板的垂直度，智能检测系统能及时发现安全隐患，显著提高模板垂直度的检测精度，智能矫正技术实现了矫正过程的自动化，提高了施工效率。

（2）在系统融合方面，通过项目管理平台实时掌握模板的使用状态和施工进度，实现项目的精细化管理。

（3）在质量提升方面，普特模板采用高精度的加工工艺，模板尺寸准确，拼接严密。在安装过程中，通过使用定位销、螺栓等连接件，确保模板的安装精度，有效避免了漏浆现象，保证了混凝土的成型质量。此外，模板表面平整度高，使混凝土表面光滑，减少了后期抹灰等工序的工作量，提升了框架柱的外观质量。

（4）在安全优先方面，普特模板采用合理的结构设计，具有足够的强度、刚度和稳定性，能够承受施工过程中的各种荷载。在模板安装过程中，通过设置斜撑、对拉螺栓等支撑体系，进一步增强模板的稳定性，防止模板倒塌事故的发生。

（5）在降本增效方面，支拆模工艺简单、自重轻、便于安装，模板与模板之间采用紧固扣件连接，施工速度快。使用独立钢支撑加固体系，采用钢背楞插销销钉固定，安装便捷，提升施工效率，有效降低模板施工劳动强度、缩减工期，可大量减少材料消耗和人工。普特模板施工可实现模板早拆，一般情况（正常天气）24h 后拆除周转下一层使用，且不需要脱模剂。可调节高度，适应不同结构楼层。

（6）在资源节约方面，普特模板采用可回收利用的材料制作，在模板使用寿命结束后，可进行回收再加工，减少了资源的浪费。同时，由于模板周转次数高，减少了新模板的采购量，减少了对自然资源的消耗。

6.4.3 施工工艺流程

图 6.4.2 为普特模板安装工艺流程图。

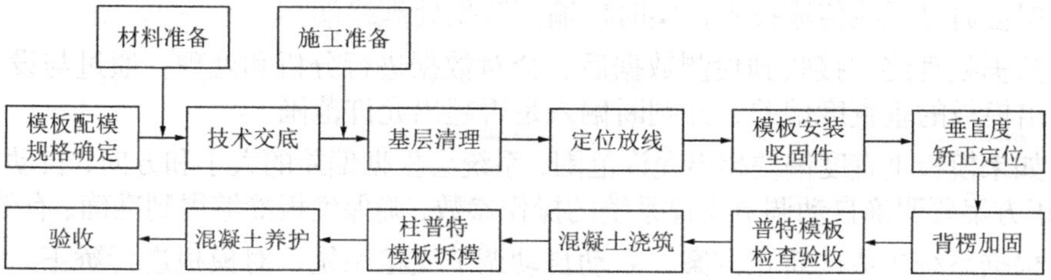

图 6.4.2 普特模板安装工艺流程

6.4.4 施工操作要点

1. 模板配模

（1）普特模板生产前应根据结构柱平面图对每根柱进行编号，并进行配模设计。配模需考虑模板的竖向周转及水平周转，根据不同楼层相同柱截面变化和梁宽变化来确定模板配模的水平规格，又根据不同楼层层高变化及梁高变化来确定模板配模的竖向规格。普特模板底部垫板高度 50mm，长度伸出首层柱截面 150mm 方便后期拆模。

（2）模板边框底部间距 200mm，上部间距 ≤ 1.5m 设置直径 12mm 的孔洞，且相邻模板之间搭接孔洞必须对齐。上部模板与下部模板端部拼接处设置直径 16mm 的带孔边框，另一端设置平边框。

（3）梁柱交界处柱普特模板与梁口木模板部位预留 30mm 拼接缝。且底部模板配模距地面标高设置预留高度 10mm，防止因楼地面浇筑平整度影响模板配模安装高度。

2. 基层清理

清除柱周边部位残存的砂浆、杂物，确保没有凹凸不平现象，用凿子将柱内部凿毛处理。

3. 定位放线

根据图纸和施工方案，以主体结构的基线为准，进行柱平面控制基准线放线。为防止安装过程中底部垫板产生错位偏移，施工前应视现场情况安装定位筋。

4. 模板安装和扣件紧固

（1）普特模板拼装应先安装下部模板，根据配模拼装设计图纸对模板进行对位放置，并使用塑料卡扣临时固定。

（2）采用 U 形卡扣穿过相邻平板边框中直径 12mm 孔洞扣紧，将模板板面之间水平连接，防止产生拼接缝。

（3）模板板面安装完毕后，采用撬棍将模板抬高至梁底，梁口木模板与柱普特模板搭接处预留 30mm，用两块 15mm 原废木模板拼钉连接。同时将普特模板垫板采用塑料扣件安装于模板底部，扣紧连接。因现场楼地面浇筑平整度不同，普特模板垫板安装完成后应视现场情况，若底部存在缝隙，则缝隙处继续增加木垫板填塞并用方木底部斜顶加固。

（4）下部模板拼装完成后采用 M16 螺栓将上部模板与下部模板之间竖向连接，同时用塑料卡扣及 U 形卡扣及时将上部模板板面之间水平固定连接。

（5）将模板施工过程中的数据，如模板使用次数、损耗情况、施工进度等，与项目管理系统进行集成。管理人员可以通过项目管理平台，实时了解模板的使用状态和施工进度，合理安排资源调配。

5. 垂直度矫正、定位

（1）在模板安装完成后，利用全站仪三维坐标测量系统对模板的垂直度进行检测。采集到的数据会通过无线传输技术，实时传输到数据处理终端。

（2）数据处理终端接收到检测数据后，会对数据进行分析和处理。通过与设计标准对比，计算出模板的垂直度偏差，并判断偏差是否超出允许范围。

（3）如果模板垂直度偏差超出允许范围，系统会根据偏差的大小和方向，自动生成矫正方案。矫正方案要明确自动调节支撑系统的操作参数，确保模板能够得到准确、有效的矫正。

（4）根据系统生成的矫正方案，启动自动调节支撑系统，对模板进行矫正。自动调节支撑系统是一种新型的模板支撑装置，能根据模板的垂直度偏差自动调整支撑的长度和角度。该系统由电动伸缩杆、角度传感器和控制系统组成。当检测到模板垂直度偏差时，控制系统会发出指令，电动伸缩杆会自动调整长度，角度传感器则实时监测支撑的角度变化，确保模板快速、准确地恢复到设计位置。在矫正过程中，智能检测系统会实时监测模板的垂直度变化，确保矫正工作达到预期效果。

6. 背楞加固

普特模板加固采用独立钢支撑体系，钢背楞根据框架柱截面大小选择合适规格并使用插销销钉固定。钢背楞柱底加固间距 ≤ 300mm，上部加固间距 ≤ 400mm。

7. 普特模板检查验收

（1）混凝土浇筑前，检查框架柱普特模板及钢背楞的安装加固是否正确、牢固。着重检查 U 形卡扣是否满卡、扣紧，底部垫板有无错位偏移，钢背楞加固间距是否符合要求及插销安装是否扣紧。

（2）检查模板底部是否存在缝隙，存在缝隙部位用木模板填塞，并用木方进行底部斜顶加固。

8. 混凝土浇筑

（1）混凝土浇筑时为保证支撑系统受力均匀，采取分层浇筑原则。应先在柱底浇筑 30mm 同配比水泥砂浆后再浇筑混凝土，底层柱 7.5m 高，宜分两段进行浇筑。

（2）混凝土需用振动棒充分振捣密实，不得出现空鼓。

9. 普特柱模板拆模

框架柱混凝土结构达到一定强度方可拆模，根据工程项目的具体情况确定拆模时间，一般情况下（天气正常）24h 后可以拆除柱模。普特柱模板拆除顺序如下：

（1）应先将钢背楞插销拔出，卸下钢背楞和定位加固钢管。再拆除 U 形卡扣、塑料卡扣等紧固扣件。在外部和中空区域拆除构件时要特别注意安全问题，另外在拆模时应重视构件整理收集，否则会在短时间内大量丢失，影响后续模板周转。

（2）模板拆除应从柱脚开始，在拆除模板底部垫板后采用撬棍从底部撬动下部模板，在拆除模板竖向连接 M16 螺栓构件的同时拆除下部模板，先拆下部模板，后拆上部模板。边柱拆除的背楞、卡扣等相关配件必须全部放在结构内，防止高空坠物。

（3）所有模板拆下来以后立即采用抹布进行擦拭清洁工作，局部擦拭不掉的水泥砂浆使用批灰刀刮除。清洁好的材料应及时收集整理并按顺序叠放。把模板转移到另一个地方时，做好标识并合理堆放到适当地方，方便周转使用，防止模板混乱。施工需注意安全防范，物件要抓牢，采用两人一组配合作业，严防高空坠物。

6.4.5 效益分析

以 7.5m 层高，截面 700mm × 700mm 结构柱为例。对普特模板与传统木模板进行经济对比分析，经济效益分析如表 6.4.1 所示。

经济效益分析 **表 6.4.1**

7.5m 首层边柱成本汇总表（木模板）						
序号	材料名称	单位	材料用量	材料单价	小计	备注
1	木模板	m^2	20.35	6.24	126.98	模板考虑 5 次周转
2	钢管	m	227	0.46	105.42	单价按损耗率 3%折算
3	方木	m	240	0.30	71.40	单价按损耗率按 5%折算
4	模板损耗	m^2	1.15	6.24	7.18	损耗主要有锯路、腰梁截面、模板高度断开
5	对拉螺杆	根	100	0.54	54.00	单价按损耗率按 15%折算
6	蝴蝶扣	个	200	0.11	21.00	单价按损耗率按 15%折算
7	螺母	个	270	0.08	20.25	单价按损耗率按 15%折算
8	人工	工日	1.49	350.00	520.00	支模板、加固、拆模
9	合计				926.23	
抹灰费用						
1	砂浆	m^2	20.35	17.25	351.04	抹灰砂浆
2	水泥浆	m^2	20.35	0.98	19.92	甩毛
3	人工	m^2	20.35	16.1	327.64	
4	合计				698.60	
7.5m 首层边柱成本汇总表（普特模板）						
序号	材料名称	单位	材料用量	材料单价	小计	备注
1	普特模板	m^2	18.613	5.6	104.23	模板考虑 50 次周转
2	M16 螺丝	个	32	0.15	4.8	单价按损耗率 15%折算
3	塑料卡扣	个	272	0.15	40.80	单价按损耗率 15%折算
4	U 形卡扣	个	120	0.23	27	单价按损耗率 15%折算
5	钢背楞	套	15	4.8	72	单价按损耗率 15%折算
6	人工	工日	1.48	350.00	518.00	
7	合计				766.83	

从两种做法的对比分析中可以得出结论，在拼装加固环节每个框架柱可以节约成本约为 $926.23 - 766.83 = 159.4$ 元，且使用普特模板浇捣完成后，框架柱可实现达到免抹灰效果，对比使用传统木模板又可节约抹灰费用 698.6 元。综上所述，每根框架柱共节约成本约为 $159.4 + 698.6 = 858$ 元，经济效益明显。

6.4.6 应用实例

丽水万洋低碳智造小镇 7 号地块（一期），占地面积 40027.58m²，建筑面积 60645.68m²，工程均为多层建筑，主体结构为框架结构。首层层高为 7.5m，柱截面尺寸分别为 700mm × 700mm、600mm × 600mm、500mm × 500mm。标准层层高为 4m，柱截面尺寸分别为 500mm × 500mm、450mm × 450mm。首层标高位于 4.000m 处，设有层间梁。

该工程配模设计规格确定为首层中间柱模板下部板面高度 3.94m，边柱有层间梁处下部板面高度 3.36m。宽度分别为 200mm、255mm、50mm。模板上部板面高度为 3.5m、2.67m，宽度分别为 255mm、200mm、50mm。下部模板拆除后可转用至标准层使用。框架柱普特模板与梁模板交接处使用木模板连接。通过普特模板降低该项目施工成本 132 万元。

图 6.4.3 为普特模板拼装完成图，企口拼接与精准设计使模板拼装快速，单柱模板安装时间较传统模板缩短 25%。拼接紧密，拼缝宽度控制在 1mm 内，拼接质量高，有效减少漏浆现象，提高施工效率。图 6.4.4 为普特模板加固完成图，钢管扣件加固体系稳定，在混凝土浇筑侧压力下，模板最大变形量控制在 5mm 内，未出现胀模、变形情况，确保框架柱成型质量。图 6.4.5 为使用普特模板框架柱混凝土成型图。框架柱表面平整光滑，且均无蜂窝、孔洞、裂缝等质量通病。框架柱完成达到免抹灰效果，对比传统木模，普特模板不仅质量易于控制，且节省了加固、抹灰等材料损耗和人工。

图 6.4.3 普特模板拼装完成

图 6.4.4 普特模板加固完成

图 6.4.5 使用普特模板框架柱混凝土成型

6.5 全钢智能附着式提升脚手架施工工艺

6.5.1 工艺原理

全钢智能附着式提升脚手架通过附着支座与建筑结构可靠连接，通过电机驱动，使架体沿着建筑结构外立面的导轨进行整体提升或下降。架体采用全钢材质，具有较高的强度和稳定性，其结构设计能保证在提升、使用和下降等不同工况下的安全性。同时，该脚手架配备智能控制系统，可实时监测架体的荷载、位移等参数，当出现异常情况时能自动报警并停止提升或下降操作，确保施工安全。此外，它还利用防坠落装置、防倾覆装置等多重安全防护设施，防止架体在提升或使用过程中发生坠落或倾覆事故，保障施工人员和设备的安全。

6.5.2 工艺特点

（1）在智能化方面，采用智能信息化控制系统，本系统可实现遥控控制、远程操控、同步提升、实时监测、实时预警、自动防倾、防坠等功能。

（2）在系统融合方面，全钢智能附着式提升脚手架施工工艺与建筑主体结构施工、外墙装饰施工等环节紧密配合，形成有机整体。在建筑施工过程中，脚手架的升降时间和高度能够根据施工进度进行精准安排，确保各施工环节的顺利衔接。

（3）在质量提升方面，在脚手架安装过程中，借助智能测量仪器和定位系统，能够实现脚手架的精确安装和定位。通过对脚手架的安装位置、垂直度等参数进行实时监测和调整，确保脚手架的安装质量符合设计要求。精确的安装与定位，能够有效提高脚手架的稳定性和承载能力，为施工安全和质量提供保障。

（4）在安全优先方面，全钢智能附着式提升脚手架配备了多重安全防护装置，如防坠落装置、防倾斜装置、同步升降控制系统等。这些安全防护装置相互配合，形成了一个严密的安全防护体系，能够有效预防脚手架在升降过程中发生坠落、倾斜等事故。

（5）在降本增效方面，全钢智能附着式提升脚手架的升降操作由智能控制系统远程操控，减少了现场施工人员的数量，降低了劳动强度。与传统脚手架相比，大大降低了人工成本。同时，脚手架的升降速度快、效率高，能够缩短施工工期，减少设备租赁成本和管理成本。

（6）在资源节约方面，投入材料少，与传统的悬挑、盘扣脚手架相比，可节省大量钢管、扣件等材料的装、运及保养费用，节省了大量的材料损耗。

6.5.3 施工工艺流程

施工工艺流程如图 6.5.1 所示。

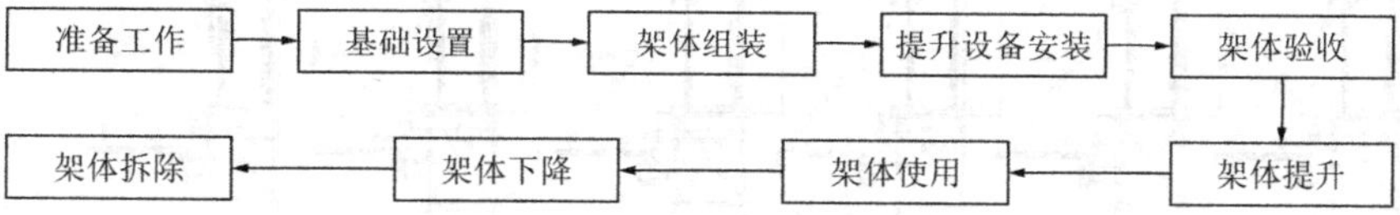

图 6.5.1 全钢智能附着式提升脚手架施工工艺流程

6.5.4 施工操作要点

（1）准备工作。清理施工现场，确保场地平整、坚实。根据施工图纸和方案，准备好脚手架的构配件，包括钢立柱、水平梁、脚手板、附着支座等，并检查其质量和规格是否符合要求。

（2）基础设置。按照设计要求浇筑脚手架基础，设置预埋件或预留孔洞，用于固定附着支座。基础应具有足够的承载力和稳定性，表面平整度误差控制在规定范围内。

（3）架体组装。图 6.5.2 为架体组装工艺流程。

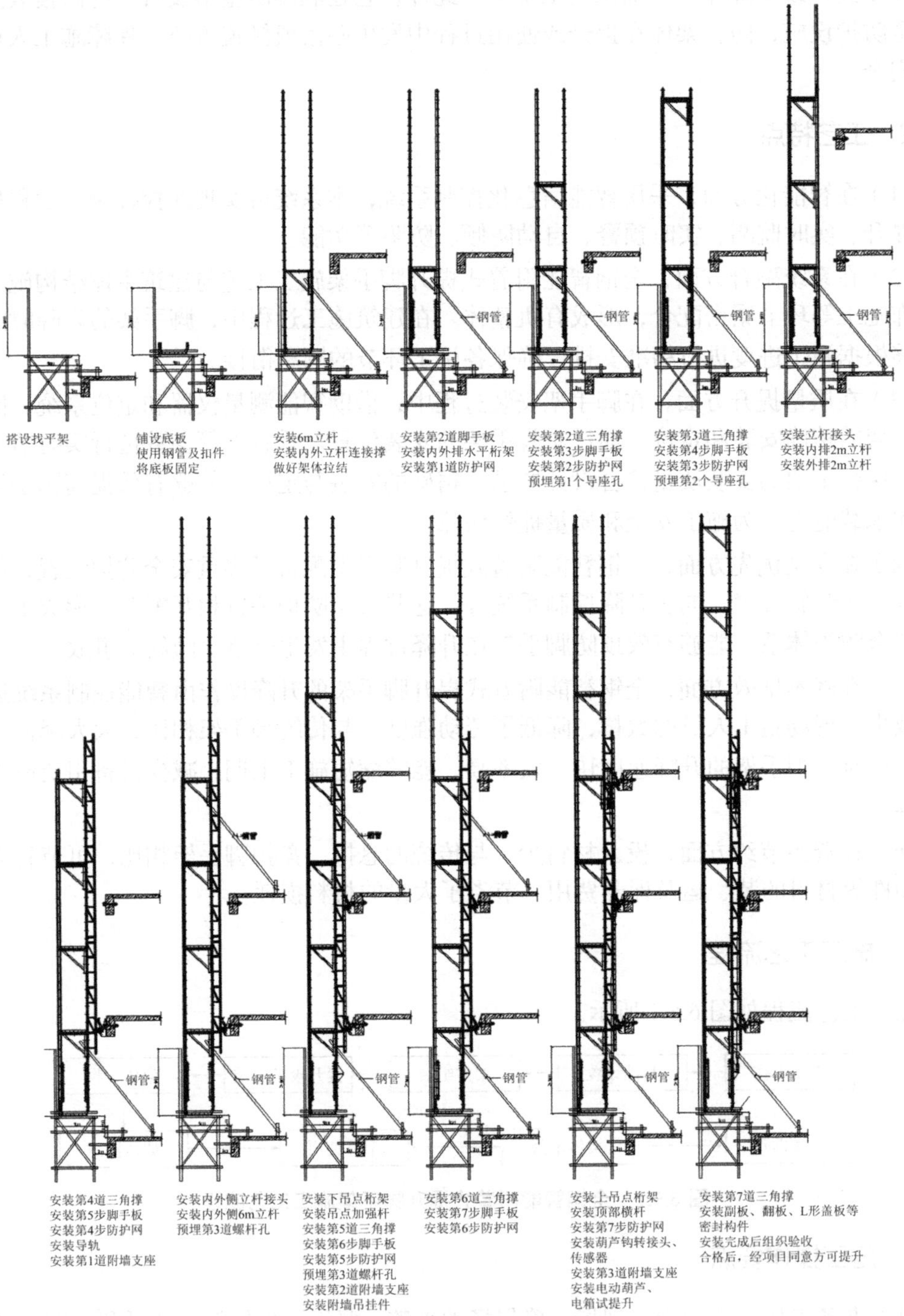

图 6.5.2　架体组装工艺流程

① 搭设找平架，找平架应根据建筑物的结构特点和脚手架的布置要求进行搭设，找平

架的立杆应垂直，横杆应水平，杆件连接要牢固，其承载能力应满足脚手架整体荷载要求。图 6.5.3 为找平架搭设。

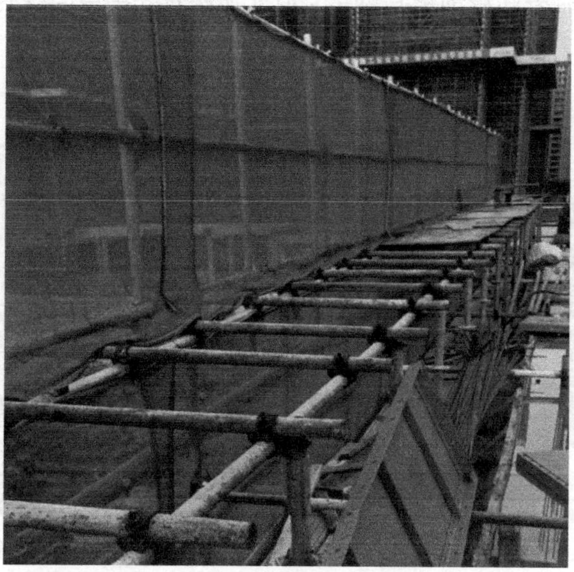

图 6.5.3 找平架搭设

② 架体需要严格按照深化图纸布置进行安装；严格按深化图纸和操作规程进行杆件组装，确保立杆垂直偏差不大于 1/400，横杆水平偏差不大于 1/250。

③ 架体组装宜从楼层平面转角处开始组装。

④ 架体开始搭设及时做好临时拉结，悬臂超过 6m 的都必须进行拉结，斜拉角度控制在 45°～60°之间，如图 6.5.4 所示。

⑤ 在架体第四步时及时安装导轨，导轨的安装位置应与图纸位置相符，图 6.5.5 为导轨安装。

图 6.5.4 搭设拉结架

图 6.5.5 导轨安装

⑥ 混凝土浇筑后及时安装附墙支座，采用 M30 双螺杆，吊挂件附着采用 M30 单螺杆，

吊挂件安装螺杆孔与附着支座附着螺杆孔相距 300～450mm，导座底口不宜低于梁底标高，图 6.5.6 为附着支座安装。

⑦ 在组装阶段及时安装好副板与翻板，保证架体与结构之间密封严密、有效，图 6.5.7 为副板、翻板。

图 6.5.6　附着支座安装

图 6.5.7　副板、翻板

⑧ 同步安装各类安全防护设施，如踢脚板、防护栏杆等，踢脚板高度不低于 180mm，栏杆高度应为 1.2m。

1. 提升设备安装

（1）提升设备应安装在牢固的附着支座上，安装位置要符合设计要求，偏差不超过 ±50mm。

（2）设备安装后需进行调试和空载试运行，检查电机、链条、制动装置等部件是否正常，确保提升设备运行平稳，制动可靠。

（3）连接提升设备与架体的吊点应牢固可靠，且保证每个吊点受力均匀，避免出现偏心受力现象。

2. 架体验收

（1）依据相关标准和施工方案，对架体的结构完整性、杆件连接、安全装置、提升设备等进行全面检查。

（2）重点检查附着支座与建筑物的连接是否牢固，螺栓是否拧紧，穿墙螺栓的垫板尺寸和厚度是否符合要求。

（3）进行荷载试验，检验架体在设计荷载下的变形情况和承载能力，合格后方可投入使用。

3. 架体提升

图 6.5.8 为提升操作要点，图 6.5.9 为架体提升工艺流程。

（1）提升前需清除架体上的杂物和障碍物，检查各连接部位和安全装置是否处于正常状态。

（2）使用工况下至少有三道附墙支座，穿墙螺杆紧固牢靠。

（3）提升时吊点处的混凝土强度必须达到 C20，同时吊挂件和吊点的安装、使用也必须符合要求。

（4）提升作业时下方设安全区、挂警示牌，提升过程中需专人全程旁站监督。

（5）提升作业必须采用遥控控制，提升过程中任何人不许上架作业。

（6）严格按照提升程序操作，通过智能控制系统确保各提升点同步提升，相邻提升点的高差控制在 30mm 以内，整体架体的高差不大于 80mm。

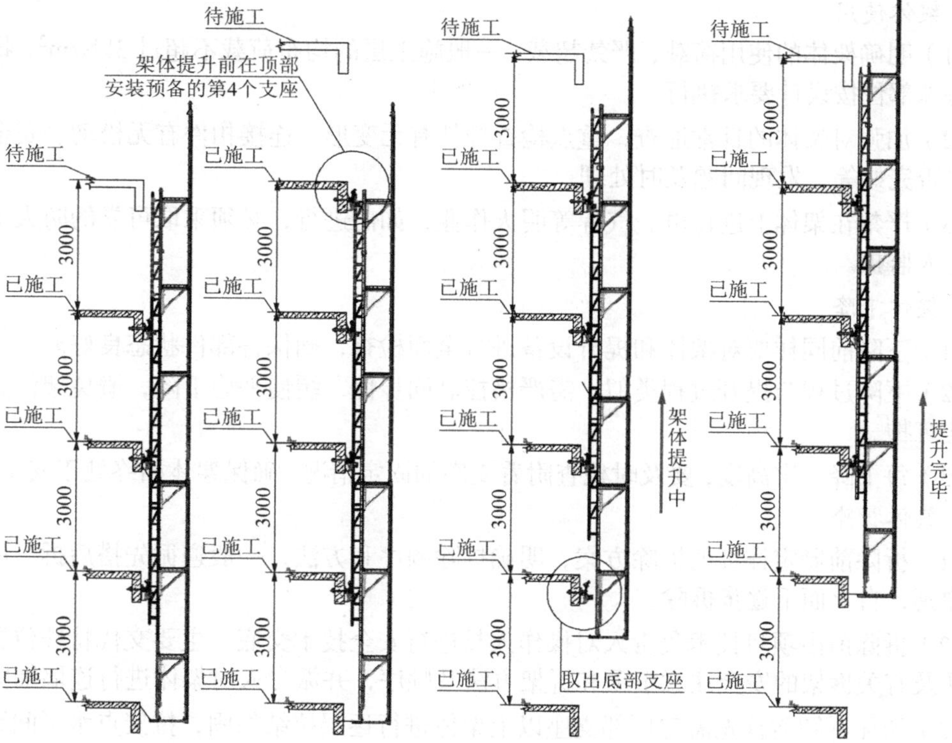

图 6.5.8　提升操作要点

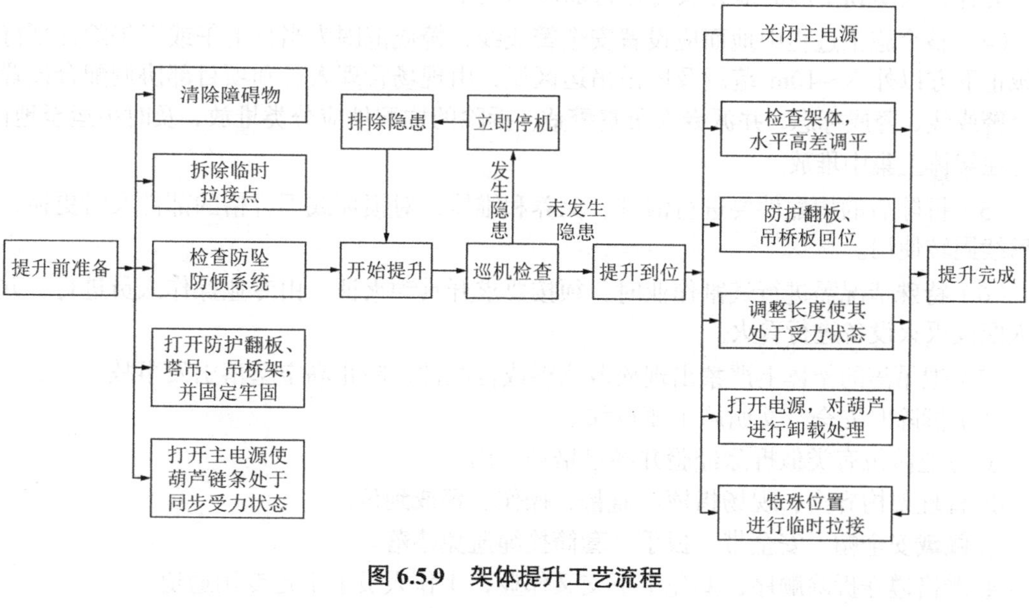

图 6.5.9　架体提升工艺流程

（7）提升过程中安排专人观察架体与建筑物的间距，防止碰撞，同时密切关注提升设备的运行情况，如有异常立即停止提升并排查故障。

（1）提升完成后导座顶撑及时撑紧，主控箱需及时断电，分控箱开关及时关闭，电动葫芦（捯链）断电。

（2）提升完成后密封翻板需及时恢复。

4. 架体使用

（1）明确架体的使用荷载，严禁超载，一般施工层的均布荷载不超过 3kN/m^2，物料平台等特殊部位按设计要求执行。

（2）加强对架体的日常巡查，重点检查杆件有无变形、连接扣件有无松动、安全防护设施是否完好等，发现问题及时处理。

（3）严禁在架体上进行电、气焊等明火作业，如需进行，必须采取可靠的防火措施，并设专人监护。

5. 架体下降

（1）下降前同样要对架体和提升设备进行全面检查，确保各部件状态良好。

（2）下降过程与提升过程类似，需严格控制同步性，缓慢平稳下降，避免架体晃动或碰撞建筑物。

（3）每下降一定高度，要及时检查附着支座的固定情况，确保架体始终处于安全状态。

6. 架体拆除

（1）拆除前制定详细的拆除方案，明确拆除顺序和方法，一般遵循先搭后拆、后搭先拆的原则，自上而下逐步拆除。

（2）拆除前由项目技术负责人对操作人员进行安全技术交底。主要交代特殊位置的处理方法及有关拆架的安全注意事项和拆架方法及顺序，并派专人对架体进行连墙加固。

（3）架体拆卸前首先需对顶部支座以上架体进行逐层拉结加固，拉接点水平间距不大于 6m，对于不能采用拉结加固的部位采取钢丝绳拉结。拆卸过程中随时注意观察架体情况，对容易松动和变形的地方及时进行加固和记录。

（4）整个施工过程中地面应设置安全警戒线，警戒范围为当日上午或下午除计划待拆区域正下方以外 8～10m 范围及塔吊吊运区域，由现场管理人员和项目部协调配合设置好安全警戒线、警戒标志，并派专人负责警戒。拆除的构配件应分类堆放，及时吊运至地面，不得在架体上集中堆放。

（5）拆除后的构配件要进行清理、保养和维修，对损坏或不合格的部件及时更换，以便后续周转使用。

（6）特殊情况需进行气割作业时，须按要求开具动火证，由专业操作人员进行，并派专人配设灭火设备进行看火。

（7）拟吊离的架体上严禁出现松散物料或构配件，防止高空坠落引发事故。

（8）拆除时安全、文明施工要点如下：

① 专业队伍有类似拆除经验并经过培训上岗。

② 管理架构齐全；现场指挥、监督、操作、警戒到位。

③ 佩戴安全帽、安全带，扳手、套筒拴绳避免坠落。

④ 严格遵守拆除顺序，避免上下交叉作业，工作人员上下走专用通道。

⑤ 材料传递时严禁抛扔、注意爱护成品。

⑥ 严禁酒后上岗、赤膊上岗。

⑦ 拆除作业应在白天进行。遇到 5 级及以上大风和大雨、大雪、浓雾和雷雨等恶劣天气时，不得进行拆除作业。

（9）图 6.5.10 为架体拆除工艺流程，拆除步骤如下：

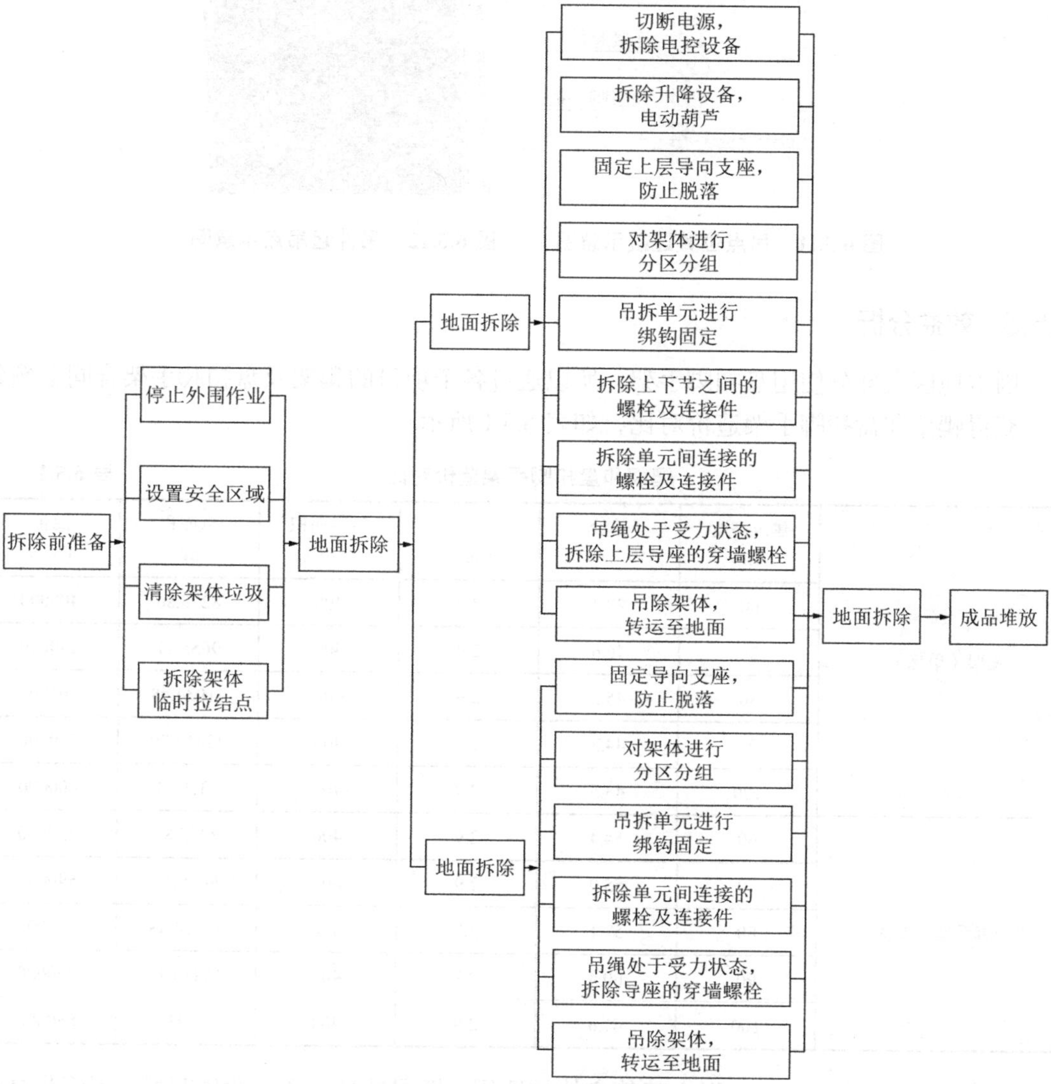

图 6.5.10　架体拆除工艺流程

① 从窗口位置搭设挑架，施工人员站在挑架上拆除脚手板间连接，完成架体分段。

② 拆除翻板，然后拆除底副板，其次拆除脚手板间内侧的连接螺栓，再拆除分段位置首层防护网片，最后拆除脚手板间外侧的连接螺栓，完成架体分段。

③ 架体拆分块拆分完成后，塔吊钢丝绳吊住拆分架体并对架体进行相应加强处理，如图 6.5.11 所示；塔吊轻微上吊使钢丝绳受力，先拆除附墙支座外侧螺栓，然后施工人员进入结构拆掉穿墙螺栓；将每段架体吊到地面进行分解。图 6.5.12 为吊件起吊点示意图。

注：附墙支座螺栓拆除前应对座体进行防坠落固定。

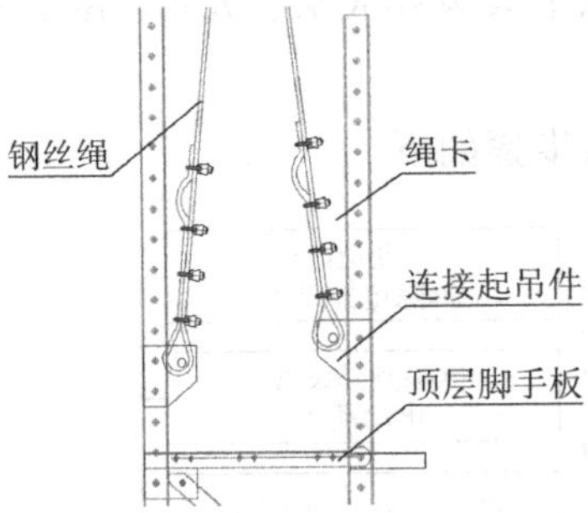

图 6.5.11　吊点位置连接示意图

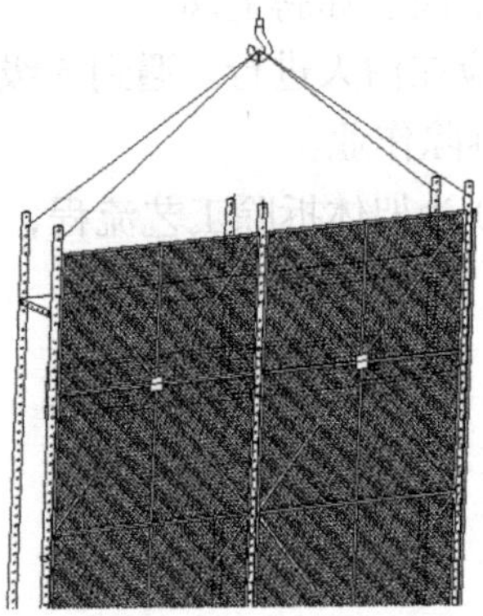

图 6.5.12　吊件起吊点示意图

6.5.5　效益分析

因本地区大部分使用盘扣脚手架，所以通过各个项目的爬架及盘扣脚手架合同金额分析，获得爬架和盘扣脚手架造价对比，如表 6.5.1 所示。

爬架和盘扣脚手架造价对比　　表 6.5.1

	建筑高度（m）	单价（m^2）	层高（m^2）	每层面积（m^2）	总面积（m^2）	总价（元）
爬架（单栋）	60	48.3	2.9	400	8275.86	400000
	70	46.6	2.9	400	9655.17	450000
	80	45.3	2.9	400	11034.48	500000
	90	44.3	2.9	400	12413.79	550000
	100	43.5	2.9	400	13793.1	600000
盘扣脚手架（单栋）	60	54.4	2.9	400	8275.86	450000
	70	55.9	2.9	400	9655.17	540000
	80	57.1	2.9	400	11034.48	630000
	90	60.4	2.9	400	12413.79	750000
	100	61.6	2.9	400	13793.1	850000

根据表 6.5.1 得知，60m 以上建筑主体均适用。楼层越高，经济性越明显，不管是高层建筑还是低层建筑，只需要一次性组装 4.5 层高的脚手架，然后进行提升操作，中间不需倒运材料，每栋楼可综合节约 20%～60%成本，提升操作环境良好，安全性高，工人劳动强度小。

6.5.6　应用实例

温州市核心片区商务中心单元 E-12、E-13、E-14 地块项目，地址位于温州市鹿城区滨江街道，北邻商务五路，西至商务七路，东至汤家桥路，南至黎明东路，开工日期为 2023

年 4 月 13 日，竣工日期为 2025 年 5 月 31 日，本工程共有 T1、T2 两栋，均为商业楼，总用地面积为 15200.99m²，总建筑面积为 135161.94m²。建筑高度最高为 146.1m，其中 T1 的 3～33，T2 的 3～19 层采用了全钢智能附着式提升脚手架。脚手架主要由竖向主框架、水平支承桁架、架体结构、附着支承装置、升降设备、防倾防坠装置及智能控制系统组成。竖向主框架采用 Q345B 钢材，通过焊接和螺栓连接形成稳定结构；水平支承桁架采用角钢和槽钢焊接，与竖向主框架可靠连接；架体结构由立杆、横杆、斜杆组成，形成稳定的空间网格。附着支承装置通过穿墙螺栓与建筑结构连接，确保脚手架与建筑结构紧密相连，有效传递荷载。升降设备采用智能控制系统，实现各机位的同步升降。防倾装置通过导轨与附着支座上的导向轮配合，限制脚手架的水平位移；防坠装置采用机械式防坠器，反应灵敏，当脚手架意外坠落时能迅速制动。

应用效果良好，防倾防坠装置可靠，智能监控系统实时监测，有效避免了安全事故。采用智能控制系统，精确控制各提升点的升降速度和行程，使架体在升降过程中保持同步，同步误差可控制在极小范围内，避免架体因受力不均而损坏。在本项目中，脚手架可以根据建筑高度和外形灵活组装调整，以满足施工需求。与传统脚手架相比，全钢智能附着式提升脚手架只需在建筑物底部一次性组装，随着建筑物的施工进度逐步提升，无需大量的钢管、扣件等材料，可节省大量的材料成本。架体的升降采用智能化控制，操作简便，升降速度快，可大大缩短施工工期，提高施工效率，降低人工成本。全钢智能附着式提升脚手架采用智能提升设备，运行平稳，噪声小，相比传统脚手架在搭建和拆除过程中产生的噪声大幅降低，减少了对周边环境的噪声污染。

6.6 本章小结

（1）提出智能建造施工工艺创新原则，体现在六个方面：智能化原则、系统融合原则、质量提升原则、安全优先原则、降本增效原则、资源节约原则。并结合四个具体施工工艺进行剖析，分别为组合带肋塑料模板工艺、新型拉片式铝合金模板工艺、工业厂房框架柱普特模板工艺、全钢智能附着式提升脚手架施工工艺。

（2）组合带肋塑料模板工艺基于施工图结合自身特点、受力及配置需求，精心设计加工出多样模板。其重量轻，易搬运安装，降低劳动强度，合理的肋筋设计使其强度高、抗变形能力强，表面光滑，提升混凝土外观质量、减少装修量，且周转次数多、节能环保、噪声小。技术要点是依据工程结构做好智能配模，确定规格数量和拼接方式，利用肋筋优势保证整体性；安装时确保平整度和垂直度、用连接件防漏浆并合理设支撑，把握好脱模时间和方法；施工过程中借助传感器和图像识别技术实时监测模板施工状态，自动预警进行处置。相比传统工艺，它综合成本低，克服木模板和钢模板的缺点，能提升混凝土质量、加快施工进度、缩短工期。

（3）新型拉片式铝合金模板工艺是以定制对拉片加固竖向铝合金模板，结合斜拉绳形成稳固体系，浇筑后外露拉片用定制工具敲除，其余埋入混凝土，省去了螺杆洞封堵工序，竖向构件两侧靠对拉片和销钉加固。技术特色为材质强轻质，搬运安装便捷、施工高效，模板精度高、拼接紧密，混凝土面平整，可多次复用、耐久性和环保性好。技术要点有施工前智能配模，安装时严控垂直度和平整度、采用对拉片有效拼接，拆除时按序把握时机。

相比传统工艺，它克服了木模板易变形、周转少及钢模板吊运成本高的缺点，降低成本，提高效率，还减少建筑垃圾，兼具经济与环保价值。

（4）工业厂房框架柱普特模板工艺中支模体系由高分子复合材料模板、垫板、M16螺栓等构成，融合普通与特殊模板优势，特殊模板适配复杂节点与变截面，普通模板用于规则部位，材料常见成本可控，施工灵活。施工前依柱体情况精准规划搭配方案，安装时用塑料卡扣临时固定，U形扣与M16螺栓连接，柱底设置垫板并用卡扣连接，保证垂直度且便于拆模，再用钢背楞加固，严控拼接精度，加固特殊模板防漏浆。相比传统工艺，它克服模板单一性，避免材料浪费和工期延误，降低成本、缩短工期、提高效率，还因稳定性好、刚度高，实现了混凝土免抹灰。

（5）全钢智能附着式提升脚手架施工工艺特色鲜明，借助自动化智能控制系统，能实现遥控、远程操控，精准同步升降，实时监测关键数据并自动防倾防坠，极大提升安全性。其全钢结构带来高强度、稳定性及出色防火防腐性能，延长使用寿命。施工时，安装前精确评估建筑结构、合理设置附着点，安装中按方案牢固组装并精准调试电控系统，升降前检查设备、作业时关注数据。与传统脚手架相比，可减少材料投入和运输，降低高空作业风险，不受建筑高度限制，不占地面空间，综合效益显著。

第 7 章

建筑机器人应用创新研究

2023 年 1 月，工业和信息化部等 17 部门印发《“机器人+”应用行动实施方案》，将“建筑”纳入 10 大重点应用领域之一，推进建筑机器人拓展应用空间，助力智能建造与新型建筑工业化协同发展。经过一年多的实践探索，温州市将内墙喷涂机器人、外墙喷涂机器人、测量机器人、地坪机器人等专业机器人应用场景纳入设备库予以推广应用，充分实践“智能建造装备 + 产业工人”模式，在降本、提质、增效方面都取得一定的成果。

7.1 外墙喷涂机器人应用

7.1.1 设备简介

外墙喷涂机器人是一种用于高层建筑表面喷涂作业的新型的机械臂装置，主要由机器人、控制系统、喷涂系统、支援系统四部分组成。图 7.1.1 为外墙喷涂机器人，包括喷涂模块、监控模块、通信模块、导轨模块、防撞模块、供料模块、终控模块、接槎模块、旋翼模块。目前，外墙喷涂机器人已经实现包括底漆、中涂、面漆（包括平面多彩）、罩光在内的全品类外墙涂料自动化喷涂；可昼夜不间断施工，夜间施工效果甚至超过预期；通过后台数据输入，在需要断开喷涂部位进行自动识别，在窗户、阳台、栏杆等部位可实现不连续作业。自动模式下，工人仅需要输入开始与结束楼层，即可开始全自动喷涂，无需人工介入；遇紧急情况，切换至手动模式，强行停止作业，吊篮落地。

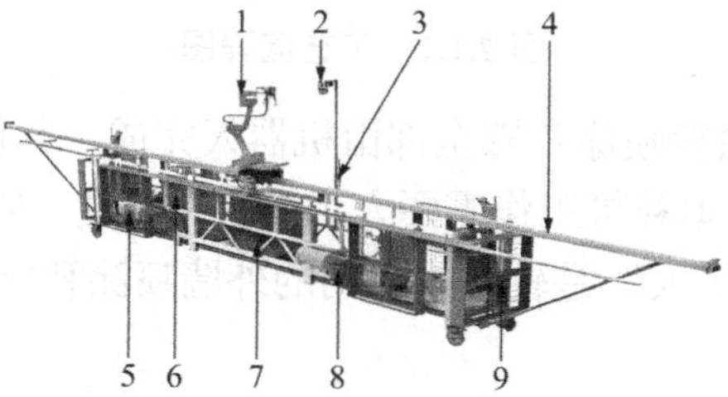

1—喷涂模块；2—监控模块；3—通信模块；4—导轨模块；5—防撞模块；
6—供料模块；7—终控模块；8—接槎模块；9—旋翼模块

图 7.1.1　外墙喷涂机器人

7.1.2 工艺原理

（1）外墙喷涂机器人通过人工辅助智能机器人施工方式，先由人工进行基层处理、刮腻子找平、分线描缝、粘贴美纹纸和门窗保护、撕美纹纸，找补盲区等基础性工作，再运用外墙喷涂机器人进行底漆、水包砂真石漆、罩面漆喷涂施工。

（2）通过开发先进的大范围高精度的吊篮本体提升控制器系统，对吊篮位置、速度、高度、角度、载荷等参数进行实时监测和调整，确保吊篮的控制精度达到 1mm 以内。

（3）基于高精度墙面识别的聚焦喷涂技术，通过激光雷达扫描墙面数据分析，提取关键特征点，并结合现场环境，基于特征点规划机器人运动轨迹，实现路径规划高效、准确。

（4）利用激光扫描的墙面数据，对墙面进行精确建模（精度达到 1mm 以内），创新性地提出聚焦喷涂技术，对不同凹凸度的墙面补充不同料量，涂液的坍落度、稠度、黏度等流动性能和工作性能要与机器人施工相匹配。

7.1.3 优异特性

（1）施工质量稳定可靠：机器人重复精度高，喷涂工序速度一致，喷点均匀，压力一致，避免了因人工手法不同造成的发花、接槎不顺畅等弊端。

（2）施工范围广，观感佳：喷涂轨迹根据输入要素自动计算，可施工宽度大，有效地解决了因墙面过宽、多次施工造成的接缝问题，自动计算搭接次数，保证搭接处厚度与其他部位一致，优化成膜效果。

（3）效率高，安全风险低：喷涂机器人可连续作业，大大提高了劳动效率，大幅节省人工成本及管理成本，其造价水平比传统人工高空作业的计价标准低约 30%，更为重要的是，外墙喷涂机器人大幅降低了高空作业给施工人员带来的安全风险。

7.1.4 工艺流程

工艺流程图如图 7.1.2 所示。

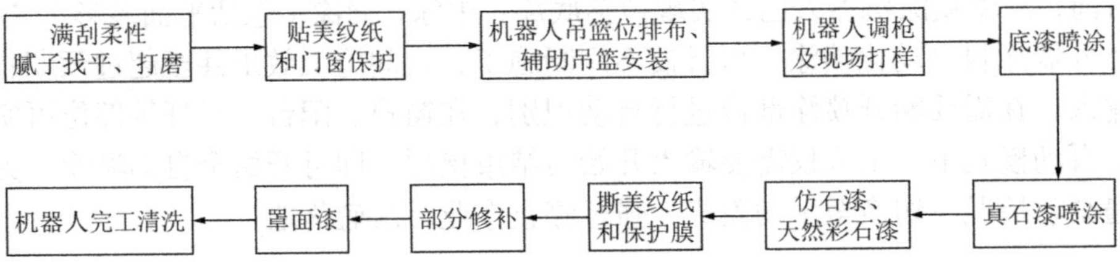

图 7.1.2 工艺流程图

外墙喷涂整体施工中涂料喷涂步骤全部由机器人完成，其他流程如基层施工、门窗保护、分线描缝、机器人盲区填补等工作需要人工参与。经过一段时间的实践，“外墙喷涂机器人 + 装备操作员 + 粉刷工人”是较普遍适用的外墙喷涂智能化施工模式。

7.1.5 应用案例

本节以瑞安金茂悦 02 41 地块项目为例，对外墙喷涂机器人施工进行研究分析。

该项目占地约 37.2 亩，总建筑面积 86504m^2，选取 20、21 号楼采用筑橙科技外墙喷涂机器人进行涂料作业。两幢楼均为 26 层板楼，外墙涂料施工面积：20 号楼约 1.7 万 m^2、21 号楼约 1.7 万 m^2，总计约 3.4 万 m^2。外墙喷涂机器人施工，应在项目概况交底、相关数据采集、基层验收合格的基础上进行，主要流程要点如下：

一是图纸采集深化。根据施工图纸等资料，分析平面布局及外立面特点，结合现场实际情况对图纸及输入信息进行微调；同时结合机器人的施工特点，进行机器人选型、部件匹配，并确定进场机器人数量。

二是吊篮布局策划。根据机器人的施工特点，结合楼栋外立面特征，设计吊篮位置，其中，区域宽度不适合机器人吊篮作业，需保护区域面积占比大、可机器施工面积占比小的仍采取人工施工。本项目每栋楼均设 24 个吊位，其中 12 个吊位采用涂装机器人施工，6 个吊位人机结合施工，6 个吊位为纯人工施工。

三是交接质量管控。基层施工质量直接影响机器人喷涂效果，因此，施工前要落实设备抽检、样板点评、读图讲图、实测实量、技术交底、质量巡检等一系列管控动作，同时做好班组交底、隐患排查、吊篮安全检测等安全管理工作。

四是机器人施工作业。施工前进行设备安全和连接可靠性检查，电脑远程控制进行机器人功能测试，设定施工参数，连接供料系统进行调枪和试喷涂，准备工作就绪后，开始机器人喷涂施工。每日施工结束后要对机器人及喷涂系统管路进行清理。

7.1.6 实践成效

通过案例项目以及瑞安生态科学城市、金茂西塘未来社区、金茂温州平阳古鳌头 B0406 地块等外墙喷涂机器人作业实践，外墙喷涂机器人相较于传统人工喷涂，在效率、成本、安全性、施工质量等方面都占有优势。机器人施工和工人施工相关要素对比如表 7.1.1 所示。

机器人施工和工人施工相关要素对比 **表 7.1.1**

比对项目		机器人施工	工人施工
施工比例		可以完成 45%左右的外立面	可以完成全部外立面
施工效率	纯色乳胶漆（底、中、面）	200m²/台班	100m²/d
	含砂漆（真石漆、质感漆）	＞60m²/台班	20～25m²/d
	水包水、水包砂等	＞100m²/台班	30～40m²/d
涂料品类		可喷涂类全部涂料	全品类
施工安全		无人化施工，不需要人员高空作业，彻底消除高坠风险	需要人员高空作业，且高空事故频发
施工质量	施工宽度	可施工宽度最宽达 10m，覆盖绝大多数工作面，一次成型	可施工宽度最宽 6m，超过 6m 的墙面会存在由上到下的一条明显的接缝
	施工手法	所有施工过程数字化，动作标准统一，无差异	因工人师傅技能、经验、体力差异等原因，随时会出现施工手法不一的情况，过程无法管控
施工时间		可连续 24h 不间断施工，应用工程师无体力劳动，可倒班	一天工作 9h，每个月工作时间大约 20～25d
设备保养		需要对喷涂系统每天清洗、定期保养，每天清洗时长约 30min	需要对喷涂系统每天清洗、定期保养，每天清洗时长约 10min

施工效率方面。以瑞安金茂悦 02-41 地块项目为例，山墙面传统人工吊篮作业需要 10d，

机器人作业 7d 完成，工效提高 30%；窗户面传统人工吊篮作业需要 11d，机器人作业 8d 完成，工效提高 27%。如项目整体采用机器人外墙喷涂施工，统筹穿插施工，效率提升会更明显。

人工成本方面。瑞安金茂悦 02-41 地块项目采取传统人工作业方式，单位面积人工成本为 6.25 元，采取机器人作业，单位面积人工成本为 5.93 元，成本降低约 5%。此成本为底漆至面漆全部涂料的喷涂、分格、贴美纹纸、保护及美纹纸摘除涉及的人工费用（不含管理费、税费）。考虑到用工数量减少，相应管理费、税费也会降低，同时随着机器人的广泛推广，机器人价格下调，总体成本仍有下降空间。

施工质量方面。机器人参数设定后，施工过程数字化控制，动作标准统一，避免了因工人技能、经验、体力差异引起的操作和施工效果差异，喷涂厚度、平整度可达到优质工程要求，同时，机器人可施工宽度最宽达 10m，绝大多数工作面可一次成型，有效地解决了因传统吊篮施工覆盖宽度小造成的接缝问题。

7.2 内墙喷涂机器人应用

7.2.1 设备简介

内墙喷涂机器人是可进行自动喷涂乳胶漆的工业机器人，主要由机器人本体、计算机和相应的控制系统组成。机器人本体多采用 5 或 6 自由度关节式结构，手臂有较大的运动空间，并可做复杂的轨迹运动，其腕部一般有 2～3 个自由度，可灵活运动。机器人底盘采用 4 个舵轮的机构组织行走底盘，4 个转向电机，2 个驱动电机，灵活机动，可通过狭小房间，操作便捷。具备底漆、面漆喷涂，自动路径规划、参数控制等功能，通过全自动作业模式实现底漆和面漆的全自动喷涂，与人工喷涂相比，喷涂品质更高，节约喷漆和喷剂，具有更高的灵活性，最大程度上节省人工。

7.2.2 工艺原理

内墙喷涂机器人由喷涂雾化单元、驱动行走单元、模组升降单元、机械臂单元、激光雷达导航单元和 App 控制单元等组成。喷涂作业主要由喷涂雾化单元对涂料雾化后进行喷涂，利用机械臂单元、模组升降单元等进行喷涂位置控制，利用驱动行走单元、激光雷达导航单元进行各房间行走控制。

7.2.3 优异特性

（1）内墙喷涂机器人能够根据预设的程序和参数，自动规划路径，可长时间连续作业，最大综合工效达 150m²/h，约为人工辊涂的 4 倍，大幅降低人力成本。

（2）喷涂范围覆盖室内墙面、飘窗、横梁、天花板和石膏线等结构，自动作业覆盖率可达 90%～100%。

（3）机器人精准的喷涂工艺及参数控制，避免了人工操作的误差，确保漆面均匀、观感良好，施工质量稳定且一致，同时减少了材料损耗。

（4）机器人的使用还减少了工人与有害物质、环境的接触，提升了施工的安全性。

7.2.4 工艺流程

流程图如图 7.2.1 所示。

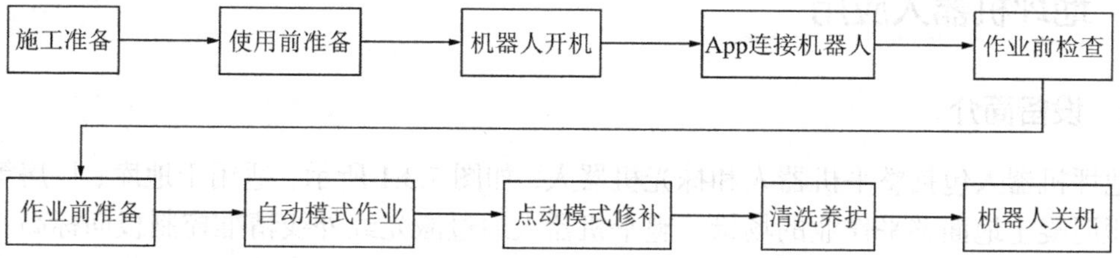

图 7.2.1 工艺流程图

7.2.5 应用案例

以乐清市人民政府公开出让地块〔2016〕020 号建设项目（正泰智能家居产业园）为例，对内墙喷涂机器人施工进行研究分析。

该项目总建筑面积 80196.2m²，其中地上建筑面积为 75342.5m²，地下建筑面积为 4853.7m²，包括办公楼、宿舍楼、生产车间和门卫室。生产车间和宿舍楼内墙使用乳胶漆喷涂机器人，施工面积为 18000m²。内墙喷涂机器人施工，应在图纸信息采集、基层验收合格的基础上进行，主要流程要点如下：

（1）抹灰、腻子等基层处理应严格按照施工图和规范要求进行，确保基层含水率、涂料黏度等符合规范要求。涂料工程施工前应按工序要求做好样板，经建设单位及相关单位认可后进行施工。

（2）作业区域与相应施工图纸尺寸偏差应不大于 5mm，作业区域无障碍物，门窗、开关面板等做好成品保护，作业区域尺寸范围为 4～16m。作业区域内应无强光，避免对测距传感器精度产生影响，从而影响车身姿态调整。

（3）涂饰材料的黏度应根据施工方法、施工季节、温度、湿度等条件严格控制，并由专人负责调配。喷涂时，应控制涂料黏度，喷枪压力，保持涂层均匀，不漏底、不流坠、色泽均匀。

7.2.6 实践成效

通过案例项目以及龙港市世纪中学建设工程等内墙喷涂机器人作业实践，内墙喷涂机器人相比较于传统人工喷涂，在效率、成本、安全性、施工质量等方面都占有优势。

施工效率方面。理想情况下，一台喷涂机器人按每天作业 8h 计算，可以喷涂 1200～1500m² 乳胶漆，相当于 35 名熟练油漆工的日工作量。综合施工实际情况，以龙港市世纪中学建设工程项目为例，地下室墙面采用机器人施工，工作效率为 81.25m²/h，采用传统施工方式，工作效率为 41.74m²/h，工效提高近一倍。

成本效益方面。同样的工作内容，采用内墙喷涂机器人需要配备 1 名操作员和 1 名技术工人，采用传统施工方式要相应配备 4 名技术工人，加上材料费和机械设备租赁费用，单位面积直接成本可降低 20%左右。随着内墙喷涂机器人的推广应用，企业自有机器人的普及，单项综合成本可节约 30%以上。

施工质量方面。内墙喷涂机器人能够精确控制喷涂剂量和位置，保证喷涂质量和效果的一致性，避免了手工喷涂中因技能差异导致的漏喷、喷涂不均匀等质量问题。

7.3 地坪机器人应用

7.3.1 设备简介

地坪机器人包括整平机器人和抹光机器人，如图 7.3.1 所示，适用于地库、厂房等需要大面积混凝土地面整平作业的场景。整平机器人通过激光红外线精准控制板面标高，可在混凝土初凝前进行提浆、收面和控制标高，其技术亮点包括全自动导航系统、双自由度自适应系统、集成智能运动控制算法，以及高精度激光识别测量和实时控制技术，可大幅提高生产效率，减少人工施工的误差，确保地面平整度达到最佳状态。抹光机器人适用于混凝土地面初凝后，对地面进行提浆、收面施工作业，通过伺服电机驱动，实现大范围摆臂作业，通过抹盘自调平，确保高精度施工，收光收面均匀高效，施工效率高。

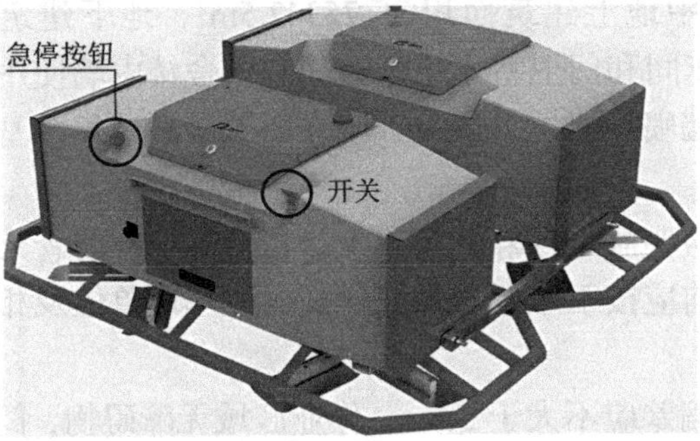

(a) 抹光机器人

(b) 整平机器人

图 7.3.1 地坪机器人示意图

7.3.2 工艺原理

整平机器人分为机身和整平头，驱动整机拖动整平头在摊铺好的混凝土面作业，整平头配备一体化的刮板、搅拌螺旋、振动器和整平梁，将所有工序一次性完成，对摊铺好的混凝土进行找平和振捣，地坪顶面标高由激光设备自动控制，结合扫平仪自动找平，调节控制地面平整度。

抹光机器人四盘抹光机分为主动机和从动机，主动机驱动整机（即拖动从动机）在混凝土工作面运动，通过调整抹刀相对地面角度变化，来控制机器的运动形式和轨迹，从动机是工作机，主要是对混凝土地面进行压实抹光施工。图 7.3.2 为抹光机器人示意图。

7.3.3 优异特性

（1）高精度：激光找平系统和多种传感器确保地面平整度达到高精度标准（3mm）。

（2）高效率：施工效率相比传统人工机械组合作业提升 2 倍以上，整平机器人施工效率 400600m²/h，抹光机器人施工效率能达到 200400m²/h。

（3）环保节能：采用新能源电池驱动，实现零排放，节能环保。

（4）智能化：具备自主导航和遥控操作功能，操作简单，遥控范围可达 200m，人工干预少，施工安全性高。

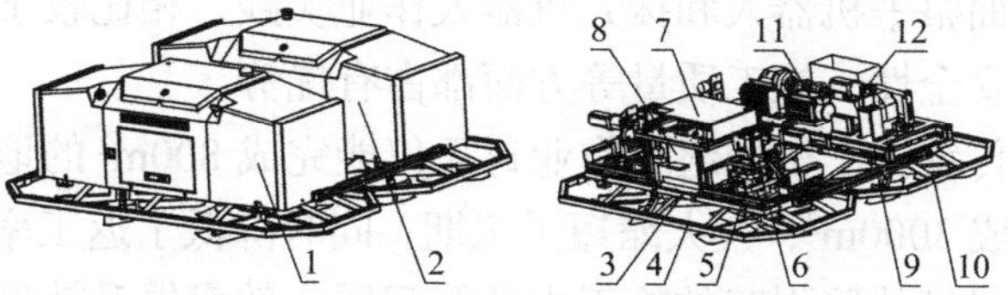

1—主动机；2—从动机；3—主动机机架；4—主动机防护框；5—主动机抹刀驱动系统；6—主动机姿态调整系统；7—控制系统；8—电池系统；9—从动机机架；10—从动机防护框；11—从动机抹刀驱动系统；12—从动机姿态调整系统

图 7.3.2　抹光机器人示意图

7.3.4　工艺流程（图 7.3.3）

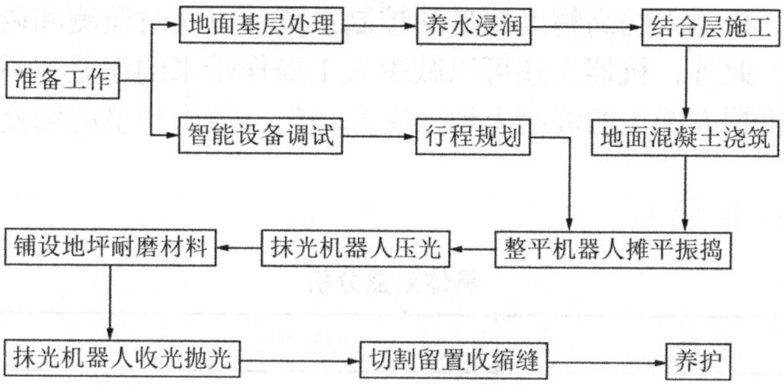

图 7.3.3　工艺流程图

7.3.5　应用案例

以乐清市人民政府公开出让地块〔2016〕020 号建设项目（正泰智能家居产业园）为例，对地坪机器人施工进行研究分析。

该项目总建筑面积 80196m²，其中地上建筑面积为 75342.54m²，地下建筑面积为 4853.68m²，包括办公楼、宿舍楼、生产车间和门卫室。生产车间和宿舍楼内墙使用乳胶漆喷涂机器人，施工面积为 18000m²。地坪机器人主要在生产车间、办公楼和地下室地面地坪部位使用，施工面积为 52284.52m²。主要流程要点如下：

（1）基层表面采用地坪抓地机配合人工辅助进行清理，产生垃圾使用扫地机处理，清理完成后用水浸润。

（2）结合层施工，混凝土浇筑之前，涂刷水泥浆作为结合层，水泥浆比例为 1：0.4～1：0.45（水：水泥），并掺入 5%建筑胶水。

（3）布设激光发射器，确保激光发射器稳定，与机器人之间无障碍物遮挡，根据发射器信号调整工作头的水平及高度。

（4）混凝土大致摊平，虚高 20mm，将连接、调试完成的整平机器人移至作业区域，启动机器人作业。

（5）地坪混凝土整平后，待混凝土初凝，将调试完成的抹光机器人运至作业区，进行第 1 道作业，当第 1 道抹光提浆到饱满状态时，均匀铺撒高强度耐磨材料，然后进行抹光机器人第 2 道作业，直至收光平整光泽。

7.3.6 实践成效

通过案例项目地面整平机器人和抹光机器人作业实践，相比较于传统人工机械组合作业，在效率、成本、安全性、施工质量等方面都占有优势。

施工效率方面。传统人工机械组合作业每天仅能完成 800m² 的地坪施工，采用地坪机器人施工，每天可完成 3000m²，大大缩短了工期，同时降低了返工率。随着地坪机器人的不断改造升级，解决机械故障引起的施工中断等问题，效率提升效果将更明显，非常适合大面积混凝土地面施工。

人工成本方面。传统施工在基层处置、找平、整平、抹光等工序阶段大致都需要配备 5 名技术工人，采用地坪机器人只需要配备 1 名操作员和 1 名修补工人，人力成本大幅降低。同时，机器人可以连续工作，不受时间和人力的限制，进一步提高了施工效率。

施工质量方面。机器人的高精度测量和控制系统可以实时监测和调整施工参数，确保施工质量稳定可靠。此外，机器人还可以减少人工操作带来的误差和不确定性因素，进一步提高施工质量。机器人施工的混凝土地面密实均匀，表面平整度偏差可达到 3mm 以内，无空鼓开裂现象。

具体效益分析见表 7.3.1。

具体效益分析 **表 7.3.1**

<table>
<tr><th>序号</th><th colspan="2">内容</th><th>传统方法</th><th>智能施工方法</th></tr>
<tr><td>1</td><td colspan="2">找平</td><td>打点、冲筋</td><td>智能整平，激光控制标高</td></tr>
<tr><td>2</td><td colspan="2">施工范围</td><td>分格分块</td><td>整层一次成型施工</td></tr>
<tr><td>3</td><td colspan="2">平整度</td><td>偏差 5mm</td><td>偏差 3mm</td></tr>
<tr><td>4</td><td colspan="2">效率</td><td>$800m^2/d$</td><td>$3000m^2/d$</td></tr>
<tr><td>5</td><td colspan="2">质量</td><td>存在空鼓开裂</td><td>无空鼓开裂</td></tr>
<tr><td>6</td><td colspan="2">感观</td><td>一般</td><td>整洁、平整、美观</td></tr>
<tr><td rowspan="5">7</td><td rowspan="4">劳务</td><td>基层清理</td><td>5 人/1000m²</td><td>2 人/1000m²</td></tr>
<tr><td>找平</td><td>3 人/1000m²</td><td>0 人/1000m²</td></tr>
<tr><td>整平</td><td>5 人/1000m²</td><td>1 人/1000m²</td></tr>
<tr><td>抹光</td><td>5 人/1000m²</td><td>1 人/1000m²</td></tr>
<tr><td colspan="2">小计成本</td><td>较高</td><td>节省 5 元/m²</td></tr>
</table>

7.4 测量机器人应用

7.4.1 设备简介

测量机器人是一种集成了高精度测量、自动化控制和人工智能技术的高端设备，广泛应用于建筑工程、测绘、地质等领域。该设备通过集成多种传感器和算法，能够自主完成复杂的测量任务，提高测量效率和精度。

测量机器人的主要特点包括无需调平、高精度、高效率、自动化和智能化。它能够以极高的精度和速度进行空间定位、距离测量、角度测量等多种测量任务，同时还能够自主规划测量路径、避免障碍物、自动校准等，极大地提高了测量的自动化和智能化水平。

测量机器人广泛应用于建筑施工、道路工程、桥梁建设、地铁隧道等基础设施建设的测量工作，也可以用于土地测量、地形测绘、环境监测等领域。在测量机器人的帮助下，工程师和测绘师们能够更加快速、准确地获取各种数据，提高工程建设的效率和质量。

7.4.2 工艺原理

测量机器人由激光测距传感器、机器视觉系统、机械臂控制系统、定位与导航系统及数据处理和分析系统组成。测量作业主要由激光测距传感器进行测距，通过机器视觉系统摄像头等视觉传感器获取目标物体的图像信息，并通过图像处理算法对图像进行处理和分析，实现对目标物体的识别、定位，并由机械臂关节的精确控制实现对测量仪器和传感器的准确定位。通过强大的计算能力和高效的算法，测量机器人能够快速处理和分析这些数据，提取所需信息并进行精确的测量结果计算。

7.4.3 优异特性

（1）无需值守

光机电算云一体化便携式 3D 扫描；

内置嵌入式边缘加速（CV/CG&AI）；

深度优化并行异构计算能力；

一键操作，无需值守。

（2）智能算法

各种场景语义分割；

建筑实测实量的 3D 特征识别与提取；

自动识别分割建筑物的各平面；

自动识别门窗、顶板、梁柱、墙面等常见物体；

无需人工辅助识别渲染。

（3）客户定义

下尺规则、下尺数量；

数据报表规则、报表格式；

测量阈值设定；

房间原始设计值。

（4）自动测量

测量数据实时统计输出；

墙面平整度、垂直度、方正度、顶板地面极差；

测量精度 $< \pm 1.5$mm。

（5）人工智能

云端终端自动化协同处理；

基于神经网络的嵌套拼接算法；

基于神经网络的物体识别分析算法；

客制化数据汇总测量结果；

可追溯的建筑阶段化测量数据分析；

数据分析处理格式标准化。

（6）逆向建模

实时扫描生成房间 3D 数据模型；

房间 3D 模型转换 BIM 3D 数据；

BIM 质量管理提供实时的数据支撑；

2D、3D 模型嵌套拼接。

7.4.4 工艺流程

工艺流程如图 7.4.1 所示。

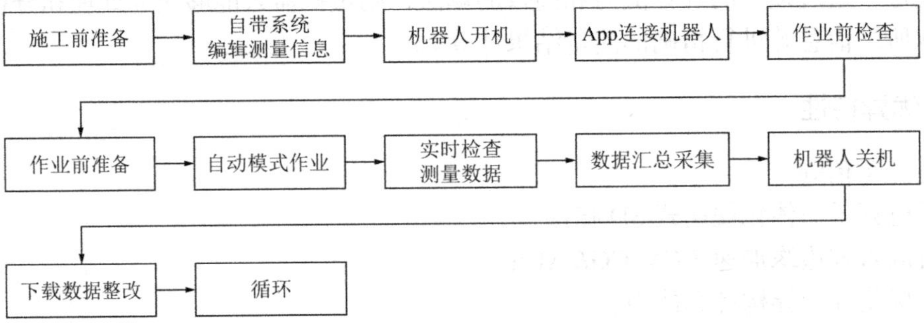

图 7.4.1 工艺流程图

7.4.5 应用案例

案例一：温州市鹿城区吴桥单元 B04 项目总建筑面积 142782m²，其中地上建筑面积为 104054.66m²，地下建筑面积为 38727.34m²，包括住宅楼、物业配套楼、门卫室。住宅楼户内使用测量机器人进行结构及交付一户一验的测量工人，施工面积为 90000m²。测量机器人施工，应首先用系统自带软件编辑好各楼栋各户号，写入测量机器人软件内，其主要流程要点如下：

（1）根据所测楼栋，统一将户号编号完成，同时用系统自带软件将每户的详细信息录入机器人软件内。

（2）作业区域内基本无障碍物，作业不受光线的影响，即使较暗，也能准确测量出结果。

（3）由专人负责机器人的操作及软件编写、数据导出，保持房号的一致性，以免数据错乱。及时关注数据的变化，筛选出需要整改的房号及部位。

案例二：某超高层住宅项目由 3 栋塔楼组成，最高建筑高度达 220m，涉及复杂的外墙垂直度控制、室内结构平整度检测以及施工进度跟踪。项目引入测量机器人，实现施工质量与进度管理的智能化升级。

采用多模态传感器融合，利用激光雷达快速构建建筑表面三维点云模型，单日覆盖面积 1500m²；利用机器视觉系统扫描，精准捕捉墙面微小凹凸，识别 0.1mm 级裂缝；利用机器视觉系统摄像头拍摄墙面影像，AI 算法自动标注空鼓、渗漏痕迹。利用 BIM 联动模型实时对比扫描数据与设计模型，标注施工偏差（如管线偏移 $>$ 5mm）；设置自适应路径规划，根据施工进度动态调整扫描区域，避开塔吊等移动障碍物。

每日施工形成闭环。晨间进行路径部署，机器人接收当日施工楼层 BIM 数据，生成最优扫描路径；午间进行自动巡检，吊篮搭载机器人爬升至目标楼层，20min 内完成单层扫描；实时进行报告推送，边缘计算终端生成“质量进度双维度热力图”，同步至项目管理平台；夜间进行云端同步，全量数据加密上传，支持历史追溯与多项目对标分析。

技术实施成果有三个方面：

一是效率突破。从“周检”到“日清”，单层（2000m²）检测时间从 6h（人工）缩短至 20min，检测效率提升 18 倍；58 层建筑累计检测工时从 6800h 压缩至 320h，节省 95%人力投入；通过点云模型与 BIM 的日级对比，施工进度计算精度达 98%，整体工期缩短 67d。

二是质量跃升。从“抽检合格”到“毫米级零缺陷”，精度明显提升，墙面平整度检测误差从±2mm 降至±0.2mm，合格率从 85%提升至 98%；缺陷检出率增加较多，累计发现人工漏检的 1235 处空鼓、356 条 0.1～0.5mm 级微裂缝，提前规避返工损失。

三是成本重构。从“隐性损耗”到“精准投入”，直接成本降低，年均检测费用从 180 万元（人工）降至 75 万元（机器人），节省 58%。

7.4.6 实践成效

测量机器人相比较于传统人工测量，在效率、成本、安全性、作业质量等方面都占有优势。

作业效率方面。理想情况下，两人配合（走路、数据誊抄、汇总等），每天测量 18 户；而机器人测量每天可以完成 36 户，且只要 1 人操作，工效提高一倍以上。

成本效益方面。同样的工作内容，采用测量机器人只需要配备一名专业人员，采用传统施工方式要相应配备至少 2 名测量人员，加上受到光线等影响，每户直接成本可降低 36%左右。随着测量机器人的推广应用，企业自有机器人的普及，单项综合成本可节约 40%以上。

作业质量方面。测量机器人不受时空的影响，能够精确测量出房间的各项数据，且无需人工采集数据，自动形成三维、测量平面示意图以及测量测距的设置和数据，避免数据誊抄等因素影响不同时间段导致的数据失真等质量问题。

7.5 机器人应用探讨

7.5.1 市场应用模式

目前建筑机器人的主要应用模式有四种。

（1）购买模式。建筑企业直接购买建筑机器人，拥有其所有权和使用权。这种模式适用于资金充足、长期使用机器人的大型建筑企业。其优势为：长期使用成本较低，技术更新快，设备维护由企业自行控制。如新宇建设集团购买了测量机器人、喷涂机器人、涂敷机器人等。总体上这种模式仅少数有实力的建筑企业采用，主要原因还是建筑机器人货值较大以及建筑市场下行及对未来市场的预期等影响，这种情况可能在一定的时间内会伴随着建筑机器人的市场价格的调整而转变。

（2）租赁模式。企业通过租赁方式使用建筑机器人，按使用时间或项目付费。这种模式适用于资金有限或项目周期较短的企业。其优势为：降低初期投资成本，灵活调整机器人数量和类型，减少闲置和维护成本。这种模式目前为市场主流。

（3）租转售模式。企业先租赁建筑机器人，租赁期满后可以选择购买该机器人。这种模式适用于希望试用机器人技术但尚未确定长期使用的企业。其优势为：降低试用风险，租赁期间享受专业维护服务，租赁期满后可根据实际需求决定是否购买。这种模式在温州还未出现。

（4）专业班组化模式。由专业班组操作和管理建筑机器人，企业通过雇佣专业班组使用机器人。这种模式适用于缺乏机器人操作经验和技术维护能力的企业。其优势为：减少企业对机器人操作和维护的培训成本，提高施工效率和质量。这种模式被智能建造示范企业所采用。如正立集团购买了喷涂机器人和测量机器人，并组织了专业班组对外承接分包业务。

7.5.2 现场应用情况及建议

1. 外墙喷涂机器人

（1）使用场景

当前温州市主要应用于商业综合体、高层住宅等规则外立面场景，异形结构部位（如曲面、镂空装饰）需要人工辅助。外墙喷涂机器受限于设备成本及高空作业适应性，对复杂建筑立面的覆盖率有限。

（2）使用反馈问题

① 高空作业存在效率与安全的矛盾。依赖吊篮或伸缩臂作业，最高覆盖高度约 100m，效率仅为人工的 1.5 倍，且高空作业稳定性差，易受风力影响。

② 异形结构喷涂覆盖率低。对弧形幕墙、镂空装饰等复杂立面覆盖率不足 40%，材料浪费率提高 15%～20%。

③ 环境适应性差。风力 > 3 级时喷涂雾化效果下降，雨天无法作业，停工率高达 30%。

④ 涂料兼容性不足。常规乳胶漆等高黏度漆适应性较好，对高黏度漆堵管率超 50%，需人工清洗频率增加。

⑤ 智能化程度低。路径规划依赖 BIM 预建模，施工变更（如临时开孔）需重新调整模型，响应延迟超 4h。

（3）解决建议

① 研发模块化伸缩臂（扩展至 30m）结合无人机协同喷涂系统，通过磁吸定位增强高空稳定性；搭载防风稳姿算法，在 5 级风力下保持轨迹偏差 ≤ 20mm。

② 异形结构精准覆盖。开发柔性仿形喷头组，支持曲面自适应贴合（喷幅可调范围 10.5m），结合激光雷达实时扫描建筑轮廓，动态生成喷涂路径，覆盖率提升至 85%；对镂空装饰区域，采用微型喷涂无人机群（单机负载 1kg 涂料）进行"蜂群式"补喷，减少人工干预。

③ 环境适应性升级。集成气象监测模块，动态调整涂料黏度与雾化参数（如湿度 > 80% 时启动防潮模式）；设计快拆式防水喷枪，支持小雨天气（降水量 < 5mm/h）连续作业，停工率降至 10%。

④ 涂料系统优化。开发低阻力高黏度漆专用管道，内壁采用纳米涂层降低摩擦系数，堵管率控制至 10%以内；增加双通道供料系统，支持 2 种涂料一键切换（如底层抗碱漆 + 面层装饰漆），减少停机换料时间。

⑤ 智能响应改进。部署 AI 实时纠偏系统，通过 AR 眼镜将施工变更直接映射至机器人控制端，30min 内完成路径重规划。

2. 内墙喷涂机器人

（1）使用场景

目前温州市该款建筑机器人使用场景多为地下室内墙、住宅、学校、厂房宿舍等标准层较多的建筑物。机器价格及作业覆盖面这两方面还有提升的空间。

（2）使用反馈问题

① 作业高度受限。目前市场普遍作业高度是 3.1m，这是基于住宅项目研发而来的，最高也只能达到 4.5m。

② 覆盖面不足。对于固定的机器人而言，不同建筑物的覆盖面不同，如住宅、地下室可以达到 80%左右，而对于厂房而言，可能仅能达到 50%～60%，主要是因为厂房窗间墙较小（比机器人喷幅小），独立柱无法实现机器人作业。

③ 对施工作业环境要求较高。作业范围内需清理干净（否则会出现自动避障停机），例如某项目设计为两遍腻子，第一遍腻子人工可以及时穿插作业，而机器人受限于作业环境的要求就无法实现。

④ 对施工单位专业技术人员要求较高。目前该款机器人设计理念有两种，第一是现场 1 : 1 建模规划路径实现自动作业，第二是机器人读图规划路径来实现自动作业。这两种路径的规划对技术人员要求较高，目前多为借助科技公司的专业力量建模及规划路径。

⑤ 机器容易堵管。为避免堵管对不同腻子及涂料要求较高，有些项目材料需二次研磨才能尽量避免堵管现象。

（3）解决建议

① 拓展作业高度。针对作业高度受限问题，可在现有机器人基础上设计可升降式工作平台或外接延伸臂装置。对于高度需求在 4.5m 以下的项目，利用可升降平台，通过液压或电动等方式实现灵活升降，满足不同层高需求；针对超过 4.5m 的特殊建筑场景，研发适配的延伸臂，在确保稳定性和安全性的前提下，拓展机器人喷涂范围。同时，在施工前，根据建筑实际高度，提前制定安装和操作方案，让施工人员熟悉如何利用这些辅助设备提升作业高度，保障项目顺利进行。

② 提升覆盖面。为解决覆盖面不足的问题，对于窗间墙较小的厂房，可研发小型、灵活的喷涂附件，安装在机器人上，缩小喷涂幅宽，适应窗间墙尺寸进行精准喷涂；针对独立柱无法作业问题，开发能够环绕独立柱进行 360°喷涂的专用工装，使机器人可对独立柱进行全方位喷涂。施工前，对建筑物进行详细测绘，根据不同区域特点，灵活配置机器人的喷涂附件和工装，最大化提升机器人在各类建筑物中的覆盖面。

③ 优化作业环境适应能力。针对施工作业环境要求高的问题，一方面，在机器人程序中优化自动避障系统，使其能更精准识别并避开小的障碍物，而非轻易停机；另一方面，在施工流程安排上，与人工配合协作。例如，在第一遍腻子施工时，人工先对大面积区域进行快速打底，留下少量边缘和角落区域，待机器人完成第二遍腻子喷涂后，人工再对这

些特殊区域进行精细处理。同时，在作业区域设置专门的清洁小组，及时清理可能影响机器人作业的杂物，确保机器人顺利作业。

④ 降低对专业技术人员的依赖。为降低对专业技术人员的高要求，首先，研发简单易用的路径规划软件，将复杂的建模和路径规划流程进行简化，以图形化、菜单式操作界面呈现，使普通施工人员经过短期培训即可上手操作；其次，鼓励有实力的建筑企业自购设备，建立具有较强建模能力的自有专业技术团队。组织内部技术人员参加由机器人厂家或专业机构举办的技术培训课程，定期邀请专家进行现场指导和答疑，通过实际项目锻炼，逐步提升内部人员路径规划能力，减少对外部科技公司专业力量的依赖。

⑤ 解决堵管问题。为解决机器容易堵管问题，与材料供应商合作，共同研发适配机器人的专用腻子和涂料，从源头上降低堵管风险；同时，在施工现场配备专业的材料检测设备，对进入机器人的材料进行严格检测，确保材料符合使用标准。此外，优化机器人的输料系统，增加自动清理和疏通功能，在每次作业前后，自动对管道进行清理，降低堵管概率。若出现堵管情况，配备快速疏通工具和详细的疏通操作指南，让施工人员能迅速解决问题，恢复作业。

3. 混凝土地面整平机器人

（1）使用场景

目前温州市该款建筑机器人使用场景应用以公建类的大开间建筑物以及室外大面积混凝土施工作业为主。

（2）使用反馈问题

① 混凝土状态不可控。初凝时间波动（如温度、湿度变化）导致机器人作业窗口期缩短，可能引发提浆不充分或表面硬化后无法有效整平。骨料分布不均或坍落度过大时，整平头易出现“推料堆积”或“局部塌陷”，需人工干预调整。

② 受场地和工艺限制。柱脚、管井等障碍物密集区域，机器人因体积或导航盲区无法贴近作业，遗留边角需二次人工处理（覆盖率下降 10%～15%）。不太适用于住宅项目，主要有两点：第一，住宅中楼面纵向钢筋较多，对于固定幅宽的机器人来说覆盖面不足；第二，铝模或塑料模板由于楼面加固点预埋较多，行走极其困难，反而影响施工速度，覆盖面较第一点更少。

③ 对于有坡度的混凝土结构面不适用。目前机器人还达不到按坡度自动或手动变化前端作业板的条件，目前只能是以平面作业为条件。大坡度地面（$>5°$）导致整平头压力不均，激光标高系统校准失效，平整度偏差可能超±5mm。

④ 路径规划智能化不足。依赖预设线性路径（如“S 形”行走），面对非规则区域（弧形边界）时重复覆盖或漏扫，增加材料浪费与返工率。

⑤ 关键部件高损耗。振动器与刮板在混凝土高强度作业下，平均每 200h 需更换耐磨件（如合金刀头），维护成本增加 30%。行走底盘舵轮易被混凝土浆料粘结，导致转向卡滞，需每日停工 1h 进行清理。

⑥ 能源与续航瓶颈。电池续航（8～10h）无法匹配 24h 连续浇筑需求，换电或充电导致工期碎片化。科技公司出于安全考虑，更换电池较为费时。

（3）解决建议

① 混凝土状态实时监控。在机器人加装红外含水率传感器和温度探头，实时监测混凝

土初凝时间，动态调整提浆速度与振动频率（如坍落度降低 10%时自动提速 20%）。

② 复杂地形适应性改造。机器人前端作业板能实现施工作业中的可变调节功能。采用可伸缩边角模块，设计折叠式刮板（展开后覆盖半径增加 30cm），贴近柱脚、管井作业，覆盖率提升至 95%。采用坡度自适应底盘，利用液压调平系统，5s 内自动适应坡度（⩽ 8°），激光标高校准误差 ⩽ ±2mm。

③ 人机协同与施工流程优化。采用"机器人主导人工辅助"协作模式，实施边角协同作业，机器人完成大面整平后，自动标记未覆盖区域（AR 投影至地面），引导工人手持小型抹光机补位。通过施工管理平台同步机器人作业进度，提前 2h 通知人工班组准备下一作业面，减少等待空耗。

④ 采用 AI 动态路径规划。基于 BIM 模型预加载建筑轮廓，自动生成"非规则区域环绕路径"，减小漏扫率（＜ 3%）。

⑤ 采用快拆式耐磨组件。刮板刀头设置碳化钨涂层，寿命延长至 500h，支持现场 5min 更换。采用自清洁底盘，舵轮加装高压喷气装置，每 30min 自动清除粘结混凝土浆料，避免转向卡滞。

⑥ 采用混合动力续航方案。搭载双电源系统（锂电池 + 超级电容），支持热插拔换电（3min 完成），满足 24h 连续作业需求。优化电池设计与安装，简化电池的固定方式和连接接口，使其更易于拆卸和安装。例如，采用快速插拔式接口或更便捷的固定夹具，减少拆卸和安装的时间。

4. 地坪涂敷机器人

（1）使用场景

目前温州市使用场景应用以地下室大面积地坪漆为主。

（2）使用反馈问题

① 对于有设计要求的，可采用地坪涂敷机器人的项目占比偏小。

② 对于地下室人防口部、设备间及少数边角的地坪施工，由于机器无法到达作业面，仍需人工实施。

③ 自动路径规划专业团队能力建设不足，需要借助科技公司的专业力量建模及规划路径。

④ 地面不平整时机器人稳定性差，影响涂敷均匀性。

⑤ 涂料流量控制不稳定，导致涂层厚度不均。喷嘴堵塞或涂料黏度变化会影响喷涂效果。

（3）解决建议

① 提升对地坪涂敷机器人优势认知。通过举办地坪施工技术研讨会、线上直播讲座等形式，向设计单位、建设方和施工方详细介绍机器人施工在精度、效率、成本控制以及质量稳定性等方面的突出优势。展示实际应用案例，用数据和成果说话，让各方认识到采用地坪涂敷机器人不仅能满足设计要求，还能提升项目整体品质。

② 采用灵活的施工方案，先由机器人完成大面积的地坪施工，之后人工借助这些辅助工具对特殊区域进行精细化处理。

③ 鼓励有实力的建筑企业自购设备，同时要建立自己的专业技术能力较强的建模

团队。

④ 施工前对地面进行预处理（如打磨、清洁）。彻底清洁地面，修补裂缝和凹陷，确保地面平整度误差 $\leqslant 2mm/m^2$，避免机器人移动卡顿或涂层不均匀。

⑤ 采用闭环控制系统，实时监测流量和压力。定期清洗喷嘴，使用过滤装置防止杂质进入涂料管路。根据涂料特性（如温度、黏度）动态调整参数。

5. 测量机器人

（1）使用场景

使用场景应用较为广泛，房建类项目从结构到装修都能使用，市场使用反馈情况较好。

（2）使用反馈问题

① 建筑测量机器人测量最佳测距在 15m 以内，对于连跨大空间的建筑测量距离受限，测量精度有所下降，需多次测量三维拼接才能实现整体性的数据及三维空间图。

② 专业测量人员熟练掌握测量机器人的各项功能，培训周期较长，以盎锐测量机器人为例，需一个月甚至更长。

③ 激光传感器、机械臂关节等精密组件在长期振动、高负荷下易磨损，需频繁校准（如每月 1 次），维护成本攀升。

④ 电池续航限制：连续作业 8h 以上时，新能源电池可能需中途更换，影响施工连续性。

⑤ 场景泛化能力不足，异形建筑构件或临时施工改动可能导致 AI 模型识别错误，需人工干预修正（如 20%异常数据需复核）。

（3）解决建议

① 实行智能分段与自动拼接技术，对路径进行规划优化，基于 BIM 模型预分割测量区域，机器人按“Z 字形”轨迹自主行走，确保相邻扫描区重叠率 ≥ 15%（满足算法拼接阈值）。实现边缘实时拼接，搭载嵌入式 GPU，运行轻量化点云配准算法（如 FPGA 加速 ICP），现场完成数据融合。

② 对培训周期进行压缩并对操作进行简化，采用“零基础”智能引导系统，通过 AR 眼镜/平板，叠加虚拟操作指引（如“点击此处上传 BIM”“对准二维码启动”），新手 1h 内掌握基础流程。内置 NLP 引擎，支持语音指令控制（如“开始楼层扫描”“导出今日报告”），降低界面操作复杂度。采用模块化技能培训包，分级设计技能：Level 1（2h）：开机/关机、模式选择、异常代码识别；Level 2（4h）：BIM 数据对接、简单路径调整；Level 3（8h）：多机协同、算法参数微调。

③ 采用“预防式”现场维护，每班次开工前执行 5min 自检（激光校准、关节润滑检测），结果同步至云端。配置移动保养车，按机器人工作时长（如每 50h）主动上门更换滤芯、清洁传感器。

④ 在施工楼层设置电池共享柜，机器人电量 < 20%时自动导航至最近换电站，5min 完成电池更换。

⑤ 实现操作流程标准化，采用“一键式”作业模式，预设常见场景模板（如“标准层测量”“异形结构扫描”），现场人员仅需选择模式并上传 BIM 基准数据，自动生成测量路径。工人通过平板扫描施工面，实时叠加机器人覆盖范围与盲区提示，指导人工补测。

对于异形建筑构件等特殊情况，采用人机共融方式解决，人机分工明确，机器人主攻大面测量（如墙面平整度），人工专注边角盲区（如管井周边）补测，通过App实时合并数据，效率提升30%。设置“人机接力点”，机器人完成90%区域后自动推送剩余点位至工人手持终端，同步施工不中断。

⑥实现“测量整改验收”闭环。机器人完成测量后，自动生成带定位照片的整改清单（如“A3 墙面平整度超差+3mm”），工人手机扫码导航至问题点，整改后机器人进行局部复测。

7.6 本章小结

（1）总结了外墙喷涂机器人、内墙喷涂机器人、地坪机器人、测量机器人的技术工艺和特征，包括设备简介、工艺原理、优异特性、工艺流程、应用案例和实践成效，为市场推广应用提供有力支撑，推动行业进步。

（2）外墙喷涂机器人是一种集成机械臂、智能控制与高精度感知技术的自动化施工装备，通过激光雷达扫描建模智能路径规划实现墙面自适应喷涂，其核心价值在于：全自动完成底漆、真石漆、罩面漆等全品类涂料喷涂，昼夜连续作业效率提升30%以上，且通过聚焦喷涂技术动态调整涂料量，保障墙面凹凸区域均匀覆盖；借助毫米级吊篮定位系统和防撞模块，大幅降低高空作业安全风险，同时后台智能识别门窗等非喷涂区域实现精准避让，减少涂料浪费。该技术以“机器人主喷＋人工辅助”模式优化施工流程，在质量稳定性（消除人工接槎色差）、成本控制（人工成本降低30%）及复杂环境适应性（应对宽幅墙面、夜间施工）方面显著优于传统人工方式，推动建筑外墙施工向数字化、智能化转型升级。

（3）内墙喷涂机器人是一种集自由度机械臂、激光雷达导航与智能控制模块于一体的自动化设备，通过全自动路径规划和参数化喷涂（覆盖底漆、面漆），实现室内墙面、天花板等复杂结构的高效精准喷涂。其底盘采用四舵轮驱动，灵活穿越狭小空间，配合机械臂多轴协同及升降模组，喷涂覆盖率可达90%～100%，综合工效达150m²/h（人工效率的4倍），漆面均匀度与材料利用率显著优于人工；通过App远程控制和自动避障技术，减少人工接触有害物质风险，同时降低30%以上人力成本，以“自动作业＋点动修补”模式推动内墙施工向标准化、智能化升级。

（4）地坪机器人包含整平与抹光两类智能装备，分别针对混凝土初凝前、后阶段施工：整平机器人依托激光红外线标高控制与双自由度自适应系统，集成刮板、振捣、找平功能，一次性完成提浆与标高调节（精度达3mm），效率达400～600m²/h；抹光机器人通过伺服驱动摆臂与自调平抹盘，实现大范围均匀收光，效率达200～400m²/h。二者均搭载新能源动力与自主导航技术（遥控范围200m），施工效率较传统人工提升2倍以上，且通过智能化作业减少人工干预，保障地面平整度与安全性，同时以零排放特性推动地坪工程向绿色化、数字化升级。

（5）测量机器人是一种融合高精度激光测距、机器视觉与AI算法的智能装备，通过集成激光传感器、机械臂控制及定位导航系统，实现全自动空间定位、障碍规避与实时校准，其核心优势在于：无需人工调平，可一键完成墙面平整度、垂直度等参数测量（精度＜±1.5mm），并基于云端协同AI算法自动识别门窗、梁柱等建筑构件，生成3D-BIM逆向模型；支持客户自定义测量规则与报表格式，通过嵌入式边缘计算与并行异构技术实时处理数据，覆盖建筑、道路、隧道等场景，施工效率提升 2 倍以上，以“自动测量—数据同步—整改循环”流程推动工程测量向无人化、数字化升级，显著降低人工干预程度并强化质量管理追溯能力。

（6）对机器人应用进行了探讨，总结了建筑机器人的 4 种主要应用模式，分别为购买模式、租赁模式、租转售模式、专业班组化模式。并对现场应用情况进行分析，根据使用反馈情况提出合理化建议。

（7）外墙喷涂机器人作为温州市商业综合体及高层住宅规则外立面的施工工具，其应用受限于高空作业效率低、异形结构覆盖率低、环境适应性差及涂料兼容性不足等问题。解决策略包括：①研发模块化伸缩臂（扩展至 30m）与无人机协同系统，搭载防风稳姿算法（5 级风轨迹偏差 ≤ 20mm）提升高空效率与安全性；②开发柔性仿形喷头组（喷幅 10～50cm 可调）结合激光雷达动态路径规划，覆盖率提至 85%，并采用微型无人机群“蜂群补喷”异形镂空区域；③集成气象监测模块动态调节涂料参数，设计快拆防水喷枪支持小雨作业（停工率降至 10%）；④优化低阻力真石漆管道（堵管率 ≤ 10%）及双通道供料系统，实现涂料一键切换；⑤部署 AI 实时纠偏系统（AR 眼镜映射变更），30min 完成路径重规划，综合提升施工智能化与全场景适应性。

（8）内墙喷涂机器人作为温州市地下室内墙、住宅及厂房宿舍等标准层建筑中的施工工具，其应用受限于作业高度、覆盖面不足、环境高要求、技术人员依赖性强及频繁堵管等问题。解决策略包括：①拓展作业高度，研发可升降平台及延伸臂（适应层高 ≤ 4.5m）并制定安全施工方案；②开发窄幅喷涂附件与独立柱 360°工装，结合测绘灵活配置，提升厂房覆盖率；③优化避障系统精准识别障碍，采用“人工打底 + 机器人精喷”协同流程，并增设清洁小组保障环境；④简化路径规划软件为图形化界面，推动企业自建技术团队降低外部依赖；⑤联合研发防堵专用涂料，配备自动清理输料系统及快速疏通工具，同步强化材料检测与管道维护，综合提升施工效率与设备适应性。

（9）混凝土地面整平机器人作为提升公建类大开间及室外大面积作业效率的关键工具，其应用面临混凝土状态波动（初凝时间、骨料不均导致提浆问题）、复杂地形适应性差（柱脚/管井盲区覆盖率降低 10%～15%、坡度 > 5°时平整度超差±5mm）、路径规划僵化（非规则区域漏扫率增加）、高损耗（振动器/刮板每 200h 更换）及续航短板（8～10h 需换电）等挑战。解决策略包括：①搭载红外传感器实时监控混凝土状态，动态调节作业参数；②设计可伸缩刮板与液压调平底盘，提升边角覆盖至 95%并适应 ≤ 8°坡度；③结合 AI 动态路径规划（基于 BIM 生成环绕路径）与“人机协同”模式（AR 标记盲区 + 人工补位），减小漏扫率至 3%；④采用快拆式碳化钨耐磨组件（寿命延至 500h）及自清洁底盘（30min 自动清浆），降低维护成本；⑤引入双电源热插拔系统（3min 换电）支持 24h 连续作业，全面优化施工效率与成本控制。

（10）地坪涂敷机器人作为温州市地下室大面积地坪漆施工中降本增效的核心工具，其应用面临适用场景受限、路径规划依赖外部团队、地面平整度差及涂料控制不稳等问题。解决策略包括：①加强行业推广，通过技术研讨会和案例展示，提升设计方对机器人施工优势的认知；②采用“机器人主攻大面 + 人工精细补位”的协作模式，结合地面预处理（打磨清洁至误差 ≤ 2mm/m²）和闭环控制系统（实时监测流量/压力、动态调节参数），优化涂层均匀性；③推动建筑企业自建专业建模团队，并搭载自适应导航技术减少外部依赖，同步强化喷嘴过滤维护与涂料黏度管理。

（11）测量机器人作为当前房建领域降本增效的优选工具，广泛应用于结构施工到装修阶段，其核心问题包括测距受限、操作培训周期长、精密组件易破坏、电池续航不足及场景泛化能力不够。解决策略包括：①采用智能分段与自动拼接技术，基于 BIM 预分割区域并优化"Z 字形"路径，利用轻量化点云算法实时拼接数据；②通过 AR 引导、语音控制和模块化简化操作；③实施预防性维护；④设置电池共享柜提升连续性；⑤标准化"一键式"作业模板，人机协同覆盖 90%区域后自动推送盲区至人工补测，效率提升 30%；⑥建立"测量—整改—验收"闭环，自动生成定位整改清单并支持局部复测，确保数据精准闭环管理。

第 8 章

产业支撑体系创新研究

2023 年，我国建筑企业完成建筑业总产值达到 31.6 万亿元，建筑业增加值占国内生产总值比例为 6.8%，从业人数 5254 万人，建筑业作为国民经济支柱产业的地位稳固，为经济社会发展做出了重要贡献。然而当前建筑业具有点多面广、流动性强、碎片化生产和同质化竞争的特点，存在生产方式较为粗放、管理存在漏洞、劳动效率不高、科技创新不足、信息化水平和科技含量不高等问题，导致行业发展质量和生产效益不高。在建筑业转型升级的背景下和提升建筑品质的要求下，传统的经济增长模式和生产力发展方向越来越不能适应社会发展要求。

随着工业 4.0 时代的到来，先进工业化建造技术与 BIM、人工智能、物联网、建筑机器人等相关技术深度融合的智能建造，是建筑行业的新兴趋势，是推进建筑业转型升级、催生新质生产力的重要途径。发展智能建造可以以智能建造产业发展为核心，以产业基地发展为基础，逐渐打通发展脉络，全面优化建筑全生命周期的各个阶段，加快对传统生产力和生产关系的革新，激发建筑业转型升级的内生动力，实现从“中国建造”到“中国智造”的飞跃。

8.1 培育建筑智能建造产业

智能建造产业正从试点探索向规模化推广迈进，技术应用与政策支持形成双轮驱动，但产业链协同、研发投入和人才供给仍是关键瓶颈。

8.1.1 智能建造产业发展现状

自智能建造上升为国家战略并开展试点工作以来，各地积极布局智能建造产业园，力求打造产业高地，推动建筑业的数字化与智能化转型。

1. 试点城市引领发展

智能建造产业园依托当地资源与政策优势，在产业集聚、技术创新等方面展现出鲜明特色。

（1）产业融合与平台赋能。武汉智能建造产业园由武汉新城投资建造，充分发挥当地大型企业、科研院所集聚的优势，加速产业链上相关企业的集聚融合。产业园内汇聚了设计、施工、装备制造、信息技术等各类企业，形成了完整的智能建造产业生态。智能建造供应链平台是该产业园的一大亮点。该平台融合“天、地、金、商”4 张网，整合海量资源，汇集项目规划、专业咨询、智能设计、智能生产、智能施工、智能运维、智能装备等全产业链企业信息。目前已上线企业 1019 家，提供 9568 款产品服务，极大促进了产业内的信息流通与业务合作，有效降低企业运营成本，提高产业协同效率。

（2）技术引领与项目示范。南京南部新城智能建造项目集聚区作为全国首个智能建造项目集聚区，在技术应用与项目示范方面成果显著。集聚区依托智慧城市平台，建立二三级管控平台，包括南部新城开发建设管理委员会 CIM 平台以及公司级和项目级 CIM 平台。通过这些平台，可实时反映工地现场及智能建造技术指标应用情况，实现规划、施工和竣工阶段全面可视化管理。例如，富华路两侧教育配套工程等 6 个项目入选南京市智能建造试点项目，其中富华路两侧教育配套工程还入选江苏省试点项目。这些项目在施工过程中广泛应用智能建造技术，如智能测量、智能塔吊、建筑机器人等，为智能建造技术的落地应用提供了实践样本，也为其他项目提供了宝贵经验。

（3）体系构建与集群打造。苏州相城区在智能建造产业园建设方面多点开花，布局建设了苏州市智能建造产业基地、苏州市建筑机器人产业园、苏州市建筑新材料产业园等。苏州市智能建造产业基地开工建设，吸引智能建造创新产业核心企业联盟代表入驻，为相城建筑业发展注入新动力。苏州市建筑机器人产业园揭牌后，聚焦建筑机器人整机与核心零部件领域，打造集装备制造类、研发服务类企业于一体的产业集群，推动建筑机器人技术研发与产业化应用。苏州市建筑新材料产业园则致力于建筑新材料的研发与生产，通过技术创新提升建筑材料的性能与质量，为智能建造提供坚实的材料支撑。这些产业园共同构建起苏州智能建造“五园三院两中心 N 基地”的产业体系，推动形成智能建造产业创新集群。

（4）政策支持与产业布局。深圳将智能建造产业视为重要发展方向，出台多项政策支持智能建造产业园建设。以中建科工、中建科技等为代表的建筑企业，以及华为、腾讯等信息技术企业纷纷布局智能建造产业。深圳依托高新技术产业园区推动建设智能建造产业园区，如在龙岗区落地“深圳建筑产业生态智谷”，目标是打造千亿级建筑产业集聚区域。目前，深圳初步形成模块化建筑、建筑产业互联网、人工智能辅助设计等 6 项创新产业布局，成为智能建造“技术策源地”。园内企业积极开展技术创新与应用，推动智能建造技术在实际项目中的广泛应用，提升深圳建筑业的智能化水平。

2. 产业链协同发展加速

智能建造产业上下游协同合作日益紧密，形成涵盖设计、生产、施工、运维全流程的产业生态。

在设计阶段，自主创新数字化设计软件不断涌现，如 BIM 软件在装配式建筑、装修、钢结构等设计领域广泛应用，实现多专业协同设计，提前模拟施工过程，减少设计变更，降低施工风险。

在生产阶段，部品部件智能生产线涵盖预制构件、装修板材、厨卫等领域，提升生产自动化、标准化程度。一些预制构件生产工厂采用智能控制系统，根据订单需求精准生产，生产效率较传统生产线提高 50%以上，产品次品率降低至 5%以内。

在施工阶段，建筑产业互联网平台整合建材集中采购、工程设备租赁、劳务用工等资源，实现信息共享与高效调配。劳务用工数字化管理平台通过人脸识别、定位追踪等技术，实时掌握工人出勤、技能情况，合理安排工作任务，提高劳务管理效率。

在运维阶段，工程项目智慧运维平台利用物联网、大数据技术，实时监测建筑设备运行状态，提前预警故障，降低运维成本。如某商业综合体智慧运维平台，使设备故障维修时间缩短 40%，能源消耗降低 15%。

3. 产业技术创新显著

智能建造产业技术创新活跃，建筑机器人、人工智能、物联网等前沿技术不断取得突破并深度融入产业发展。

建筑机器人的种类日益丰富，功能愈发完善。除常见的砌墙、焊接、测量机器人外，高空作业机器人、清洁机器人等也逐步投入应用。雄安新区、广州白云站等项目启用砌墙、焊接机器人，推动智能建造进入规模化应用阶段。在一些项目中，钢筋绑扎机器人、混凝土整平机器人、刮腻子机器人等也大显身手，不仅提高了施工效率，还提升了施工质量的稳定性。

人工智能在智能建造中的应用广泛且深入。AI 辅助设计软件可根据设计要求自动生成多种设计方案，并进行性能模拟分析，为设计师提供参考；AI 施工管理系统通过图像识别、数据分析，实时监控施工现场安全、质量问题，如识别工人未佩戴安全帽、违规操作等行为，及时发出警报。

物联网技术实现了施工现场设备、材料、人员的互联互通。智能传感器安装在施工设备上，能实时采集设备运行数据，进行远程监控与故障诊断；物料数字化管理系统借助 RFID 标签等技术，对建筑材料的采购、运输、存储、使用进行全流程跟踪，避免材料浪费与丢失。

此外，各地积极支持建设智能建造科技创新平台，立项相关科研项目。24 个试点城市支持启动建设 39 个智能建造科技创新平台，立项智能建造相关科研项目 105 个，部分技术研发成果获得省级以上首台（套）重大技术装备认定，为智能建造产业的持续创新发展提供了有力支撑。

8.1.2 智能建造产业培育重点

综合各地培育智能建造产业的方向来看，主要涉及 6 大类。

（1）普及数字化设计，强化多主体多专业一体化集成设计。随着建筑设计要求的不断提高，工程建造领域逐渐形成了以 BIM 为核心的工程软件体系。该体系结合物联网、人工智能、云计算等技术，通过算法模型能够准确、快速地完成各类复杂建造任务。在一些大型建筑上逐步得到实践。比如：北京艺术中心项目基于 BIM 技术，结合硬件和智慧系统的配套升级，借助智能检测设备的使用，深化设计过程，使项目钢结构更加智能化，减少了人工干预和错误，实现施工累计效益 1300 万元。

（2）推广智能化生产，建立以标准部品为基础的专业化、规模化、信息化生产体系。相较于传统现浇结构，装配式建筑因其高效、节能、安全等优势，日益受到市场的青睐。在预制构件生产过程中，使用 BIM、Tekla 和 CAD 等软件进行多维深化设计；采用中央控制系统的自动化流水线生产系统规范生产流程，保证部品部件更高的标准化水平。在使用过程中，形成可追踪式管理做到构件安装实时监控，通过精细化管理实现问题溯源，提高建造效率、利用率。比如，深圳长圳公共住房项目作为目前全国在建规模最大的装配式公共住房项目，实现了部件部品标准化，同时实施装配式装修。在保障施工质量的前提下，在工期、效率、成本、后期维护等方面都有优势。较传统装修而言，施工时间缩短了30%～50%。

（3）探索智能化施工，实现对工程项目"人、机、料、法、环"等关键要素的实时感知、全面掌控、自动预警和智能决策。通过打造智能工地，对在设计、生产、施工、管理等各个方面收集到的数据进行挖掘，提供过程趋势预测及专家预案，实现工程施工可视化智能管理，以提高工程管理信息化水平，从而逐步实现绿色建造和生态建造。比如，国家会议中心二期项目引入 BIM、云计算、云存储、人工智能等多项新技术，研发了大跨重载结构卸载过程监控系统及基于北斗系统的曲面滑移监测系统，形成了一套适用于复杂空间结构的智能建造技术。在建设工程中可获得施工阶段各工序下结构全尺度、全时段、高精度的实测数据，保障施工精度及安全，有利于提升复杂空间结构体系设计、施工及运营水平。

（4）建设建筑产业互联网。依托开放的网络，通过收集数据、处理数据和智能决策，把工地、工厂、工程设备、部品部件、供应商、施工人员、建设单位和使用者紧密连接起来，打造智能建造的"神经网络"，实现各种要素资源高效共享，助力自动化、智能化的生产建造。通过新型的平台经济、生态经济和数字经济模式，实现赋能行业及区域实现高质量发展。比如中铁一局的工程机械在线租赁平台、"安心筑"建筑工人产业互联网平台。

（5）研发应用建筑机器人，辅助替代"危、繁、脏、重"的人工作业。智能化建筑机器人在传统工程机械基础上，融合了多信息感知、故障诊断、高精度定位导航等技术，核心特征是自感应、自适应、自学习和自决策，通过不断自主学习与修正、预测故障来达到性能最优化，解决传统工程机械作业效率低下、能源消耗严重、人工操作存在安全隐患等问题，也保证了施工质量。比如，佛山充分发挥博智林等本地龙头企业优势，搭建系统化研发体系，并联手清华大学等科研院校，围绕建筑机器人和智能建造等领域开展联合研发，目前近 50 款机器人可覆盖结构施工、室内外装修等大部分建筑场景，其中外墙喷涂、地砖铺贴等 28 款机器人已经实现商用，在保障施工人员安全的同时，有效提升工程效率和质量。

（6）推进工程项目全过程智慧监管，实现工程项目审批、审查、监督、验收等系统的数据共享和业务协同。能有效提升监管效率、推进监管服务体系走向一体化、实现规范化。比如广州市搭建综合运用物联网监控、云上调度、AI 分析技术的"一屏管工地"智慧监管一体化平台，实现深基坑安全监测、混凝土全过程追踪、起重机械全周期监管、风险管控双重预防、现场量化自动评价等多项智能化监管功能，提升监管效能，有效支持政府部门行业监管、日常监督、企业项目监督协同及数据共享；台州、合肥、广州、雄安新区等分别以工程质量检测、起重机械管理、预制构件生产、工程监理等为切入点，探索应用大数据、物联网、视频监控等数字技术辅助人工监督检查，提高质量安全管控能力。

8.2 智能建造产业基地基础条件

智能建造产业基地是培养全产业链的基础。我国建筑产业市场前景广阔、市场容量大，进一步实现降本、增效、提质是发展的必然结果。智能建造产业基地作为智能建造产业的载体，对于解决产业发展碎片化、行业价值链割裂的问题，实现产学研结合、促进行业集约化发展具有重要意义。

8.2.1 政策支持

从智能建造产业视角审视，政策的密集出台为行业发展绘制了清晰蓝图。2020 年，住房和城乡建设部等 13 部委联合发布《关于推动智能建造与建筑工业化协同发展的指导意见》，明确提出到 2035 年，实现“中国建造”核心竞争力位居世界领先地位，建筑工业化全面达成，成功迈入智能建造世界强国行列。这一目标为智能建造产业锚定了长远的发展方向，强调了智能建造与建筑工业化协同共进的重要性，对产业升级转型意义深远。2022 年，《住房和城乡建设部 国家发展改革委关于印发城乡建设领域碳达峰实施方案的通知》指出要大力推广智能建造，计划到 2030 年培育 100 个智能建造产业基地。这一举措旨在通过产业基地的建设，发挥集聚效应和示范作用，促进智能建造技术、人才、资金等要素高效整合，推动智能建造产业规模化、集群化发展。2022 年 10 月，住房和城乡建设部选定 24 个智能建造试点城市。随后，各试点城市相继出台智能建造试点城市实施方案。这些试点城市作为智能建造产业的先行探索者，将在政策创新、技术应用、产业培育等方面开展一系列实践，为智能建造产业在全国范围内的推广提供宝贵经验，有助于加快形成可复制、可推广的智能建造发展模式，全面推动智能建造产业迈向新的发展阶段。

各试点城市就智能建造产业基地的培育作了具体部署。比如，广州市提出培育智能建造产业生态，打造一批智能建造试点示范项目，推进“广州设计之都二期”（白云区）等与智能建造产业相关园区的建设和招商工作，培育具有智能建造系统解决方案能力的工程总承包企业；深圳市提出着力打造智能建造产业园区，积极引入智能建造骨干企业，整合产业链上下游资源，形成智能建造产业集群，推动龙岗区、南山区、深汕特别合作区等结合自身特色，探索智能建造在多维度多场景的创新应用；沈阳市提出依托现有产业基础，加快建设中国（沈阳）智能建造产业园，培育新型建筑业总部基地。在此基础上，各试点城市也出台了土地、规划、财政、科技、人才、招标投标、评优评奖等一系列支持政策，引导科研、金融、人才等政策资源投向智能建造领域。

更多的政策优惠提供更优的营商环境，为在智能建造方面不断创新发展的企业解开束缚、减轻负担、提供动能，实现新质生产力的持续发展。

8.2.2 产业基础

目前我国培育智能建造产业基地主要是打造以重点城市为基点的产业集群和以城市群为基本的产业集群链条，形成“1 个产业链图谱 + N张清单（骨干企业、配套企业、关键技术产品、重点项目等清单）”。智能建造产业基地建设离不开城市本身的产业基础，企业更是落实产业转型、推动技术进步的主体。比如广州市支持骨干企业发展产业园区、基地。以广州建筑、中建四局为代表的建筑业企业布局建设 10 个各有侧重的产业园区，集聚智能建造产业链上下游企业，促进智能建造产业协同融通发展；台州市整合现有 7 个装配式基地，形成产业集聚，带动上下游及其他相关产业发展；深圳市以中建科工、中建海龙、特区建工等总承包（EPC）企业，以及华为、腾讯、大疆等跨界企业为起点，构建“一核、两极、多点支撑”的产业发展格局，培育智能建造、智慧建筑、低碳节能三大千亿级产业群。

以原有产业优势为基础，不断整合资源、形成产业集聚优势，吸引更多上、中、下游企业来产业基地生产创新、补链增链强链，为基地产学研结合提供行业发展基础，形成集聚效应和先发优势。

8.2.3 其他要素

智能建造产业园培育中，城市周边市场规模、交通环境因素等都起到了重要作用。比如2023年湖北建筑业总产值占全国比重为6.8%，产值规模继续保持全国第4、中部第1，其中全年全省新开工装配式建筑面积4062.2万 m^2。该市场规模下，湖北第一个智能建造产业园落户鄂州市，推动产业链、创新链、价值链“三链”融合，构建“政学研产金服用”贯通的智能建造产业生态，为智能建造产业发展注入强劲动能；重庆新型建筑智能建造产业园位于西部陆海新通道、成渝地区双城经济圈和渝黔合作综合服务区的交通节点，距离重庆主城100km，遵义130km，贵阳250km，成都400km，兰海高速、渝筑高速、安习高速直达园区，川黔铁路、渝贵高铁紧邻园区，年运输量1000万t的大宗产品运输物流体系已基本形成。

巨大的市场规模、优渥的区位优势和便利的交通设施都能吸引更多企业来产业基地落户，有利于形成产业集群，满足上中下游沟通需求，提高效率，降低成本。

8.3 智能建造产业园发展目标

智能建造即以人工智能等核心科技创新培育建筑业新模式、新业态、新动能，引领建筑业转型升级，打造智能建造新质生产力，有助于全面推动我国建筑业转型升级、实现建筑业工业化、数字化和智能化。

8.3.1 以标准规范为抓手，实现产业工业化

通过进一步推动装配式建筑发展，以“1＋3标准化设计和生产体系”为突破口，推动建筑工业化提质增效。一方面在标准化程度高的保障性住房中应用“1＋3标准化设计和生产体系”或标准图集。另一方面建立基于BIM的标准化部品库，满足标准化设计选型要求，扩大标准化构件和部品部件使用规模，逐步降低构件和部件生产成本，实现由“政策驱动”到“市场驱动”的转变。

8.3.2 以信息交互为抓手，实现产业数字化

推动设计、生产、施工、运维环节信息交互共享，以数字化提升工程建设的系统集成和产业协同水平。一方面推进工程建设数字化成果交付和使用，建立设计及竣工成果数字化交付制度，赋予BIM模型与二维图纸同等的法律效力，探索将BIM模型作为工程竣工结算和审计的依据。另一方面健全数据交互和安全标准，打通设计、生产、施工等工程建设全过程的数据交互和应用。

8.3.3 以示范效益为抓手，实现产业智能化

依托建筑产业互联网平台，连通智能设计、智能工厂和智慧工地，形成效益好、质量优、排放少、成本低的智能建造系统解决方案。一方面通过物联网、AI算法等技术，采集并分析施工现场大量数据的趋势、相关性和异常，为施工管理人员提供决策支持，提高施

工效率和质量。另一方面研究制订智慧工地评价标准，研发全面感知、智能服务、产业链协同、开放共享的智慧工地平台。

8.4 智能建造产业园发展路径

8.4.1 要素集聚，形成规模效应

这一时期主要是同类企业集聚的纯产业园区。以政策优惠为驱动，以降低成本为导向，通过廉价土地、七通一平、劳动力和税收优惠等举措，吸引智能建造企业来产业基地落户。集中产业项目、资金资本、支撑设施，实现化零为整，推动建筑企业加快实现工业化、数字化、智能化。

1. 推进建筑企业生产工厂化、工业化

通过为创新型智能建造企业提供政策优惠、便利服务和稳定预期，促进部品部件生产企业打造自动化生产、信息化控制、智能化决策的智慧工厂，实现标准化生产；促进相关企业在智能控制和优化、新型传感感知、工程质量检测监测、数据采集与分析、故障诊断与维护、专用软件等方面实现核心技术的突破；推进钢筋制作安装、模具安拆、混凝土浇筑、钢构件下料焊接、隔墙板和集成厨卫加工等方面的建筑机器人继续生产制造和迭代优化。

2. 促进建筑工地建造数字化、智能化

通过信用激励、评优评奖、奖补资金等方式方法，扩大智能建造建筑市场。利用产业基地专业化分工，激励先进集成建造设备、安装运输设备及智慧工地相关装备生产企业在研发、制造和推广应用上投入更多，全面提升各类施工机具的性能和效率，提高现场机械化施工程度；促进智能建造企业在材料配送、钢筋加工、喷涂、铺贴地砖、安装隔墙板、高空焊接等现场施工环节上更好地实现智能化数字化；提高智能造楼机、智能架桥机、智能盾构机等一体化施工设备生产企业的市场应用；促进建筑工地全过程智能建造和全流程智慧监管。

3. 实现产业基地服务智慧化、便利化

利用智能化设备和物联网技术，实现园区内各类设施设备的远程监控、自动化控制和智能化管理，降低运营成本，提高资源利用效率，同时搭建园区服务平台，利用大数据应用，为在园企业提供高效、智能的工作生活环境。

8.4.2 骨干主导，补齐产业链条

在这一阶段产业出现集聚效应，形成产业集群圈层布局。以智能建造相关的骨干企业、核心企业为主导，利用他们的技术优势、市场优势、品牌优势和示范作用，不断延伸上中下游产业链，做强骨干企业、整合行业资源、带动全链发展。构建以龙头企业为核心，全产业链齐头并进，配套产业丰富的一体化智能建造产业布局。

1. 以龙头企业为核心，实施链式招引

智能建造龙头企业、工程总承包（EPC）企业及时根据市场需求建立完善产品标准体系，龙头企业根据自身的市场优势、品质要求、研究成果和应用经验等制定产品标准、行

业要求，使上中下游企业产品生产有标准、质量有保障、产品有市场，实现智能建造全链条产品规格统一、品质过硬。推动产业布局从“零散点状”向“系统链式”转变，构建智能建造产业创新集群。

2. 以整合资源为重点，搭建交流平台

龙头企业搭建交流平台，通过智能建造高新技术成果交易会、科技大会、产业促进大会等活动，利用其自身广泛的市场覆盖面积、强大的市场推广能力和积极的市场号召响应，推进先进的技术研发能力和丰富的技术经验储备在产业链间的应用融合，同时积极引进科技、金融等跨界企业，凝聚各方力量，推动产业资源共享。

3. 以配套产业为突破，形成先发优势

通过进一步聚焦智能建造新兴发展方向，加快智能家居、装配式装修等配套产业发展布局。在细化智能家居市场、推动智能家居普及上，做好产业规划和政策优惠；在信息安全和产品质量上，设置市场准入门槛和行业监管介入；在构建装配式装修产业体系上，关注部品部件质量标准和全行业技术生态；在施工团体配备上，做好专业培训和技术指导。加快形成智能建造配套产业的品牌影响和市场优势。

8.4.3 行业协同，构建良性互动

这一阶段不同要素的协同作用开始显现。上中下游产业链不断发展壮大，市场、企业、政府形成良性互动、高端人才、技术人才和复合型人才持续增多，形成技术密集型、创新型导向，以技术驱动、服务驱动、人才驱动促进产业发展，打造研发型、科技型和具有制造研发复合功能的产业基地。

1. 畅通三游，实现全产业链协同发展

（1）就上游而言，主要涉及底层核心技术的基础软硬件产业，包括工程软件产业、工程物联网产业、新一代信息网络产业和建筑新材料产业等。需要继续从组织技术攻关形成自主可控的软硬件支撑入手，推出品质较高的上游产品，再根据用户使用情况和需求反馈推动产品迭代升级，逐渐形成竞争力。随后进入市场化良性竞争阶段，依靠自身竞争优势和不断优化，逐步提高上游产品的市场占有率。

（2）就中游而言，智能建造技术体系要化零为整，继续加强跨领域跨行业的协同创新。一方面通过物联网、大数据、云计算、人工智能、区块链等新兴技术，实现传统建筑业的迭代升级。促进设计一体化、集成化，部品部件制造工业化、标准化，施工过程数字化、智能化，人员工作高效化、安全化。另一方面培育一批产学研用深度融合的智能建造科技创新基地，解决技术研发和集成应用不配套的问题。

（3）就下游而言，建造智能化重塑建筑业供应链和价值链。要求产品高品质、高科技；监管全流程、全要素；建筑好维修、好更新。一方面通过全新监管理念和监管平台，方便施工方、监管方全面掌握施工工程项目质量、安全、进度、成本等全过程全要素。另一方面依托物联网、大数据等智能技术，实时关注建筑质量安全风险，及时识别运维故障，打造好用、好维修、好更新的高品质建筑。

2. 连接三端，促进三方主体有效互动

（1）政府引导企业发展，优化营商环境。通过发挥政府的顶层设计、规划制定、政策制定、标准研究等引导作用，优化智能建造产业的营商环境，吸引建筑企业加大工业化、

数字化、智能化的投入。通过政策导向，结合区域分工和协调机制，推动试点城市打造智能建造产业集群，形成技术和产业的竞争优势，并在周边形成相互促进支撑的产业集群链，实现建筑业提质增效。

（2）企业适应发展需要，满足市场需求。根据市场需求，建立健全跨领域跨行业协同创新体系，推动智能建造核心技术联合攻关与示范应用，促进科技成果转化应用。激发企业创新创业活力，支持龙头企业与上中下游中小企业加强协作，构建良好的产业创新生态。实现智能建造发挥“扩内需补短板，建设强大国内市场”的作用，打造“企业发展带来更大市场，市场扩大促进企业发展”的生态循环。

（3）市场提供反馈信息，优化政策实施。以群众满意度为重点提升建筑品质，发挥智能建造全过程可视化和质量可追溯的优势，用高质量的产品和服务吸引消费者、打动消费者。及时研究解决市场主体反映的突出问题，及时优化政策实施，有效纾解智能建筑发展的痛点、难点和困难，激发市场活力和信心。

3. 培养三才，提供产业发展持续动力

（1）高端人才交流。充分融合企业、产业基地和高校科技创新和人才集聚优势，一方面探索实施产业教师特设岗位计划，完善产业兼职教师的引进、认证和使用机制，结合目前的企业需要和市场需求，针对性培养智能建造相关人才。另一方面，搭建产学研服务平台，通过整合学校、企业和研究机构的资源，为技术创新和人才培养提供更好的条件。高校、研究机构可以为技术创新提供最新理论和科技支撑，企业、产业基地为研究成果提供实际应用平台和真实使用反馈，将技术成果不断优化，提升核心竞争力，促进行业正向发展。

（2）技能人才服务。通过对目前从业人员提供全过程服务和培训，一方面根据企业和用工市场需求，为工人提供各项技能培训，促进从业人员技术和知识结构升级，将传统意义的建筑业农民工孵化为新型建筑产业工人。另一方面通过提供施工任务派发、工作量认定、班组和工人管理等劳务服务，实现信息一站化，服务标准化。同时与高校展开合作，打造产教融合生态圈，校方发挥理论研究、师资、教材等优势，基地发挥实操培训、施工现场实训等优势，根据行业的发展需求和现场工人岗位技能需要制定教培方案，使学员通过培训可上岗就业。

（3）复合人才培养。高校在智能建造人才培养过程中，一方面以土木工程为基础，与数学、计算力学、机械工程、信息技术、工程管理、建筑城规等学科进行深入交叉，以人工智能技术赋能现有建造技术全链条，培养建造过程、建造装备、建造系统等多方面的复合人才。另一方面通过研发合作、共建实验室、共建研究基地、共建重点课程、共建师资队伍、共同推进技术创新等方式进一步加强校企合作，开展学科交叉和产教融合复合型人才培养。充分发挥科技第一生产力、人才第一资源、创新第一动力的作用。

8.4.4 产城融合，打造现代都市

这一阶段主要是产业园在空间上和城市功能充分融合。以城市为基础，承载产业空间和发展产业经济，以产业为保障，驱动城市更新和完善服务配套，进一步提升土地价值，以达到产业、城市、人之间有活力、持续向上发展。通过区块内外的便利的交通条件，不同的土地功能，以文化创意、科技创新以及高端现代服务业，吸引高价值品牌、高素质人

才和金融资本，打造具有现代化综合城市功能，“产、城、人”深度融合的现代化城市。

1. 以产促城，抓好高质量发展的强大引擎

（1）以产业融合为关键，实现经济发展提质增效。通过智能建造 6 大应用产业的深度融合和不断发展，企业和资源不断集聚形成产业集群，从而提升智能建造的区域竞争力和吸引力。产业发展直接带动的就业和税收增加了地方财政收入，促进了经济的整体繁荣，为城市建设提供了经济基础和建设动力，有利于城市基础设施的完善和公共服务水平的提升。

（2）以智建项目为牵引，促进城市建造更新迭代。以智能建造重点企业、重大项目为牵引，为城市更新提供更多选择。通过打造样板式智能建设项目，在设计上全盘考虑，在施工上保障安全、减少扰民、缩短建设时间，在使用上提高舒适度，在管理上实现智能化。推动城市空间结构优化和品质提升，助力高质量发展、高水平治理。

（3）以产业基地为基础，吸引城市人口集聚增长。智能建造产业基地的繁荣发展带来更多的就业机会，支撑城市劳动力市场的繁荣，稳定的就业市场吸引更多的外来人口，促使他们转化为城市新居民，随着时间的推移，人口集聚和产业集聚产生的规模经济外溢效应逐渐发挥作用，进一步提升城市和企业的生产效率，促使更多的企业和人口向城市集聚。

2. 以城兴产，提高新质生产力的供给匹配

（1）聚焦高新产业，靶向供给土地。根据智能建造核心产业发展和产业链延伸情况，围绕创新链与智能建造上中下游的融合状况，通过土地靶向供给，实现空间格局与产业发展主动适配，形成“智能建设核心龙头企业 + 上中下游产业链企业 + 配套产业”的圈层式梯度布局，实现智能建造创新水平不断突破和在城生长。

（2）聚焦真实需求，优化空间供给。关注智能建造企业发展需求和企业人才真实需求，做好企业调研和目标人群摸底，做到根据需求优化空间供给。通过土地整备、工业上楼等多种方式方法，盘活园区土地资源，保障优质产业空间供给，为智能建造产业发展的不确定性提供高适应性空间，实现产业化零为整，打破空间要素制约。

（3）聚焦发展战略，实现要素协同。重视智能建造产业基地发展规划和企业发展预期，在城市产业经济、政策研究、土地整理、城市规划、综合交通、市政工程等要素有机更新时，充分考虑要素与产业发展的深度耦合、实现二者的一体协同。同时让智能建造项目建设和产业发展与城市资源投放和开发建设节奏相适应，不断提高政策处理效率，逐步打造产业园区周边配套设施，包括商务公寓、研发用房以及配套商业，彰显城市开发决心。

3. 相辅相成，建设具有幸福感的生态园区

（1）入驻多产业，提供配套服务。由于智能建造产业基地人口集聚效应，为改善周边生活服务水平，提升基地周边土地经济效益，在产业基地周边配备金融机构、法律服务机构和行政服务机构解决企业融资、法律和政策处理难题；完善餐饮、教育、医疗等相关配套服务，解决从业人员日常生活需求；提供人才公寓、商务酒店等高质量配套，充分满足居民需要。在产业基地周边打造智能建造样板式建筑，鼓励智能家居与未来社区共融共建。推进园区周边先行先试，将智能家居融入装配式装修应用，打造一批应用示范项目，营造智能建造氛围，提高周边居民居住体验，形成辐射效应。

（2）融合新经济，丰富周边业态。在园区周边植入新消费产业，特别是青年人需求旺盛的新业态，满足青年人多元化、个性化的消费需求。一方面催生文创引领的活力业态。

植入以文化创意为主的新兴产业，如创意市集、建筑设计、广告设计、服装设计、摄影摄像、生活美学等，并配套精品咖啡店、美食烘焙店等休闲商铺。另一方面推动月光经济全面转型。积极引进培育沉浸式夜间文化艺术项目，鼓励发展夜赏、夜游、夜宴、夜娱、夜购、夜宿等瓯越特色月光经济文化娱乐业态，增加休闲消费选择。同时引入话剧、驻场秀、脱口秀、音乐节、戏曲等特色表演，丰富文化产品供给。推动健身、瑜伽、舞蹈、体育培训中心等机构开设，促进健康消费。同时为文体创业提供公共服务、空间支持和政策扶持，激活园区周边的活力。

（3）延续瓯文化，提升园区内涵。根据城市区域特性以及人文特色，打造智能建造产业基地周边，体现如东瓯王国故地、山水诗摇篮、永嘉学派、南戏故里、重商经济学派发源地等具有强辨识度的文化印记，传承城市文化，体现城市灵魂。在产业基地周边继续建设城市书房、绿地公园、运动场所等公共空间，融合城市文化 IP；在休闲时间开展非物质文化传承活动，以创新传承历史文脉，提升人才对城市的认同感，对工作的满足感，对生活的幸福感。

8.5 智能建造装备产业园的探索

受益于过去数十年间我国城市化进程的加速演进，在房屋建筑和基础设施更新换代的大背景下，大部分传统建筑企业注重施工项目本身的成本、质量管控，即便缺乏依托科技创新构建竞争优势的动机和实力，也能在市场上满载而归。但随着近年来房地产市场长期进入筑底阶段，基础设施建设项目也因地方政府债务等问题有所减少，建筑业更加需要实现从资源要素驱动向科技创新驱动的转型升级。本节拟通过对建筑产业支撑体系的案例进行分析，总结智能建造背景下建筑业支撑体系发展的经验和案例。

8.5.1 苏州智能建造产业园模式分析

苏州市为全国智能建造试点城市之一，近年在浒塘镇建设规划用地 130.2 亩、总建筑面积 27.12 万 m^2、计划总投资 24.2 亿元的智能建造产业基地。该基地包括产业专区、产学研机构、孵化中心等功能分区。基地建成投用后，将有助于统筹装备制造、科技材料、研发服务等产业资源，推动产品研发、技术攻关和集成应用，加速“智能设计—智能生产—智能施工—智慧运维”全链建设，形成智能建造技术、产品及服务的“一园式”整体解决路径，目标是成为长三角乃至全国具有影响力、竞争力的千亿级智能建造产业创新示范基地。

从苏州的智能建造产业基地发展模式，能窥见其产业支撑体系形成和发展的路径逻辑：

1. 集聚发展的空间特征

苏州智能建造园区在地域上实现了建筑企业及其上下游企业的空间集聚，相同的产业背景为企业在相同目标下细化分工创造了交流沟通的条件，细化的分工也进一步促进创新主体在各自的领域内产品研发、技术攻关和集成应用，从而加速形成了智能设计、智能生产、智能施工、智慧运维的细分产业，最终为逐步形成高效的现代化建筑业奠定扎实的基础。

2. 链长引领的驱动模式

苏州智能建造园区建设的另一重要特点是“链长 + 链主”的产业链驱动模式。以相城区中亿丰制造产业园为例，该产业园以区领导为链长，中亿丰集团为链主企业，建设智能建造产业园，并计划在2026年实现相关产业集群产值突破千亿。中亿丰智能建造产业园自建成以来，累计打造了4批共40个智能建造试点项目，结合项目实际需求进行黑灯工地、高精地坪、墙面喷涂等机器人应用研发，目前机器人应用覆盖集团20多个项目，智能施工升降机已在集团10多个项目进行试点应用，并对智能建造试点项目工作开展进行全过程跟踪管控和技术应用总结，形成了有价值的智能建造探索经验，不断充实企业智能建造示范库和场景库。同时，在“链长+链主”机制的驱动下，苏州市也率全国之先制定了《建筑机器人补充定额》，优先推出4款成熟机器人补充定额，解决智能装备施工计价依据问题。

3. 产业协同的发展基础

苏州智能建造产业园集建筑施工、工程设计、技术咨询等建筑企业与机械制造、维修售后等服务工业企业于一体，按照“5+3+2+N”规划布局，打造“5园3院2中心N基地”产业体系，构建智能建造产业创新集聚群，建设成为长三角乃至全国具有影响力、竞争力的智能建造产业创新示范园区。一定程度上，这种发展模式的由来不但得益于其核心企业——中亿丰集团本身的企业布局，更归功于苏州本身的产业优势。园区中，既有中亿丰集团等传统建筑业强企，更引入了苏州领先全国的优势制造业。值得一提的还有，苏州借助其在电梯方面的制造业优势，根据建筑工程组织施工特点，投产首条年产能1500台的智能施工电梯生产线，实现了建筑业与制造业齐头并进的良好合作典范。

8.5.2 智能建造装备产业园的发展建议

借鉴苏州智能建造装备产业园及其他产业园建设的经验，地方政府和建筑企业在建设智能建造装备产业园区发展经验如下：

1. 以产业集聚加快上下游产业富集

空间的集聚为产业上下游的信息频繁交互创造了有利条件，进而有效推动产业分工与合作。比较典型的产业集聚案例，如深圳电子、通信等产业，依托本地巨量的中小微下游电子企业分工协作，逐渐累积出扎实的电子产业基础，为大型企业诞生提供了高效完整的供应体系。在这样的体系下，大型企业通过激烈的竞争与合作，最终逐步诞生出华为等规模庞大、走向世界的超一流企业。因此，一个城市在布局谋划智能建造装备产业园区的过程中，要考虑空间区域集聚发展对智能建造产业快速发展的内部驱动，通过地理空间的集聚，降低人员交流沟通、资源运输汇集等方面的成本，加速知识与技术在区域内较短链路传播，逐步形成规模效益，进而吸引企业补全缺失的产业上下游链条，吸引装备制造、科技材料、研发服务等智能建造产业资源入驻。

2. 以政企合作优化智能建造资源调配

从苏州率先为智能建造提供造价依据的范例中，可以得到智能建造装备产业园的发展离不开“政”与“企”的深度结合。这种关系结合有其必然原因，一方面，智能建造仍处于试点探索阶段，行政力量的引导能对市场主体在新技术、新材料、新工艺、新设备上的投入和成果转化给予支持，加快“四新”技术装备经受市场的考验与筛选。另一方面，政府部门和市场主体的优势互补也能有效打通智能建造的政策处理与产业的成果转化途径。通过主要领导挂帅的模式可以建立更加扁平化的沟通协调机制，企业面临的政策问题有了更加畅通便捷的沟通反馈渠道，产业的需求能纳入政府部门对全区综合产业培育中来，链主企业也能发挥本身企业规模、实力等方面的优势，集成各类资源推动产业发展。

3. 以产业融合加快智能建造成果转化

在发展智能建造产业园区时，要充分结合地方建筑业与制造业、互联网产业等方面的优势，通过产业融合加快智能建造装备成果转化。参照苏州市电梯生产的经验，当地将制造业优势与建筑业对智能电梯的产品需求在短时间内达成一致，并在行政层面出台《关于全面推进我市智能施工电梯应用的通知》等支持举措，从政策上为应用智能施工电梯打破了适用阻碍，实现了智能施工电梯短时间内在项目上的大范围推广应用。这类经验可以广泛应用到建筑业与制造业、建筑业与互联网产业在合力打造智能建造产业园的实践中，通过产业紧密互动加快需求满足和成果转化，逐步打造一条建筑业向工业、互联网产业提出施工工序、技术上的产品需求，相关产业企业针对需求结合施工工艺定制研发对应的机械设备，并将研发成果在项目上试点使用的“需求—定制—成果”的转化途径。

8.5.3 温州智能建造装备产业园的探索

在推动智能建造装备产业园从无到有的过程中，温州市以城市发展战略为蓝图，统筹全市人才、产业、科技等方面资源，聚焦产业布局和空间布局、产业链条和应用场景、技术攻关和人才驱动三组协同关系探索智能建造装备产业园区建设。

1. 产业布局和空间布局协同

从工业产业发展的规律与其他地市智能建造园区建设的经历中，能窥见产业的空间集聚与产业规模化发展之间的紧密关联，因此温州在发展智能建造的过程中，将产业布局与空间布局相协同作为快速推动产业高质量发展的重要路径。

这一观念首先表现在温州基于资源空间尺度考量，温州建筑业具有“一主一副两卫”的空间分布特点。“一主”是指在城市区位中心的鹿城、龙湾和瓯海三个以房建和市政企业为主的中心城区，从省内产值来看，2023 年度三个区域建筑业产值占全市建筑业省内产值比重达 45.5%，高资质、规模化企业也相对富集，瓯海区更是温州大学等在温高校集中的高教园区。“一副”是指以矿山井巷企业为代表的平阳、泰顺、苍南三县的副中心，上述区域是温州市传统矿山井巷之乡，产业外向度较高，省外产值占全市比例达 78.1%，是温州矿山井巷产业的集聚区。“两卫”是指乐清和瑞安两个县级市，该两市除建筑业整体实力较强之外，地方经济发展较快，工程项目数量也位列全市前列。其次，温州还在空间布局的基础上，通过将支撑产业建设规划投放在区域特色产业需求点，实现产业布局与空间布局关系相协调。具体表现在，温州市围绕“强城行动”，将新型塑料模板生产、智能建造装备成果转化基地等园区选址在“科教智城”，依托大罗山科创走廊，加强校地合作，充分发挥瓯海茶山大学城、龙湾产业研究中心等区域教学、科研资源集中的优势，加快企业与研究院所业务对接，从而推动成果转化。矿山井巷相关的智能建造设备园区选址可以向平、泰、苍倾斜，借用苍南县每年办理全国矿山井巷业大会和设备展销会的资源，进行产品推广。

2. 产业链条和应用场景协同

产业布局与空间布局协同解决的是智能建造产业园选址后面临的资源集聚、交通便利等问题，产业链条和应用场景协同解决的是智能建造产业园的业务出口和成果转化问题。从智能施工、电梯推广等案例中，温州市总结出以产业链条和应用场景协同助推智能建造产业园区发展的经验，即智能建造产业园的发展，需要针对产业链条中的痛点和需求，基于应用场景角度进行园区企业布局。如针对瑞安市及温州南部平泰苍等地缺乏新型建筑工业化生产基地，装配式建筑部品部件需要从外地运输，整体成本较高等问题，在瑞安市设置模块化装配式建筑生产智能建造园区，通过健全建强产业整体链条，打造新型建筑工业化应用场景。与之类似，在龙湾区设立智能建造装备孵化基地，可以充分满足中心城区建筑业所面临绿色低碳需求，以及利用好当地激光、锂电池等智能建造机器人上下游产业禀赋优势，探索实现产业融合。值得一提的是，在推动产业链条和应用场景协同的过程中，建立政产结合的沟通渠道有利于加快关键场景的技术应用进度，因此，温州组建了建筑业、传统制造业与战略性新兴产业共同参与的“两个万亿”产业专班，通过主要领导牵头高位推动，建立起了政企协作的产业链与应用场景的对接机制，进一步引导产业链企业根据应用场景需求进行定制化研发和生产，提高产品的适用性和竞争力。

3. 技术攻关和人才驱动协同

从产业发展规律来看，新型产业发展过程中，存在头部通吃的特点，因此，推动技术攻关和人才驱动协同有助于实现智能建造园区在产业竞争中构建优势。温州市在智能建造园区中着重考虑了人才与技术的因素：①依托技术攻关构建竞争优势。针对产业头部通吃的特点，在产业培育中以提升核心部件生产能力和关键技术攻关为目标，集中力量进行招商和引进，如与中国建筑、中南设计院等国内头部设计企业、建筑企业及其研究中心洽谈落户温州，与智能建造装备企业、智能建造管理系统建设单位合作投资，解决关键技术、装备、平台等项目培育问题。②聚焦人才驱动形成良性循环。在强化产业支撑体系培育中，将人才引育工作作为重点，从落户、子女就学等方面予以优惠政策，不断引导骨干建筑企业和专精特新企业建立核心技术和管理人才团队。优化温州大学等本地高校专业设置，大力培养智能建造、智能制造、产业互联网等方面的综合团队和新型人才，并通过异地研发实验室等新模式，加快成果转化、人才集聚。

8.6 本章小结

（1）分析了智能建造产业发展现状，介绍了智能建造培育六大重点，分别为：普及数字化设计、推广智能化生产、探索智能化施工、建设建筑产业互联网、研发应用建筑机器人、推进工程项目全过程智慧监管。探讨了智能建造产业基地基础条件，包括政策支持、产业基础、城市周边市场规模、区位情况、交通环境等因素。

（2）提出了智能建造产业园发展的三个目标，一是以标准规范为抓手，实现产业工业化；二是以信息交互为抓手，实现产业数字化；三是以示范效益为抓手，实现产业智能化。阐述了智能建造产业园发展路径的四个阶段，一是要素集聚，形成规模效应。二是骨干主导，补齐产业链条。三是行业协同，构建良性互动。四是产城融合，打造现代都市。

（3）对苏州智能建造产业园模式进行了分析，其产业支撑体系形成有三个特色：一是集聚发展的空间模式；二是链长引领的驱动模式；三是产业协同的发展模式。对智能建造装备产业园提出了三个建议：一是以产业集聚加快上下游产业富集；二是以政企合作优化智能建造资源调配；三是以产业融合加快智能建造成果转化。

（4）以温州智能建造装备产业园为案例进行探索，聚焦产业布局和空间布局、产业链条和应用场景、技术攻关和人才驱动三组协同关系推进智能建造装备产业园区建设。

第 9 章

数字支撑体系创新研究

建筑业数字化管理平台的创新价值主要体现在提高管理效率、降低成本、增强决策支持、提升工程质量、保障施工安全等方面。本章以温州为例，按照政府端的数字应用、企业端的数字应用、项目端的数字应用三个层面进行探讨。

9.1 政府端的数字应用

温州市针对群众高度关注的工程质量焦点问题，研发推广全国首家建设工程工业互联网平台——工程建设“全链管”数字化管理平台（图 9.1.1），以数字化改革破解工程资料与实体难对应、工程质量保障难、工程问题溯源难、工程监管落实难等问题，实现施工全过程生产管理和监管服务的标准化、数字化、智控化，大幅度提升监管效率和能力，降低企业负担，提升验收效率。

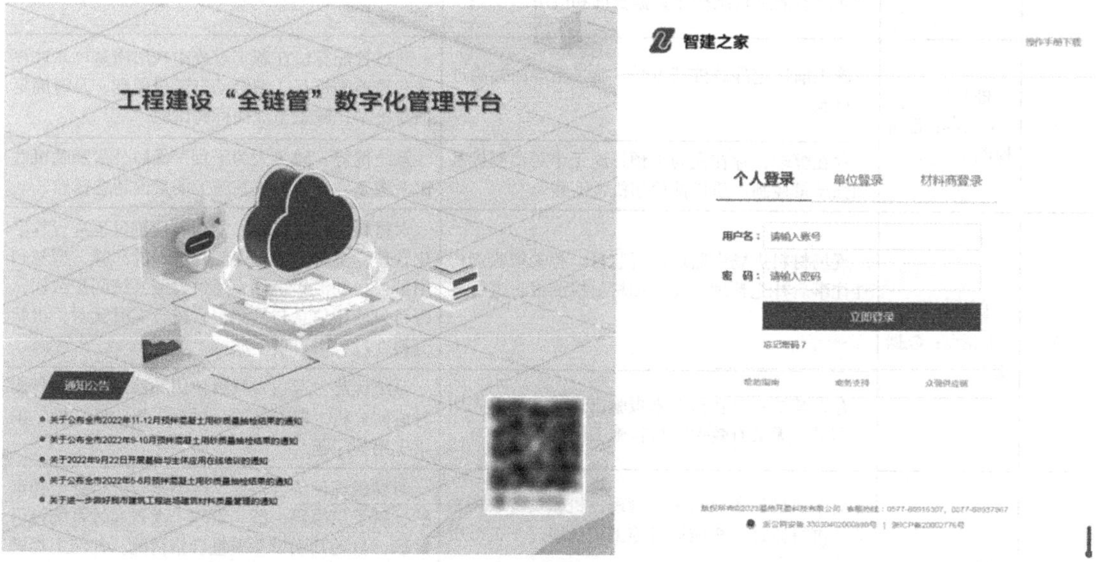

图 9.1.1　工程建设“全链管”数字化管理平台

9.1.1 概况

“全链管”数字化管理平台主要有三方面特点：①实时施工数据采集，信息交互自动预警。在施工过程中同步智能采集施工数据，施工数据精细到每道工序的具体操作作业信息。信息采集后与关联数据自动比对，比对出不合理结果后会智能发出预警信息，保障数据真实反馈。②验收流程优化再造，并联验收提质增效。完工后系统自动对施工过程已采集的数据进行整理、分析和审核，生成电子报验资料和施工质量报告，通过验收资料一键生成方式为施工单位减负。工程建设“全链管”应用改革前后对比见表 9.1.1。③数据资源集约共享，多跨业务协同治理。传统模式下，小微工程各消防管理部门之间存在割裂现象，存在企业备案手续复杂等问题，通过消防数据的集成共享可以明显提高消防业务的运作效率。促进政府跨部门数据流动，从而提升决策水平，推动政府部门和建设主体之间的数据融合来发挥数据要素价值，赋能建筑业数字经济的高质量发展。

相关经验做法被列入住房和城乡建设部《关于印发发展智能建造可复制经验做法清单（第二批）》应用场景，进行示范应用和推广，在 2023 年全国质量安全数字化管理会上该做法被列为典型示范案例。

工程建设“全链管”应用改革前后对比 **表 9.1.1**

序号	项目名称	传统做法	系统改进
1	工程验收（亮点：流程重塑）	工程完工—企业整理和收集所有纸质验收资料进行报验与审核—提交监管部门进行抽查审核。 后续要将纸质材料扫描成电子资料用于归档查询。 资料和实体采用“串联验收”模式	各分部结构施工—系统自动对已采集的数据进行整理、分析和智能审查，生成报验资料和施工质量报告—监管部门借助系统实时审核资料。 电子验收资料可以直接进行归档查询。 资料和实体采用“并联验收”模式
		存在弊端：整理报验资料工作量巨大，资料抽查审核程序繁琐而费时。 将纸质材料扫描成电子资料，同样工作量巨大，且无法有效进行结构化数据查询和应用	系统优势：验收资料自动生成、在线审核，缩短验收周期，验收资料自动归档。 极大降低企业成本，提升效率。仅桩基工程验收就提前 10d 以上，减少政府监督检查工作量 50%以上
2	桩基抽检（亮点：靶向检测）	施工前选定静载桩基编号，施工至地面标高进行试验	通过智能算法在施工过程中找出质量可靠性存疑和较差的桩基，结合动态随机原则，及时确定抽检桩基，施工至地面标高试验
		存在弊端：存在人为干预，施工中对检测桩基加强质量控制，质量抽检随机性不强	系统优势：减少人为干预，保障公平和随机性概率覆盖，实现对桩基施工质量的精准智控
3	材料控制（亮点：数据交互）	现场材料进场由监理进行监督，相关报验资料往往事后补充整理，无法和材料检测报告进行实时比对	对材料进场、报验、使用、检测过程进行数字化管理；实时登记主要工程材料的品牌、型号和用量；自动汇集统计，通过检测系统同步数据，将材料使用信息与检测报告进行实时比对，报验资料在过程中自动生成
		存在弊端：存在材料未报验已送检、未检先用等问题，无法有效保障材料施工质量	系统优势：通过对材料使用和检测数据进行实时碰撞分析，能有效避免材料未报验已送检、未检先用等问题
4	设备控制（亮点：赋码管理）	对于机械设备没有统一管理，机械设备进场由监理进行监督，机械设备施工记录通过手工纸质方式进行登记	对桩机等设备合格证、检测报告进行登记和审核，赋予二维码，统一管理。设备通过系统扫码进场，自动判别设备质量合格情况，并与工程进行绑定，在关键节点施工时进行扫码登记
		存在弊端：对于进场机械设备质量难以有效跟踪与保障；难以对机械施工情况进行有效跟踪和溯源，存在机械设备套牌使用、操作时间不合理的情况	系统优势：改善施工机具不合格、不合理情况对施工质量造成影响。通过设备使用信息与施工工序等信息链条式管理，有效预防机械设备套牌、操作时间不合理等问题，实现数据溯源

续表

序号	项目名称	传统做法	系统改进
5	消防审批（亮点：多跨协同）	传统做法：小微工程进行消防资料整理和申报，各相关行业主管部门进行抽查，消防验收机构对于抽中的工程进行消防验收	系统做法：通过告知承诺制和抽查相结合的小微工程消防报备系统，支持多部门线上联动审批抽查，并支持人工抽查和系统随机抽查相结合的方式
		存在弊端：各部门对工程管理各自为政，存在申报资料合规成本过高，导致企业申报意愿低的问题	系统优势：实现各部门多跨协同，重塑审批流程，提升治理效率，大幅度降低企业合规成本

9.1.2 技术要点

通过推行施工管理数字化应用和监督管理数字化应用，系统实时对采集的数据进行智能分析；建立健全配套的标准体系，进行大数据交互共享，支持多跨管理，实现工程施工全过程标准化、数字化、精准智控化管理。一是施工关键节点管理应用，对施工工艺按关键节点进行拆解，建立标准化数字化管理流程，通过电脑端和手机端相结合的方式实时采集工地现场施工全过程的数据，对施工质量、进度安排进行实时监管。二是材料质量管理应用，对建筑材料进场、使用、报验等环节的数据进行实时管控，打通关联检测数据，避免假冒伪劣现象。三是施工检测管理应用，整合标养试块、氯离子试块、钢筋焊接、静载检测、动测检测等数据，提高检测人员工作效率，以及各类信息的准确性与可靠性。四是工程质量预警管理应用，根据技术标准规范和工程经验，制定一系列关于施工节点、材料质量、数据检测的异常预警和提醒规则，实时发现问题预警提醒，并追溯问题的具体原因和范围，为整改提供明确方法与路径。五是“智慧监测”抽检管理应用，建立“随机抽检—自动审核—精准管理”的模式，根据各类预警信息和问题信息，通过施工过程中各类检测的随机抽检提升风险识别率。六是在线验收体系管理应用，实现桩基工程验收资料的全面数字化生成，在线辅助审核，将传统的串联验收改变为并联验收；让数据多跑路，大量减少监督人员的工作量。

9.1.3 应用场景

（1）建立施工标准化管控机制。依据验收规范和现场实际情况，对施工关键节点进行标准化、清单式的统一描述，建立关键节点施工在线管理流程，施工单位通过手机端小程序，实时采集施工信息。系统根据设定信息和相关验收规范，与采集的工序信息进行对比复核，可以自动判断施工工序用时信息、所用材料信息、其他质量指标信息是否满足设计和验收规范要求，通过制定工程施工异常预警规则，实现自动实时预警，为后续整改提供指导。施工过程管理中手机端小程序和分析预警如图 9.1.2 所示。

（2）全面建立桩机设备数字化管理制度。通过二维码对每台设备（如桩基设备）的合格证、检测报告进行登记和审核，施工时需扫描二维码进行登记，实现施工工序与设备使用状态的实时比较，有效预防因机械设备不合格造成的工程质量问题。桩机设备管理系统如图 9.1.3 所示。

（3）建立建筑材料标准化管控机制。通过对建筑材料的收货、检测、报验、使用等过程的数字化管理，与设计材料信息实时比较，有效避免材料未报已送、未检先用、送检不及时、报告造假等问题。通过对主要材料的品牌、型号和用量自动汇集统计，和对应的材料供应企业进行信息共享，有效预防假冒伪劣材料。通过对不合格材料使用工程位置等情况进行溯源，主管部门质监管理人员也可以对材料系统中材料报验信息开展抽查、巡查和验收工作。建筑材料管理系统小程序端如图 9.1.4 所示，电脑端如图 9.1.5 所示，系统收集处理材料采购收货登记信息，同步处理在线检测报告数据，实现检测数据对施工质量的同步跟踪和溯源，实时保障检测质量。系统支持检测报告在线读取，打造工程数据检测闭环，实现检测数据对施工质量的同步跟踪和溯源，实时保障检测质量。

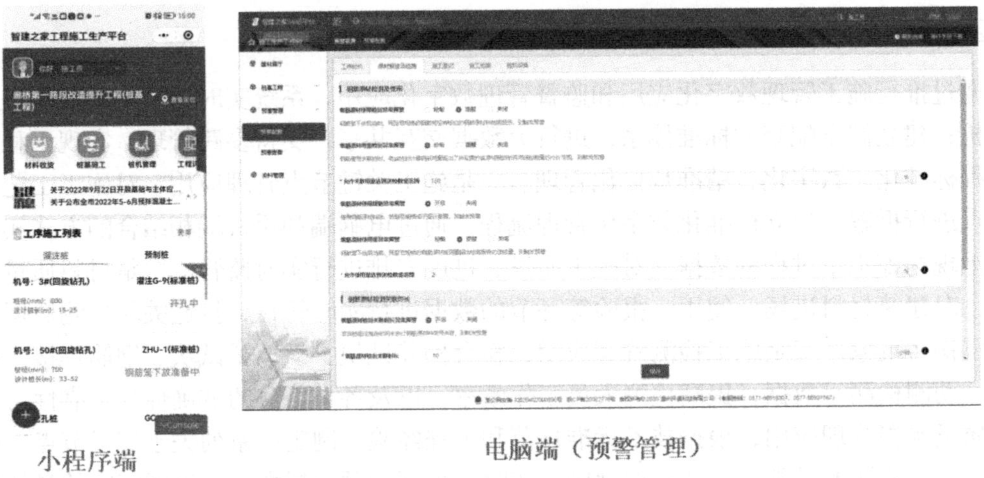

图 9.1.2　施工过程管理

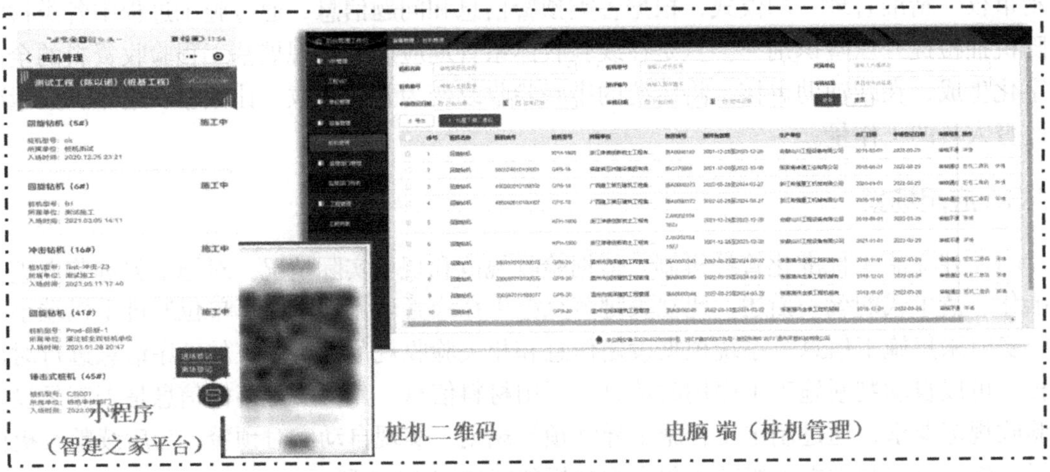

图 9.1.3　桩机设备管理系统

（4）建立大数据交互共享支持多跨协同管理。以 SaaS（工业互联网平台）为基本架构，实现施工数据汇总和共享管理，解决数据孤岛问题，实现管理部门、施工单位、监理单位、建设单位、设计单位、租赁单位、材料厂家等部门间的多跨协同管理；形成住房和城乡建设局、发展和改革委员会、财政局等各部门数据资源共建共享和开发利用机制，提升跨部门、跨流程联动的管理水平，加强管理专业化、信息化、流程化和体系化建设，为实现多级部门联动监管提供支撑。

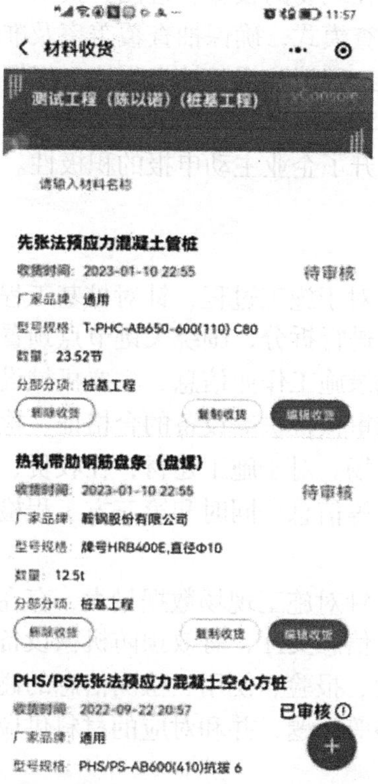

图 9.1.4　建筑材料管理系统（小程序端）

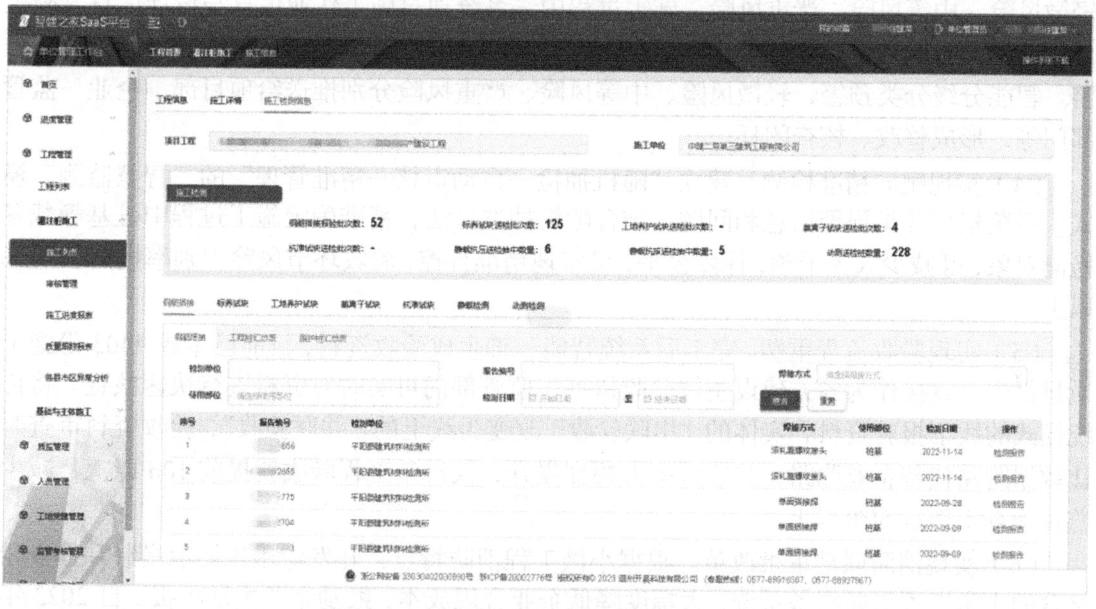

图 9.1.5　建筑材料管理系统（电脑端）

（5）建立消防标准化管控机制。一是开发应用消防验收管理系统。在系统内设置统一的验收流程，全面推广应用，以系统为依托规范全市消防验收和备案抽查工作，实现过程全面留痕，效率持续提升，档案在线保存，信息便捷共享。二是开发消防产品材料管理系统，实现对工程消防产品材料在现场的收货、检测、报审、应用环节的过程监管，并基于平台采集的数据，构建多种抽查模式，确保抽查覆盖率及准确率，保障工程消防产品和材料的质量。三是开发应用小微工程消防报备抽查系统。根据限额以下小微工程消防特点，通过系统对消防数据的集成共享，推行告知承诺制和抽查制，推行跨部门协同管理，明显提高消防业务的运作效率，提升了企业主动申报的积极性。

9.1.4 创新特色

（1）过程采集实时管理。对于施工过程，针对桩基工程、地基与基础工程、主体结构工程、消防验收管理等各工序进行拆分，围绕关键节点预置统一清单式管理流程。施工过程中通过手机端小程序实时记录施工作业信息、主要机械设备使用信息、建材进场及使用信息。对于施工设备，登记和审核桩机等设备的合格证、检测报告，赋予二维码，建立数据库，避免不合格桩机进入市场。对于施工建材，在收货、报验、使用的关键节点，实时跟踪采集其品牌、型号和用量等信息，同时和第三方工程检测平台打通，及时同步关联建材的检测信息。

（2）信息交互提醒管理。针对施工现场数据量大，存在问题隐蔽性强的特点，系统通过设备使用信息与施工工序等信息交互，有效预防机械设备型号套牌、操作时间不合理等现象。通过对建筑材料的收货、报验、使用、检测信息的碰撞分析，有效避免材料未检先用、材料不一致、检测不合格等问题，并和对应的材料供应企业进行信息共享，有效预防假冒伪劣建筑材料等问题。

（3）风险预警分级管理。依据验收规范和实际情况，对风险预警进行了三级分类，即轻微风险、中等风险、严重风险。施工过程中，系统通过施工作业信息与设计信息、施工计划、相关验收规范的对比分析，及时发现工序不到位、时间不合理等质量问题并进行预警。智能分级分类预警，轻微风险、中等风险、严重风险分别推送给项目部、企业、监管部门等，形成整改、核查闭环。

（4）实现靶向精准检测。建立“随机抽检—自动审核—精准管理”的“智慧监测”模式，系统根据各类预警信息和问题，结合随机抽选算法，精准确定施工过程中桩基静载等检测对象，既减少人为干预，保障公平，又实现精准智控，验收环节风险识别率提高了42%以上。

（5）实现验收流程重塑。完工后系统智能一键生成验收资料，目前已生成4403份施工质量报告，直接作为各方建设主体验收依据，监管部门可实时对资料进行快速核查。将传统模式的线下报验资料和实体的“串联验收”改变为线上的“并联验收”，验收资料审查时让数据跑路代替企业跑路，验收效率大幅度提升，仅桩基工程验收就提前10d以上，减少监督检查工作量50%以上。

（6）实现消防联动审批改革。根据小微工程消防特点，开发应用告知承诺制和抽查相结合的小微工程消防报备系统，大幅度降低企业合规成本，鼓励企业主动申报。自2023年11月上线以来，已开通62个行业主管部门账号，涵盖9个部门，包括教育、科技、民政、文旅、卫健、体育、金管以及消防救援部门。实现9个市级部门和53个县区级部门的跨部门跨区域联动管理。

（7）实现数据贯通互联应用。构建各级监管部门与各方建设主体的统一账号体系，集约布置平台架构，围绕住建、发改、财政等部门核心需求，通过建设工程数据资源整合共享，支持构建多业务、多部门的多跨协同治理模式。

（8）实现政企共建共享模式。围绕建筑企业关于管控工程项目人员、质量、进度、材料、设备、资金等方面的核心需求，通过数据资源在政府部门和建设单位、施工单位、监理单位、设计单位、设备租赁单位、材料厂家等市场主体间流通，支持建设工程上下游供应链数字化转型发展。本应用场景和“浙砼管应用场景”衔接后，实现了浙里建在商品混凝土方面的有效管理，即生产环节、检测环节、使用环节、验收环节的四贯通。

9.1.5 实施情况

应用平台全面应用以来，重塑施工质量安全监管流程，落实政府监管和企业内部监管，实现工程建设生产管理过程中“实时有监控、审批有留痕、程序全透明、问题可追溯”。同时，支持建设方、施工方、材料厂家等单位的业务管理需求，实现数字经济与传统工程实体建设有机融合和高效发展。自系统上线以来，主体工程施工在线管理已实现温州地区全覆盖。该系统共有 1628 个桩基工程通过该应用进行施工生产管理和监管，注册账号 31845 个（企业账号 7326 个、个人账号 20536 个），共登录约 182 万次，采集工程数据约 4.41 亿条。

9.1.6 应用成效

1. 施工过程可追溯

依据建筑工程验收规范和实际情况制定桩基工程施工过程的 17 条异常预警规则、11 条异常提醒规则，涉及工序时长、原材料报验及检测、施工登记、施工检测、桩基设备检测等关键环节，实时追溯到造成工程质量问题的材料、施工或设备等具体原因，并为质量问题的整改提供明确方法与路径，实现质量、安全、进度在施工过程中的实时跟踪和验收后的完全溯源，保证了施工质量、工期、验收和使用。

2. 材料使用可追溯

通过工料数据交互核验施工时间和混凝土灌入量的匹配度，解决了减料问题。通过系统小程序实时登记主要工程材料的品牌、型号和用量，自动汇集不同类型、品牌材料的使用情况，便于主管部门实时掌握具体工程所有材料使用情况和具体材料相关工程使用情况。并通过对材料采购数量和使用数量的实时比较，杜绝建筑工程领域主要材料的假冒伪劣现象。同时，通过对具体品牌材料在不同工程不同部位使用情况的跟踪与统计，实现主管部门对不合格材料使用工程位置的直接溯源，有效解决建筑工程行业伪劣材料使用部位追溯难的痛点。

3. 施工时间可溯源

通过机料数据交互核验机械工作时间、材料使用时间和施工时段匹配度，解决了偷工问题。以 SaaS（工业互联网平台）为基本架构，实现数据的实时交互和共享管理，通过区块链技术核验施工时间，解决了时间篡改问题。通过电脑端和手机端相结合的方式通过对整个工地现场施工全过程的施工数据（人、机、工、料）采集比对，核验施工时间的真实性。

4. 管理业务可协同

建立了建设参与单位协同机制，实现管理部门、施工单位、监理单位、建设单位、设计单位、租赁单位、材料厂家等单位的多跨协同，通过“全链管”缩短管理链条，实现从等级式管理到扁平化管理的发展。

9.2 企业端的数字应用

建筑企业在数字化转型中面临多方面的挑战，主要包括以下几个方面：一是资金压力大。由于利润需求，中小企业往往无力承担数字化转型所需的昂贵成本。二是技术门槛高。数字化转型需要高度的技术支持和投入，而中小企业通常缺乏必要的技术和人才。三是业务协同能力不足。中小企业的信息化平台多为解决单一业务而建立，难以实现全流程数字化转型。针对这种情况，建筑业产业端数字化创新平台会在降低成本、提高管理效率、增强决策支持等方面提供价值，温州在产业端数字化创新进行了探索，建立了“筑通集采”数字化采购平台。

“筑通集采”数字化采购平台特点有三个方面：

一是数字赋能，控制资金风险、材料风险和质量风险。第一，数字化集采平台联合BIM技术为其提供了有效的管控手段。以某超高层写字楼建设项目为例，借助BIM模型，能够对建筑结构、空间布局进行精确模拟，进而详细规划各施工阶段所需材料和设备，生成精准的工程量清单。基于此，数字化集采平台结合市场价格信息，制定出细致的采购预算，有效避免资金超支。在项目执行过程中，通过平台实时跟踪采购订单状态与资金流向，利用大数据分析功能，对资金使用情况进行动态监控。该项目采用此方式后，资金使用效率提高了25%，相较于传统采购模式，成本节约了12%，成功将资金风险降到最低。第二，材料供应的稳定性与价格波动是建筑采购的关键风险点，BIM与数字化集采平台结合可有效应对。在一个大型住宅小区建设项目中，利用BIM技术构建项目全生命周期模型，依据不同施工进度，精准预测各阶段材料需求。数字化集采平台根据这些预测数据，提前与供应商沟通，合理安排采购计划。例如，通过分析项目模型，预计在主体施工阶段对混凝土需求将大幅增加，平台提前与多家优质混凝土供应商签订合同，确保供应。同时，借助平台大数据分析市场价格走势，在价格低位时锁定部分采购订单。该小区项目通过此模式，材料供应中断次数从传统模式下的每年8～10次减少至2～3次，材料采购成本降低了15%，极大地控制了材料风险。第三，BIM技术与数字化集采平台的协同作用为质量把控提供保障。在某医院建设项目中，BIM模型精确展示了建筑内部复杂的管道、线路布局，数字化集采平台则将供应商提供的材料参数、质量检测报告等信息与BIM模型关联。施工过程中，工作人员可通过平台和BIM模型随时查看材料信息，确保材料符合设计要求。例如，对于关键的医疗设备安装所需的管材，利用平台的质量追溯功能，能详细了解管材从生产到进场的每一个环节。该医院项目通过这种方式，材料质量问题导致的返工率从以往的10%降低到3%以内，有效保障了建筑质量，降低质量风险。

二是资源集约，降低采购成本。通过集中采购形成规模优势，增强议价能力。实时跟踪建筑项目进度与市场价格波动，灵活调整采购计划和策略。如在钢材价格波动频繁时期，借助平台及时调整采购时机以节约成本。

三是通过业务协同，提升管理效益。建筑数字化集采平台打破采购部门与其他部门之间的信息壁垒，实现业务协同。从项目立项阶段开始，采购部门就能通过平台获取项目所需物资的详细清单和时间节点，与工程建设、财务等部门紧密协作。在某建筑项目中，数字化集采平台使采购部门与工程部门实时沟通物资需求与到货情况。当施工进度提前，工程部门在平台上及时更新需求，采购部门迅速调整采购计划，提前安排物资配送，确保施工顺利进行，避免了因物资供应不及时导致的窝工现象。据统计，该项目通过业务协同，施工效率提高了 20%，项目整体管理成本降低了 15%，充分展现了数字化集采平台在提升管理效益方面的强大作用。此外，平台汇聚大量优质供应商，建立稳定供应渠道，保障物资及时供应。在项目建设中，平台提前协调供应商应对突发需求，避免出现停工待料情况。通过物联网实现库存精准管理，利用区块链不可篡改特性确保采购数据真实可靠，增强供应链各环节信任。实现采购全程留痕、数据实时监控，防止采购流程违规行为。

9.2.1 概况

目前建筑业产业关联度不大，各建筑企业各自为战；特别是在建材采购环节，温州市建筑企业普遍采购量不高，难以形成规模效应，议价权力弱，采购成本居高不下；建筑企业在采购过程中存在资金短缺、贷款难等问题，为解决上述问题，自主研发建筑产业互联网平台——“筑通集采”建筑行业一站式数字化采购平台。平台通过供应链金融、在线招标投标、一键询价等功能为会员提供服务。平台目标是成为全行业的应用级平台，为温州 700 多家建筑企业提供集采服务。图 9.2.1 为“筑通集采”建筑行业一站式数字化采购平台。

图 9.2.1 “筑通集采”建筑行业一站式数字化采购平台

9.2.2 技术方案要点

通过推行“筑通集采”平台的应用，为在采购过程中有一定资金需求的建筑企业提供供应链金融服务，解决资金短缺问题，以供应链融资担保服务，保障建筑企业供应链安全；同时以数字化供应链为突破口，为建筑企业提供建筑材料集中采购服务，降低建筑企业采购成本，提高企业利润率。另外，本平台不仅可以加强供给企业与采购企业之间的联系，也可以拓宽温州市建筑企业之间交流合作的通道。

通过建立建筑智能化管理系统。通过业务流程再造，借助智能化技术，将市场信息、客户关系、建筑项目管理、供应链管理等全面集成，为建筑企业提供更高效、便捷的管理支持。通过集采平台集中采购建材，建筑企业可节省约3%的采购成本，通过数字化应用，大大降低采购人力成本。

9.2.3 应用场景

1. 金融服务平台

平台与多家银行合作，供应链金融服务将以采购企业为中心形成金融体系，采取必要的金融科技手段模拟金融机制，将采购单位的信贷资源注入上下游企业，从而将物资采购企业和其上下游企业紧密地联系在一起，为整个供应链体系提供融资担保业务，助其顺利获得银行贷款，保障建筑企业供应链安全。通过项目管理系统及大数据分析系统对融资企业项目进行数据采集分析，对有潜在风险的项目发出预警，如贷中、贷后金融风险、企业征信预警、债务风险预警等，通过监管系统能有力地降低融资企业偿债风险，确保融资如期偿还。

（1）金融风险控制

① 建筑企业接入数建云平台，确保项目材料需求稳定，并且能实时将材料落地情况传送给金融机构，及时关注贷中、贷后金融风险。

② 温州市总商会中小企业融资担保公司对平台企业进行担保，公司具有温州市总商会背景，注册资金1亿元，且有完备的风控体系，可以放大银行授信金额，满足客户融资需求，同时通过数建云平台进行项目材料计划、采购、进场、实施落地全流程监管，监控项目进程。

③ 银行、担保机构进行准入、授信双重审核，确保资金安全。

（2）企业授信控制

申请人通过平台上的申请授信入口，由平台初审、银行复审，银行通过电话、实地走访调研申请人情况，确保被授信人的信用安全。

（3）资金流向控制

平台与银行打通支付接口及专用款项账户接口，采购企业在平台进行申请授信，银行授信通过后采购企业即可在平台进行物资采购并使用供应链金融支付，同时银行放款，专款专用，银行将资金付款至供应商账户，还款时采购商将资金还款至银行则全流程闭环。图9.2.2为“筑通集采”供应链金融闭环图。

2. 数字交易平台

数字化建材交易系统为供货方及采购方提供一站式供应链管理服务，包括企业评级系统、商城系统、一键询价系统、SRM系统及CRM系统等。图9.2.3为“筑通集采”数字交易平台。

（1）企业评级系统：通过对供应商的履约能力、售后服务、物流服务等多维度进行考核，考核过程与供应商协同，根据考核结果调整供应商策略，实现从考核到淘汰闭环管理，量化考核标准，获得更优质供应商资源。

（2）商城系统：集采商城版块覆盖了建筑行业全品类产品，采购方可以在商城系统直接进行采购下单，由供应商进行发货。商城系统分自营商品和第三方商品，供应商可以入驻集采商城，经过平台审核后上架产品。

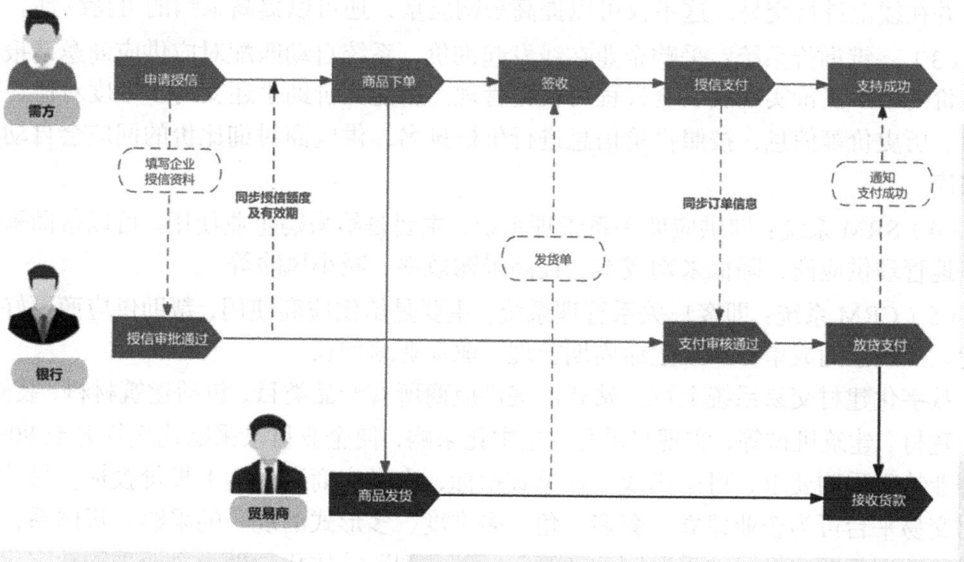

图 9.2.2 “筑通集采”供应链金融闭环图

图 9.2.3 “筑通集采”数字交易平台

通过集采商城，将采购过程集中在一个平台上，使采购更加高效、透明和便捷。通过集采商城，采购人员可以快速找到合适的供应商，并在线上进行交易。不仅可以节省时间和成本，还可以提高采购效率。

其次，集采平台可以提高采购透明度。通过集采平台，采购人员可以清楚地了解供应商的信息，并在线上进行交易。这不仅可以提高采购透明度，还可以减少采购过程中的腐败现象。

此外，集采平台还可以提高采购质量。通过集采商城，采购人员可以找到优质的供应商，并在线上进行交易。这不仅可以提高采购质量，还可以提高采购的可持续性。

（3）一键询价系统：采购企业在线发起询价，系统自动匹配对应供应商邀请报价，通过比价判断、议价实现线上全过程可视化管理。智能比价助手还支持多维度对比，引入基准价、历史价等信息，按照报价信息进行价格排名，供应商对询比价的回应会自动记录到价格库。

（4）SRM 系统：即供应商关系管理系统，主要是给采购企业使用。可以帮助采购企业更好地管理供应商，降低采购成本、提高采购效率、减小风险等。

（5）CRM 系统：即客户关系管理系统，主要是给供应商使用，帮助供应商更好地管理客户，从线索到成单客户全生命周期管理，驱动业绩增长。

数字化建材交易系统上可一站式汇集供应商所有产品类目，包括建筑材料、装修建材、绿色建材、建筑机械等，实现自助化、集中化采购，使企业目录采购比例提升至 80%以上。对企业特殊采购要求，可采用线上挂单式招标，由供应商进行线上报价投标。另外，智能建材交易平台可为企业建立一套多视角、多维度、多形式的统一的采购分析体系，解决企业采购数据问题，形成“采”“存”“管”“用”“智”一体化，助力企业采购数字化转型，反哺和驱动采购数字化业务增长。

3. 项目风险控制系统

“数建云”是一套项目风险控制系统，是以 BIM 模型为核心，涵盖规划、设计、招采、施工、运维全过程的管理系统。主要功能有：

（1）进度管理：通过进度管理，项目经理可以实时获取施工现场的进度数据，对这些数据进行分析和比较，为管理者提供实时的进度反馈。当实际进度与计划进度出现偏差时，系统能够自动发出预警，提醒管理者及时关注并处理。这有助于项目团队在出现问题时迅速采取措施，防止进度延误加剧。根据实时的进度数据和预警信息，项目经理可以对施工计划进行动态的调整和优化。图 9.2.4 为“数建云”进度管理。

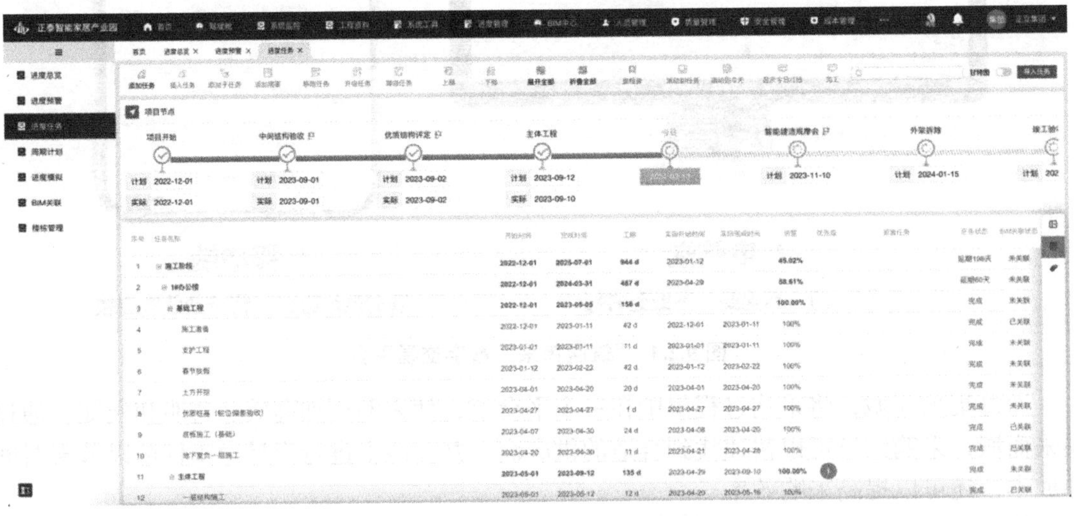

图 9.2.4 “数建云”进度管理

（2）数字例会：如图 9.2.5 所示，通过提供透明的信息沟通平台，使得项目团队成员可以更快速、准确地了解项目进展情况，包括生产数据、任务完成情况、资源调配情况等，从而更好地把握项目进度和方向。通过实时共享和更新数据信息，及时发现和解决问题，避免信息不对称和沟通障碍，从而降低项目风险和成本。结合数据分析和可视化工具，帮助项目团队成员更好地分析和理解项目数据。

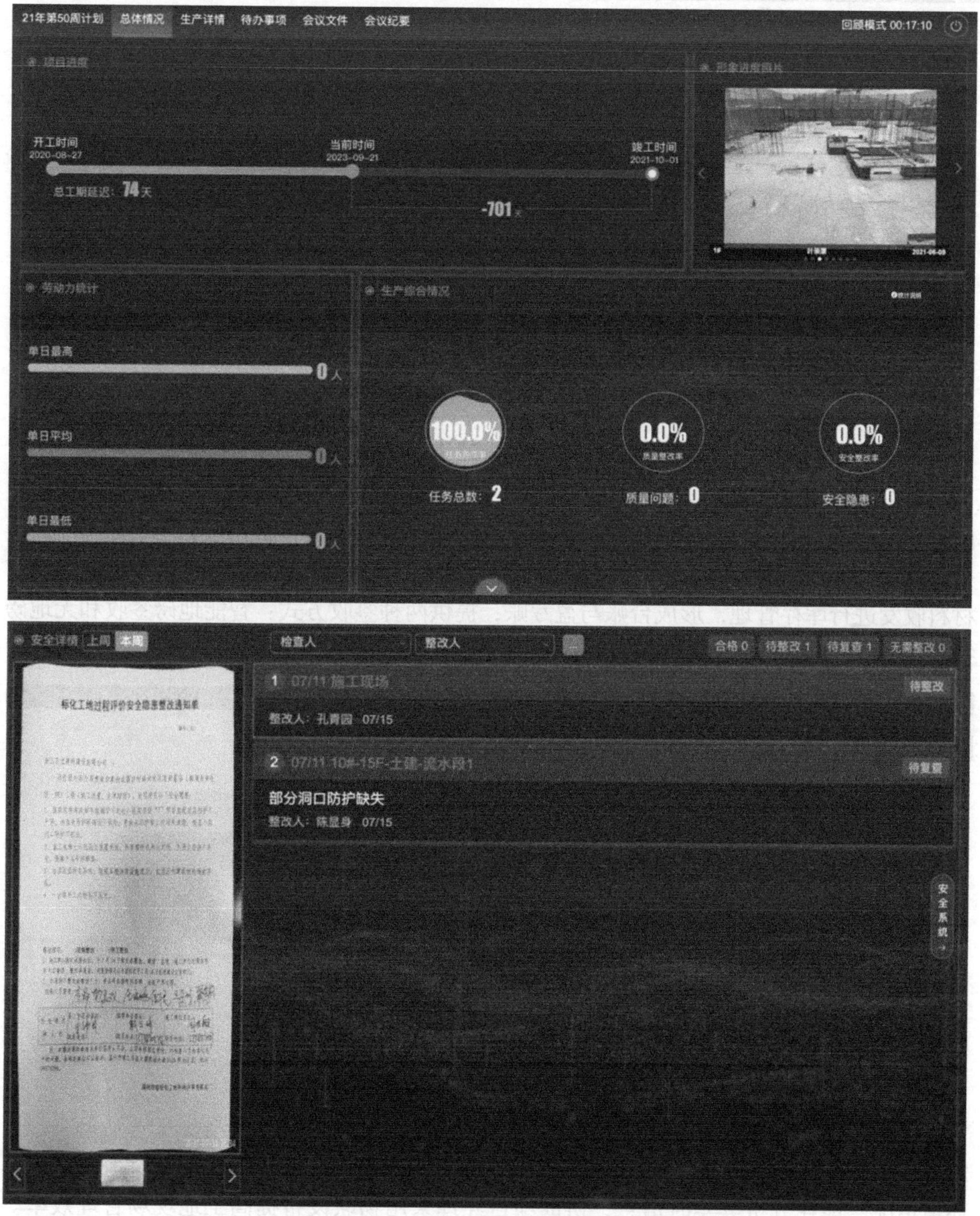

图 9.2.5 “数建云”数字例会

（3）BIM 中心：直接通过在 BIM 模型上展示进度完成情况、存在安全/质量问题以及对应部位使用的物料信息，通过模型的三维立体实物图形使得项目经理能够更直观地观察、讨论和决策，从而提高了沟通的效率和准确性，确保施工过程的顺利进行。图 9.2.6 为“数建云”BIM 中心。

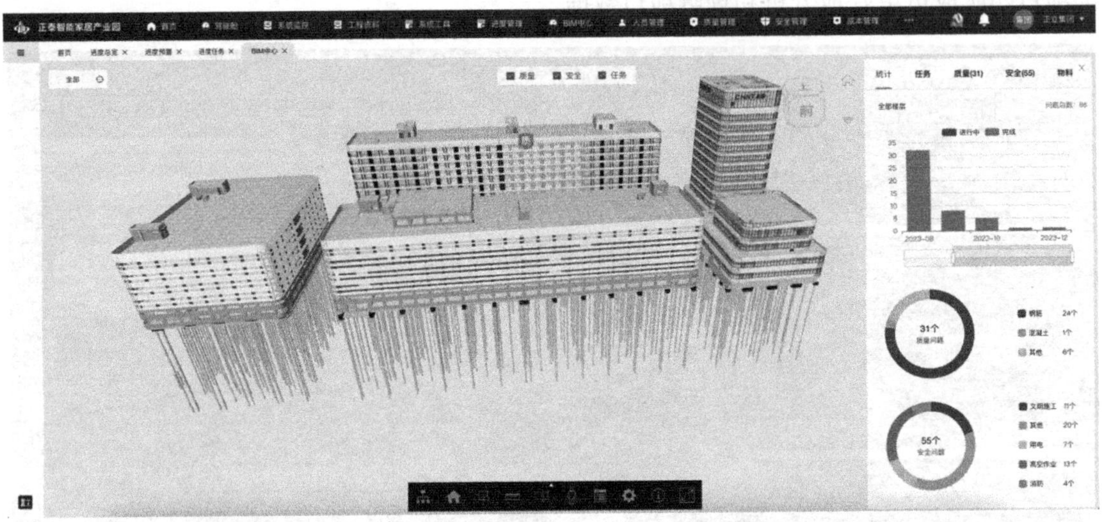

图 9.2.6 “数建云”BIM 中心

（4）物料管理：提供了便捷的材料库维护功能（可按不同项目类别设置不同的材料库），可按企业需求定义材料库信息，并对各个类型的材料设置不同的材料参数类别；物资采购与采购计划、采购合同前后关联，在采购申请时可按计划进行清单量的管控；对物资材料收发进行库存管理，形成台账与盈亏账；提供两种签收方式：智能地磅签收和无地磅签收。图 9.2.7 为“数建云”物料管理后台。

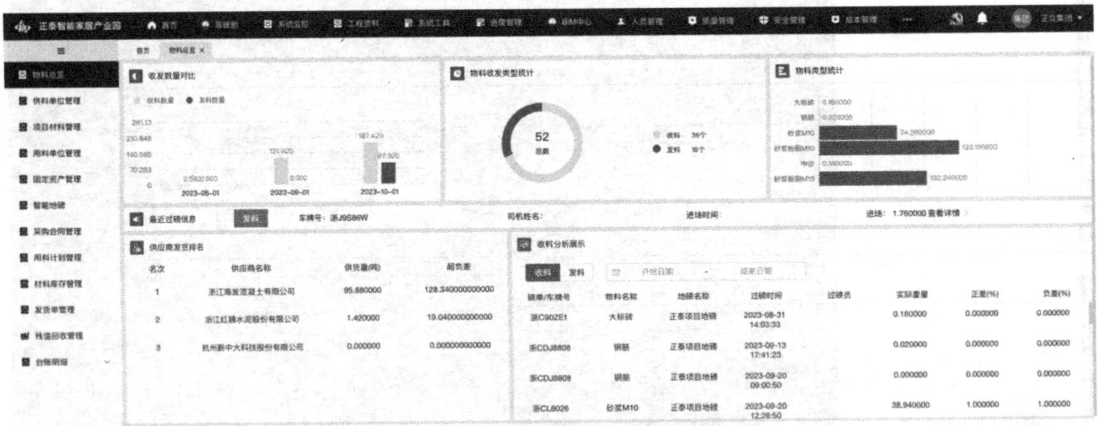

图 9.2.7 “数建云”物料管理后台

（5）智慧工地：支持物联网集成，使在线监测设备的信息自动接入，实现监测数据自动接入平台进行数据管理，自动分析数据并进行预警，支持线上查看施工现场的天气情况、环境情况、能耗分析等实时信息，协助项目经理采用物联设备提高工地现场管理效率。图 9.2.8 为“数建云”智慧工地可视化看板。

图 9.2.8 “数建云”智慧工地可视化看板

（6）质量管理：支持质量标准化目录，施工过程中对关键节点进行质量检查，可以存放资料；通过质量管理模块手机端实时在线反馈质量问题，明确整改责任人，解决施工过程的质量问题、沟通不及时、整改不及时以及数据留痕问题，提高质量精细化管理。如图 9.2.9 所示，网页端进行大数据分析，为现场质量问题分析提供数据支撑；自动生成相关汇报数据。

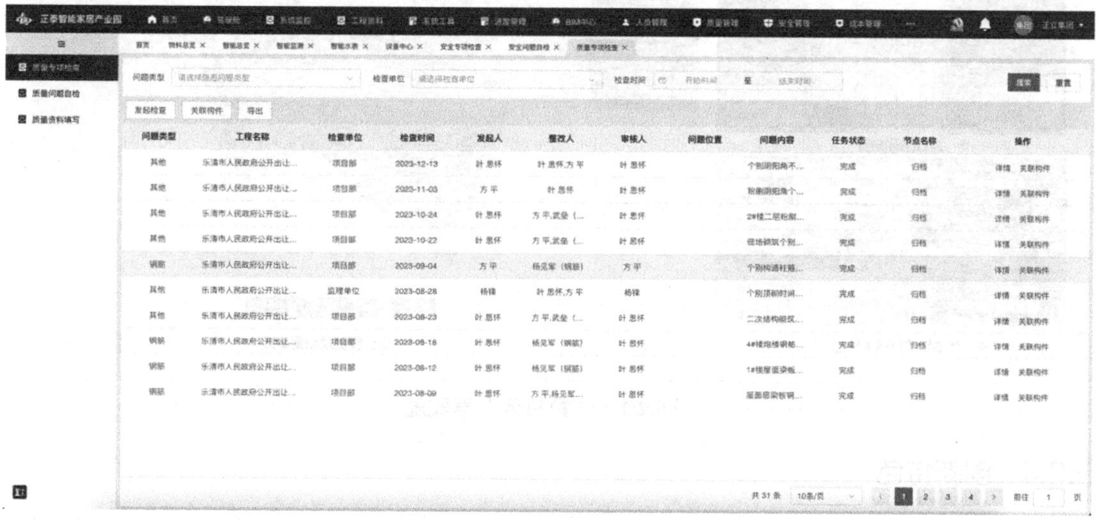

图 9.2.9 “数建云”质量专项检查

（7）安全管理：支持安全标准化目录，施工过程中对关键节点进行安全检查，可以存放资料；通过安全管理模块手机端实时在线反馈安全隐患，明确整改责任人，解决项目安全隐患、沟通不及时、整改不及时以及数据留痕问题，提高质量精细化管理。网页端大数据分析，为现场安全隐患分析提供数据支撑；自动生成相关汇报数据。图 9.2.10 为“数建云”安全专项检查。

筑通集采将与数建云技术结合，推出一套完善的智能管理系统，系统以“数建云（建筑信息模型化）+ 区块链技术”为核心。通过数建云平台可视化、协调性、模拟性的优点，对施工过程进行实时监测；再加上区块链技术公开透明、不可篡改、可追溯性、数据可靠性高等特性，可实时管理项目工程，提高工程效率。图 9.2.11 为“数建云”驾驶舱。

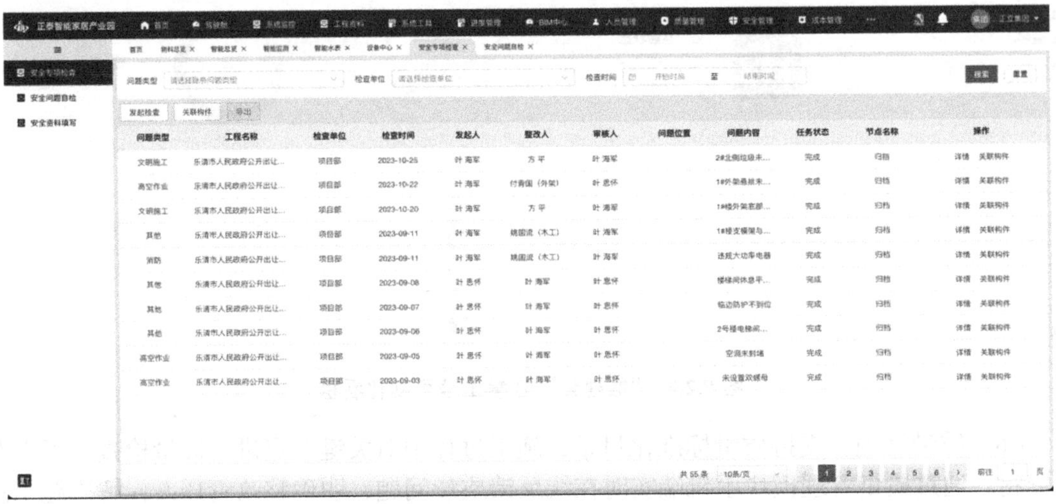

图 9.2.10 “数建云”安全专项检查

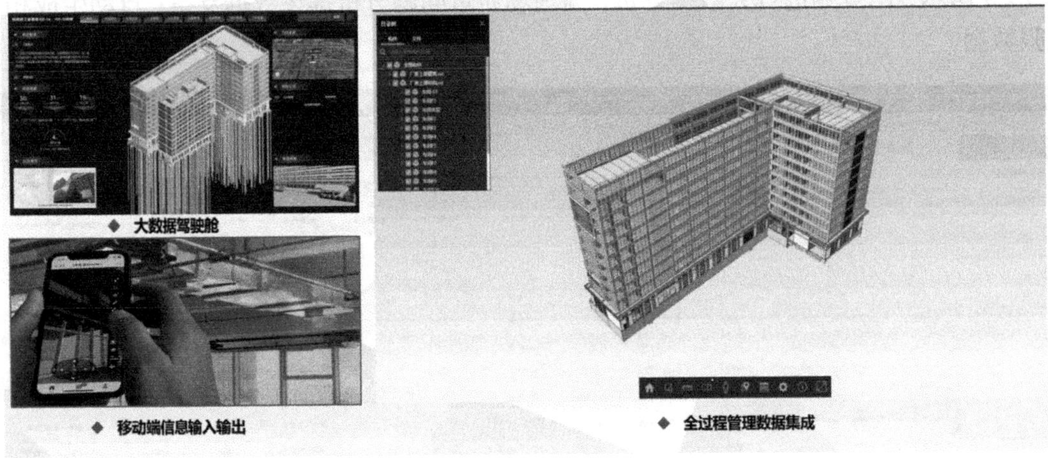

图 9.2.11 “数建云”驾驶舱

9.2.4 创新特色

（1）贯通供应链金融。平台以供应链金融为核心，以用户需求痛点为导向，与温州银行、温州市总商会中小企业融资担保公司等金融机构共同构建建筑业金融生态圈，通过整合采供双方真实交易数据，对接各类金融机构，帮助供应商提前获得货款。

在风险把控方面，建筑企业通过接入基于 BIM 模型的“数建云”平台，实时将材料落地情况传送给金融机构，融资担保公司具有完备的风控体系，通过“数建云”平台进行全流程监管，让金融机构能及时关注贷中、贷后金融风险，确保资金安全。

（2）贯通全链条招标。平台打造线上阳光招标投标业务，汇集物资采购、机械租赁、专业分包三大招标板块，形成“公示、发标、开标、评标、定标、合同、发票”等全链路线闭环，保证公开透明，真实有效。目前平台已发起招标投标 22 条，累计招标金额 7500 万元，参与投标企业 100 家。图 9.2.12 为“筑通集采”招标投标。

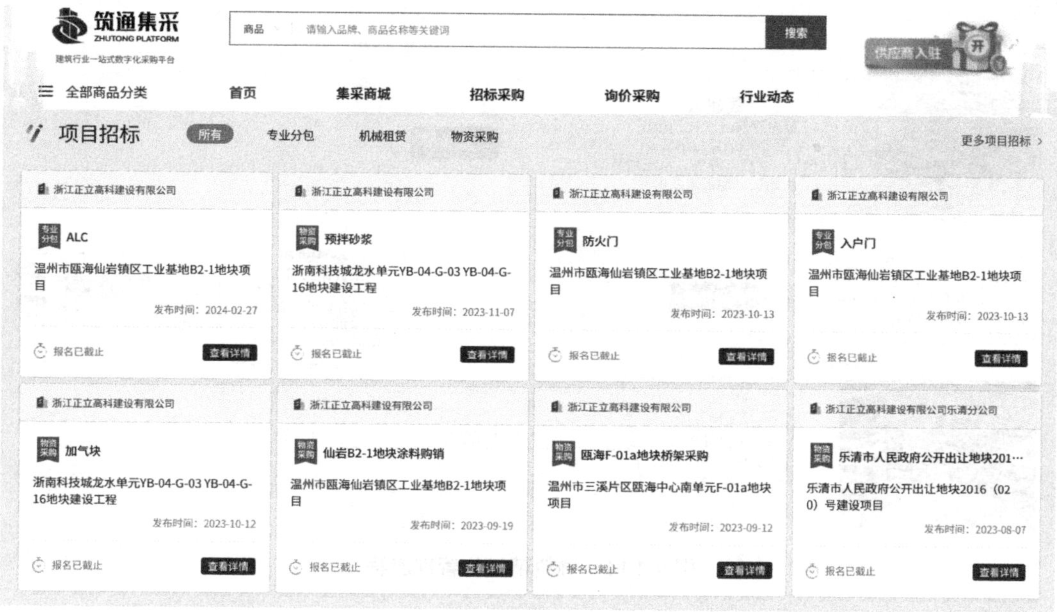

图 9.2.12 “筑通集采”招标投标

（3）贯通数字化集采。如图 9.2.13 所示，针对平台 12 大品类进行供应商开发招募，对接海量源头厂商/品牌商，整合产品、行业精选的同时，满足建筑企业一站式采购需求，价格、质量、服务、交期相较市场最优化，给建筑企业提供高性价比商品及服务。

图 9.2.13 “筑通集采”类目

（4）材料精细化管理。如图 9.2.14 所示，数建云平台提供基础的物料库用于企业内或者项目内的材料管理。可通过工程需求和库存情况，制定相应的采购计划，并将所需采购计划发送给筑通平台，通过“筑通集采”平台下单并生成发货单，根据过磅结果核验发货内容以完成业务闭环。结合地磅对物资库存进行监控，实现材料收货使用和检测实时在线监管。

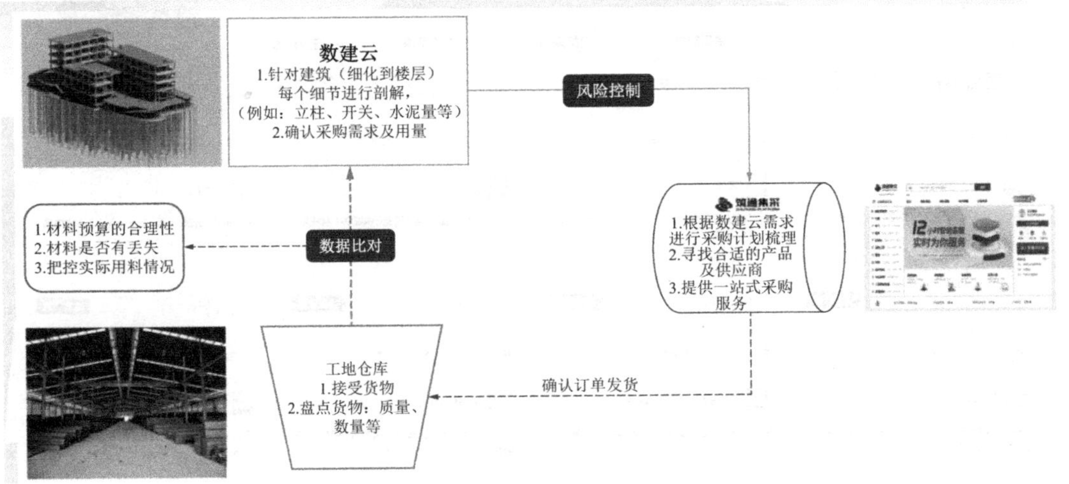

图 9.2.14　材料精细化管理流程

9.2.5　实施情况

系统全面应用以来，以“建筑企业需求”为主要导向，以“数字化”和“智能化”为动能，以供应链金融体系为助推力，构建智慧建筑行业一站式直采平台，进一步发挥大规模集采的优势，优化供应链管理，提高业内的产品和服务管理，降低采购价格。系统自上线以来，已完成 1000 多家供应商的对接，完成供应链 30000 多款产品的上线，合作签约品牌达 40 多家。

正立浙南科技城项目通过筑通平台进行招标投标及采购业务，该项目体量约 4.8 亿元，其中材料占比约 2 亿元，筑通通过整合优质的供应商为该项目进行赋能，目前已完成 4000 万元的材料集采供应。

9.2.6　应用成效

1. 智能比选，构建建筑行业集采市场

通过对供应商的履约能力、售后服务、物流服务、环保材料等多维度进行考核，为采购方筛选出优质供应商及建筑行业全品类产品，解决采购方采购渠道及产品质量的问题，同时推动建筑行业的绿色转型。利用大数据和智能算法，快速为采购方推送合适的供应商，减少人工筛选时间。通过集中采购、供应商比价，为采购方提供更优惠的价格，有效降低采购成本。通过平台实时监控供应链状态及每笔交易的信息，促进采购方与供应商之间的沟通和协同，提升响应速度，提升物料到场签收时间的管控能力。根据采购方企业账号交易数据共享能力，提高采购透明度，减少采购过程中的腐败现象。

2. 一键询价，多渠道获取建材价格

通过智能邀约服务，邀请符合采购需求条件的供应商报价，智能比价助手对供应商的报价、商品历史参考价等数据进行对比分析，过滤异常报价数据，获取有效报价排名，节约采购方在手动收集报价、对比数据等繁琐环节中消耗的大量时间成本。通过平台线上议价沟通能力，快速交换意见，加速议价过程，全过程可视化记录议价，避免交易过程中的潜在纠纷问题，提高了企业的采购效率。通过数据分析精准地预测市场趋势，制定更合理的采购计划，实现成本的有效控制，进而优化供应链管理。

3. 金融赋能，解决融资难问题

通过平台供应链金融服务，为整个供应链体系提供融资担保，帮助有资金需求的企业顺利获得银行贷款，解决企业资金短缺、融资难的问题。采购企业通过平台进行在线授信申请、供应链金融支付，授信银行通过平台在线审批、在线将资金付款至供应商账户中，专款专用，杜绝资金挪用风险，确保资金使用真实有效。期间通过项目管理系统及大数据分析系统对融资企业项目进行数据采集分析，对有潜在风险的项目发出“贷中、贷后金融风险预警、企业征信预警、债务风险预警”等，有效地降低融资企业偿债风险，确保融资如期偿还。

4. 管理赋能，提升企业数字化管理水平

通过集中存储和分析客户数据，平台代办供应商销售过程中大量重复性工作，根据“客户基本信息、项目需求、交流历史、合同条款”等，让供应商能够更快速、深入地了解客户需求与偏好，进而提供个性化的服务和产品推荐，加强与客户的沟通和协调。通过客户跟进、客情分析，了解客户的购买意向、跟进记录、报价信息以及合同状态等，更有效地识别销售机会，制定销售策略，避免无重心、无目标的低成效工作问题，从而提升成交率。利用大数据统计分析数据报表自动生产能力，解决供应商手工记录、制作、分析报表需要消耗大量时间、精力及准确性不高问题，提升供应商销售效能。

9.3 项目端的数字应用

温州积极打造智慧工地管理体系，以先进的软硬件技术设施为支撑，以集成管理平台和数据共享传输为载体，构建覆盖“物联感知、设备管控、人员履职、考勤到位、风险预防、质量可控”的全周期管控体系，其创新价值体现在项目施工过程可视化、风险预警智能化、管理流程协同化等方面。针对传统工程监管中存在的安全生产监管难、文明施工管控弱、质量追溯链条长等问题，整合多个专业子系统，构建了“一屏统览、一网统管”的智慧监管平台。自全面实施以来，体系成效显著，建筑施工标准化、数智化水平大幅提升。

9.3.1 概况

智慧工地管理平台主要呈现三方面特点：①软硬协同互联互通，设备智能交互响应。智慧工地平台的构建基于建筑项目施工现场的生产活动，通过智能终端设备与互联技术的高度集成，部署视频监控、环境传感器、机械监测等硬件终端，实现对施工要素的全天候动态捕捉与智能交互，确保工程现场“看得见、管得住、控得准”。②多源数据融合治理，平台智能分析决策。智慧工地应用实现了对施工现场全过程、全要素的精细化、数字化管理，通过整合起重机械管理平台、建筑产业工人信息系统等多个关键子平台，实现多平台信息数据的实时采集、动态分析和可视化呈现，增强跨部门的协同能力，推动工程管理从经验驱动向数据驱动。③业务场景精准赋能，平台高效协同运作。智慧工地管理体系的各个应用平台符合建筑工程项目集成信息技术的核心目标，对建筑项目人员、机械、材料等施工资源的动态优化配置，可有效应对解决建设领域中各种质量管控难点与安全风险点，为项目决策提供可视化数据支撑，全面满足建筑工程的管理需求，确保数字化建设的运行高效性与实践可行性。

9.3.2 技术方案要点

通过推行智慧工地，系统实行智能化管理，建立全面的技术应用体系，高效协同，实现工地管理的数字化、智能化和绿色化。一是物联网技术应用，将工地上的各类设备进行互联，实现设备的远程监控和自动化操作，通过各类传感器和监控设备，实时收集工地的环境、安全、质量、进度等数据，实现工地的全面感知和监控。二是区块链技术应用，利用其不可篡改、透明化和可追溯的特性，提升了工地数据的安全性、可靠性和管理效率。工地的安全巡检记录、事故报告等可以通过区块链存储，确保数据的完整性和不可篡改性，为安全管理提供可靠依据。三是移动互联技术应用，开发移动端 App 或小程序，让管理人员、技术人员和一线工人可以随时随地查看、上报和处理工地相关信息，提高沟通协作效率。移动端可以将复杂的数据以图表、地图等形式直观展示，帮助用户快速理解工地状况。四是人工智能技术应用，利用 AI 技术进行自动化调度和智能化预警，如 AI 图像识别用于工人的安全帽佩戴检测、违规行为抓拍等。使用自动化施工设备，提升施工效率，减少人力成本。五是大数据分析与处理应用，对收集的数据进行深度挖掘和智能分析，为施工决策和管理决策提供科学依据，如预测潜在的安全风险、优化施工方案、提升工程效率等。

9.3.3 应用场景

1. 物联感知智能管控工地环境

物联网设备实时采集工地现场的车辆、材料、设备等数据，接入智慧运维系统自动分析比对，当发现异常情况时及时发出预警，确保施工环境的透明、可控。工程车辆称重设备通过智能传感器与车牌识别，自动记录车辆重量，实时上传至云端管理平台，确保物料进出管理精准无误，温州市累计安装智能地磅 320 台，日均处理数据达 817 条。结合车辆监控识别系统，前端摄像头 24h 不间断监控，自动统计每日、每周、每月的违规车辆数量及违规时间分布，为管理方提供数据支持，有效降低了建筑垃圾违规外运等问题。系统推送车辆抓拍告警如图 9.3.1 所示，截至 2025 年 2 月 12 日，系统累计抓拍车辆识别照片 38030 张，发送疑似非法车辆告警记录 876 条，车辆识别准确率达 99.4%，协助执法局落实建筑垃圾外运处置的源头管理工作。扬尘噪声监测系统实时监控 $PM_{2.5}$、PM_{10} 浓度及噪声分贝，一旦超标将自动启动喷淋装置，目前温州市 1478 个在建项目扬尘噪声监控设备 100%安装。通过全域全时段监控实现远程智能管理，从人防转为技防智防，大幅提升管理效率，也为环境保护贡献了力量。

2. 二维码管理安全守护起重机械

起重机械智慧管理云平台以危险源管理为核心，利用互联网、物联网及移动终端技术与各建设主体单位互联互通，实现全域统一、全程管控、关键提醒和信息资源共享。构建可证可溯的起重机械电子数字身份标签，实施二维码电子证书管理，要求相关单位在起重机械的主要受力构件部位悬挂电子证书，详细记录生产厂家、出厂日期以及维保情况等关键信息，并接入温州市起重设备信息管理平台，完善设备和部件全生命周期电子档案，实现设备档案从“一机一档”到“一物一档”的深度细化。起重设备信息管理平台如图 9.3.2 所示，温州市 208 家租赁企业，125 家安拆单位已登记入库，备案登记安拆人员 1417 人，司机司索 1231 人，特种设备检测人员 61 人，已累计登记起重设备 3.89 万台，悬挂电子证书 24.86 万份，从根源上减少因设备构件老化、未及时开展维保等原因导致的安全隐患。另外，要求在起重设备维保、检测时，由安拆人员扫描人脸信息、确认人员资格后开展工作，并将维保检测内容、监理单位及使用单位人员的现场合照等上传系统，2024 年维保记录电子签单确认率超 90%，较传统纸质记录方式效率提升 3 倍。实现起重设备全流程可追溯、可监控，确保作业安全与设备运行稳定。

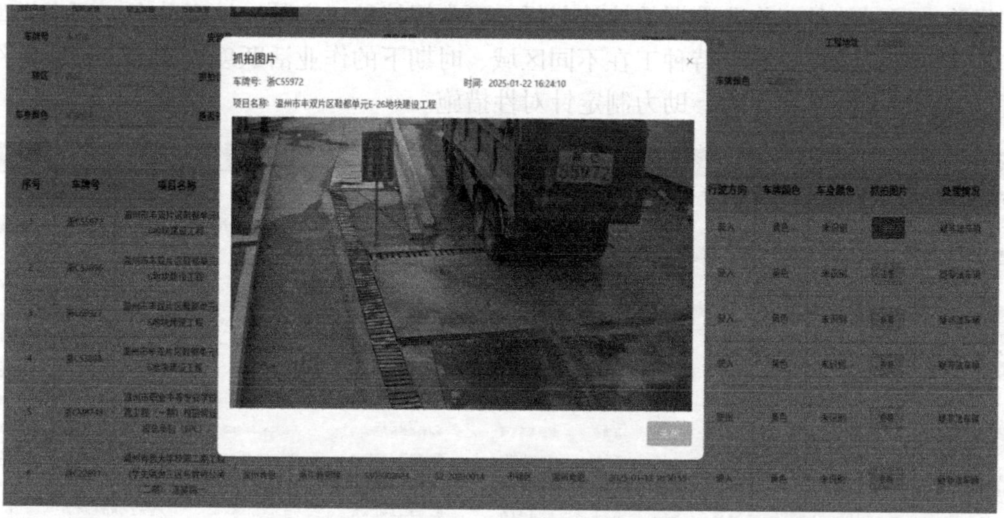

图 9.3.1　车辆抓拍告警

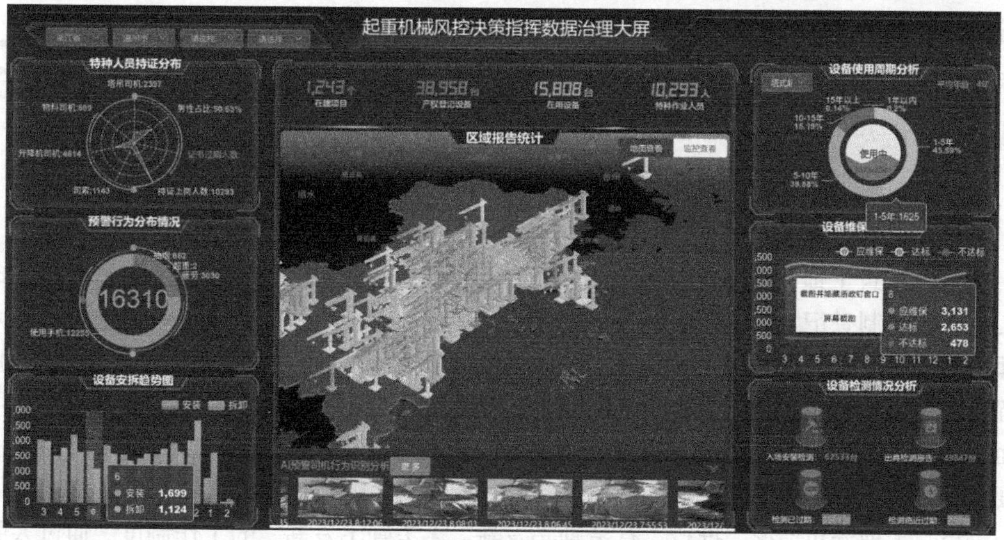

图 9.3.2　起重设备信息管理平台

3. 履职监管精准赋能关键人员

为强化建筑施工领域关键岗位人员的在岗履职尽责，创新实施安全员巡视记分管理机制与特种作业人员数字化管理。通过构建“建筑产业工人综合信息平台”，要求项目足额配备安全员，强化安全员在岗履职责任，安全员每日在施工区域扫码记录巡视情况，实现隐患排查的数字化记录与跟踪。对于履职不力、累计扣分达 12 分的安全员，平台将自动推送培训通道，组织安全员参加线下脱岗培训，形成数字化闭环管理。建筑产业工人综合信息平台如图 9.3.3 所示，平台累计注册审核项目信息 2700 条，录入审核安全员 5621 名，发出项目安全员录入不足预警 559 条。同时，该平台利用数字技术建立特种作业人员信息库，录入特种工身份信息、资格证书及健康档案等数据。通过人脸记录与电子证书验证，确保特种工信息无误、持证上岗，试点建立特种工信息库，顺利完成首批 4000 名特种工的审核与入库工作。系统动态监控证书有效期，提前 30d 发送延期提醒，避免因证书过期导致的合规风险。通过特种工作业数据的统计分析，可掌握特种工底数、地区分布、证书类型及工作状态变化。数据可显示特种工在不同区域、时期下的作业活跃度，精准识别特种作业管理的薄弱环节和潜在风险，助力制定针对性措施。

序号	项目名称	市	区/县	项目类型	施工企业	施工许可证号	监理单位	状态
1	万全镇宋桥片区A09-1地块（温州润晨科…	温州市	平阳县	房屋建筑工程	浙江加腾建设有限公司	330326202501130201	浙江品益工程管理有限公司	在建
2	瑞安市塘下汽摩配东区01-08小微园建设…	温州市	瑞安市	房屋建筑工程	浙江崇尚建设工程有限公司	330381202501070201	温州佳旭建设监理咨询有限公司	在建
3	第十五届中国(温州)国际园林博览会展园…	温州市	瓯海区	市政公用工程	浙江原野建设有限公司	无	广西中信恒泰工程顾问有限公司	在建
4	平阳县昆阳镇临区工业区C05-1地块建设…	温州市	平阳县	房屋建筑工程	平阳正匠建设工程有限公司	330326202501030101	正博工程管理有限公司	在建
5	浙鼎航天科技（温州）有限公司年产32…	温州市	乐清市	房屋建筑工程	浙江柳建建设有限公司	330382202501030201		在建
6	浙江联益新材料科技有限公司年产14000…	温州市	苍南县	房屋建筑工程	温州佳屹建设有限公司	330327202412310101	杭州恒诚工程项目管理有限公司	在建
7	乐清市蒲岐镇西门街村农贸市场建设项目	温州市	乐清市	房屋建筑工程	浙江柳建建设有限公司	330382202501020201	浙江浦银工程咨询集团有限公司	在建
8	浙江新力新材料股份有限公司厂房扩建…	温州市	瑞安市	房屋建筑工程	浙江业丰建设有限公司	330381202412300101	大学士工程管理有限公司	在建
9	年产30万套新能源汽车智能空气悬架充…	温州市	平阳县	房屋建筑工程	温州豪城工程建筑有限公司	330326202412310101	浙江瓯平工程管理有限公司	在建
10	年产20万件辊筒电镀加工生产线项目	温州市	平阳县	房屋建筑工程	温州中吉建设工程公司	330326202412300101	温州瑞航工程管理有限公司	在建
11	九特阀门集团有限公司厂房新建项目	温州市	龙湾区	房屋建筑工程	温州恒立建筑工程有限公司	330371202412300101	浙江诚力工程项目管理有限公司	在建
12	龙港新城龙湖西片区道路工程（一标段）	温州市	龙港市	市政公用工程	温州建元建设集团有限公司	无	浙江拓安工程项目管理有限公司	在建
13	平阳南雁镇中心敬老院装修工程	温州市	平阳县	其他	温州鹏腾建设工程有限公司	330326202412250103	浙江山丘工程管理有限公司	在建
14	乐清市北白象镇白塔王社区养老综合体…	温州市	乐清市	房屋建筑工程	浙江鹤泽建设有限公司	330382202412250101	中新凯瑞工程咨询有限公司	在建
15	泰顺县人民医院医共体泗溪分院迁建工程	温州市	泰顺县	房屋建筑工程	河南麟安建设工程有限公司	330329202412240101	大鹏工程管理有限公司	在建

图 9.3.3　人员综合信息平台

4. 智慧升级实名制考勤

温州市建筑工地积极采用校验二代身份证和考勤设备直连实名通勤管理平台的方式，扎实推进实名制登记工作。利用生物识别闸机、移动端考勤等智能设备，采集进场务工人员面部信息，完成人员信息登记与汇总，实现人员“进场即建档、考勤即计薪、离场可追溯”的智慧管理模式。通过实名制考勤系统实时记录人员的进出时间和工作状态，管理人员可以全面掌握劳务工人的作业情况。平台收集工作人员的年龄、性别等信息，对员工的信息进行深度分析，优化劳务队伍的工作内容，全面提升劳务队伍的工作效率，实时掌握施工现场人数与班组、工种分布情况。推行“有考勤必发薪，无考勤不发薪”的工作制度，通过人脸识别系统对进出施工场地的劳务人员信息进行实时记录与核查，以此作为劳务人员工资结算的考勤依据，有效避免劳务纠纷。建筑工地实名考勤管理平台如图 9.3.4 所示，截至目前，实名建档人数达 51.02 万人，实名考勤设备在用 4507 台，日均考勤人数超 14 万人。

图 9.3.4　实名考勤管理平台

5. 标准化规范安全保险服务

科学构建安全生产责任保险（简称安责险）风险评估模型，系统制定安全生产风险检查清单，并建立健全标准化、规范化的安全管理流程体系，确保安全生产责任落实到位，风险防控措施实施有效。施工单位通过手机小程序或电脑端，进行安责险保单登记，保险机构对提交的保单进行复核，并补充完善保障范围、额度等信息，在系统中登记项目整体服务计划，委托第三方服务机构提供事故预防服务，并向施工单位、建设单位、监理单位实时推送。专家在事故预防服务中发现风险隐患的，通过系统向施工单位下发整改提示单，督促整改解决，形成管理闭环。事故预防服务登记完成后，系统向施工单位发送服务报告。施工单位可在系统上查看提供该次服务的有关单位、人员信息（保险机构人员、专家、第三方服务机构）及完整服务报告，并对提供该次服务的主体进行服务评价。各相关单位可通过系统查询项目承保情况、服务情况、风险隐患整改情况、服务评价情况。安责险实施情况如图 9.3.5 所示。截至目前，安责险综合管理系统入驻保险公司单位 34 家，第三方服务机构单位 12 家，被服务单位（施工单位）3607 家。已投保项目 5519 个，共完成安责险服务任务 7143 次，排查并消除安全隐患 19982 个。

6. 影像留存把控检测源头

温州市率全国之先实施工程质量检测全过程影像记录留存机制，有力解决了近年来检测行业存在的恶性竞争、履职不到位、质量意识和自律性不强、专业技术水平和人员综合素质不高等问题。全面实行《关于加强我市建设工程质量检测过程影像资料管理的通知》，明确为工程质量验收提供检测报告的检测活动（含收样、采样、制样、养护、烘干、堆载、设备安装等）均需影像记录，形成从检测活动开始到结束的全过程影像资料，检测视频影像全面、清晰、完整记录现场检测全过程，重点记录现场检测人员、检测设备、检测方案执行、检测数据采集和结果示值等情况，有效保障了检测活动的有效性和检测结果的可追溯性。

7. 数智监管预拌混凝土

以预拌混凝土为切入点，系统制定业务流程，推进混凝土生产、销售、运输、使用等全流程闭环管理。预拌混凝土生产企业统一入库管理，工控机直采生产数据，实时监控生产情况。施工企业通过系统在线与生产企业签订混凝土销售合同，按照实际需求分批下达生产订单，施工现场核验订单，实现建材从原材料到建筑工地的全过程监管，如图 9.3.6 所示。以质量监督流程为主线，系统制定了从监管人员分配到质量竣工验收备案的业务流程标准。监管人员在日常检查、巡查、节点验收等环节中发现问题，通过系统下发整改单，施工单位在线接收整改单，并在规定时间内回复整改措施和进展，超期系统预警并进行扣分管理；监理单位和建设单位依次审核，确保整改方案合理、可行；主管部门对整改情况进行复核，确保问题得到彻底解决。通过全过程的监管和记录，确保每个环节责任清晰，问题得到有效处理，避免风险扩散，保障工程质量。以电子归档为试点，促进工程建设各方主体加强各阶段、各环节工程文件管理，提高工程建设全过程电子文件真实性、完整性、可用性，为监督检查提供文件依据，为档案管理机构接收电子文件提供数据支撑，实现“过程归集及时有序，竣工归档一键提交”。

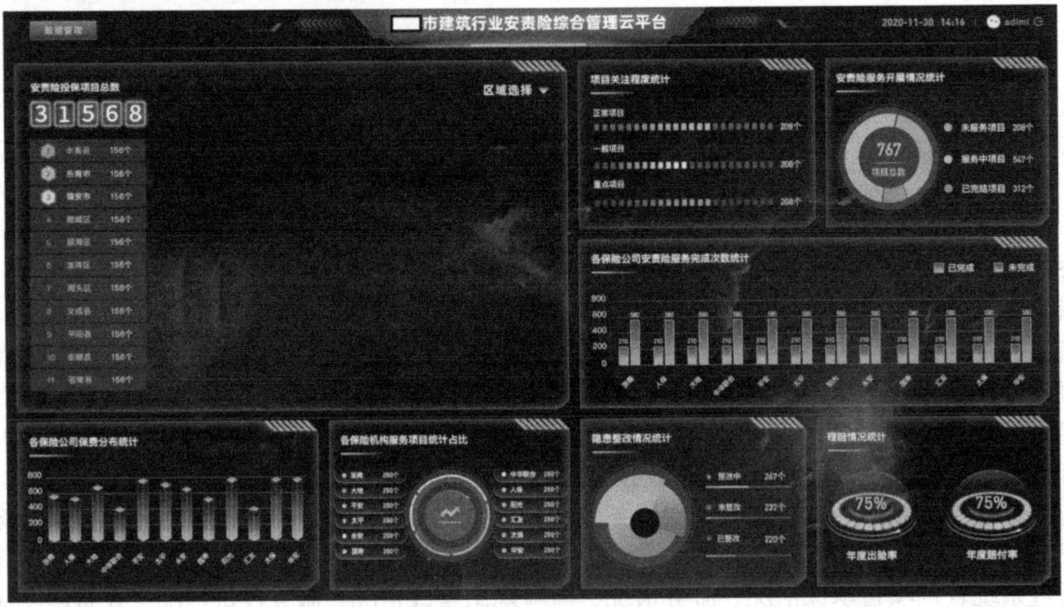

图 9.3.5 安责险实施情况

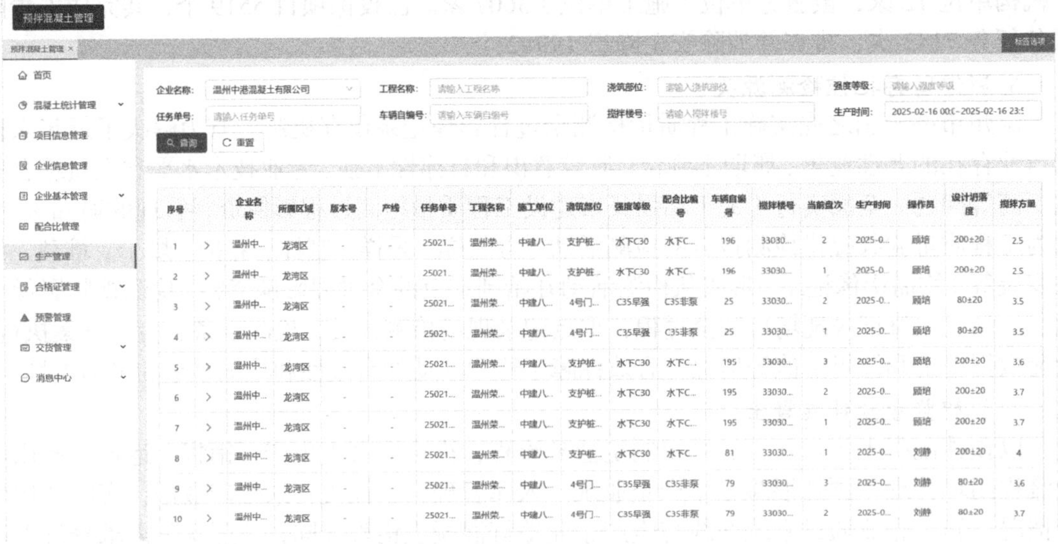

图 9.3.6 预拌混凝土管理

9.3.4 创新特色

（1）整合共享与多跨协同治理。建立单点登录机制，建设统一账号体系，实现了各个应用的有机整合，资源共享。以统一的项目库、企业库、设备库、人员库为基础，推动数据在各业务中有序流动，“用数据说话、用数据决策、用数据管理、用数据创新”。基于大数据分析技术，整合物联网设备采集数据和业务办理数据，实现设备运行异常、工程质量风险、项目进度滞后等业务的智能预警，达到智慧管理的目的。制定统一的数据标准和接口规范，打破信息孤岛，构建多跨协同治理模式，实现数据流动，管理互通。率先使用AI算法，对异常视频进行监测。大数据发展管理局负责提供算法开发、模型训练和数据支持，确保AI监测的准确性和高效性；住房和城乡建设局负责对AI识别的异常事件进行核实和处理。这种多跨协同治理方式，减少了人工巡查频次，识别效率提升了30倍以上。

（2）实时环境监控与智能联动。智慧工地管理系统集成了高精度传感器网络和智能预警功能，对施工现场进行全天候的视频监控与扬尘噪声的动态、高精度监测。系统实时捕捉并记录工地施工画面，采集$PM_{2.5}$、PM_{10}、噪声等关键环境指标。通过部署4724个高清视频摄像头，有效覆盖1478个项目工地，保证了信息的实时性和准确性。一旦监测到扬尘、噪声数据超标，系统立即触发预警，通过系统消息推送、短信通知等方式将预警信息同步至安监员与项目经理。同时，智慧工地联动喷淋降尘设备，实现扬尘超标30s内自启动围墙喷淋、塔吊喷淋等抑尘措施，降尘效率提升60%以上。截至目前，温州市累计部署智慧环境监测系统2500套，实现规模以上建筑工地100%覆盖。依托环境监测系统靶向精准防治，2024年扬尘评价一类项目数量同比增加2182个次，扬尘问题立案量实现36%的降幅突破，显著改善了工地环境质量，提升了施工单位的环保意识和规范化管理水平。

（3）起重设备全周期智控与溯源。智慧工地深度融合起重设备信息管理，通过建立起重机械整机及部件“数字身份证”制度和产品追溯体系，形成来源可查、去向可追、责任可究的信息链条，实现从设备制造源头到工地使用末端的全方位、全周期追溯，完成塔吊安全监控系统100%安装，有效避免了设备老化、构件损坏等问题，同时杜绝了“组装机、翻新机”等安全隐患。对于超期未维保、未检测的设备安全隐患，实时发出关键节点提醒并及时报告至政府端、企业端管理人员，累计发送提醒23687次。引入生物识别考勤和行为识别技术，对司机的操作行为进行实时监测和评估，预防不当操作导致的安全事故，累计推送行为分析AI预警16310次。目前，温州市起重机械管理系统登记备案塔吊3547台，施工升降机3595台，物料提升机1415台，吊篮29659台，标准节181098节，部件二维码溯源精度达95%。系统通过输入设备维保内容，记录设备运行情况，自动形成设备全生命周期的使用检测维保履历，累计出具检测报告50044份，维保记录91672次，实现了温州市建筑起重机械一张图管理，可实时查看任意设备的位置、安装高度、作业人员，可随时查看任意设备的维保、检测情况，有效做到建筑起重机械底数清、情况明。

（4）关键岗位履职评估与管控。智慧工地管理系统对温州市1478个建筑工地的3307名安全员实施线上全覆盖管控，安全员扫码巡视率稳步提升，月均达85%以上。系统通过数字化手段深度分析安全员巡视数据，精准评估个人履职成效，通过分区域安全巡检次数可分析出各县市区安全员履职水平，实施差异化督促与整改策略。同时，系统根据巡视记录的问题数据，识别并分类工地潜在隐患，集中力量进行整改销项，2024年隐患整改时效同比提升 20%。对于累计扣分超 12 分的安全员组织线下脱岗培训，已组织 25 期培训班，共培训 932 名安全员，这一举措不仅优化了安全员工作流程，还促进了安全员队伍整体素质的提升。此外，系统对特种工实施全面智能动态管理，通过人脸核验、身份证检查等技术手段确保特种工资质真实有效，实时掌握并动态更新特种工年龄、地区、工种、证书有效期等详细信息，发出证书过期预警 7653 条，证书到期告警准确率 100%，实现特种作业人员资质动态核验，为工地安全运营提供了有力保障。

（5）实名制考勤数字化升级。工人实名制系统通过技术赋能与流程优化，显著提升劳务工人管理效能。通过集成人脸识别、指纹识别等生物认证技术，实现自动化考勤数据采集，减少人工错误。截至目前，劳务工人月均考勤率达 93%，线上工资发放累计达 137.79 亿元。同时，该系统登记流程简便、易操作，劳务工人能够快速完成登记手续。考勤数据实时上传与统计，确保工资透明化，为管理工作提供了极大的便利。系统真实记录每一位建筑工人的出勤情况，工人工资卡绑卡率达 100%，为工资支付监管提供了准确的数据支持。通过实名制管理，有效掌握了建筑工地人员底数，为后续的各项管理工作奠定了坚实基础。

（6）检测过程回溯与智能监管。智慧工地系统通过建立检测影像留存管理制度，有效解决了检测行业存在的恶性竞争、履职不到位等问题。要求检测机构全面记录检测过程影像资料，确保检测行为的真实性和可追溯性。系统通过影像资料对检测人员进行监督，规范检测行为，提升检测能力。主管部门还可以通过对影像资料的检查，溯源检测行为，为行业管理提供了有力抓手。自检测影像留存制度实行以来，实现 9 类资质、369 项检测项目全过程视频留痕，温州市累计存证视频 175 万条，检查检测机构 533 家次，完成 100%覆盖检查，下发整改督办通知单 361 份，执法建议书 15 份，罚没款 46 万余元。这一智能化监管模式不仅推动了检测行业的健康发展，还提升了行业整体水平。

9.3.5 实施情况

智慧工地管理系统自 2020 年应用以来，规范施工安全监管流程，实现政府端口与企业端的数据互通，实现了政府端“线上巡查—自动派单—电子督办”和企业端“隐患自查—整改反馈—过程留痕”的双向联动机制。截至 2025 年 1 月，已完成温州地区全部在建工地 100%覆盖，系统累计接入工程项目 8681 个，注册企业账号 4078 个（其中施工企业 3855 家、监理单位 160 家、检测机构 63 家），共有账号登录 239368 万次，对 140 条监管预警信息完成闭环处置。

9.3.6 应用成效

（1）安全防护可预警。可自动识别监控画面中未佩戴安全帽的人员，并及时发出预警信息，提醒相关人员佩戴安全帽，避免高空坠物。在塔吊、升降机等大型机械设备上安装传感器，实时监测设备运行状态，及时发现异常情况，预防安全事故发生。通过引入高清摄像头、传感器等设备，结合 AI 技术，实现对工地环境的实时监控和安全隐患的智能识别，有效提升安全管理水平，保障工人生命财产安全，解决工地安全防护的痛点和难点。

（2）工人权益有保证。依托实名制考勤，推行“有考勤必发薪，无考勤不发薪”的工作制度，有力地引导了工人积极参与考勤，主动配合实名制管理工作。实名考勤和工资发放的透明化，减少了因工资问题引发的劳动纠纷，维护了工地的和谐稳定。进一步推动了工地管理的规范化，促进了行业的健康发展。

（3）业务操作能协同。通过系统实现设计、施工、监理等多方数据的实时共享和无缝对接，大幅提升沟通效率，确保信息传递的准确性和及时性。借助远程监控和智能指导功能，减少对现场人员的依赖，增强管理灵活性和响应速度。各业务环节通过系统协同作业，提升整体施工效率与效益。

（4）管理决策更科学。采集考勤信息、设备运行、安全隐患信息等多维度数据，通过系统大数据分析和智能化研判，为管理决策提供支撑依据。基于数据分析，科学优化人力、设备和材料的资源配置，最大限度减少资源浪费，提升管理效率，推动工地管理的持续优化。

9.4 本章小结

（1）基于政府端的数字应用、企业端的数字应用、项目端的数字应用三个层面，以温州为例进行探讨。基于政府端的数字应用聚焦于"全链管"数字化管理平台，企业端的数字应用聚焦于"筑通集采"数字化采购平台，项目端的数字应用聚焦于智慧工地管理平台，对技术方案要点、应用场景、创新特色、实施情况、应用成效5个方面进行总结。

（2）"全链管"数字化管理平台主要有三方面特点：一是实时施工数据采集，信息交互自动预警；二是验收流程优化再造，并联验收提质增效；三是数据资源集约共享，多跨业务协同治理。技术方案要点包括六个方面：一是施工关键节点管理应用，对施工工艺按关键节点进行拆解，建立标准化数字化管理流程；二是材料质量管理应用，对建筑材料进场、使用、报验等环节的数据进行实时管控；三是施工检测管理应用，整合数据；四是工程质量预警管理应用；五是"智慧监测"抽检管理应用，建立"随机抽检——自动审核——精准管理"的模式；六是在线验收体系管理应用，实现工程验收资料的全面数字化生成。应用场景包括五个方面：一是建立施工标准化管控机制；二是全面建立设备数字化管理制度；三是建立建筑材料标准化管控机制；四是建立大数据交互共享支持多跨管理；五是建立消防标准化管控机制。创新特色有八个方面：一是过程采集实时管理；二是信息交互提醒管理；三是风险预警分级管理；四是实现靶向精准检测；五是实现验收流程重塑；六是实现消防联动审批改革；七是实现数据贯通互联应用；八是实现政企共建共享模式。应用成效主要有四个方面：一是施工过程可追溯；二是材料使用可回溯；三是施工时间可溯源；四是管理业务可协同。

（3）"筑通集采"数字化采购平台主要有三方面特点：一是数字赋能，控制资金风险、材料风险和质量风险；二是资源集约，降低采购成本；三是业务协同，提升管理效益。技术方案要点是通过推行"筑通集采"平台的应用，为在采购过程中有一定资金需求的建筑企业提供供应链金融服务，解决资金短缺问题，以供应链融资担保服务，保障建筑企业供应链安全；同时以数字化供应链为突破口，为建筑企业提供建筑材料集中采购服务，降低建筑企业采购成本，提高企业利润率。应用场景包括三个方面：一是金融服务平台，实现金融风险控制、企业授信控制、资金流向控制；二是数字交易平台，为供货方及采购方提供一站式供应链管理服务，包括企业评级系统、商城系统、一键询价系统、SRM系统及CRM系统等；三是项目风险控制系统，系统基于BIM模型为核心，涵盖规划、设计、招采、施工、运维全过程对项目进行管理。创新特色有四个方面：一是贯通供应链金融；二是贯通全链条招标；三是贯通数字化集采；四是材料精细化管理。应用成效有四个方面：一是智能比选，构建建筑行业集采商场；二是一键询价，多渠道获取建材价格；三是金融赋能，解决融资难问题；四是管理赋能，提升企业数字化管理水平。

（4）智慧工地管理平台主要有三方面特点：一是软硬协同互联互通，设备智能交互响应；二是多源数据融合治理，平台智能分析决策；三是业务场景精准赋能，平台高效协同运作。技术方案要点包括五个方面：一是物联网技术应用，实现设备的远程监控和自动化操作；二是区块链技术应用；三是移动互联技术应用，开发移动端App或小程序，提高沟通协作效率；四是人工智能技术应用，利用AI技术进行自动化调度和智能化预测；五是大数据分析与处理应用，对收集的数据进行深度挖掘和智能分析，为施工决策和管理决策提供科学依据。应用场景包括七个方面：一是物联感知智能管控工地环境；二是二维码管理安全守护起重机械；三是履职监管精准赋能关键人员；四是智慧升级实名制考勤；五是标准化规范安全保险服务；六是影像留存把控检测源头；七是数智监管预拌混凝土；应用成效主要有六个方面：一是整合共享与多跨协同治理；二是实时环境监控与智能联动；三是起重设备全周期智控与溯源；四是关键岗位履职评估与管控；五是实名制考勤数字化升级；六是检测过程回溯与智能监管。应用成效主要有四个方面：一是安全防护可预警；二是工人权益有保证；三是业务操作能协同；四是管理决策更科学。

第 10 章
实施协同体系创新研究

智能建造是将现代信息技术与工程建造技术深度融合的新型建造模式，旨在提高建筑项目的生产效率、工程质量、安全性和可持续性等多项指标。在智能建造过程中，涉及众多的参与方，如建设单位、设计单位、施工单位、供应商、技术研发机构等，各方之间的协同合作至关重要。构建有效的多方协同体系是实现智能建造目标的关键所在。

从政府行业协同层面上看，由政府或行业协会牵头，建立智能建造技术集成平台，将不同的技术系统进行整合，企业基于智能建造技术集成平台，按照统一标准进行技术研发和应用，确保技术的兼容性和互操作性。

从企业运行协同层面上看，企业产业链的协同至关重要。构建有效的协同体系，能够充分发挥各企业的优势，实现资源的优化配置，提高整个产业链的竞争力。通过加强技术集成和建立公平合理的利益协调机制等措施，建立有效的沟通协调机制、信息共享机制等，可以提高企业运行效率。

从项目参与主体协同层面上看，通过多方协同，各方的业务流程可以得到优化。例如，在设计阶段，设计单位与施工单位提前沟通，避免设计方案中的不合理之处，减少了施工过程中的变更和返工，提高了项目的整体施工效率。多方协同使得一些工作可以并行开展。

下面就三个方面对实施协同体系创新进行探索。

10.1 政府协会企业协同

智能建造作为行业试点改革的新模式，离不开政府、行业协会和企业的协同。在这一过程中，政府通过构建政策体系，依托协会引导企业参与转型升级，并逐步修订法律法规和管理办法；行业协会承担起政企的桥梁纽带，做好新政策的传递与企业探索经验的反馈工作，同时，也为企业提供技术支撑和教育培训；企业作为智能建造试点的主体，在政府引导下进行项目应用，开展工效分析，其使用体验直接影响政府试点推动方向和支持政策决策。

10.1.1 协同优势

1. 提升整体发展水平

政府、行业协会和企业的协同推进有助于提升智能建造产业的整体发展水平。政府提供政策支持和市场环境优化，行业协会促进行业交流与合作并制定行业标准与规范，企业则通过技术创新与应用推动产业升级。

2. 解决行业痛点问题

智能建造的发展有助于解决建筑行业长期存在的工期长、质量差、安全隐患多等问题。三方协同推进可以充分发挥各自的优势，共同应对这些挑战。

3. 推动技术创新与应用

政府、行业协会和企业的协同作用有助于推动智能建造技术的创新与应用。通过产学研合作、技术交流与推广等方式，可以加速科技成果的转化和应用进程。

10.1.2 协同措施

1. 政府引领，构建政策支持体系

政府在智能建造的发展中扮演着重要的角色。政府通过制定相关政策，为智能建造的发展提供明确的方向和目标。2018 年住房和城乡建设部等部门联合发布的《关于推动智能建造与建筑工业化协同发展的指导意见》明确提出，要建立健全与智能建造相适应的工程质量、安全监管模式与机制，推动智能建造与建筑工业化的协同发展。温州市作为全国智能建造的试点城市，也通过制定一系列政策措施，从解决发展路径、强化要素保障、创新项目监督等方面，积极推动智能建造的发展。

（1）明确发展方向和路径

温州通过制定产业发展纲领和智能建造实施政策，打破了建筑企业对传统施工方式的路径依赖，为不熟悉智能建造试点模式的企业提供明确方向。在试点纲领方面，温州市制定了《温州市智能建造发展三年行动计划（2023—2025 年）》，明确提出了智能建造的发展目标、主要任务和保障措施；在试点实施路径方面，温州市制定了《2024 年温州市市政工程项目智能建造试点创建标准（试行）》和《2024 年温州市智能建造试点项目创建标准》，明确了项目级智能建造试点具体路径和创建目标。动态更新温州市智能建造装备推广目录，为"一核三库"市场化应用提供设备和技术路径；在机制创新方面，全面推进房建和市政基础设施工程项目竣工图数字化管理和"房屋码"应用，推动项目全生命周期信息数字化归集。开展民用建筑工程施工图二三维（BIM）联合审查，制定《温州市民用建筑工程施工图数字化审查导则》。

（2）强化要素保障引导

温州制定了土地、金融、计价、产业招引等方面措施，为企业参与智能建造试点提供保障。土地要素方面，在土地出让条件中设置智能建造试点（示范）项目评价指标，明确不同阶段必选任务和自选动作。如中国眼谷酒店项目土地出让时明确要求作为智能建造试点。金融要素方面，以建筑工程"智建之家"平台为基座，打造建材金融供应链平台等在线建筑业数据资源交易平台，保障建筑市场金融产品服务和资金安全。如温州数安港依托相关政策，在建筑数据产业化和建筑产业数字化方面挖掘数据价值，吸引金融机构为智能建造项目提供融资服务等，推动了一些项目的顺利开展。计价要素方面，依据新的计价规范，对采用智能建造技术和装备所产生的费用进行合理计价，出台了温州市《建筑信息模型（BIM）技术应用服务费用计价参考依据》和《智能建造（建筑机器人）补充定额》，为应用新设备、新技术造价取费提供依据。产业招引方面，通过提供办公场所等方式，招引智能建造成果转化和科研基地，加大对智能建造关键技术研究、基础软硬件开发、智能系统和设备研制、项目应用示范等的支持力度。经认定并取得高新技术企业资格的智能建造企业可按规定享受相关优惠政策。

（3）创新监管体制机制

温州市通过加强跨部门协同和监管，确保智能建造政策的有效落地。一是跨部门合力协同。通过建立跨部门协同机制，成立了由住建、发改、科技、工业和信息化等部门组成的智能建造工作领导小组，负责统筹协调智能建造发展的相关工作。因地制宜制定具体实施方案，明确时间表、路线图及实施路径，强化部门联动，建立协同推进机制。二是跨层级履责协同。建立市、区（县）两级智能建造管理体系，明确各级职责，加强工作衔接与配合。市级部门负责智能建造整体规划和政策制定，区（县）级部门负责具体项目的落实和监管。如龙港等区（县）级部门根据当地实际情况，在装配化装修项目试点等工作中，积极落实市级政策，推动智能建造项目在基层落地。三是跨过程监管协同。

温州通过"浙砼管"应用场景全过程智能化管理商品混凝土：一是生产环节管控。接入预拌混凝土企业的工控机数据，企业需在"浙里建"重大应用的"浙砼管"应用场景中补充完善生产点、生产设备等信息。系统可实时获取生产数据，对原材料质量、生产配比等进行监控，确保生产过程符合标准。二是运输环节监管。创新融入车辆管理模块，综合应用交警、交通等部门的车辆、驾驶员动态数据，掌握混凝土运输车辆的行驶轨迹、通行线路等信息，督促企业管好自有车辆，选好第三方运输车辆，减少运输违规问题。三是使用环节监督。在混凝土、钢筋取样中率先实行见证取样二维码，将检测数据实时反馈至"浙砼管"应用，实现混凝土质量全链条管理。试块检测出现不合格等情况时，系统会第一时间通知质量监督员进行处理。四是预警与追溯。增加了预警功能，若生产端数据与交货、检验的数量无法对应，系统会发出预警。通过二维码芯片等技术手段，实现对见证取样的全过程溯源，确保混凝土生产、销售、运输等全过程的信息可追溯。

2. 协会配合，实现桥梁纽带功能

（1）政府智囊作用

协会应在政企之间发挥自身优势，起到桥梁纽带作用，加快智能建造的发展，促进产业发展规范、工法推广应用。温州市建筑业联合会通过组织企业和专家，制定了一系列智能建造相关的技术标准和规范，如《温州市智能建造技术标准》《温州市智能建造项目评价标准》等，为智能建造技术的应用和评价提供了依据。

（2）人才培养功能

协会通过推动产学研合作和人才培养，为智能建造的发展提供有力的人才保障。如在温院校、温州江楠产业工人孵化基地及建筑企业联合成立温州建筑业产教融合促进会，将学校、基地和企业对不同层次的产业队伍培育的优势融合，打造复合型的现代化建筑业人才体系。

（3）技术交流渠道

协会因其对上下游会员单位的高度集成，具有交流便利、资源富集的优势。在发展智能建造时，这一优势也可有所体现。一方面，协会通过举办智能建造培训班、研讨会、"四新"交流会等活动，推广智能建造技术和标准，提升会员单位对前沿技术的认知和了解。另一方面，协会的平台也集成了会员单位中的智能建造资源、设备。如温州市建筑业联合会的建联供平台上集成了建材集采、资金借贷、产业培育、信息管理等模块，在为会员单位进行产品推广的同时，也加强了企业之间的交流合作。此外，行业协会也肩负着促进成果转化的使命。如在温州市产教融合促进会的协调下，温州理工学院、温职院与会员企业开展智能建造科技研发课题立项，就技术成果转化签订战略合作协议。

3. 企业创新，发挥主体担当作用

企业是智能建造发展最重要的实践者，智能建造装备、技术、材料的出现均源于企业在实际生产经营中面临的需求，同时也在企业应用的技术探索中得到检验和优化。企业应注重技术创新研发、智能技术应用和项目管理创新。

（1）技术创新研发

企业在智能建造的发展中发挥着主体作用。通过加大技术创新和研发投入，企业能够推动智能建造技术的不断进步。例如，温州某企业基于 BIM + AR 技术的室外雨污水管道可视化定位安装技术，实现 BIM 模型 1∶1 与现实环境相关联，有效缩短施工周期，提升施工精度。温州勘测院结合本地工程勘察数据，结合 GIS 技术，搭建工程地质数据库及勘察 BIM 系统，为温瑞大道、园博园等项目构建三维可视化地质模型，提供精准地质数据。

（2）智能技术应用

企业通过智能建造项目的应用，推动智能建造技术的落地和推广。例如，一些企业通过承接智能建造项目，积累了丰富的实践经验和技术成果。同时，企业还可以通过项目应用，展示智能建造技术的技术优势和应用效果，推动智能建造技术的推广和应用。例如，正立建设在正泰智能家居产业园项目中采用建筑数据协同管理系统（BDCP），对项目进度和材料情况进行了实时管控，BIM 技术的穿插应用为施工组织管理提供了直观的数据结论，实现了施工过程的数字化、智能化管理；新宇建设在温州市城市中心区 A-18-2 地块小学工程、温州市鞋革职业中专学校改扩建工程总承包等项目试点应用测量、地坪研磨机器人等新型智能建造装备，积累了智能建造机器人和 BIM 技术相结合的项目管理经验。

（3）项目管理创新

从组织架构、流程、技术应用等角度进行管理创新。一是搭建数字化管理平台。通过构建一体化智能建造管理平台，整合项目进度、质量、安全、成本等多维度数据，实现实时监控与动态管理。利用云计算技术，保障数据的高效存储与快速调用，为决策提供精准依据。例如某企业打造了智慧工地管理平台，融合物联网、BIM、大数据等技术，对施工现场的人员、设备、物料等要素进行全方位监控。通过平台，管理人员可实时掌握各项目进展，及时发现并解决问题，有效提升项目管理效率与质量，保障工程顺利推进。二是重塑项目管理流程。引入精益建造理念，对传统施工流程进行梳理与优化，消除不必要环节，减少资源浪费。采用并行工程方法，推动设计、采购、施工等阶段的协同作业，压缩项目周期。例如某企业在承建的大型工程项目中，重塑管理流程，引入数字化交付理念。设计阶段，借助 BIM 技术进行碰撞检查，优化设计方案；施工阶段，利用智能设备实现物料精准配送，减少库存积压；竣工阶段，完成数字化资料交付，为后续运维提供便利，实现全生命周期的高效管理。三是建立智能风险预警机制，运用大数据分析与机器学习算法，对历史项目数据和实时监测数据进行深度挖掘，提前识别潜在风险因素。设定风险阈值，当指标接近或超过阈值时，及时发出预警信号，启动应急预案。例如某建筑企业建立了智能风险预警系统，收集分析海量工程数据，涵盖天气、地质、施工工艺等多方面信息。在某综合体项目中，系统提前预测到因连续降雨可能导致的基坑坍塌风险，项目团队迅速采取加固措施，成功避免事故发生，保障项目安全与进度。

10.2 产业链上下游协同

在建筑业供给侧结构性改革不断深化的背景下，建筑业企业要转变传统的经营模式，突破发展的瓶颈，向多元化发展。温州市建筑业企业万洋集团率先打造了园区全产业链体系，通过在产业园区投资开发、项目建设、后期运营环节的先进做法，给建筑业企业转型发展提供借鉴。

10.2.1 概述

万洋集团是一家中小企业集群服务商，中国民营企业 500 强，拥有投资开发、产业招商、建设施工和园区运营的园区全产业链体系，下设万洋众创城、万洋建设、万洋智慧运营、万洋金融四大业务板块。万洋集团针对中小微企业生存发展中的痛点堵点，按照“产业集聚、产城融合、资源共享、产融互动、土地集约”模式，打造现代化制造业集聚平台，实现政府、投资主体、集团自身三方互利共赢，走出一条社会资本参与构建一流营商环境、民营企业服务赋能民营企业的新路子。

10.2.2 投建营一体模式

万洋集团基于房屋建筑工程施工总承包一级资质的丰富经验和强大的招商运营团队，不断建立完善产业园区开发运营全产业链体系，实现投资开发—项目招商—规划设计—施工建造—园区管理一体化运作，有效推动工程建设投资进度，提高园区项目投入使用速度。

项目开发建设全流程通过项目主数据系统、设计管理平台、招商平台、项目成本管理系统、智慧园区运营管理平台等，协同开展精细化管理，让标准化管理和个性化管理有机结合，产业链向上下游延伸拓展，全面提高项目管理效率，实现降本增效目的，提高企业竞争优势。

招商前置，通过产业链招商，实现上下游企业高度集聚，形成产业集群。以“园区招商大数据库”作为支撑，在前期产业定位时精准捕捉目标企业，使产业规划与招商无缝对接，从而保证规划指导性强、实操性强、落地性强，招商实施有方向、有重点、有目标。

相比企业拿地自建厂房，园区新引进项目减少了手续报批、工程建设等环节，企业只需要安装设备就可以开始生产，投资建设周期大幅缩短，项目落地速度极大提高，有效破解中小企业集群“建设难”。此外，利用工业产权分割解决政策，专为中小微企业设计具有独立产权的生产空间，建立不动产原值回购二次招商措施，让中小微企业“进得起、留得住、发展得好”，投资效益提升 20%左右。

10.2.3 垂直工厂模式

“垂直工厂”也称“工业上楼”，简单来说，就是将以往一两层的工业厂房进行“堆叠”，在不改变工业用地性质的前提下，让产业用地从“平面缩圈”进阶为“立体增长”，有效提升楼宇的容积率，进一步拓展产业的发展空间，解决工业用地紧张问题。如平阳万洋众创城整体规划用地 867 亩，总建筑面积 200 万 m^2，项目容积率高达 2.5，能容纳企业达 500 家之多，户均企业占地约 1.67 亩，土地利用率是普通分散型企业的 5 倍以上，另外，分散型投资需要用红线退让分割土地，造成土地资源严重浪费。“垂直工厂”模式大约能节约 60%土地，同时降低企业投资成本 30%左右。

“垂直工厂”使产业功能实现高度复合。在同一栋建筑之内，不但可以实现研发和小试等生产环节的“上楼”，还能将仓储、办公、展示、会议、检测、营销等功能放在同一栋建筑之内，形成“前店后厂”及“生产—组装—服务”的高效空间布局。

10.2.4 智能化管理模式

如图 10.2.1 所示，万洋集团统一搭建了以“一张网 + 一个数据中心 + 一个运营管理系统”为核心的智慧园区管理体系，云平台、大数据、智慧安防、智慧照明等组成一个生活性服务和生产性服务智慧技术体系。通过企业地理集聚、物理空间联通和信息设施共享，整体管理成本降低 15%以上。社交、移动、大数据和云技术融入“互联网+”平台，为产业园区带来智慧技术运营服务、科学管理和优质用户体验。

园区智慧安防、设备运行、能耗管理等情况实行 24h 实时监测，主动监测安全隐患，可实现联动工作人员 3min 内到达现场处理，将安全隐患消除在萌芽状态，三年来园区未发生一例重大安全事故。监控中心全面分析、直观展示园区运行态势，构建风险预警机制。通过数智化升级及新技术赋能，提升建设可持续发展的智慧空间物业运营，从而提高管控效率、降低服务成本，实现新形势下的园区运营管理、园区企业服务、社群综合服务体系一站式园区生态圈。

智慧园区管理系统通过对园区人口流动、企业经营状况、园区招商情况等数据的采集，运用智能算法，建立企业运作模型，分析预测企业未来经营状况，规避风险。管理系统还可实现生产管理与物业管理一卡通，全面提升入园企业“两化融合”建设和运维能力，通过对产业数据进行聚合分析，无缝对接管理、金融服务等机构，挖掘产业大数据价值。

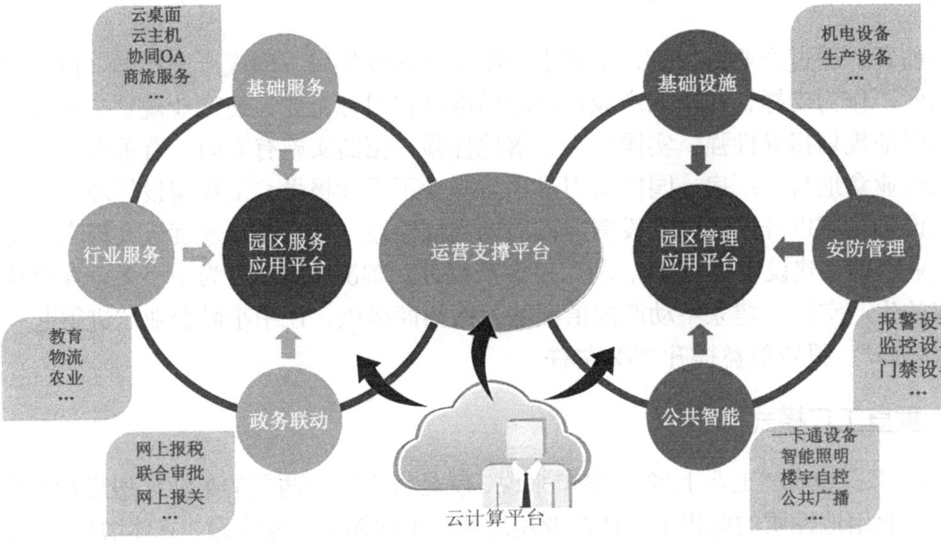

图 10.2.1 智慧园区管理系统

10.2.5 经验启示

通过万洋模式，产业链上下游协同创新有如下经验总结：

一是产业链延伸。积极利用自身资源和技术能力，改变长期处于建筑产业价值链底端的现状，努力向价值链的两端上延下伸，拓展投资、设计、建造、运营、管理相关领域的业务，提升市场份额，形成新的利润来源。

二是模式创新。顺应需求侧对建筑企业的新要求，不但参与施工，还要参与融投资和运营，借助 PPP 等新的商业模式，变革传统施工建造为融投资 + 建造以及投资建造运营一体化的全新模式。

三是立足本业。以系统推进好房子、好小区、好社区、好城区“四好”建设为契机，全力推进建造理念创新，大力推广惠民适用技术，为全社会提供高品质建筑产品。

四是加速智能化。把握数字化、网络化、智能化融合发展的契机，以绿色低碳为底色，以智能建造和新型建筑工业化协同发展为抓手，持续在工业化、数字化、绿色化转型上下功夫。

10.3 项目建设主体协同

在智能建造背景下，项目建设主体（业主、设计方、施工方、监理、供应商等）需要通过数字化、网络化和智能化手段重构协同模式，实现全流程高效协作。本节剖析以设计方为创新主体和施工方为创新主体的协同案例。

10.3.1 以设计方为创新主体的协同案例

装配化装修作为新型工业化在项目建设中重要的表达形式之一，也兼具了集成化设计、协同化生产和系统化施工等特征。本案例通过装配化装修过程中的系统创新体系研究来说明智能建造主题下，以设计师为创新主体的多元化主体协同建造模式。

1. 集成化设计

传统建筑工程设计过程类似一条条串联的流水线，由于项目各专业承包企业介入时间不同，后续工序所涉及的产品、技术诉求不明确，项目设计缺乏前期集成，常常会导致后续施工中变更频发、成本增加。如在宁波 A 安置房项目中，由于项目结构主体采用了大量装配式结构，尤其是全钢结构的建筑，传统装修无法和结构一体成型，不能满足耐久性的需求。另外，考虑到该项目为精装修保障性租赁住房，后续使用过程中会面临不断更换租户，装修形式需要满足不易损坏、便于维护、后期空间变更等需求。因此，在某安置房项目中，为了更好地在项目前期技术策划阶段明确项目整体实施策略，实现各专业并联协调，项目通过发挥建筑师在项目设计中的主导作用，实现了项目的集成化设计。在该项目装配化装修设计过程中，建筑师牵头的管理模式从多个环节体现出集成设计对项目组织管理和进度推进的优势。一方面，集成设计模式下，装修部品部件与土建实现了模数协调，建筑师通过采用建装一体化的设计理念，在设计阶段协调装配化装修部品部件的尺寸模数与接口模数，从而实现墙、板、地、管线等产品在生产阶段一致性的最优和项目现场二次作业的最少。另一方面，考虑到对全装修保障性安置房特殊的功能需求，建筑师在项目设计施工之初就统筹考虑了建筑装饰系统的可循环利用，除采用可逆安装模式外，规格化的部品部件也为重复拆装、使用提供了便利条件。

2. 协同化生产

装配化装修与传统装修作业最大的区别在于更高程度的部品部件工厂化生产，尤其是与逐渐规模化的预制整体卫浴、集成厨房、整体门窗等建筑部品的配套产业相结合，逐步形成工厂生产与现场作业联动的标准化、系列化建筑部品供应体系。在这一协同关系中，最典型的协同关系是基于 BIM 的项目成本系统与企业资源管理的 ERP 系统的联动。通过 BIM 设计系统，设计方可以提出数量精准、规格明确的建筑材料清单。通过项目工序的先后顺序，提出工厂建材供应的时间需求。企业 ERP 系统则按照建材编号标注并组织材料生产，按照规定时间供应至现场。标注了规格编号的材料也为现场建筑工人准确安装提供了便利。

3. 系统化施工

相较于传统装修施工，装配化装修作业将更多的施工作业步骤前置到工厂生产阶段，也因此在现场作业工期中体现出了更强的优势。同时，与土建及水、电、暖专业的系统化推进也避免了传统装修中返工等问题出现。在与土建专业的施工组织配合上，装配化装修得益于在设计阶段奠定的基础，在施工前已经避免了因建筑结构限制而导致的施工难题。而对于水电暖施工而言，装配化装修，尤其是整体式厨卫避免了管线开槽、电路敷设等系列工序，也进一步加快了内装的整体进度。

4. 工效和成本优势

与传统装修作业相比，装配化装修在工效、成本和环保等方面均有不俗的表现。以传统墙面施工为例，传统墙面施工在工序上要经历“基层—找平—装饰面安装”等环节，各道工序要按照顺序施工，并等待上一道工序稳定。装配化集成墙板则将大部分环节放在生产阶段，现场仅需安装，且污染相对较小。从造价来看，集成墙板造价在 120～140 元/m^2 左右，而在感官上类似的传统硬包施工价格普遍高于 300 元/m^2。

而从整体考虑，装配化装修项目在首次装修阶段投入略高于或者基本等同于传统装修模式，考虑到项目维护，装配化装修则在项目全生命周期上更具优势。以某 24m^2 简装宿舍为例，装配化装修项目首次投入为 23000 元，高于传统乳胶漆做法 1000 元，但从 10 年全生命周期相比，则有近 5500 元每间的优势（装配化装修 10 年维护成本 25500 元/间，远低于乳胶漆做法成本 31000 元/间）。而从工期方面来看，以 500 间房间的公寓来看，传统装修工期需要 6～9 个月，而装配化装修的现场作业时间仅 3 个月，更适合工期要求紧张的项目。此外，节约的施工工期也能带来更多的营收成本，或者节省居住周转成本。

10.3.2　以施工方为创新主体的协同案例

随着装配式混凝土技术的不断发展，铝合金模板等新型模板体系以其高强度、高稳定性、高精度、高效及可循环使用等优点，得到广泛应用。铝合金模板设计和施工应用是混凝土工程模板技术上的革新，更是数字化设计、工业化生产、精细化施工高效结合的体现。本案例通过定型化铝合金模板 + 盘扣支模架体系应用于三叶草形圆弧梁混凝土施工实例，阐明智能建造背景下，以施工方为创新主体的多元化主体协同建造模式。

1. BIM 技术深化设计

传统深化设计存在标准化程度低、图纸信息不全、碰撞问题频发等一系列问题，BIM 技术的引入对混凝土结构特别是异形混凝土结构工程的深化设计具有重要意义。施工准备阶段，根据结构设计图纸，采用 BIM 技术进行三维建模，精确模拟三叶草形圆弧梁的结构形态，通过 BIM 模型，可以直观看到铝模与梁体的匹配情况，及时发现并解决设计中存在的问题。同时，BIM 技术还可以进行碰撞检查、施工模拟等，优化施工工艺流程，提高施工效率。

2. 工厂定制设计生产

铝合金模板较传统木模板和钢模板在异形结构中更具优势，铝合金模板更易加工，可应对各种不规则形状，可满足各种建筑结构，木模板强度低且现场制作不精准，钢模板则重量大且施工复杂。铝合金模板生产工厂端，分四个节点进行深化设计和定制：第一步将设计图纸优化为铝合金模板图纸，针对三叶草形圆弧梁的特殊性，充分考虑梁体的结构特点和施工要求，进行定制化设计，确保铝合金模板的每一个细节都能与梁体完美贴合，从而提高铝合金模板适用性，减少后期调整修改。第二步进行深化设计，对铝合金模板图纸进行细化处理，确保加工精度和安装质量。第三步正式进入加工过程，采用高精度数控加工设备和技术，对铝合金模板进行精确加工和组装。第四步，注重铝合金模板的加固体系和支撑系统的设计，确保铝合金模板在浇筑过程中的稳定性和安全性。铝合金模板的制作应用是智能制造与智能建造融合发展、协同推进的产物。

3. 现场拼装施工

传统模板加工精度不高，尤其在施工现场，复杂结构需要进行反复预拼装、修正，支模架也需要进行加固处理。铝合金模板体系施工端，班前利用 BIM 技术绘制好的 3D 模型分解工序，解读三叶草形铝合金模板的拼装方法和注意事项，通过可视化交底，节点清晰，工序明确，解决了复杂工序交底难题。数字化设计和工业化生产技术加持下的铝合金模板尺寸精确、连接紧密、免预拼装，滴水线、企口等配件可一次性制作到位，减少后期装配数量，工地二次处理风险大大降低，而且数字化技术实时监测模板的状态和位置，确保施工质量。在拼装过程中，使用铝合金模板拼装专用工具和设备，严格按照设计图纸和施工方案进行操作，拼装完成后对铝合金模板进行全面的检查和验收，包括尺寸检查、垂直度检查和平整度检查等，及时发现并纠正问题，各道工序环环相扣，确保铝合金模板的质量和精度满足施工要求。

4. 质量成果及效益

异形圆弧梁施工采用定型化铝合金模板 + 盘扣支模架体系不仅精度高、拆装方便，还大大提升了施工效率与安全性，确保了异形结构的精确成型，减少了现场人工操作的误差。异形圆弧梁成型质量表面平整光洁，达到饰面及清水混凝土的外观要求，减少后续的修补、装饰工作，成本控制效果显著。盘扣支模架的高效搭拆和铝合金模板的定制化设计、精确加工相结合，提高了施工效率，同时，BIM 技术的应用也优化了施工流程和管理方式，进一步提高了施工效率。铝合金模板在长期使用中更具成本效益。虽然定型化铝合金模板 + 盘扣支模架体系的初期投入成本较高，但其高周转率和低损耗率使得综合成本降低，同时，盘扣支模架的高效搭拆也减少了人工成本和材料浪费。另外，铝合金模板具有极高的回收价值，可循环使用，符合国家绿色建筑和可持续发展的理念。

10.4 本章小结

（1）从政府协会企业协同、产业链上下游协同和项目建设主体协同三个方面探讨协同模式，分析了协同优势，提出了协同措施；产业链上下游协同以企业案例进行剖析；项目建设主体协同阐述了两种不同方式，分别为以设计为创新主体的协同创新和以施工为创新主体的协同创新。

（2）在智能建造发展进程中，政府、协会、企业三方协同发力。政府发挥引领作用，构建政策支持体系：明确发展方向路径，如温州制定相关计划和标准；强化要素保障引导，在土地、金融、计价、产业招引等多方面提供保障措施；创新监管体制机制，通过跨部门、跨层级、跨过程监管协同，确保政策有效落地。协会发挥桥梁纽带功能：作为政府智囊，制定智能建造相关技术标准和规范；开展人才培养，推动产学研合作；搭建技术交流渠道，举办活动推广技术，促进成果转化。企业发挥主体担当作用：进行技术创新研发，推动智能建造技术进步；积极应用智能技术，通过承接项目积累经验、展示优势；开展项目管理创新，搭建数字化管理平台、重塑项目管理流程、建立智能风险预警机制。

（3）产业链上下游协同创新有四个方面：一是产业链延伸，向价值链的两端上延下伸，拓展投资、设计、建造、运营、管理相关领域的业务，提升市场份额，形成新的利润来源。二是模式创新，不但参与施工，还要参与融投资和运营，借助 PPP 等新的商业模式，采用融投资 + 建造以及投资建造运营一体化的全新模式。三是立足本业，推进建造理念创新，大力推广惠民适用技术，为全社会提供高品质建筑产品。四是加速智能化，以绿色低碳为底色，以智能建造和新型建筑工业化协同发展为抓手，持续在工业化、数字化、绿色化转型上下功夫。

（4）以装配化装修为案例论述以设计方为主体的创新，包括集成化设计、协同化生产和系统化施工等特征。在集成化设计方面，项目通过发挥建筑师在项目设计中的主导作用，实现了项目的集成化设计，实现各专业并联协调，从多个环节体现出集成设计对项目组织管理和进度推进的优势。在协同化生产方面，通过 BIM 设计系统，设计方可以提出数量精准、规格明确的建筑材料清单，形成工厂生产与现场作业联动的标准化、系列化建筑部品供应体系。在系统化施工方面，装配化装修作业、土建及水、电、暖专业系统化推进；将更多的施工作业步骤前置到工厂生产阶段，有效缩短了工期。

（5）以三叶草形圆弧梁混凝土施工为案例论述以施工方为主体的创新，包括 BIM 技术深化设计、工厂定制设计生产、现场拼装施工。在 BIM 技术深化设计方面，采用 BIM 技术精确模拟三叶草形圆弧梁的结构形态，直观看到铝合金模板与梁体的匹配情况，及时解决设计和施工的问题。在工厂定制设计生产方面，在现场拼装施工方面，分四个节点进行深化设计和定制：一是将设计图纸优化为铝合金模板图纸，进行定制化设计，确保铝合金模板的每一个细节都能与梁体完美贴合；二是进行深化设计，对铝合金模板图纸进行细化处理，确保加工精度和安装质量。三是采用高精度数控加工设备和技术，对铝合金模板进行精确加工和组装。四是注重铝合金模板的加固体系和支撑系统的设计，确保铝合金模板在浇筑过程中的稳定性和安全性。

第 11 章

管理支撑体系创新研究

智能建造是建筑产业新的方向，其带来的变化与革新也对产业各方提出了新的要求。为了给发展智能建造提供良好环境，探索一套适应智能建造新语境的管理模式，温州地方政府从造价、招标投标、质量保险等多个方向创造性地提出新的管理措施，部分建筑企业也对智能建造背景下企业管理举措进行了探究。

11.1 造价管理创新探索

完善计价体系和招标投标保障体系对智能建造的推广应用至关重要，本节从完善计价体系和招标投标保障体系两个方面进行探讨。完善智能建造的计价体系具有以下价值：一是统一计价标准。建立统一的智能建造造价标准，让企业在投标报价时有据可依，避免因标准不一导致的恶性竞争或高价垄断，保证市场公平。二是引导资源配置。合理的造价体系能引导资源流向高效、创新的智能建造企业，如准确反映智能建造优势的造价体系，会吸引更多资源投入，优化行业资源配置。三是激励技术创新。完善的造价体系能合理衡量智能建造技术的价值，使企业的创新投入得到合理回报，激励企业加大在智能建造技术研发与应用方面的投入。四是优化决策依据。准确的造价数据为项目决策提供有力支持，如在项目规划阶段，基于完善的造价体系，能更准确评估项目可行性与投资效益，做出科学决策。

11.1.1 完善计价体系

随着智能建造的发展，传统的计价体系面临着诸多挑战。准确反映智能建造项目的成本，合理确定工程价格，提高项目投资效益，对推动智能建造行业健康、可持续发展至关重要。本节对如何完善智能建造的计价体系进行探讨，以便准确反映项目成本、合理确定工程价格、提高项目投资效益。

1. 特点

1）影响计价依据的因素多元化

传统计价体系依据政府定额和信息价，主要受人、材、机因素影响，而智能建造的计价依据更为多元化。除了传统的价格信息外，还需要考虑技术创新成本、新设备的折旧与维护成本、数据的采集与处理成本等。

2）计价过程的复杂性增加

由于智能建造涉及多种技术和复杂的业务流程，计价过程变得更加复杂。例如，对于智能建筑中的智能化系统，需要准确核算软件研发、系统集成、设备调试等费用。

2. 存在问题

1）计价标准缺乏、滞后

现有的计价标准大多是基于传统建筑工艺制定的，对于智能建造中的新技术、新工艺、新材料缺乏相应的计价标准。例如，对于建筑机器人的使用成本、3D 打印建筑构件的计价标准还存在空白。

市场上材料价格、人工成本等不断波动，而信息价格的动态调整机制不能及时反映成本的变化。

2）缺乏对创新成本的考量

智能建造项目中的技术研发成本与设备投入成本核算困难，如智能施工设备的研发、新型建筑材料的研制等，以及新设备的采购、安装和调试成本，难以准确核算并纳入计价体系。为了适应智能建造，企业需要进行组织管理创新，如培养复合型人才、建立新的项目管理流程等，这些创新管理成本在计价中往往被忽视。

3）与智能建造技术融合不足

虽然 BIM 技术在建筑设计、施工管理等方面广泛应用，但在计价中的应用还存在局限。例如，部分计价软件无法直接利用 BIM 模型中的数据进行准确的工程量计算和计价，还需要人工重新输入，不但增加了工作量，还增大了出错的可能性。

4）大数据和人工智能未有效整合

大数据分析和人工智能在计价中的应用还处于初步阶段。不能分析历史项目大数据来准确预测成本，以及利用人工智能进行智能计价决策。

3. 完善计价体系措施

1）建立适应智能建造的计价标准

政府应组织制定专门针对智能建造的计价标准。明确新技术、新工艺、新材料、新设备的计价方法和标准，温州市编制《智能建造（建筑机器人）补充定额》采用以下步骤：

（1）收集和整理信息。掌握不同类别智能机器人在建筑施工中的应用情况，如整平机器人在现浇满堂基础、现浇板等方面的应用数据，抹平机器人在地面混凝土垫层、细石混凝土找平层等方面的应用数据，喷涂机器人在内墙面喷涂腻子、内墙面喷涂乳胶漆等方面的应用数据。归纳整理机器人的类型、使用场景、工作内容、施工工艺等信息，提炼不同的施工任务对应的计价方式。

（2）调研和测算数据。调研包括与施工企业、机器人制造商、行业专家等的交流，切实了解机器人的实际使用情况和市场价格。测算则是对机器人施工的成本进行详细分析，包括人工费、材料费、机械费、管理费和利润等。温州市在编制补充定额时，组织相关技术人员成立定额编制组，进行了详细的调研和测算。

（3）制定定额子目。根据调研和测算的结果，制定具体的定额子目。定额子目应力求涵盖各施工环节和市场上的机器人类型，确保定额的全面性和适用性。温州市的补充定额涵盖了 7 个方面的建筑机器人施工内容，共编制了 15 个定额子目。

（4）考虑租赁市场价格变化。机器人的租赁市场价格可能会随时间变化，定额编制时应考虑这一点。可以将机器人台班单价按租赁考虑，包含运输费、电费和操作员人工费，并根据市场价格变化适时调整。温州市的补充定额中，机器人台班单价按租赁考虑，已包含运输费、电费和操作员人工费，并将根据市场价格变化适时发布其租赁台班单价。

2）建立计价标准的动态调整机制

根据市场变化、技术发展情况，定期对计价标准进行动态调整。当新的智能建造技术普及后，应及时修订相应的计价标准。建立智能建造计价标准的动态调整机制是确保计价标准能够及时反映市场变化、技术进步和政策调整的重要措施。智能建造计价标准动态调整机制建议采取以下方法。

（1）收集分析数据。定期收集智能建造领域的市场数据，包括材料价格、劳动力成本、设备租赁费用等。利用大数据和人工智能技术对数据进行分析，识别影响造价的因素和变化趋势。

（2）建立信息平台。建立智能建造计价信息平台，整合市场数据、政策法规、行业标准和项目案例等信息，为动态调整提供数据支持。

（3）制定调整策略。根据数据分析结果，制定预防性、预测性和反馈性调整策略。采用造价指数法、模糊评价法等方法，确保调整的准确性和有效性。

（4）建立反馈机制。建立项目实施过程中的反馈机制，收集项目各方对计价标准应用的反馈意见，及时调整和完善计价标准。

（5）定期评估和更新。定期对计价标准进行评估和更新，确保其能够及时反映市场变化和技术进步。定期发布补充定额和调整通知。

3）加强技术创新成本核算

智能建造项目的成本核算对象应包括直接材料、直接人工和其他费用。直接材料主要包括智能设备、传感器、控制系统等的采购成本；直接人工包括研发、设计、安装调试等过程中的人工成本；其他费用则包括设备折旧、维护、管理费用等。建立专门的技术研发成本核算模型，对于研发人员的工资、研发设备的折旧、研发材料的消耗等进行准确核算。对于新设备，要根据其采购、安装、调试、使用年限等因素制定合理的成本核算方法。在计价中考虑企业为适应智能建造而进行的管理创新成本，如组织培训费用、新管理流程建立的咨询费用等。

智能建造项目通常具有较高的定制化和复杂性，采用项目制进行成本核算可以更准确地反映每个项目的实际成本。项目制核算方法能够将成本细化到每个具体的施工环节和设备使用情况，便于后续的成本控制和分析。

对于作业类型多、间接费用占比高的智能建造项目可采用作业成本法，将成本计算深入具体的作业层次，准确分配高额投入的设备投资、研发成本和人工成本等。

智能建造项目应充分利用信息化管理系统，如企业资源计划（ERP）、建筑信息模型（BIM）等，实现成本数据的自动采集和实时更新。这样可以减少人工干预，提高成本核算的准确性和效率。

4）倡导多方参与的计价机制

建设单位在项目前期提出准确的计价需求，施工单位提供施工过程中的成本信息，计价单位根据双方的反馈准确计价。例如，在智能建造项目中，建设单位提出智能化系统的功能要求，施工单位提供实现该功能所需的设备和技术成本，计价单位据此确定智能化系统的造价。

在智能建造项目中，利用BIM平台，设计、施工和计价单位在供应链管理、施工监控等各环节应实时共享数据，提升决策效率和工程进度管理的精度。通过构建智能建造综合管理平台，将不同领域、不同环节的技术、人员和资源汇聚于一体，形成数据驱动、流程优化、协同高效的管理体系。设计单位在设计阶段将 BIM 模型传递给施工单位和计价单位，施工单位在施工过程中发现的设计变更可以及时反馈到计价单位，计价单位根据变更情况及时调整计价，提高项目的整体管理效率。

5）开展智能建造成本分析

收集已完成的智能建造项目数据，包括项目规模、结构形式、所用材料、设备类型、成本构成等。通过大数据分析技术，挖掘成本与项目特征之间的关系。例如，发现不同类型建筑的智能化系统成本与建筑面积、功能复杂程度等因素的相关性。

利用大数据对建筑材料市场价格、人工工资水平、设备租赁价格等进行动态监测和分析。结合项目进度计划，预测项目建设期间的成本变化趋势，为计价提供参考。

6）发挥行业协会引导作用

行业协会组织各方交流计价经验，推广先进的计价方法和标准，规范计价行为，防止不合理的计价现象出现。通过培训和宣传活动，提高行业企业对合理计价的认识和能力，帮助企业在智能建造项目中合理应用计价标准。行业协会在计价方面推动信息化和智能化管理，利用信息化手段，如BIM技术和大数据分析，提高计价管理的效率和准确性，减少人为因素导致的不合理计价。

11.1.2 案例

温州市在积极推进BIM技术与当地建筑行业的深度融合，在计价体系上形成了自身特色，为BIM技术服务应用提供了更具针对性的资金保障。结合上述探索经验，制定温州市建筑信息模型技术服务计价体系。

1. 温州市建筑信息模型技术服务计价体系架构

根据BIM的服务内容，将技术服务费分为管理咨询费和技术实施费。即

$$\text{BIM技术服务费用} = \text{BIM管理咨询费用} + \text{BIM技术实施费用}$$

BIM 管理咨询费是建设单位支付的工程项目 BIM 技术实施的管理决策咨询费。管理决策咨询指通过BIM应用方案的总体规划、顶层设计、规划方案，围绕BIM应用目标、范围、深度、内容、成效等，核心考量 BIM 管理的应用。BIM 管理咨询交付成果应包括BIM实施规划方案、BIM技术实施考核标准、过程管理、成果评估、成果归档。

BIM技术实施费是指建立BIM模型和运用模型实现BIM技术应用产生的费用。施工图设计阶段的BIM技术实施交付成果应包括数字化审查模型和ZDB格式数据文件、二维施工图/设计图和应用选项文件；施工及竣工验收阶段的BIM技术实施交付成果应包括BIM实施方案、施工主体模拟、场地布置模型及管控、专项工程深化设计模型和图纸、BIM管理相关的资料、工程变更引起的模型修改、竣工信息模型。

2. BIM管理咨询费用计取方法

在充分考虑 BIM 计价依据因素多元化和计价过程复杂性的情况下，温州市确定 BIM 管理咨询费用采用分阶段费率的计算方法。即

$$\text{BIM管理咨询费用} = \text{计价基础} \times \text{费率} \times \text{各阶段占比} \times \text{工程调整系数}$$

计价基础为工程费用，费率取值区间为 1.5‰～3‰。

根据建设时序，BIM 管理咨询细分为投资决策、勘察设计、招标投标、施工建造、竣工交付、运营维护、报废拆除 7 个阶段，根据工作内容确定费用占比系数为 5：52：5：20：5：10：3，可根据项目特性、复杂程度等因素乘以 0.8～1.5 的工程调整系数，详见表 11.1.1。BIM 管理咨询若选择部分阶段进行，可按费用占比系数计取。

BIM 管理咨询费用基价 **表 11.1.1**

<table>
<tr><th>序号</th><th colspan="2">咨询类型</th><th>咨询内容</th><th>计价基础</th><th>费率</th><th>各阶段金额占比</th><th>计量规则及价格约定等</th></tr>
<tr><td>1-1</td><td colspan="3">BIM 管理咨询费用</td><td></td><td></td><td></td><td>—</td></tr>
<tr><td>1-1-1</td><td colspan="2">投资决策阶段</td><td>场地分析</td><td rowspan="10">工程费用</td><td rowspan="10">1.5‰～3‰</td><td>5%</td><td rowspan="10">1. 费用为单项目包干价；
2. 本费用可以包含但不局限于表中所列服务内容，可根据项目实际情况对具体服务内容和费用进行协商；
3. 服务核心主要协助建设方进行 BIM 总体规划、顶层设计、编制项目 BIM 规划方案，明确应用目标、范围、深度、内容和成效（不含模型建立），对相关方 BIM 成果进行评估；
4. 可根据项目特性、复杂程度等因素乘以 0.8～1.5 的工程调整系数；
5. 如选择部分内容进行管理咨询，可按金额占比进行计算</td></tr>
<tr><td rowspan="3">1-1-2</td><td rowspan="3">勘察设计阶段</td><td>方案设计</td><td>规划建筑简要模型</td><td>3%</td></tr>
<tr><td>初步设计</td><td>规划建筑、结构专业模型</td><td>9%</td></tr>
<tr><td>施工图设计</td><td>规划各专业模型，并进行模型深化评估</td><td>40%</td></tr>
<tr><td>1-1-3</td><td>招标投标阶段</td><td>招标文件把控</td><td>BIM 实施总体规划及对各参建方的要求，在各参建方招标时，提供或评估甲方招标所需 BIM 的相关要求</td><td>5%</td></tr>
<tr><td rowspan="2">1-1-4</td><td rowspan="2">施工建造阶段</td><td>预制构件施工管理</td><td>预制构件的碰撞检查评估</td><td rowspan="2">20%</td></tr>
<tr><td>施工过程管理</td><td>虚拟进度与实际进度比对评估</td></tr>
<tr><td>1-1-5</td><td colspan="2">竣工交付阶段</td><td>竣工模型信息评估</td><td>5%</td></tr>
<tr><td>1-1-6</td><td colspan="2">运营维护阶段</td><td>运维系统建设评估</td><td>10%</td></tr>
<tr><td>1-1-7</td><td colspan="2">报废拆除阶段</td><td>爆破模拟、废弃物处理、防灾规划评估</td><td>3%</td></tr>
</table>

3. BIM 技术实施费用计取方法

BIM 技术实施费用包含工程项目全生命周期各阶段的 BIM 模型创建和 BIM 技术应用费用，BIM 技术实施费用＝计价基础 × 单价或费率 × 工程调整系数。

温州市根据 BIM 运用的实际情况，拟定了建筑工程、市政道路工程、园林景观工程三种类别项目的技术实施费用计价参考依据，详见表 11.1.2～表 11.1.4。

建筑工程 BIM 技术实施费用基价 **表 11.1.2**

<table>
<tr><th rowspan="3">计价编号</th><th rowspan="3">内容</th><th rowspan="3">计价基础</th><th colspan="4">计价单价（元/m²）</th></tr>
<tr><th>单项工程应用</th><th>单独的土建工程应用</th><th>单独的机电安装工程应用</th><th>单独的室内装饰装修工程应用</th></tr>
<tr><th>A</th><th>B</th><th>C</th><th>D</th></tr>
<tr><td>2-1</td><td>设计、施工、运维三阶段应用</td><td>建筑面积</td><td>40.8</td><td>20.4</td><td>28.5</td><td>23.7</td></tr>
</table>

续表

计价编号	内容	计价基础	计价单价（元/m²）			
			单项工程应用	单独的土建工程应用	单独的机电安装工程应用	单独的室内装饰装修工程应用
			A	B	C	D
2-2	单阶段应用	—	—	—	—	—
2-2-1	设计阶段应用	建筑面积	18	9.0	12.6	10.4
2-2-2	施工阶段应用	建筑面积	18	9.0	12.6	10.4
2-2-3	运维阶段应用	建筑面积	15	7.5	10.5	8.7

注：1. 单项工程应用为相应阶段全专业应用，包括建筑、结构、给水排水、电气、暖通、装饰。
2. 设计阶段包括方案设计、初步设计、施工图设计（含设计变更，费用另计）。
3. 施工阶段、运维阶段的BIM应用，须在前一阶段BIM实施成果上开展。
4. 室内装饰装修工程，建筑面积指装修部分面积。
5. 室外工程（含室外管网综合、场地模型）场地模型设计，可按项目整体用地面积 2～3m² 计算，用地面积小于 2 万m² 的，以 2 万 m² 作为计价基础。
6. 地质勘察的 BIM 技术服务费计算基价按传统勘测计算基价标准的15%计取，且不少于 1 万元/项目。
7. 建设单位应在工程立项阶段明确 BIM 应用等级，本表费用为一次建模应用费用。实施过程中出现大规模调整，则根据实际增加工作量协商相应增加费用。
8. 住宅小区地上建筑面积乘以工程调整系数 0.8，装配式住宅不调整；钢结构、超高层、文体场馆、大型交通枢纽、大型商业综合体、五星级酒店、医院等复杂建筑，费用应根据其复杂度乘以调整系数 1.4～1.8，具体由双方另行协商。
9. 同一 BIM 技术服务商提供一项以上单独工程应用的服务费用，在各单独工程应用费累加的基础上乘以系数 0.6。
10. 同一 BIM 技术服务商提供设计、施工、运维全生命期的两个阶段 BIM 应用服务的费用，在各阶段费用累加的基础上乘以系数 0.85。
11. 施工管理、运维阶段应用管理系统定制开发以及其他 BIM 应用未包含在本基价表中，如有需求，则按实际内容和服务深度，由双方协商确定。
12. 工业建筑 BIM 技术应用服务费用可参照本表格执行，具体费用应根据其复杂度，由双方协商决定。
13. 本文件 BIM 应用的等级划分及其对应专业、服务内容（应用选项）参照《浙江省建筑信息模型（BIM）技术推广应用费用计价参考依据》及《建筑信息模型（BIM）应用统一标准》DB33/T 1154—2018 执行，具体技术实施费用换算见附表 11.1.2。

技术实施费用换算 **附表 11.1.2**

BIM 应用等级	一级	二级	三级
设计施工运维三阶段应用	7.6	23	40.8
单阶段应用	—	—	—
设计阶段应用	7	12	18
施工阶段应用	1	12	18
运维阶段应用	1	3	15

市政道路工程 BIM 技术实施费用基价表 **表 11.1.3**

计价编号	计价基础	计价费率					
		单项工程应用	单独的路基路面工程应用	单独的桥涵工程应用	单独的隧道工程应用	单独的管线或机电安装工程应用	单独的交通设施工程应用
		A	B	C	D	E	F
3-1	工程费用	0.450%	0.225%	0.608%	0.495%	1.125%	0.495%

续表

计价编号	计价基础	计价费率					
		单项工程应用	单独的路基路面工程应用	单独的桥涵工程应用	单独的隧道工程应用	单独的管线或机电安装工程应用	单独的交通设施工程应用
		A	B	C	D	E	F
3-2	—	—	—	—	—	—	—
3-2-1	工程费用	0.225%	0.113%	0.304%	0.248%	0.563%	0.248%
3-2-2	工程费用	0.248%	0.124%	0.334%	0.272%	0.619%	0.272%
3-2-3	工程费用	0.203%	0.101%	0.274%	0.223%	0.506%	0.223%
3-3	—	—	—	—	—	—	—
3-3-1	工程费用	0.402%	0.201%	0.543%	0.442%	1.004%	0.442%
3-3-2	工程费用	0.383%	0.191%	0.517%	0.421%	0.956%	0.421%

园林景观工程 BIM 技术实施费用基价表 **表 11.1.4**

计价编号	内容	计价基础	计价费率		
			单项工程应用	单独的硬景和绿化工程应用	单独的机电工程应用
			A	B	C
6-1	设计施工运维三阶段应用	工程费用	0.750%	0.600%	1.500%
6-2	单阶段应用	—	—	—	—
6-2-1	设计应用	工程费用	0.350%	0.300%	0.750%
6-2-2	施工应用	工程费用	0.350%	0.300%	0.750%
6-2-3	运维应用	工程费用	0.350%	0.300%	0.750%
6-3	两阶段联合应用	—	—	—	—
6-3-1	设计与施工联合应用	工程费用	0.600%	0.500%	1.300%
6-3-2	施工与运维联合应用	工程费用	0.600%	0.500%	1.300%

BIM 技术服务的管理咨询服务内容、建模细度、应用内容及深度应符合国家、浙江省、温州市发布的有关 BIM 应用相关技术规定，并满足在温州市施工图二三维联审系统进行 BIM 施工图报审、竣工验收管理等相关要求。

4. 计价保障措施

为了让计价情况更加符合市场实际，进行以下工作：

（1）规定适用范围。温州市建筑信息模型技术服务计价体系适用于政府投资或以政府投资为主的新建工程。非政府投资的不同类型工程、新建或改扩建工程可酌情参考此计价依据。

（2）明确费用出处。BIM 技术服务费用在工程建设其他费用中单独计列，专款专用。

以建设单位为主导应用BIM技术，根据工程项目复杂程度、应用深度，在项目立项及招标时明确BIM应用要求并计取配套费用，计入工程建设成本，专款专用。

以承包商为主导应用 BIM 技术，应按招标文件要求，在编制招标控制价和投标报价时，将BIM应用要求和配套费用在其他项目清单中按照暂列金额单独列项。

（3）增加施工图审查费用。应用BIM技术的项目，施工图审查费用可在原标准计费基础上适当增加，单独的部分工程应用可增加20%，单项工程应用可增加30%。

（4）确定最小合同额。为扶持智能建造行业发展，温州规定了BIM技术应用的最低费用。对于工业与民用建筑工程，当建筑面积小于1万m^2时，以1万m^2作为计价基础；住宅类工程面积超过30万m^2的，按照30万m^2计算；市政道路工程、轨道交通工程、地下综合管廊工程的造价少于 5000万元时，以 5000万元作为计价基础计算建筑信息模型（BIM）技术应用费用；园林景观工程的造价少于500万元时，按500万元作为计价基础计算BIM技术应用费用。

11.1.3 招标投标保障体系

招标投标保障体系具有以下价值。一是推动行业进步。通过优化招标条件等措施，能吸引掌握先进智能建造技术的企业参与，如引入采用 BIM 技术进行全生命周期管理的企业，为项目带来前沿技术和创新方法，促进整个行业技术升级。二是促进技术创新。创新招标方式等举措可激发企业在智能建造技术上的创新，比如鼓励企业研发新的智能施工设备或软件，加速新技术在行业中的应用。三是筛选优质资源。严格的招标条件有助于选择有丰富智能建造经验、技术实力强的企业，保障项目高质量实施。四是优化项目流程。智能建造企业带来的先进技术和管理模式，如利用物联网技术实现施工现场的实时监控和数据采集，可优化项目流程，提高施工效率，缩短工期。五是保障各方利益。合理的招标措施能确保招标人能选择到性价比高、技术实力强的企业，保障项目顺利实施，实现投资价值最大化。具体保障措施如下：

（1）明确智能建造要求。温州市在招标投标活动中增设了智能建造评审内容，要求采用智能建造技术的工程项目在招标文件中明确应用智能建造的具体技术要求，并在技术标中将智能建造专项施工方案列专篇，作为技术标评分内容。评分细则包括智能建造组织体系及实施方案、新型建造方式、BIM技术应用、智能施工管理、建筑产业互联网等。

（2）加强BIM技术的应用。温州市在智能建造试点项目中广泛应用BIM技术，通过构建三维数字模型，提高了工程量计算的准确性和效率。BIM技术帮助投标方更直观地展示项目细节，提升了投标文件的精确度和竞争力。

（3）加强专家评审与培训。温州市建立了智能建造专家库，招标人可委托专家库中的专家参与评标，确保评审的专业性和公正性。同时，通过培训和劳务配套服务，提升行业整体技术水平，帮助投标方更好地理解和应用智能建造技术。

（4）加强企业信用分奖励。对在智能建造试点项目中表现优秀的企业，给予企业信用分奖励，提升其在招标投标过程中的竞争力。

（5）优化招标条件设定。在招标要求中，适当降低企业规模等传统硬性指标的权重，提高对过往智能建造项目经验、智能建造技术创新能力的要求。例如，对参与过省级或市级智能建造示范项目的企业给予一定加分，鼓励具有实践经验的企业参与投标。另外，明确要求投标企业具备自主研发或应用先进智能建造软件、设备的能力，提供相关软件著作权证书或设备使用案例。

（6）创新招标方式。采用“评定分离”的招标方式，将评标和定标环节分开。评标委员会负责对投标企业的技术方案、商务报价等进行评审，推荐中标候选人；招标人则根据项目实际需求，从候选人中综合考虑企业的信誉、实力、项目实施计划等因素，自主确定中标人。这种方式给予招标人更大的选择权，有助于筛选出智能建造场景应用经验丰富的企业。

（7）丰富招标信息渠道。除了在传统的建设工程交易中心网站发布招标信息外，还可利用智能建造行业论坛、社交媒体平台、专业技术网站等渠道进行宣传。制作生动形象的项目宣传海报和视频，详细介绍项目的背景、目标、建设内容以及智能建造技术应用亮点，吸引更多潜在投标企业的关注。

11.2 质量保险管理创新

目前国内质量潜在缺陷保险通常采用巡查式检查模式。巡查频率为：项目施工现场质量风险过程检查每月平均不低于 2 次且每月不少于 1 次。但是传统巡查模式不容易及时处置建设施工现场各类施工节点质量安全隐患，尤其是地下室防水、屋面、阳台、卫生间防水，混凝土裂缝等质量通病易发点和底板钢筋隐蔽、底板混凝土浇筑等时效性强的工序更难把握。温州对传统巡查模式进行改进，采用驻场式管理模式，对每个施工工序和节点进行报验式管控，在施工隐蔽前作出正确合理的判断，对施工节点及时进行把关，有力消除质量安全隐患。据初步数据统计对比，上海市巡查模式项目月均发现质量隐患数约为 9.9 个，温州市驻场式检查模式月均发现问题约 200 个，与传统巡查式集成设计与实施（IDI）模式相比，风险隐患发现率提升了 20 倍，隐患整改效率明显提升，后期维修和投诉显著减少，住户居住使用体验大幅提升。下面以温州龙港市为例对温州质量保险管理创新进行探讨。

11.2.1 概述

温州龙港市针对建筑行业工程施工质量焦点问题，创新实践工程质量潜在缺陷保险驻场模式，以数字化改革破解施工缺陷纠纷、索赔维修困难、维权耗时耗力等问题，强化落实建设主体首要质量责任，筑牢工程质量安全防线，提升监管质效。

11.2.2 管理运行模式

龙港市基于建设工程质量管理需要，在引入 IDI 保险后，结合数字化改革及科技运用成效，针对试点项目坚持“保险 + 服务 + 科技”模式运用，提出了多个管理模式创新要求。

1. 健全风险控制机制

指导保险机构发挥市场机制的资源配置作用，保险公司通过委托第三方风险管理机构建立“事前预防、事中管理、事后服务”的工作机制。首先在工程前期阶段，对工程地质勘察不充分、设计过度优化等情况，加强前期阶段审查，出具书面报告；其次以施工阶段现场管理为重点，充分发挥驻场式管理特点，及时发现问题—整改闭环管理，最大程度降低施工过程质量风险；最后在维保使用阶段，借助保险社会服务专业优势，在两年等待期内出现质量缺陷的，保险公司负责先行处置后，由施工单位确认支付维修经费。

此外，对独立的风险管理机构（TIS）选择和评价，建立完善管理办法和考核评价办法，专项考核办法涵盖日常履职和施工过程管理评价、TIS 开展回访评价和后期问题整改数评级三大方面。按照《龙港市建设工程质量安全保险风险管理机构管理办法（试行）》要求，根据住宅工程项目工程概算投资额、总建筑面积，配置不同数量对应的总监、专业技术管理、现场管理等 TIS 机构人员，工程项目 TIS 机构人员配置要求如表 11.2.1 所示。

工程项目 TIS 机构人员配置要求 **表 11.2.1**

工程概算投资额 N（万元）	各岗位人员配置数量（人）			
区间值	技术总监	专业技术管理	现场管理	合计
$N < 10000$	（1）	1	0～1	2～3
$10000 < N < 30000$	（1）	1～2	2～3	3～5
$30000 < N < 50000$	（1）	2～3	2～3	4～6
$50000 < N < 80000$	（1）	3～5	3～5	6～10
$80000 < N < 120000$	（1）	3～5	6～8	9～13
< 120000	工程概算投资额每增加 2 亿元，需增加专业技术管理 1 名，专业管理人员 1 名			
总建筑面积 M（m^2）	各岗位人员配置数量（人）			
区间值	技术总监	专业技术管理	现场管理	合计
$M < 60000$	（1）	1	0～1	2～3
$60000 < M < 120000$	（1）	1～2	1～2	3～5
$120000 < M < 200000$	（1）	2～3	2～3	5～7
$200000 < M < 300000$	1	3～5	5～8	9～14
$300000 < M < 500000$	1	4～6	6～9	11～16
$500000 < M < 800000$	1	5～8	7～10	13～19
$M > 800000$	建筑面积每增加 4～5 万 m^2，需增加专业技术管理 1 名，专业管理人员 1 名			

2. 完善政策配套机制

针对实际生活中无专业人员对建筑进行质量体检，物业保修金使用效率不高、转款退款不便、专户资金积累等情况，主管部门通过做好顶层设计，统一运作模式，出台《龙港市建设工程质量潜在缺陷保险实施办法（试行）》，对建设单位投保 IDI 保险范围和期限，符合国家、省规定保修范围及保修期限的，全额减免物业保修金。

以 IDI 保险替代物业保修金的创新试点，将厘清责任主体，以专业角度引导第三方切实履行物业保修责任，助力矛盾纠纷化解。以龙金 E07 地块为例，项目总保额 4.3 亿元，费率 1.4%，保费 602 万元，准予免缴 860 万元物业保证金，实际节约建设成本 258 万元。大大节约了建设单位的资金成本，同时以更快的维修响应、更专业的质量风险管理服务，为工程纠纷提供了解决方案。

3. 推进数字赋能机制

夯实 IDI 保险驻场管理模式运用成效，实现风险闭环机制。图 11.2.1 为龙港市工程保险信息服务管理平台。

（1）推进龙港市工程质量保险信息服务管理平台运行。平台主要以监管模块、保险模块、风控管理模块为抓手，深入优化各大功能模块分类。监管模块通过大数据采集，数据统计及预警分析为政府监管提供决策依据，保险模块通过工程信息的采集、现场风险数据的上报实现对投保工程质量安全的精准把控，风险管理模块运用物联设备及建筑行业的标准规范，现场采集数据上传并追踪问题直至闭合，从而做到质量安全问题可追溯、可分类、可追责。三大主要模块相辅相成，风险管理模块是基石，保险模块和监管模块是上层建筑，为 IDI 工程保驾护航。

（2）TIS 机构建立风险整改的闭环机制。将现场发现问题的整改时间按照时效性进行分类管理：对一般工程质量问题，根据工程进度、风险等级、工序等因素提出 5d 整改闭环要求；对时效性短的隐蔽工程要求在 24h 内进行整改回复；对防水环节等整改，在不影响下一道工序的基础上允许最多 45d 的整改期限。

（3）运行 TIS 机构 3h 复查闭合的效率考核机制。通过线上统计，实时掌握各环节整改闭合责任方和时效，进行亮灯提示。对 TIS 机构和各方主体的工作效率进行科学评价。

在该机制的要求下试点项目运行 10 个多月，发现风险总数 1726 条，其中严重风险 70 条，一般风险 1055 条，轻微风险 597 条，风险保留 4 条；按照整改类型统计：逾期未整改 140 条，已整改销项 1586 条，整改完成率 91.8%。既优化了 TIS 管理人员的专业分类管理，也兼顾现场施工单位的合理诉求。

图 11.2.1　龙港市工程保险信息服务管理平台

11.2.3 创新特色

1. 驻场管理

龙港市试行工程强制监理豁免政策，由风险机构驻场进行工程全过程管理。不同于上海、广州 TIS 服务采用传统节点式巡查方式，此次 IDI 保险全国首推驻场模式及定期飞检结合方式。通过平台建设计划管理功能模块，由施工单位上传施工计划信息，通过每日建立自动发起检查通知机制，提醒风险管理人员及时开展风险检查工作；风险管理机构根据计划安排，加强现场检查，对重要工序、重要节点工程质量安全严格管控，防止出现工程施工节点的漏检及工作失误，同时也为事后追溯提供重要依据。

龙港市 2 个项目采取“IDI”模式，工程风险隐患发现和整改率较传统模式提升了 20 倍，整改率提升至 95%，有效控制工程质量。图 11.2.2 为系统中风险检查管理模块，图 11.2.3

为计划管理模块。

以龙金东区 E07-1 地块为例，在 TIS 发现梁箍筋规格不符合要求、屋面梁板交接处渗水等问题时，通过高清设备专业化拍摄，直观清晰地展示具体质量问题，并督促施工单位限时整改、上传平台，3h 完成整改占比达到 95%，形成监管闭环。

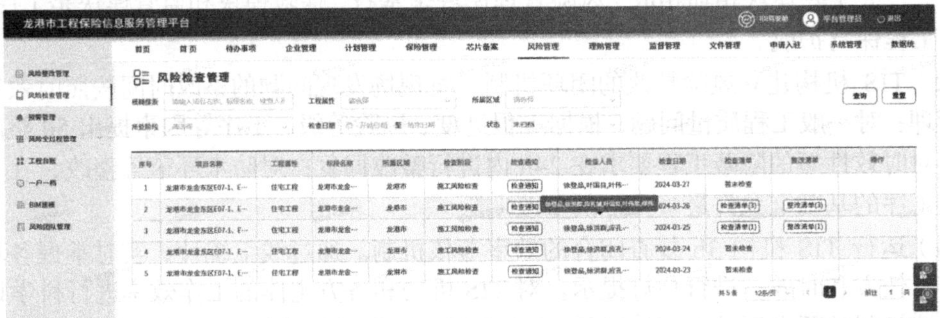

图 11.2.2　风险检查管理模块

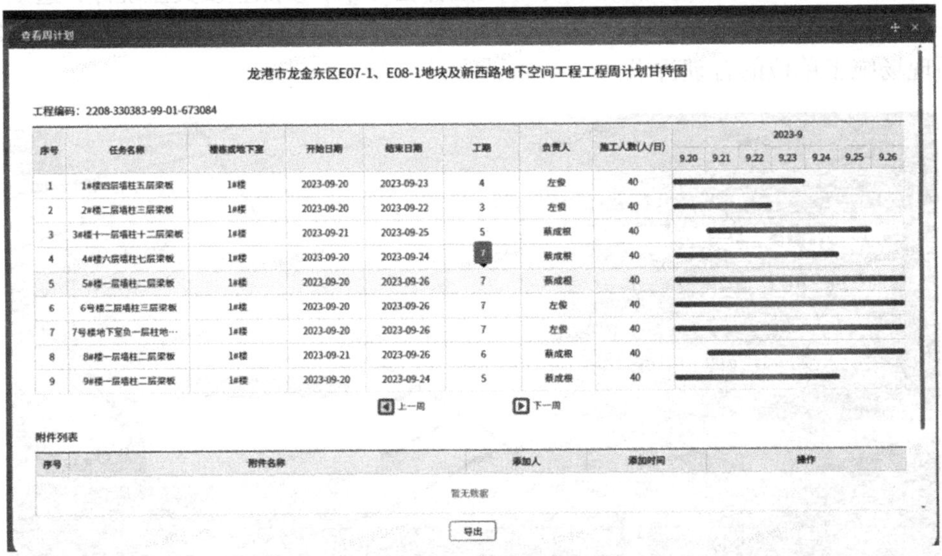

序号	任务名称	楼栋或地下室	开始日期	结束日期	工期	负责人	施工人数(人/日)
1	1#楼四层墙柱五层梁板	1#楼	2023-09-20	2023-09-23	4	左俊	40
2	2#楼二层墙柱三层梁板	1#楼	2023-09-20	2023-09-22	3	左俊	40
3	3#楼十一层墙柱十二层梁板	1#楼	2023-09-21	2023-09-25	5	蔡成根	40
4	4#楼六层墙柱七层梁板	1#楼	2023-09-20	2023-09-24	7	蔡成根	40
5	5#楼一层墙柱二层梁板	1#楼	2023-09-20	2023-09-26	7	蔡成根	40
6	6号楼二层墙柱三层梁板	1#楼	2023-09-20	2023-09-26	7	左俊	40
7	7号楼地下室负一层柱地…	1#楼	2023-09-20	2023-09-26	7	左俊	40
8	8#楼一层墙柱二层梁板	1#楼	2023-09-21	2023-09-26	6	蔡成根	40
9	9#楼一层墙柱二层梁板	1#楼	2023-09-20	2023-09-24	5	蔡成根	40

图 11.2.3　计划管理模块

2. 直观展示

如图 11.2.4 所示，平台应用轻量化 BIM 技术对投保工程进行建模，通过施工计划可视化展示施工进度，对施工进度过程中风控检查的各项质量安全问题，按照风险进行问题的分类（目前分为轻微、一般、严重、保留四个等级）并以颜色标注。可视化展示风险问题的具体分布，更加直观地为保险公司及监管部门提供决策依据。

3. 精准纠偏

一是管理平台通过施工建模关联施工图纸，以轴线标注进行精准定位，结合智能安全帽记录功能，风险人员上传问题，便于建设单位、施工单位等整改单位快速找到问题具体位置，及时完成整改，提高质量监管效率。二是对渗漏、开裂等重点通病问题，建设专项模块，归类汇总相关问题，便于相关方进行整合管理；对实测实量、材料以及阶段验收（隐蔽验收）等工作，通过该模块数据汇总也可及时管控。

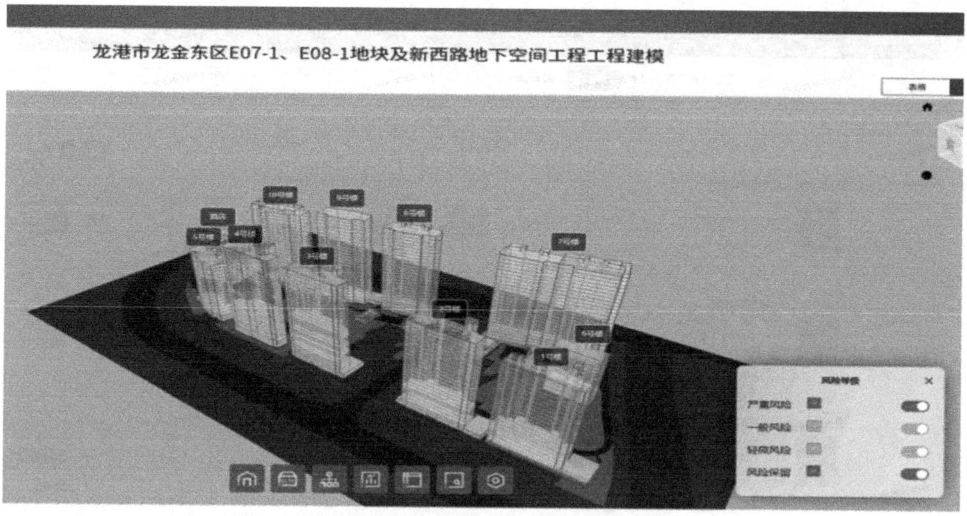

图 11.2.4 轻量化 BIM 模块

4. 一户一档

通过预埋“一户一芯”的 RAID 高频芯片，将检查问题及整改以“户”为单位建档，形成一户一档，方便对问题项的追踪及回溯。同时每一户的水电图、平面图及户内施工装饰材料的品牌规格均提前建档，方便小业主处理后续问题。

5. 亮灯管理

落实整改，加强闭环管控，平台联动 App，建立整改分派、转办机制，同时规定问题整改时效，其中风控销项问题，设立“三小时处理”，逾期“亮灯预警”，确保风险问题有效整改，及时闭环，管控各方职责切实到位。图 11.2.5 为风险整改管理模块。

6. 考核评价

通过日常风控人员考勤管理、工作内容、问题处理（发现、整改、销项）数量和及时性等统计数据形成考核评价，为主管部门风控工作管理提供依据。依据已建立好的专家飞行检查制度，保险公司通过平台建立的专家库定期邀请第三方专家，根据预先设定的考核标准对风控单位的各项工作进行全面评估和打分。评分结果将上报给保险公司及主管部门，供其审核和决策。

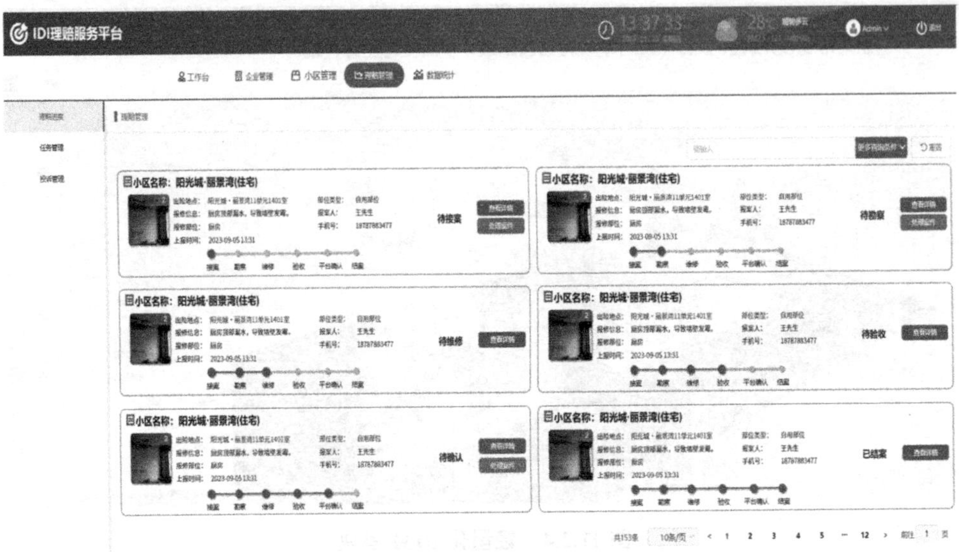

图 11.2.5　风险整改管理模块

7. 保险服务

在建设期推进质量管理创新夯实、消除质量通病的基础上，保险公司将建立龙港市 IDI 保险运营服务中心，动态配置充足人力，通过业主建档及维修队伍的选择，运用微信小程序、反馈热线、二维码登记等，方便业主、物业、保险公司及专业维修公司及时问题上报。图 11.2.6 为 IDI 保险等待期 + 责任期服务流程。

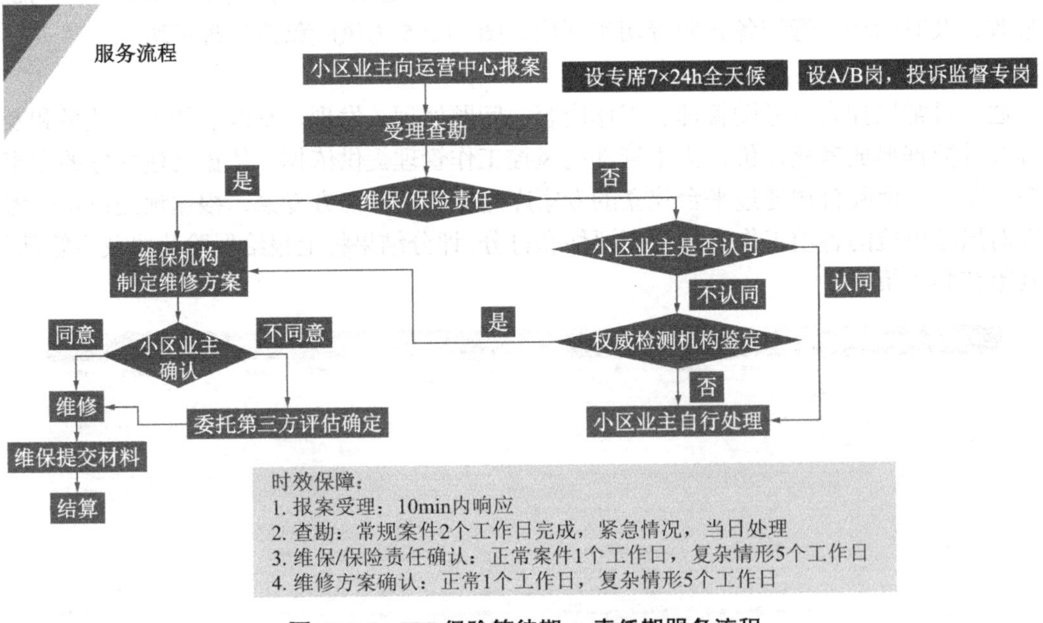

图 11.2.6　IDI 保险等待期 + 责任期服务流程

在项目等待期和责任期内提供优先保险服务，针对质量缺陷产生的索赔申请，建立 24h 服务专线和理赔服务团队快速响应机制，对质量问题统一先行维修处置，提供定损维修、理赔审核、赔付处理等一站式服务。

11.2.4 实施情况

实施工程质量潜在缺陷保险驻场模式以来，开发上线了龙港市工程质量保险 IDI 系统监管平台，打造应用智能安全帽和定位芯片功能，实现工程质量安全风险及时发现、介入和处置，实现工程建设过程中“实时有监控、建设全透明、问题可追溯”。其次，在驻场模式管理下，TIS 专业人员驻场管理，实施期间（约 10 个月），该团队已提出整改意见 1700 余条，督促完成整改率 95%以上。以“飞检”方式开展风险检查，与监理双重推进质量保障功能，强化了工程质量服务效果，最大程度消除工程质量通病，实现质量风险可控。再次，通过按等级和权限职责设立智能化风险提醒机制，形成主管部门、保险公司和项目负责人的三级管理模式，排查工程隐患，提出整改措施，确保责任到人，构筑监管闭环。

11.2.5 应用成效

1. 推进政府职能转变

实施工程质量潜在缺陷保险驻场模式，破解物业保修金维修不及时、利用率不高等难题，保修由建设方负责转为保险方负责，既是转变政府职能的表现，也是社会共治的有效途径，构筑一个以市场力量为基础的工程质量保证新机制，通过经济手段实施质量风险管理，防范与化解建设单位质量风险，将政府从质量管理、调解经济纠纷等事务中解脱出来，真正实现政府职能的转变。

2. 完善质量监管体系

通过工程质量潜在缺陷保险做好事前预防，事中控制和事后补偿，使优胜劣汰的市场竞争法则在建筑行业管理中充分发挥作用，有助于建筑工程建设风险管理体制的完善，提高建筑质量管理的效率和水平。IDI 保险完善了工程管理体系，将行政手段与市场手段相结合，将构建龙港建筑行业市场化新机制。

3. 提升群众满意度

由于工程建设承建周期长，在驻场模式全程监控下，将现行制度下出现的“业主无法到场，对工程招标、工程施工、竣工验收过程缺乏监督权和话语权的问题”进行市场化转化。当出现质量问题纠纷时，以 IDI 保险兜底，快赔快付，有效保障群众的安居工程，有利于社会和谐稳定。同时在住宅使用阶段，通过专业人员检查发现问题，有效进行保修维护，提高保修金使用效率，提升群众获得感和满意度。

11.3 建造模式革新

智能建造技术在温州市建筑施工领域的应用，带来了施工管理、结构建造、过程管理和政府监管等多种模式的深刻变革。这些变革显著提升了施工效率、工程质量和安全管理水平，同时也为建筑行业的可持续发展奠定了基础。

11.3.1 施工管理模式

施工管理模式革新指从传统人工管理转换为智能化管理。

1. 设计交底从“二维平面”到“沉浸式交互”

1）温州智能建造试点项目实现了二维码 + VR 三维立体图形图纸交底。与二维平面交底对比，沉浸式交互设计交底有三方面优势：

（1）信息传达效果好。二维平面设计交底主要依赖图纸、文字说明等形式。图纸虽能展现建筑的基本布局、尺寸等信息，但对于复杂的空间结构、多专业交叉部位，信息呈现较为平面化、抽象。例如在大型商业综合体项目中，涉及众多不同功能区域的空间组合，以及暖通、电气、给水排水等多专业管线的布置，二维图纸很难清晰展示各部分之间的空间关系，各方人员理解起来存在困难，容易出现信息误解。沉浸式交互设计交底借助虚拟现实（VR）、增强现实（AR）等技术，构建三维立体、可交互的虚拟环境。在同样的商业综合体项目中，各方人员可“置身”其中，直观感受空间大小、形状，自由穿梭于各个区域，查看不同楼层、房间的布局，还能实时查看各专业管线的走向、交叉情况，信息传达更加直观、全面，极大减少了信息理解偏差。

（2）参与度高，沟通效率高。二维平面设计交底中，设计人员主要通过讲解图纸进行信息传递，参会人员多为被动接收，参与感不强。沟通往往局限于设计人员提问、解答环节，由于信息理解差异，可能需要反复沟通解释，效率较低。例如在一次常规的二维平面设计交底会议中，针对某建筑异形结构部分的施工工艺，施工方与设计方反复沟通了近一个小时，仍未完全达成一致理解。

沉浸式交互设计交底中，各方人员可主动参与，在虚拟环境中自由探索、操作。如施工人员可在虚拟场景中模拟施工流程，发现问题及时与设计方沟通；业主可提出对空间使用功能的修改意见，设计方当场在虚拟环境中进行调整展示。这种交互方式大大提高了各方参与度，沟通更加高效直接。在类似的异形结构项目采用沉浸式交互设计交底时，针对相同问题，仅用了 20min 左右就完成了沟通并确定了解决方案。

（3）解决问题能力强。二维平面设计交底受限于平面展示，对于一些潜在的设计缺陷、施工难点，较难在交底阶段及时发现。例如在建筑内部装修设计中，某些家具布置可能在二维图纸上看似合理，但实际空间中会影响人员通行，二维交底很难察觉此类问题。沉浸式交互设计交底能让各方人员在虚拟环境中提前“体验”设计效果，更容易发现设计中存在的空间冲突、功能不合理等问题。在上述装修项目中，通过沉浸式交互设计交底，业主在虚拟环境中“行走”时，发现某区域家具摆放阻碍通道，设计方当场对家具布局进行调整，避免了后期施工中的变更，节约了成本和时间。

2）沉浸式交互设计交底技术措施有以下：

（1）构建三维模型。利用 BIM 技术，整合建筑全生命周期的各类信息，创建精确的三维模型。该模型涵盖建筑、结构、给水排水、电气、暖通等各个专业，各专业模型相互关联、协同工作。例如在医院项目设计中，通过 BIM 技术构建的三维模型，可清晰展示病房、手术室、走廊等不同功能区域的空间布局，以及各类医疗设备、管线的位置，为沉浸式交互设计交底提供准确的基础数据。

（2）应用 VR/AR 技术。设计人员将 BIM 三维模型导入 VR 软件，生成沉浸式虚拟现实场景。参会人员佩戴 VR 设备，即可进入虚拟建筑空间，通过手柄等设备实现自由行走、视角切换、缩放查看等操作。如在酒店项目设计交底中，施工人员戴上 VR 设备，就能“置身”于酒店大堂，感受空间尺度，查看装修细节，与传统二维交底相比，对设计方案的理解更加直观深入。在施工现场，利用 AR 设备（如 AR 眼镜），将虚拟的设计模型与现实场景叠加展示。施工人员可通过 AR 眼镜查看实际施工部位对应的设计信息，如建筑构件的尺寸、位置、安装方式等。例如在桥梁建设项目中，施工人员使用 AR 眼镜，在现场就能看到桥梁各结构部件的虚拟模型与实际施工部位精准匹配，方便对照施工，提高施工准确性。

（3）设置实时交互功能。在沉浸式交互设计交底平台中，设置实时交互功能。各方人员在虚拟环境中可通过语音、文字等方式进行实时沟通交流。例如在学校教学楼项目设计交底时，设计方在虚拟环境中对某一教室的设计意图进行讲解，施工方如有疑问，可立即通过语音提问，设计方当场解答，并可在虚拟环境中对相关部位进行标记、注释，方便各方理解。同时，还能设置多人协作功能，如施工方、监理方、业主方等可同时进入虚拟环境，共同对设计方案进行讨论、评估。

3）技术创新手段有如下：

（1）基于云计算的模型轻量化处理。大型建筑项目的 BIM 模型数据量庞大，直接在本地设备运行可能导致卡顿、加载缓慢等问题，影响交互体验。采用云计算技术，将 BIM 模型上传至云端服务器进行轻量化处理。通过特定算法，在不损失模型关键信息的前提下，减小模型数据量，提高模型在本地 VR/AR 设备上的加载速度和运行流畅度。例如在超高层写字楼项目中，经过云计算轻量化处理的 BIM 模型，在 VR 设备上的加载时间从原来的 10min 缩短至 1min 以内，大大提升了设计交底效率。

（2）手势识别与体感交互技术应用。为了进一步提升沉浸式交互的自然性和便捷性，引入手势识别与体感交互技术。在 VR 环境中，用户无需借助手柄等设备，通过简单的手势动作（如挥手、握拳、抓取等）即可实现对虚拟对象的操作，如选择建筑构件、调整其位置等。在 AR 场景下，结合体感交互技术，用户身体的移动、转动等动作可实时反映在虚拟模型的展示视角上，实现更加灵活、自然的交互体验。例如在博物馆展示空间设计交底中，设计师通过手势识别技术，直接在虚拟环境中对展品布置进行调整，让业主更直观地感受设计变化。

（3）AI 辅助问题分析与解决。利用人工智能（AI）技术，对设计交底过程中各方提出的问题进行分析和辅助解决。AI 算法可学习大量历史项目数据，当在设计交底中遇到问题时，AI 系统能快速检索相似案例，提供参考解决方案。例如在某住宅小区设计交底中，施工方提出某一户型卫生间防水施工存在难点，AI 系统迅速从过往项目数据中筛选出类似案例的防水处理方案，供设计方和施工方参考，提高了问题解决效率。

（4）案例：某大型文旅综合体项目，总建筑面积达 50 万 m^2，包含主题乐园、酒店、商业街区、演艺中心等多种功能建筑。项目设计复杂，涉及多专业交叉，对设计交底的准确性和高效性要求极高。

项目团队运用 BIM 技术，建立了涵盖所有建筑单体、景观设施以及各专业系统的高精度三维模型。例如在主题乐园区域，通过 BIM 模型精确模拟了游乐设施的布局、轨道走向，以及与之配套的电气、给水排水系统，为后续沉浸式交互设计交底奠定了坚实基础。设计方将 BIM 模型转化为 VR 场景，供各方人员进行沉浸式体验。在酒店设计交底时，业主佩戴 VR 设备，可在虚拟酒店房间内自由走动，查看房间布局、装修风格，还能通过手柄操作打开衣柜、查看卫生间设施等细节。同时，在施工现场，施工人员使用 AR 眼镜，将虚拟的建筑构件模型与实际施工部位对应查看，指导施工。如在商业街区的外立面施工中，施工人员通过 AR 眼镜能清晰地看到每一块幕墙玻璃的安装位置、尺寸和角度，确保施工精准无误。项目搭建了专门的沉浸式交互设计交底平台，支持多方实时语音、文字沟通。在演艺中心设计交底会议中，设计师、施工方、声学顾问等各方人员同时进入 VR 环境，设计师对舞台区域的声学设计进行讲解，施工方针对施工工艺提出问题，声学顾问通过语音实时解答，各方还能在虚拟环境中对关键部位进行标记、注释，沟通顺畅高效。

项目 BIM 模型数据量巨大，为保证 VR/AR 体验流畅，采用云计算进行模型轻量化处理。经过处理后，模型在 VR 设备上的加载时间从最初的 8min 缩短至 30s 以内，在 AR 眼镜上也能快速加载显示，大大提高了设计交底的效率和体验感。在 VR 设计交底过程中，引入手势识别技术。各方人员通过简单手势即可实现对虚拟建筑模型的操作，如放大缩小、旋转查看等，无需再依赖手柄操作，使交互更加自然流畅。例如在主题乐园景观设计讨论中，业主通过手势轻松调整景观小品的位置和角度，与设计师实时沟通设计想法。项目部署了 AI 辅助系统，在设计交底过程中，当遇到问题时，AI 系统能快速提供参考解决方案。如在商业街区消防通道设计讨论中，施工方提出疏散距离不符合规范要求，AI 系统迅速从大量过往项目案例中筛选出类似问题的解决方案，帮助设计方和施工方在短时间内确定了优化方案。

在以往类似规模的文旅项目采用二维平面设计交底时，因信息理解偏差导致的设计变更平均达到 20～30 处。而本项目采用沉浸式交互设计交底后，设计变更数量减少至 5 处以内，信息传达准确性大幅提高，有效避免了因误解造成的施工返工和成本增加。传统二维平面设计交底每次会议平均时长为 3～4h，且针对复杂问题往往需要多次会议才能达成一致。本项目的沉浸式交互设计交底会议平均时长缩短至 1～2h，针对复杂问题基本能在一次会议中解决，沟通效率至少提升了 50%。在二维平面设计交底中，项目前期发现的潜在设计问题平均为 10～15 个。采用沉浸式交互设计交底后，在项目前期发现并解决的潜在设计问题达到 30～40 个，提前解决了大量可能在施工阶段出现的问题，保障了项目顺利推进，节约了工期和成本。

2. 施工现场从“现场试错”到“精准预演”

BIM 排板技术基于参数化自动排板设计，能够根据砌体材质、灰缝厚度、门窗洞口尺寸等参数进行自动排砖和模拟面砖排布。其优点显著，通过 BIM 模型可以直观地展示砌体和面砖的排布效果，提前发现排板中的问题，如砖缝不均匀、边角处理不当等，从而进行优化调整，避免了施工过程中的材料浪费和返工。一键生成的砌体墙工程量表、抹灰量表及各构件明细表，为材料采购和成本控制提供了准确依据。

在施工组织方面，BIM 排板技术改变了传统的施工流程。以往施工人员需要在现场根据经验进行砌体和面砖的排板，而现在可以在施工前通过 BIM 模型进行虚拟施工，制定详细的施工方案，在预制场地内进行材料预制化生产。明确施工顺序和各工种的配合关系，提高了施工组织的科学性和合理性。施工人员可以通过手机 App 扫描二维码获取 BIM 模型中的相关信息，方便在现场进行施工交底和质量检查。如乐清正泰智能家居产业园项目工程等墙体砖排列和卫生间地砖、面砖、吊顶材料的 BMI 预排，做到地、墙、顶的缝对齐，优化施工工序，既使施工环境清洁有序，又提升了施工水平和观感。

1）“现场试错”与“精准预演”对比，后者有三个优势：

（1）成本降低。在传统的现场施工中，砌体和面砖排板常依靠工人经验。一旦出现排板失误，如砌体组砌方法不当导致墙体拉结筋位置偏差，需拆除部分砌体重新施工；面砖排板不合理致使非整砖过多且分布不均，需重新采购面砖并增加人工进行返工。以一个建筑面积20000m^{2}的住宅小区为例，砌体工程因返工额外增加材料成本约5万元，人工成本约3万元；面砖工程因类似情况导致材料成本增加约4万元，人工成本增加约2万元。与此相比，借助BIM技术提前对砌体和面砖进行排板设计，可精确规划每一块砌体和面砖的位置。通过模拟施工，能在施工前发现并解决潜在问题，大幅减少材料浪费与返工。同样规模的住宅小区，采用BIM排板后，砌体工程材料损耗率从10%降至3%，节约材料成本约8万元；面砖工程材料损耗率从15%降至5%，节约材料成本约6万元，同时避免了大量返工人工成本。

（2）工期缩短。现场发现排板问题并解决耗时较长。如砌体施工中发现门窗洞口尺寸与砌体排板不匹配，需重新调整洞口尺寸和砌体组砌方式，这可能导致该楼层砌体施工延误2～3d，影响后续墙面抹灰、门窗安装等工序。面砖施工若现场排板发现问题，同样会延误施工进度，如某商业综合体项目因面砖排板问题，导致一层店面装修工期延误5d，进而影响整体开业时间。与此相比，施工前利用BIM模型对砌体和面砖施工进行全流程模拟，提前确定最优施工顺序和排板方案。在相同商业综合体项目中，采用BIM排板后，面砖施工工期缩短了15%，砌体施工工期缩短了10%，有效保障了项目整体进度。

（3）质量提升。依赖现场工人经验排板，难以保证复杂部位的施工质量。如在建筑转角处的砌体组砌，可能出现通缝等质量问题；面砖在阴阳角、窗台等部位的排板，可能出现缝隙不均、对缝不齐等现象，影响建筑外观和防水性能。与此相比，通过BIM技术对砌体和面砖在复杂部位进行精细化排板，能精确模拟每一块砌体和面砖的安装位置和拼接方式。在住宅小区项目中，采用BIM排板后，砌体通缝等质量问题发生率从15%降至5%以下，面砖拼接缝隙误差控制在1mm以内，极大地提高了建筑质量。

在BIM辅助砌体排板方面，根据建筑设计图纸建立精确的墙体模型，包括门窗洞口、构造柱、圈梁等位置。根据砌体材料规格（如砖的尺寸、砌块类型），按照砌体施工规范（如错缝搭接要求）进行排板设计。生成详细的砌体排板图，明确每一块砌体的位置、编号，指导工人按图施工。例如，在某学校教学楼项目中，通过BIM砌体排板，清晰展示了不同墙体部位的组砌方式，工人可直接根据排板图进行施工，减少了现场错误。

在面砖排板与施工模拟方面，利用BIM软件对面砖进行排板，考虑面砖尺寸、颜色搭配、排板图案（如直铺、斜铺、拼花等）以及建筑外立面造型。模拟面砖铺贴过程，提前确定面砖切割位置和数量，制定面砖铺贴顺序。如在某酒店外立面装修中，通过BIM模拟面砖铺贴，确定了从墙角开始、由下往上的铺贴顺序，有效避免了因铺贴顺序不当导致的面砖空鼓、不平整等问题。

基于BIM砌体和面砖排板模型，准确计算所需砌体材料、面砖数量以及施工所需人工、机械台班数量。根据施工进度计划，合理安排材料进场时间和劳动力调配。例如，在某高层住宅项目中，通过BIM模型计算出每层砌体工程所需砖块数量和工人数量，提前安排材料供应商按时供货，同时调配施工班组，避免了材料积压和工人闲置，提高了施工效率。在BIM模型中模拟整个施工过程，确定砌体工程与其他工种（如水电安装、门窗安装）以及面砖工程与墙面基层处理等工序的合理施工顺序。例如，在砌体施工前，通过BIM模拟确定水电管线预埋位置，避免了后期开槽对砌体结构的破坏；在面砖铺贴前，明确墙面基层处理的时间节点，确保基层质量符合面砖铺贴要求，保证施工质量和进度。

2）技术创新手段

（1）材料信息实时跟踪。在砌体材料（如砖块、砌块）和面砖上粘贴带有物联网芯片的标签，将材料的规格、型号、生产批次、数量等信息录入 BIM 模型。通过物联网技术，实时跟踪材料在运输、存储和施工现场的位置信息。例如，在某大型商业建筑项目中，管理人员可通过手机 App 查看面砖在仓库中的库存数量以及运输途中的位置，确保材料及时供应到施工现场。

（2）材料损耗动态监控。利用 BIM 模型中的排板数据和施工现场实际使用材料数据进行对比分析，实时监控材料损耗情况。一旦发现材料损耗超出预期，通过物联网追溯材料使用环节，找出原因并及时调整。如在砌体施工中，若发现砖块损耗异常，可通过物联网信息查看是否存在施工浪费或材料质量问题。

（3）智能排板算法应用。开发智能排板算法，将砌体施工规范、面砖排板美学要求以及施工现场实际条件（如墙面尺寸偏差、门窗洞口位置）等作为约束条件输入算法。算法自动生成多种砌体和面砖排板方案，并根据预设的优化目标（如减少材料浪费、提高施工效率）进行筛选和排序。例如，在某别墅项目中，智能排板算法根据别墅外立面的独特造型，快速生成了多种面砖排板方案，经对比选择了最符合美观和成本要求的方案。四是虚拟施工与培训。结合虚拟现实（VR）和增强现实（AR）技术，将 BIM 砌体和面砖排板模型转化为可交互的虚拟场景。施工人员可通过佩戴 VR 设备或使用 AR 手机应用，在虚拟环境中进行"预施工"，提前熟悉施工流程和排板方案。同时，利用虚拟场景对施工人员进行培训，提高施工人员对排板方案的理解和操作技能。如在某保障房项目中，通过 VR 培训，施工人员在实际施工前对砌体排板和面砖铺贴有了更直观的认识，施工质量和效率明显提高。

3）案例

某大型文旅综合体项目，包含多个主题场馆、商业街区和配套酒店，总建筑面积达 15 万m^2。项目建筑风格独特，对砌体和面砖的施工质量和美观度要求极高，且施工工期紧张。

项目团队使用 Revit 软件建立了详细的建筑结构模型，对砌体工程进行精确排板。根据不同场馆的功能需求和建筑造型，设计了多种砌体组砌方式，并通过 BIM 模型展示给施工人员。例如，在主题场馆的异形墙体砌体施工中，通过 BIM 排板确定了特殊的砌块切割尺寸和组砌顺序，确保了墙体结构稳定和外观整齐。利用 BIM 软件对面砖进行排板设计，考虑到文旅综合体的艺术氛围，设计了多种拼花图案。通过施工模拟，确定了面砖铺贴的最佳工艺参数，如胶粘剂厚度、面砖铺贴间隔时间等。在商业街区的面砖铺贴中，按照模拟方案施工，面砖拼接紧密，图案效果达到设计预期。

基于 BIM 模型计算出项目所需的砌体材料和面砖数量，精确到每一层、每一个区域。根据施工进度计划，合理安排材料供应商的供货时间和批次，同时调配施工人员。例如，在酒店建设中，通过 BIM 模型提前计算出每层砌体所需砖块数量，提前 3d 通知供应商送货，避免了材料积压和短缺，同时合理安排施工班组，使每层砌体施工时间缩短了 1d。在 BIM 模型中模拟了整个项目的施工过程，确定了砌体工程、水电安装、面砖工程等工序的施工顺序。例如，在配套酒店施工中，先进行砌体工程，同时在砌体施工过程中穿插水电管线预埋，砌体完成后进行墙面基层处理，最后进行面砖铺贴，各工序紧密衔接，避免了相互干扰。

在所有砌体材料和面砖上粘贴了物联网芯片，将材料信息录入 BIM 模型。通过手机 App，项目管理人员可实时查看材料的位置和库存情况。如在项目施工高峰期，管理人员通过 App 发现某批面砖运输途中出现延误，及时调整施工计划，优先施工其他区域，避免了施工停滞。利用 BIM 模型中的排板数据和施工现场实际使用材料数据进行对比分析。在主题场馆的面砖施工中，发现面砖损耗超出预期，通过物联网追溯，发现是由于部分工人切割面砖时操作不当导致的。随即对工人进行了技术培训，调整施工工艺，使面砖损耗率恢复正常。开发了适用于该项目的智能排板算法，考虑到项目建筑风格复杂、造型多变的特点，将建筑美学要求和施工规范作为重要约束条件。算法快速生成了多种砌体和面砖排板方案，经对比分析，选择了最优方案。如在商业街区的转角处面砖排板中，智能排板算法生成的方案既满足了美观要求，又减少了面砖切割浪费。利用 VR 和 AR 技术，为施工人员创建了可交互的虚拟施工场景。施工人员通过佩戴 VR 设备，在虚拟环境中进行砌体组砌和面砖铺贴操作，提前熟悉施工流程和排板方案。在项目实施过程中，通过虚拟培训的施工人员施工质量明显提高，砌体工程质量缺陷率从 10%降至 3%，面砖工程空鼓率从 8%降至 3%。

与传统现场试错施工方式相比，本项目通过基于 BIM 排板的技术措施和创新手段，节约了大量成本。砌体工程材料成本降低约 12 万元，人工成本降低约 8 万元；面砖工程材料成本降低约 10 万元，人工成本降低约 6 万元，整体成本降低约 36 万元。传统施工方式预计因排板问题导致工期延误约 45d。采用 BIM 排板技术后，砌体施工工期缩短了 12d，面砖施工工期缩短了 15d，项目整体工期缩短了约 20%，有效保障了项目按时开业。传统现场试错施工中，砌体工程质量缺陷率约为 10%，面砖工程空鼓率约为 8%，且存在排板不美观问题。本项目采用 BIM 排板技术后，砌体工程质量缺陷率降至 3%以下，面砖工程空鼓率降至 3%，且面砖排板美观度大幅提升，满足了文旅综合体高品质的建筑要求。

3. 信息管理从“数据孤岛”到“多方联动”

传统的施工管理中，各方信息沟通主要通过会议、电话、邮件等方式，信息传递存在滞后性，且容易出现信息不一致的情况。智能管理平台可以集成施工图纸、智能安全帽（视频）和“一户一芯”等信息，其应用打破了这种信息壁垒。

在智能管理平台上，建设单位、施工单位、监理单位等各方可以实时共享项目信息，包括施工进度、质量检测数据、安全隐患排查情况等。项目负责人可以在电脑端或移动端打开平台，随时查看项目的实施情况和最新施工进展，实现施工全过程追溯。例如温州市桂语江南试点项目，当第三方检查施工工序时，可以通过平台及时上传问题照片和描述，施工单位和建设单位能够立即收到通知并进行处理，大大缩短了问题解决的时间。并根据问题性质分级处置时间，要求复查单位在收到已整改通知 3h 内完成复查，对整改合格的进行销项，其中 6h 完成缺陷问题整改闭环占比达到 90%。对质量通病项目进行专项管理，100%覆盖检查和全过程影像记录，提升多方协作效率。

11.3.2 结构建造模式

结构建造模式革新指从“人工密集型”转换为“机械化集成”。

1. 施工方式从“高耗低效”到“高质高效”

一些温州智能建造试点项目实现爬架和铝镁模板组合施工工艺，取得了明显的效果。

传统模板通常采用木模板，存在安装和拆除效率低、周转次数有限、施工质量不稳定等问题。爬架和铝镁模板组合技术则具有诸多优势。铝镁模板重量轻、强度高，安装和拆除方便快捷，可以大大缩短施工周期。其表面光滑，浇筑出的混凝土表面平整度和光洁度高，减少了后期抹灰等工序，提高了工程质量。爬架与铝镁模板配套使用，实现了施工现场的安全防护与模板施工的一体化，提高了施工的安全性。而且铝镁模板可重复使用次数多，符合节能环保的要求，降低了施工成本。温州市自 2021 年开始试点爬架，2024 年在建试点项目二十余项，同落地式脚手架相比，一次安装至少可节约钢材 60%，至少节约投资 50%。其首次搭设用时 4～6d，其他楼层插入时间均可忽略不计，较传统脚手架节省大量人工，且每层可缩短工期约 1～1.5d，综合成本可降低 10%左右，效益可观。

爬架主要包括爬升系统和防护系统。爬升系统采用电动葫芦或液压爬升装置作为动力源。在建筑结构施工至一定层数后，将爬架组装并附着于建筑结构上。随着楼层施工进度推进，通过控制系统同步提升爬架，每次提升高度根据施工需求设定，一般与建筑标准层高度适配，如 3～4m。爬架提升过程平稳，能有效保障施工人员安全作业空间。爬架四周设置全封闭防护网，底部设有水平防护板，防止物体坠落。防护网采用阻燃材料，满足消防安全要求，且防护严密，极大降低了高空作业风险。运用 BIM 技术进行铝镁模板的深化设计。精确计算模板尺寸、拼接方式及支撑体系布置，在工厂进行标准化加工生产。模板表面经过特殊处理，如阳极氧化，提高其耐磨、耐腐蚀性能，确保混凝土浇筑后表面光滑平整。在施工现场，按照设计方案进行铝镁模板的组装。模板通过销钉、销片连接，安装便捷且精度高。由于其重量较轻，可采用小型机械设备辅助安装，减少人工搬运强度。拆模时，先拆除支撑体系，再按顺序拆除模板，拆模时间根据混凝土强度确定，一般在支模后 3～5d，比木模板拆模时间大幅缩短。

专业施工班组分别负责爬架和铝镁模板的安装、提升、拆除等工作。对施工人员进行专项培训，使其熟练掌握组合施工工艺操作要点，提高施工效率和质量。例如，爬架提升作业由经过专业培训的特种作业人员操作，确保提升过程安全可靠。制定详细的施工进度计划，合理安排爬架提升与铝镁模板支拆的时间节点，实现二者紧密配合。如在混凝土浇筑完成达到一定强度后，先进行铝镁模板的部分拆除，然后同步进行爬架的提升准备工作，待爬架提升到位固定后，再继续进行铝镁模板的安装作业，使施工流程紧凑有序。

技术创新手段有三个：一是智能化监控系统。在爬架上安装传感器，实时监测爬架的提升状态、荷载分布、倾斜角度等参数。通过无线传输技术将数据反馈至监控中心，一旦出现异常情况，系统自动报警并停止提升作业，确保爬架施工安全。例如，当某一机位的荷载超过设定值时，系统立即发出警报，提醒施工人员检查并排除故障。二是模板快速连接技术。研发新型模板连接配件，如快拆销钉、高强度磁性连接件等。这些配件在保证模板连接强度的同时，显著提高了模板安装和拆除速度。例如，快拆销钉可单手操作，安装时间比传统销钉缩短约 50%，且拆除时更加便捷，减少了模板拆除过程中的损坏风险。三是绿色环保技术应用。铝镁模板可重复使用次数高达 200～300 次，相比木模板大大减少了木材消耗，符合绿色建筑理念。爬架采用电动或液压驱动，相较于传统手动提升脚手架，减少了能源消耗和环境污染。同时，在施工过程中对废旧模板和爬架部件进行回收再利用，进一步减少资源浪费。

案例：某高层住宅项目共 30 层，建筑高度 90m。在项目前期的样板楼施工中，采用传统钢管脚手架和木模板施工工艺。钢管脚手架搭建耗费大量人工和时间，木模板安装后混凝土成型质量差，墙面出现多处蜂窝麻面、胀模现象，后期修补工作耗时费力。整个样板楼施工周期较计划延长了 15d，材料成本超出预算约 10%。

后来实施了组合施工工艺技术措施。爬架方面选用电动爬架，安装调试完成后，每次提升时间控制在 2～3h，提升过程平稳顺利。爬架防护系统严密，施工期间未发生任何高空坠物事故，保障了施工安全。铝镁模板方面利用 BIM 技术进行模板深化设计，在工厂定制加工。现场安装时，施工人员按照设计方案快速组装，模板拼接严密，混凝土浇筑后墙面平整度偏差控制在 3mm 以内，垂直度偏差控制在 5mm 以内，成型质量达到清水混凝土标准，减少了后期抹灰工序。

安装智能化监控系统，对爬架提升全过程进行实时监控，确保爬架安全运行。在施工期间，系统成功预警并处理了 2 次因局部荷载不均导致的异常情况，避免了安全事故发生。采用新型模板快速连接配件，铝镁模板安装时间较传统连接方式缩短了约 30%，拆模时间也相应提前，提高了模板周转效率。铝镁模板的高周转使用和爬架的节能驱动，使项目在资源节约和环境保护方面取得显著成效。

相比传统施工工艺，主体结构施工每层平均缩短工期 23d，整个项目工期提前了 30d 完成，为后续装修及配套工程争取了宝贵时间。混凝土成型质量大幅提升，墙面平整度、垂直度满足高标准要求，减少了后期修补和抹灰工作量，工程质量得到建设单位和监理单位高度认可。铝镁模板虽一次性采购成本较高，但长期使用综合成本降低。爬架减少了脚手架租赁和人工搭拆费用。材料总费用较传统工艺降低了约 15%，加上工期提前带来的间接经济效益，项目整体经济效益显著提升。

2. 装配式构件从“人工吊装”到“智能吊装”

智能吊装与人工吊装对比有三方面效果：第一，吊装效率提升。人工吊装过程中，工人需手动操作各种设备，从构件起吊前的准备、调整起吊角度到缓慢移动至安装位置，每一步都较为耗时。例如在一个中等规模的装配式建筑项目中，人工吊装一块普通标准的预制外墙板，从准备到完成安装，平均需要 30～40min。而且由于人工体力限制，工人需要频繁休息，每天有效工作时间有限，导致整体施工进度缓慢。智能吊装借助自动化控制和精准定位系统，构件起吊迅速，能快速且准确地移动到安装位置。同样规模项目采用智能吊装设备，吊装一块相同规格的预制外墙板，可将时间缩短至 10～15min，效率提升了至少一倍。并且智能设备可长时间连续作业，极大地加快了工程整体进度。第二，吊装精度提升。人工吊装主要依靠工人经验和肉眼观察来控制构件位置和角度，容易受到外界环境（如光线、风力）和工人自身状态影响。在安装精度要求较高的构件连接部位时，人工操作很难保证将误差控制在极小范围内，例如预制梁与柱的连接节点，人工吊装误差可能达到 10～15mm。智能吊装配备了高精度传感器和先进的测量技术，能够实时监测构件位置、角度等参数，并通过自动化系统进行精确调整。在相同的梁与柱连接节点安装中，智能吊装可将误差控制在 3～5mm 以内，为建筑结构的稳定性和安全性提供了更可靠保障。第三，安全风险降低。人工吊装作业中，工人需在高处临边等危险环境下进行操作，如在钢梁上行走、紧固螺栓等，存在高处坠落风险。同时，人工操作对构件起吊平衡控制难度大，容易引发构件晃动、坠落，造成物体打击事故。据相关统计，装配式建筑施工中，人工吊装引发的安全事故占比达 30%～40%。智能吊装减少了工人在危险区域的直接作业，大部分操作可在地面控制室内完成。设备具备多重安全保护机制，如过载保护、防碰撞系统等，能有效避免因设备故障或操作失误导致的安全事故，大幅降低施工现场安全风险。

智能吊装措施有以下几项：

第一，操作自动化。智能吊装系统构建了一套完整的自动化操作流程。在构件起吊前，通过 BIM 技术对整个吊装过程进行模拟，将吊装路径、构件姿态变化等信息输入到控制系统中。起吊时，设备根据预设程序自动启动，完成吊钩上升、构件抓取、水平移动、垂直下降等一系列动作，无需人工现场频繁干预，既提高了操作准确性，又减少了人工操作失误。

第二，实时监测与反馈。利用多种传感器（如位移传感器、角度传感器、压力传感器等）对吊装过程进行全方位实时监测。传感器将采集到的构件位置、受力情况、设备运行状态等数据实时传输给控制系统。控制系统根据这些数据进行分析，一旦发现异常（如构件倾斜超过允许范围、设备某个部位受力过大），立即发出指令对设备进行调整，确保吊装过程安全、稳定。

第三，设备协同作业。智能吊装设备之间以及与其他施工设备之间建立了协同作业机制。例如，在一个大型装配式建筑施工现场，多台智能塔吊之间通过无线通信技术实现信息共享，能够合理规划吊运路线，避免相互碰撞。同时，智能吊装设备还能与运输车辆、现场施工机器人等协同工作，实现构件从运输到安装的无缝对接，提高整体施工效率。

案例：某大型装配式住宅小区项目，总建筑面积达 20 万 m^2，包含多栋高层住宅。项目采用装配式混凝土结构，预制构件种类繁多，包括预制外墙板、预制叠合板、预制楼梯等。

引入智能塔吊和智能吊运小车，通过预设程序，实现了预制构件从堆放场地到安装位置的自动化吊运。例如，在吊运预制叠合板时，智能吊运小车可根据 BIM 模型规划的路径，自动行驶到叠合板存放区，将其抓取后准确运输到楼层安装位置，整个过程无需人工驾驶。在塔吊吊钩、吊臂以及预制构件上安装了多种传感器。通过位移传感器和角度传感器实时监测构件的吊运姿态，压力传感器监测吊绳的受力情况。一旦发现构件有倾斜或吊绳受力不均，系统立即自动调整，确保吊运安全。

智能塔吊与现场的混凝土浇筑设备、施工电梯等实现了协同作业。当塔吊吊运预制构件到达楼层后，施工电梯能及时将安装工人运输到作业面，同时混凝土浇筑设备也做好准备，在构件安装完成后迅速进行节点混凝土浇筑，提高了施工效率。

在这个项目中建立了详细的项目 BIM 模型，将所有预制构件信息录入其中。同时，在每个预制构件上安装物联网芯片，通过手机 App 或现场管理平台，施工人员可随时查看构件的生产进度、运输状态以及在施工现场的位置等信息。例如，在构件生产阶段，管理人员可通过 BIM 物联网平台实时了解构件的养护情况，确保构件质量。采用北斗卫星导航系统结合地面基站定位技术，对塔吊和预制构件进行定位。在高层住宅施工中，定位精度达到了 5cm 以内，保证了预制构件在高空安装的准确性。同时，利用激光雷达对施工现场进行 3D 扫描，生成详细的环境模型，为塔吊吊运路径规划提供依据，避免了与周边建筑物或其他设备碰撞。智能塔吊采用了自适应控制算法，当遇到强风天气时，系统能够自动调整塔吊的起升、变幅和回转速度，确保构件在吊运过程中的稳定性。在多次强风天气下，智能塔吊成功完成了预制构件吊运任务，而传统塔吊则因安全风险被迫停止作业。

与周边采用人工吊装的类似项目相比，该项目施工周期缩短了 3 个月。在标准层施工中，采用智能吊装后，每层施工时间从原来人工吊装的 7d 缩短至 5d，效率提升了约 28.6%。人工吊装时，预制构件安装误差平均在 8～10mm，而智能吊装将误差控制在 3～5mm，极大提高了建筑结构的整体性和稳定性。整个项目施工期间，因智能吊装减少了工人在危险区域作业时间，仅发生了 1 起轻微安全事故，相比人工吊装项目安全事故发生率降低了 80% 以上，保障了施工人员的生命安全。

3. 市政设施从“整体破拆”到“微创修复”

一些市政项目采用雨污水管道内衬法修复工艺，经济效益和社会效益显著。传统的雨污水管道施工通常采用开挖铺设的方式，这种方式施工周期长，对周边环境影响大，需要大面积开挖路面，影响交通和居民生活。

雨污水管道内衬法是在原有管道内部铺设新的内衬管，从而修复或更新管道。该方法具有施工速度快的特点，无需大面积开挖，只需在管道的检查井处进行施工，减小了对交通和周边环境的影响。内衬管采用耐腐蚀、耐磨损的材料，能够有效延长管道的使用寿命，提高管道的输送能力。而且内衬法施工成本综合影响较传统开挖相对较低，尤其对于一些无法进行大规模开挖的区域，如城市繁华地段、历史文化保护区等，内衬法具有明显的优势。温州市 2018 年以来开展管网整治累计投资约 4 亿元，其中非开挖修复占比约 40%；在温州老城区改造中，该技术使工期缩短 60%～80%，交通影响降低 80%。如海经区经四路（雁鸿路）污水管道修复工程，原高密度聚乙烯（HDPE）管径为 DN1000mm，因地下水水位过高，降水困难，经论证采用机械制螺旋缠绕非开挖修复的方式进行修复，取得良好效果。

管道内衬法施工工艺包括三个方面：一是管道检测与预处理。利用管道检测机器人对需修复的雨污水管道内部状况进行全面检查，包括管道变形、破裂、渗漏位置及程度等。对管道内的淤泥、杂物进行彻底清理，采用高压水枪冲洗、机械清淤等方式，确保管道内壁干净，为后续内衬材料的贴合创造良好条件。对于存在局部破损或障碍物的部位，先进行局部修复和清理。二是内衬材料安装。根据管道的管径、材质、使用环境及修复要求，选择合适的内衬材料，如玻璃纤维增强塑料（FRP）内衬、高密度聚乙烯（HDPE）内衬等。以 FRP 内衬为例，将浸渍树脂的玻璃纤维布按照设计要求裁剪成合适尺寸，通过专用设备在管道内进行缠绕或拉入。采用气压或水压翻转工艺，使内衬材料紧密贴合管道内壁。在翻转过程中，控制好压力和速度，确保内衬材料均匀、无褶皱地附着在旧管道上。对于大口径管道，可采用分段施工的方式，保证施工质量。三是固化与接口处理。对于采用热固化或常温固化的内衬材料，按照规定的固化工艺进行操作。如热固化的 FRP 内衬，通过蒸汽或电加热等方式使树脂固化，形成坚固的内衬结构。常温固化则依靠树脂自身的化学反应完成固化过程，需严格控制固化时间和环境温度、湿度。对内衬管道的接口进行精细处理，确保接口处密封良好、连接牢固。采用专用的密封胶、焊接或机械连接等方式，防止接口处出现渗漏现象，保证整个内衬管道系统的完整性。

在施工前充分做好现场准备工作，如设置施工围挡、搭建临时工作区等。按照先检测、后预处理、再安装内衬及固化的顺序，紧凑有序地推进施工。例如，在管道检测完成后 24h 内完成预处理方案制定并开始施工，确保各环节衔接顺畅，缩短整体施工周期。

技术创新手段有以下：一是新型内衬材料研发。研发具有更高强度、耐腐蚀性能和柔韧性的内衬材料。如纳米改性的复合材料内衬，通过在传统内衬材料中添加纳米粒子，增强材料的力学性能和抗老化性能，延长内衬管道的使用寿命。同时，新型材料在施工过程中更易于操作，能够更好地适应复杂的管道内部环境。二是智能化施工设备。引入智能机器人辅助内衬安装。这些机器人能够根据管道的形状和尺寸，自动调整操作参数，精确地完成内衬材料的铺设、贴合等工作。例如，带有传感器的爬行机器人可实时监测内衬材料的铺设质量，一旦发现问题及时反馈并进行调整，提高施工精度和效率，减少人工操作误差。三是非开挖修复监测技术：利用分布式光纤传感技术对修复后的管道进行长期监测。通过在管道内衬中预埋光纤传感器，实时监测管道的变形、应力变化及渗漏情况。一旦管道出现异常，系统能够快速定位并发出警报，为市政管理部门及时采取维护措施提供依据，实现对雨污水管道的智能化管理。

案例：某老城区雨污水管道老化严重，部分管道出现破裂、渗漏现象，导致污水外溢，影响周边环境和居民生活。该区域交通流量大，且临近商业中心和居民区，传统整体破拆修复方式难以实施。传统修复方案评估显示，若采用整体破拆修复，需封闭周边主要道路至少 3 个月，预计影响周边商户正常经营，造成经济损失约 500 万元，同时施工噪声和粉尘将严重影响附近数千居民生活。

采用内衬法施工。采用高压水枪和吸污车相结合的方式，清理管道内淤泥及杂物约 300m^3，为内衬施工创造良好条件。根据管道实际情况，选用 HDPE 内衬材料。通过拉入法将定制的 HDPE 内衬管逐段安装到旧管道内，利用气压使其紧密贴合管壁。在施工过程中，严格控制拉入速度和气压，确保内衬管安装质量。HDPE 内衬管采用热熔焊接方式连接接口，确保接口处密封性能良好。施工完成后，对整个内衬管道系统进行严密性测试，检验修复效果。

施工组织：组建了一支 30 人的专业施工团队，明确各岗位人员职责。制定详细的施工计划，每天施工时间避开交通高峰期，将施工对周边交通和居民生活的影响降至最低。

采用新型 HDPE 内衬材料，该材料具有更高的强度和耐腐蚀性，使用寿命预计比传统内衬材料延长 20%以上。引入智能爬行机器人辅助内衬安装，提高安装精度和效率，施工周期较传统人工安装缩短了约 15%。安装分布式光纤传感监测系统，对修复后的管道进行实时监测，为后续管道维护提供数据支持。

施工期间仅占用部分非机动车道，未对机动车道造成明显影响，周边道路基本保持畅通，交通拥堵情况得到极大缓解。施工噪声和粉尘污染大幅降低，未收到居民相关投诉，对周边居民生活影响极小。整个修复工程仅用了 45d，较传统整体破拆修复缩短工期约 50%，提前恢复了管道正常运行。直接施工成本较传统方式降低了约 30%，同时避免了因交通拥堵和商业活动受阻产生的巨大社会成本，综合效益显著。

11.3.3 过程管理模式

过程管理模式革新指过程管理中风险管控从“经验判断”转换为“数据决策”。

1. 基坑监测从“人工记录”到“实时预警”

传统的深基坑监测主要依靠人工测量，人工使用水准仪、经纬仪等仪器定期对深基坑的位移、沉降等参数进行测量。这种方式存在诸多弊端，测量频率有限，无法实时掌握深基坑的变化情况。人工测量容易受到测量人员技术水平和工作态度的影响，测量数据的准确性和可靠性难以保证。而且人工测量效率低，耗费大量的人力和时间。

深基坑自动化监测系统通过在深基坑周边布置传感器，如位移传感器、沉降传感器、应力传感器等，能够实时采集深基坑的各项数据，并将数据传输到监控中心。监控中心的软件对数据进行分析处理，一旦发现数据异常，立即发出预警。温州市在 2021 年出台《温州市建设项目深基坑工程技术规定》，对超过 10m 深基坑实行自动化监测，系统自动采集数据准确性高，能够 24h 不间断监测，及时发现深基坑的安全隐患。避免了人工测量的误差。

2. 施工巡查从“地面巡查”到“全域俯瞰”

传统的施工现场巡查主要依靠人工步行巡查，这种方式效率低，巡查范围有限，对于一些高空、危险区域难以进行全面检查。而且人工巡查容易受到主观因素影响，可能会遗漏一些安全隐患。

无人机巡检则具有明显优势，无人机可以快速覆盖整个施工现场，对施工现场的各个区域进行全面巡查，包括建筑物的外立面、高处的塔吊、脚手架等。通过搭载高清摄像头和热成像仪等设备，无人机能够拍摄清晰的照片和视频，实时传输回监控中心，工作人员可以通过这些影像资料准确发现施工现场的安全隐患和质量问题。温州市七都二桥工程（一标段）实行无人机巡检不受地形和障碍物的限制，对水上基坑作业、围护结构变化、水上平台堆物、安全通道等实行全面巡查并结合智能系统对一般隐患进行判断预警标识。同时，无人机巡检可以定期按照预设的航线进行，保证了巡查的规律性和一致性。

3. 材料设备管理从“纸质台账”到“全生命周期追踪”

传统的原材料和机械管理主要依靠人工记录和台账，这种方式管理效率低，信息查找不便，而且容易出现记录错误。对于原材料的来源、质量检测情况以及机械的使用、维护记录等，难以进行有效的追溯和管理。

二维码溯源管理通过为每一批原材料和每一台机械设备赋予唯一的二维码，将相关信息录入系统。当原材料进入施工现场时，通过扫描二维码可以查看原材料的生产厂家、生产日期、批次、质量检测报告等信息，确保原材料质量合格。对于机械设备，扫描二维码可以了解设备的购置时间、使用记录、维护保养情况等。温州市“全链管”系统自 2021 年应用以来，实现原材料和机械信息的数字化管理，一旦出现质量问题或设备故障，可以通过二维码快速追溯到相关信息，及时采取措施进行处理，累计发现和溯源整改质量隐患 325 万条（轻微隐患占 91.2%），提高了管理效率，保障工程顺利进行。

11.3.4 政府监管模式

政府监管模式革新指从“抽查式监管”转换为“穿透式智治”。

1. 分户验收从“抽样检测”到“全数核查”

传统的分户验收主要依靠人工使用测量工具进行，如靠尺、塞尺等，对房屋的尺寸、平整度、垂直度等进行测量。这种方式测量效率低，人工测量误差较大，而且对于一些复杂的测量项目，如房屋的空间尺寸测量，人工测量难度较大。

测量机器人应用于分户验收精度高，能够快速、准确地测量房屋的各项参数。它可以自动识别测量目标，按照预设的程序进行测量，减小了人工操作带来的误差。测量机器人能够在短时间内完成大量的测量工作，提高了分户验收的效率。温州市智能建造普及推广测量机器人（如 Leica MS60）自动扫描房间尺寸，生成偏差色谱图，精度达±1mm。温州某精装房应用测量机器人后，验收效率提升 70%，投诉率下降 60%。同时，测量数据存储有序可靠，便于监管部门进行数据分析和质量把控，确保分户验收的公正性和准确性。

2. 防水检测从“目测检查”到“无损探伤”

传统的防水层施工质量是质量通病易发点，质量检测主要依靠人工观察和简单的物理检测方法，如蓄水试验等。这种方式检测效率低，对于一些细微的防水层缺陷难以发现，而且蓄水试验需要较长时间，影响施工进度。

温州市某工程通过引入智能单层屋面系统，利用电火花在防水层表面产生的放电现象来检测防水层的质量。当防水层存在缺陷时，电火花会产生明显的放电信号，通过检测设备可以快速、准确地定位缺陷位置。成功解决了钢结构屋面渗漏问题。智能电火花检测具有检测速度快的优点，能够在短时间内完成大面积的防水层检测。检测精度高，能够发现微小的防水层缺陷，有效保障了防水层的质量，避免了后期因防水层质量问题导致的渗漏等隐患。

3. 管道检测从“经验推断”到“影像取证”

传统的管道验收主要依靠人工进入管道内部进行检查，这种方式不仅危险，而且对于一些管径较小、环境恶劣的管道，人工难以进入。人工检查的效率低，对于管道内部的情况难以全面掌握。

管道摄像机器人和潜望镜可以进入管道内部，通过搭载的高清摄像头实时拍摄管道内部的图像，并将图像传输到监控设备上。工作人员可以通过图像清晰地观察管道内部的情况，如管道的腐蚀程度、是否存在堵塞、接口是否严密等。管道摄像机器人能够适应各种复杂的管道环境，提高了管道验收的全面性和准确性。同时，避免了人工进入管道的安全风险，提高了验收工作的安全性和效率。温州市 2018 年开始采用管道爬行机器人全面视频检查以来，累计完成了市区一、二级污水管道 1407km 检测全覆盖，排查管网问题点 30907 处，整治累计投资约 4 亿元。

11.4 智能建造背景下企业管理创新案例

近年来，温州市充分发挥建筑企业“强企”和“成长型企业”示范领跑作用，契合民营经济高质量发展要求，创新发展工业厂房建设品质提升新模式。浙江正匠建设工程有限公司以智能建造为核心打造“数智正匠”，不断开拓 BIM 技术应用，持续完善项目管理方法和人才培养体系，走出了一条工业厂房建设提速、提质、减员、降本之路。

11.4.1 BIM 技术赋能建设全周期

1. 着力数字化互联协同，助推项目降本增效

（1）触角前伸，实现施工阶段“零联系单”。紧跟图纸设计建立 BIM 模型，BIM + VR 虚拟漫游等技术，使厂房业主更清晰地了解方案图纸，提前发现问题，优化建筑立面、厂区物流动线、生产线布置等方案，尽早部署各专项设计，提升各专业图纸的契合度，避免了边设计边施工边修改的问题，节省工期和成本，提高后期使用满意度。

（2）轻装上阵，优化建造各环节。通过 BIM 模型轻量化平台，将二维图纸与三维模型相结合，清晰展现设计意图和图纸信息；经轻量化处理的模型，能在手机端轻松查阅，业主

和项目管理人员可实时了解掌握施工现场人员、进度、机械、物料等情况和相关数据，较传统 BIM 模型，应用范围更广、使用难度更低；研发 BIM + AR 组合技术，将 BIM 模型和施工现场环境相融合，让模型“走入”施工现场，提升模型在“三事”环节的便利应用。

（3）无缝衔接，助力项目后期运维。通过华为云平台永久留存项目 BIM 竣工模型，模型二维码刻入竣工责任牌，涵盖建筑结构、隐蔽工程等综合信息，降低后期运维、技改成本，减少安全隐患；同时积极探索线上保修，第一时间定位问题跟踪解决，提升质量保修服务品质。

2. 探索智能化装备应用，实现项目提质增效

（1）引入测量机器人，精确客观保品质。在检验批检查、主体结构验收、竣工测量中使用测量机器人，测量数据精度达±1mm，测量工效为人工的 2～3 倍，为检查验收插上科技的翅膀。运用 BIM + 测量机器人组合进行逆向建模，为后期装饰装修方案的制定提供准确的模型数据，为装修工程施工节约材料，并能有效“避雷”。

（2）启用建筑机器人，优质高效保安全。结合工业厂房内部空间通透开敞、墙地面体量大的特点，选择内墙喷涂机器人、地面整平机器人和地坪研磨机器人等建筑机器人加入施工队伍，大大提升了施工效率。内墙喷涂机器人的使用有效解决人工喷涂施工中存在的不均匀和漏喷等问题，喷涂作业效率可提升至人工的 3～5 倍，地面整平机器人大大提高了地面平整度，地坪研磨机器人将施工效率提升近 3 倍，施工扬尘显著减少，作业环境大幅提升。

3. 开发 CMP 协同管理平台，提升企业管理效率

（1）核心模块健全，工作流程清晰高效。平台包含项目管理、互动咨询、经营中心、技术中心、数字中心、质安中心、工学院、知识库 8 大主要模块，建立并不断优化质量安全整改与回复、材料购销、招标投标等 130 余项工作流程，使用覆盖公司各个内设职能部门和外派施工项目部。

（2）信息及时准确，公司项目同步联动。项目经理通过协同管理平台实时掌握施工现场人、机、料、法、环等情况，通过“日一检一布”“周例会”“月度复盘”等手段，精确部署每日、每周、每月的施工任务，通过分析进度、质量、安全、人、机、料等数据报表，及时发现问题进而实施纠偏。公司通过调阅项目数据和相关分析报告，能准确了解在建项目运转情况，有效避免了因信息差导致的纠偏不及时、决策失误等问题。

11.4.2 “三大工作法”贯穿施工各阶段

（1）行“维度筹划法”响应客户需求。根据企业多年累积的工业厂房建造经验，在项目策划阶段，应用三维建模技术，针对不同行业（如服装、机械、汽车配件、箱包、高分子材料和化工等）特点，为厂房业主量身定制优化方案，在建筑的整体规划与美学设计、平面布置和园区物流交通、生产线设备布置和水电暖通布置等方面提供个性化建议，确保方案既满足当前需求，又具备未来发展的灵活性。根据多年项目回访情况复盘，在设计施工阶段，秉持“桩基实用、省钱”和“建筑好用、美观”理念，针对不同地质特点和厂房使用特殊要求，不断探索实践新工法和组合技术，解决厂房项目常见质量问题，提供高质量的建造产品。同时，通过 BIM 技术应用，使各项措施和成本直观呈现，可优可控，赢得了客户的极高满意度。

（2）推“比学赶超法”抢跑智造新赛道。比“学”，就是学而不厌，日拱一卒。以“正匠工学院”为载体，开设精品管理课程，创办“智度学堂”沙龙，公司上下共学共比，团队技术技能和整体素质逐步提高。比“赶”，就是雷厉风行，计日程功。提倡质效并重，既严把建筑“品质关”，又力争在建设施工中跑出“加速度”，用技术和管理提升项目整体效益。BIM 施工进度模拟和 BIM 三维班前交底，合理安排施工任务，有效减少返工，以《分部分项工艺流程手册》和《SOP 标准作业指导书》为核心内容的 SOP 标准化工作制度，实现了全流程操作标准化，项目管理模块化、规范化。比“超”，就是敢于亮剑，超越自我。企业和项目日常工作数据会通过 CMP 平台定期汇总、比较分析，形成各项数据看板，通过数字化大屏幕展示，部门之间、项目部之间比管理、比质量、比速度、比成本，互比互促，以比达促，最终实现员工个人自我超越和企业转型升级。

（3）施“首尾联动法”齐心协力保效益。通过先进管理方法和工具，切实解决“封顶保质难”“竣工按时难”等行业痛点。公司技术、财务、法务等部门联合督导，会同项目部罗列收尾问题清单，提出应对措施和推进计划，召开收尾联动会议，推动主体施工与各工种分包单位之间的联动协作，签署《收尾联动责任书》，明确各工种进、退场时间，明确各阶段施工人数，明确各单位配合细节，明确奖罚措施，明确施工过程跟踪注意事项，尤其是明确业主单位的责任事项，确保项目按期保质完成封顶和竣工验收，企业效益稳落袋。

11.4.3 技术革新造就高品质厂房

（1）独创多项地基基础施工组合技术，攻克温州软土地基条件下不均匀沉降影响工业厂房正常安全使用问题，切实为厂房业主解除后顾之忧。其中，“水泥搅拌桩＋高压旋喷桩＋分层分阶段开挖＋大体积混凝土浇筑”组合技术，在一般软地基基础施工中取得良好成效，“压密注浆＋基础梁板整体现浇”“梅花点式加固桩＋二次基础梁板现浇”两种组合技术，凭借施工速度快、技术措施优势互补、一次加固成型等特点，高度适用沿海围垦再造土地软地基处理。“压密注浆法＋基础梁板整体现浇”组合技术，通过在地基中注入浆液，提高土体的密实度和承载力，基础梁板整体现浇则确保了基础结构的整体性和均匀性。“梅花点式加固桩＋二次基础梁板现浇”组合技术，通过在地基中设置多个加固桩点，形成梅花状的加固网络，增加地基的承载力，在第一次浇筑后，根据需要进行二次加固混凝土浇捣，进一步提高一层地面的稳定性。

（2）针对现代工业厂房设备基础多且形式复杂、对地坪平整度要求高等特点，结合 BIM 技术和智能装备，独创两大地坪施工工法，有效提升厂房的施工质量，并取得一定的经济效益。设备基础与金刚砂地坪一体化浇筑施工技术适用车间内设备基础多、形式复杂、地坪浇筑难度大的工程，基础顶部预留 20cm 左右与混凝土地坪一起施工，同时在设备基础四周增设钢筋网片，施工过程中采用全自动激光整平机进行地坪的振捣、浇筑施工，增强地坪的整体性和抗裂能力。该工法中采用装配式槽钢侧模、一体化浇筑成型等技术和装备，减少了人工和施工机械投入。导轨式高精度超大面积地坪工法适用于大型仓储、配送中心及使用精密仪器设备的生产车间等对地面平整度有特殊要求的项目。该工法独创导轨式高精度超大面积地坪平整度控制新型装置，通过预制混凝土导轨构件，将地坪纵向分成约 6m 宽条块进行连续浇筑施工，结合三角桁架装置配合激光找平机进行找平，避免人为走动对找平后的混凝土面层造成误差，无需拆除预制混凝土构件，方便连续浇筑。该工法可有效控制地坪的平整度，提升施工效率，并减少后期维修工作。

（3）在运维阶段，开创性地实施了“双厂房交付”策略。除了交付实体厂房，还向客户提供了基于 BIM 技术构建的数字竣工模型，即数字厂房母体。这一创新举措极大地促进了客户数字化工厂的建设，客户可将厂房数字竣工模型与企业生产管理系统结合，根据厂房数字竣工模型中的数据进行生产控制，如自动排产、生产进度控制、质量监控等。厂房数字竣工模型与企业资源计划系统的无缝连接可以实现计划预算数据和过程数据的自动化、智能化生成，自动完成拆分、归集任务，减少人为错误，实现真正的成本风险管控。“双厂房交付”服务带来显著的管理效益和经济效益，相比传统厂房建造交付大大提升了使用品质。

11.5 本章小结

（1）对智能建造造价体系进行了探讨，包括完善计价体系和招标投标保障体系，完善计价体系措施有六个方面：一是建立适应智能建造的计价标准；二是建立计价标准的动态调整机制；三是加强技术创新成本的核算；四是促进多方参与的计价机制；五是加强智能测算；六是发挥行业协会引导。

（2）根据智能建造计价体系原则，以 BIM 技术应用现状和发展方向为基础，编制《温州市建筑信息模型（BIM）技术应用服务费用计价参考依据》，为 BIM 技术服务市场计价提供依据。

（3）招标投标保障体系包括七个方面：一是明确智能建造要求；二是加强 BIM 技术的应用；三是加强专家评审与培训；四是加强企业信用分奖励；五是优化招标条件设定；六是创新招标方式；七是丰富招标信息渠道。

（4）在质量保险方面进行了管理创新，针对传统巡查式检查模式存在的问题，提出了驻场式检查模式，对风控机构管理职能进行调整，对现场风险控制方式从随机检查转变为日常检查。管理运行模式包括三方面：一是健全风险控制机制，指导保险机构发挥市场机制的资源配置作用；并对 TIS 风险管理机构进行考核；二是完善政策配套机制，以 IDI 保险替代物业保修金，以专业角度引导第三方切实履行物业保修责任；三是推进数字赋能机制，夯实 IDI 保险驻场管理模式运用成效，实现风险闭环机制。风险闭环机制从三方面入手：一是建立保险信息服务管理平台；二是风控机构建立风险整改的闭环机制；三是运行风控机构 3 小时复查闭合的效率考核机制。

（5）创新特色包括七个方面：一是驻场管理，试行工程强制监理豁免政策，由风险机构驻场进行工程全过程管理；二是直观展示，平台应用轻量化 BIM 技术对投保工程进行建模，通过施工计划可视化展示施工进度，对施工进度过程中风控检查的各项质量安全问题，按照风险问题的分类并以颜色标注；三是精准纠偏，管理平台通过施工建模关联施工图纸，风险人员上传问题，便于整改单位快速找到问题具体位置及时完成整改；对渗漏、开裂等重点通病问题，建设专项模块进行整合管理；四是一户一档，通过预埋“一户一芯”的 RAID 高频芯片，将检查问题及整改以“户”为单位建档，方便对问题项的追踪及回溯；五是亮灯管理，平台联动 App，建立整改分派、转办机制，风控销项问题设立“三小时处理”，逾期“亮灯预警”，确保风险问题及时闭环；六是考核评价，通过日常风控人员考勤管理等统计数据形成考核评价；七是保险服务，保险公司建立保险运营服务中心，提供定损维修、理赔审核、赔付处理等一站式服务。应用成效主要有三个方面：一是推进政府职能转变；二是完善质量监管体系；三是提升群众满意度。

（6）智能建造技术带来了施工管理、结构建造、过程管理和政府监管等多个模式的转变。施工管理模式转变包括三个方面：一是设计交底从“二维平面”到“沉浸式交互”；二是施工现场从“现场试错”到“精准预演”；三是信息管理从“数据孤岛”到“多方联动”。结构建造转变包括三个方面：一是施工方式从“高耗低效”到“高质高效”；二是装配式构件从“人工吊装”到“智能吊装”；三是市政设施从“整体破拆”到“微创修复”。过程管理模式转变包括三个方面：一是基坑监测从“人工记录”到“实时预警”；二是施工巡查从“地面巡查”到“全域俯瞰”；三是材料设备管理从“纸质台账”到“全生命周期追踪”；政府监管模式转变包括三个方面：一是分户验收从“抽样检测”到“全数核查”；二是防水检测从“目测检查”到“无损探伤”；三是管道检测从“经验推断”到“影像取证”。

（7）结合案例对智能建造背景下企业管理创新进行了探讨，企业管理创新主要包括BIM 技术赋能建设全周期、“三大工作法”贯穿施工各阶段和技术革新造就高品质厂房，BIM 技术赋能建设全周期包括三个方面：一是着力数字化互联协同，助推项目降本增效；二是探索智能化装备应用，实现项目提质增效；三是开发 CMP 协同管理平台，提升企业管理效率。“三大工作法”贯穿施工各阶段包括三个方面：一是行“维度筹划法”响应客户需求；二是推“比学赶超法”抢跑智造新赛道；三是施“收尾联动法”齐心协力保效益。技术革新造就高品质厂房包括三个方面：一是创新多项地基基础施工组合技术，解决温州软土地基条件下不均匀沉降影响工业厂房正常安全使用问题；二是结合 BIM 技术和智能装备，创新两大地坪施工工法，有效提升厂房的施工质量；三是在运维阶段，创新实施了“双厂房交付”策略，除了交付实体厂房，还向客户提供了基于 BIM 技术构建的数字厂房。

参考文献

[1] 樊启祥，林鹏，魏鹏程，等. 智能建造闭环控制理论[J]. 清华大学学报（自然科学版），2021, 61(7): 660-670.

[2] 尤志嘉，郑莲琼，冯凌俊. 智能建造系统基础理论与体系结构[J]. 土木工程与管理学报，2021, 38(2): 105-111, 118.

[3] 马智亮. 走向高度智慧建造[J]. 施工技术，2019, 47(12): 1-3.

[4] 钱七虎. 工程建设领域要向智慧建造迈进[J]. 建筑，2020(18): 17-18.

[5] 肖绪文. 智能建造：是什么、为什么、做什么、怎么做[J]. 施工企业管理，2022, (12): 29-31.

[6] 周绪红. 智能建造关键技术研究[J]. 建筑，2023, (6): 26-28.

[7] 国家统计局. 中华人民共和国 2023 年国民经济和社会发展统计公报[M]. 北京：中国统计出版社，2024.

[8] 住房和城乡建设部. "十四五" 建筑业发展规划[Z]. 建市〔2022〕11 号，2022.

[9] 牛伟蕊，王益鹤. 以智能建造为抓手 打造建筑业新质生产力[J]. 建筑，2024, (9): 87-93.

[10] United Nations Environment Programme. 2022 Global Status Report for Buildings and Construction[R]. Nairobi: UNEP, 2022: 15.

[11] 清华大学建筑节能研究中心. 中国建筑节能年度发展研究报告 2023[M]. 北京：中国建筑工业出版社，2023.

[12] 住房和城乡建设部科技与产业化发展中心. 装配式建筑减碳减排效益评估报告[R]. 2022.

[13] 住房和城乡建设部. 中国建筑业信息化发展报告[R]. 2020.

[14] McKinsey. The Next Normal in Construction[R]. 2020.

[15] IDC. 中国 CAE 软件市场预测[R]. 2023.

[16] 广联达. 广联达智慧工地解决方案白皮书（2023 版）[R]. 2023.

[17] ISO. 机器人分类与术语：8373: 2021[S]. 2021.

[18] 国际机器人联合会. 建筑机器人发展史[R]. 2020.

[19] 赵峰，王要武，金玲，等. 2023 年建筑业发展统计分析[J]. 工程管理学报，2024, 38(2): 1-6.

[20] 陈志方. 北京艺术中心基于 BIM 技术的智能建造应用[J]. 建筑技术，2024, 55(12): 12-16.

[21] 符映雪. 广东大力推动智能建造发展 加快培育建筑业新质生产力[N]. 广东建设报，2024.

[22] 上海市住房和城乡建设管理委员会. 上海市建筑信息模型技术应用与发展报告[R]. 2024.

[23] Stephen H, David B. Digital 2023 Construction Report[R]. 2023: 18-27.

[24] 徐芳卉，范华冰. BIM 正向设计体系研究及探索——同济国际康复医学中心 BIM 设计协同管理实践[J].中国勘察设计, 2024, (3): 83-86.

[25] 陈珂，丁烈云. 我国智能建造关键领域技术发展的战略思考[J]. 中国工程科学, 2021. 23(4): 64-70.

[26] 钱七虎. 智能建造与智慧城市发展[J]. 中国工程科学, 2020, 22(2): 1-8.

[27] 丁烈云. AI 赋能建筑产业变革[N]. 中国建设报, 2024.

[28] 周绪红. 发展智能建造技术 培育建筑业新质生产力[J]. 土木工程学报, 2023, 56(10): 1-12.

[29] 肖绪文. 以绿色建造引领和推动建筑业高质量发展[J]. 建筑, 2021, (4): 22-23.

[30] 毛超，彭窑胭. 智能建造的理论框架与核心逻辑构建[J]. 工程管理学报, 2020, 34(5): 1-6.

[31] 李庆斌，马睿，胡昱，等. 大坝智能建造理论[J]. 水力发电学报, 2022, 41(1): 1-13.

[32] 于洋. 浅谈建筑业智能建造发展现状及未来趋势[J]. 施工技术, 2023, 52(15): 1-5.

[33] 王淑桃. 工程建设管理中智能建造技术的创新应用[J]. 建筑经济, 2021, 42(4): 49-52.

[34] 杨国强. 推动行业数字化转型[J]. 施工企业管理, 2021(4): 53.

[35] 肖绪文. 智能建造务求实效[N]. 中国建设报, 2021-04-05(4).

[36] 郭彩霞，赵诗雨，刘占省，等. 面向"一流专业"建设的智能建造课程体系发展探索[J]. 建筑技术, 2022, 53(9): 1262-1266.

[37] 王守清，刘晓君. 智能建造技术体系研究综述[J]. 土木工程与管理学报, 2020, 37(3): 82-87.

[38] 丁烈云. 数字建造导论[M]. 北京：中国建筑工业出版社, 2020.

[39] 李久林，张建平，王广斌. 智能建造体系框架与关键技术研究[J]. 土木工程学报, 2019, 52(10): 1-12.

[40] 刘晓君，王守清. 智能建造体系下的工程项目管理创新研究[J]. 工程管理学报, 2021, 35(2): 1-7.

[41] OESTERREICH T D, TEUTEBERG F. Understanding the implications of digitisation and automation in the context of Industry 4.0: a triangulation approach and elements of a research agenda for the construction industry[J]. Computers in Industry, 2016, 83: 121-139.

[42] SHERRATT F, DOWSETT R, SHERRATT S. Construction 4.0 and its potential impact on people working in the construction industry[J]. Proceedings of the Institution of Civil Engineers-Management, Procurement and Law, 2020, 173(4): 145-152.

[43] ROSSI A, VILA Y, LUSIANI F, et al. Embedded smart sensor device in construction site machinery[J]. Computers in Industry, 2019, 108: 12-20.

[44] BUCCHIARONE A, DE SANCTIS M, HEVESI P, et al. Smart construction: Remote and adaptable management of construction sites through IoT[J]. IEEE Internet of Things Magazine, 2019, 2(3): 38-45.

[45] KOCHOVSKI P, STANKOVSKI V. Supporting smart construction with dependable edge computing infrastructures and applications[J]. Automation in Construction, 2018, 85:

182-192.
[46] 丁烈云. 智能技术促进绿色城市建设[J]. 城乡建设, 2022, (1): 1.
[47] 王广斌, 徐可, 曹冬平. 2035 年中国建筑业劳动力需求情景预测及应对措施[J]. 土木工程与管理学报, 2021, 38(4): 15-22.
[48] 王睿妍. 智能建造国内外政策及未来发展方向[J]. 施工企业管理, 2022, (11): 76-77.
[49] 尤志嘉, 刘紫薇. 工业4.0驱动下建筑业智能化转型升级战略研究[J]. 建筑经济, 2022, 43(3): 21-27.
[50] 尤志嘉, 吴琛, 刘紫薇. 智能建造研究综述[J]. 土木工程与管理学报, 2022, 39(3): 82-87, 139.
[51] 刘占省, 武乐佳, 刘子圣. 面向全生命期的多维多尺度智能建造体系[J]. 天津大学学报, 2023, 56(12): 1295-1306.
[52] 陈珂, 余璟, 张芸菡, 等. 基于智慧工地标准文本分析的智慧工地内涵及系统架构[J]. 施工技术, 2022, 51(11): 7-11, 17.
[53] 段玉洁, 金睿, 刘东海. 施工工程中智慧工地应用研究与实践[J]. 土木建筑工程信息技术, 2022, 14(6): 92-97.
[54] 张鸿, 张永涛, 王敏, 等. 全过程自适应桥梁智能建造体系研究与应用[J]. 公路, 2021, 66(4): 124-136.
[55] 陈伟乐, 宋神友, 金文良, 等. 深中通道钢壳混凝土沉管隧道智能建造体系策划与实践[J]. 隧道建设 (中英文), 2020, 40(4): 465-474.
[56] 张建, 吴刚. 长大跨桥梁健康监测与大数据分析——方法与应用[M]. 北京: 中国建筑工业出版社, 2022.
[57] 郑展鹏, 窦强, 陈伟伟, 等. 数字化运维[M]. 北京: 中国建筑工业出版社, 2022.
[58] 陶飞, 张贺, 戚庆林, 等. 数字孪生十问: 分析与思考[J]. 计算机集成制造系统, 2020, 26(1): 1-17.
[59] 夏侯遐迩, 田丰华, 李启明. 智能建造背景下人机协作安全研究综述[J]. 东南大学学报, 2023, 53(6): 1053-1064.
[60] 马智亮. 迎接智能建造带来的机遇与挑战[J]. 施工技术, 2021, 50(6): 1-3.
[61] 毛超, 张路鸣. 智能建造产业链的核心产业筛选[J]. 工程管理学报, 2021, 35(1): 19-24.
[62] 杜明芳. 中国智能建造新技术新业态发展研究[J]. 施工技术, 2021, 50(13): 54-59.
[63] 黄光球, 郭韵钰, 陆秋琴. 基于智能建造的建筑工业化发展模式研究[J]. 建筑经济, 2022, 43(3): 28-34.
[64] 王元鹜, 蒋慧杰, 吴海航. 人工智能技术背景下建筑机器人对工程造价影响的研究[J]. 工程造价管理, 2024, 35(1): 17-24.
[65] 丁烈云. 加快智能建造人才培养[J]. 施工企业管理, 2022(4): 53.
[66] 刘清涛, 叶敏, 顾海荣, 等. 智能制造与智能建造融合创新人才培养体系研究[J]. 长安大学工程机械学院, 2020(44): 326-328.
[67] 毛超, 王子钺. 智能建造核心产业地位分类及发展建议[J]. 建筑经济, 2021, 42(8): 19-23.
[68] 张建平, 林佳瑞, 胡振中, 等. 数字化驱动智能建造[J]. 建筑技术, 2022, 53(11):

1566-1571.
[69] 吴瑜灵. 基于 BIM 技术的建设项目智能建造应用研究[J]. 广东土木与建筑, 2023, 30(12): 1-4,14.
[70] 陆新征, 廖文杰, 顾栋炼, 等. 从基于模拟到基于人工智能的建筑结构设计方法研究进展[J]. 工程力学, 2025, 42(3): 1-17.
[71] 徐卫国. 参数化非线性建筑设计[M]. 北京: 清华大学出版社, 2016.
[72] 苟娟琼, 杨超, 吕希艳, 等. 面向智能建造的供应链协同若干问题[J]. 供应链管理, 2023, 4(5): 5-11.
[73] 李久林, 王忠铖, 田军, 等. 智能建造背景下的智慧工地发展与实践研究[J]. 建筑技术, 2023, 54(6): 645-648.
[74] 韦国华. 建筑施工项目成本管理中 BIM 技术的应用探析[J]. 中国建设信息化, 2023(15): 70-73.
[75] 韩青, 徐翔, 孙宝娣, 等. 基于 CIM 平台的工程项目数字孪生智能建造系统应用研究[J]. 中国建设信息化, 2022(2): 34-38.
[76] 程大章. 智能建造为智慧城市注入活力[N]. 中国建设报, 2020-08-18(2).
[77] 陈翀, 李星, 姚伟, 等. BIM 技术在智能建造中的应用探索[J]. 施工技术 (中英文), 2022, 51(20): 104-111.
[78] 汪丛军, 刘美霞, 邹胜, 等. 基于 BIM 的产业协同平台构建及其在智能建造中的应用研究[J]. 建筑科技, 2024(17): 101-104.
[79] 宋朝勇. 高层建筑BIM模型与三维场布在工程中的应用[J]. 安徽建筑, 2021, 28(3): 83, 103.
[80] 凌立睿, 张强. 基于 BIM 的智慧工地管理体系框架研究[J]. 智慧建筑与智慧城市, 2021(4): 99-100.
[81] 闫文娟, 王水璋. 无人机倾斜摄影航测技术与 BIM 结合在智慧工地系统中的应用[J]. 电子测量与仪器学报, 2019, 33(10): 59-65.
[82] 刘洋宇. 基于人脸识别技术的智慧工地人员出入管理系统设计[J]. 信息与电脑 (理论版), 2022, 34(4): 139-141.
[83] 刘华, 赵梦雪. 基于 BIM 技术的建筑工程造价控制与管理研究[J]. 现代电子技术, 2021, 44(10): 163-166.
[84] 刘延, 李涛. 基于BIM技术在智慧工地建设中的应用研究[J]. 居舍, 2020(25): 45-46.
[85] 闫天伟, 刘才, 周朕, 等. 基于智能建造的结构施工阶段劳动力资源动态控制研究[J]. 建筑技术, 2023, 54(8): 1014-1017.
[86] 李雪灵, 刘源. 制造业数字化转型的悖论治理——基于我国“灯塔工厂”企业的案例研究[J]. 研究与发展管理, 2023, 35(6): 1-18.
[87] 陈永鸿, 邓嘉鑫. 建筑业数字化转型整合研究框架与未来展望[J]. 土木工程与管理学报, 2025, 42(1): 81-90+111.
[88] 陈隽, 范泽楷, 梅长周, 等. 预制构件叠合面粗糙度机器视觉检测方法及装置开发[J]. 土木工程与管理学报, 2025, 42(1): 59-65+80.
[89] 龚剑. 超高结构建造整体钢平台模架装备技术[M]. 北京: 中国建筑工业出版社,

2018.
[90] 刘国军. 谈谈智能机器人在未来建筑工程中的发展前景[J].中国建材, 2023, 482(2): 108-109.
[91] 汪洋, 杨太华, 王文浩. 工程建设管理中区块链适用性分析与架构设计研究[J]. 武汉大学学报 (工学版), 2021, 54(S1): 139-143.
[92] 霍艳芳, 齐二石. 智慧物流与供应链[M]. 北京: 清华大学出版社, 2020.
[93] 陈翀, 李星, 邱志强, 等. 建筑施工机器人研究进展[J]. 建筑科学与工程学报, 2022, 39(4): 58-70.
[94] 北京大学课题组. 平台驱动的数字政府: 能力、转型与现代化[J]. 电子政务, 2020(7): 2-30.
[95] 李韬, 冯贺霞. 数字治理的多维视角、科学内涵与基本要素[J]. 南京大学学报 (哲学•人文科学•社会科学), 2022, 59(1): 70-79, 157-158.
[96] 张劲楠, 宋刚. 建筑工程市场准入制度研究[J]. 学术探索, 2017(8): 102-107.
[97] 占济舟, 张格伟. 区块链供应链金融模式创新与保障机制研究[J]. 供应链管理, 2023, 4(4): 32-40.
[98] 贾美珊. 智慧工地建设影响因素分析及改进建议研究[D]. 济南: 山东建筑大学, 2020.
[99] 杨宇沫. 基于 BIM 的装配式建筑智慧建造管理体系研究[D]. 西安: 西安科技大学, 2020.
[100] 吕炜. 基于 BIM+物联网对智能建造综合管理实现研究[J]. 管理动态, 2021(9): 61-64.
[101] 袁树翔. 基于物联网的装配式建筑精益管理应用与效果评价研究[D]. 扬州: 扬州大学, 2020.
[102] 苏世龙, 雷俊, 马栓鹏, 等. 智能建造机器人应用技术研究[J]. 施工技术, 2019, 48(22): 16-25.
[103] 李念勇. 智能建筑机器人与施工现场结合的探讨[J]. 建筑, 2019(1): 36-37.
[104] 鲍宇清, 陈斌, 陈波, 等."放管服"背景下基于"大数据"和"区块链"技术的建筑节能和建筑材料管理模式研究[J]. 住宅产业, 2020(10): 96-99.
[105] 刘红波, 张帆, 陈志华, 等. 人工智能在土木工程领域的应用研究现状及展望[J]. 土木与环境工程学报 (中英文), 2024, 46(1): 14-32.
[106] 刘亮, 谢根. 大数据智能制造在建造业应用及发展对策研究[J]. 科技管理研究, 2019(8): 104-109.
[107] 刘文峰. 智能建造关键技术体系研究[J]. 建设科技, 2020(16): 72-76.
[108] 郭小强, 戴志彬. 基于 BIM 和机器视觉的钢结构智能焊接机器人系统分析[J]. 安装, 2023, (9): 70-72.
[109] 岳元元, 肖毅, 黄鹰. 智能 BIM 在绘制建筑施工图应用中的思考[J]. 智能建筑与智慧城市, 2023, (7): 71-74.
[110] 王凡, 李铁军, 刘今越, 等. 基于 BIM 的建筑机器人自主路径规划及避障研究[J]. 计算机工程与应用, 2020, 56(17): 224-230.
[111] 杨振舰, 庄亚楠, 陈亚东. 基于 BIM 和改进 RRT 算法的建筑机器人路径规划[J]. 实验技术与管理, 2024, 41(2): 31-42.

[112] 尹大伟，钱峰，王嘉．智能建造BIM技术在复杂建筑工程的集成应用与技术创新研究[J]．四川建筑，2024, 44(2): 82-84.
[113] 郑天立，武乐佳，刘占省．基于BIM的卢赛尔体育场智能化建造方法及应用[J]．建筑结构，2024, 54(24): 75-82.
[114] 侯朝，杨煜垚，刘占省．基于BIM的亚洲最大交通枢纽（北京副中心）项目智能建造技术研发与综合创新应用[J]．土木建筑工程信息技术，2024, 16(3): 19-24.
[115] 郑琪，丁烈云．建筑机电系统管道协同设计研究[J]．建筑科学，2024, 40(1): 1-12, 33.
[116] 钟波涛，李晨希，丁烈云，等．基于区块链的建筑工程质量协同治理博弈分析[J]．科技管理研究，2023, (14): 168-177.
[117] 徐福田．北京城市副中心交通枢纽智慧工地建造及平台搭建[J]．建筑机械化，2024, 45(7): 139-143.
[118] 黄海荣，任旭升，郭勇博．建筑施工数字孪生模型智能预警技术研究[J]．建筑技术开发，2024, 51(2), 3-6.
[119] 李林，王东伟，徐安，等．5D智能建造系统在超大规模陆上沉井下沉阶段中的应用[J]．公路，2024, 69(11): 177-181.
[120] 施鸿鑫，钟恩，潘光诚，等．厦门翔安国际机场航站楼智能建造系统[J]．施工应用实践，施工技术（中英文), 2024, 53(5): 17-21.
[121] 陈灿武．基于物联网的建筑工程施工危险行为预警方法[J]．物联网技术，2024, 14(11): 146-148.
[122] 郭丰毅，刘世平，付爽，等．面向空中造楼机施工工艺的数字化路径[J]．科学技术与工程，2025, 25(9): 3840-3850.
[123] AMMAR A, NASSEREDDINE H, ABDULBAKY N, et al. Digital Twins in the Construction Industry: A Perspective of Practitioners and Building Authority[J]. Frontiers in Built Environment, 2022, 8.
[124] ADEKUNLE S A, AIGBAVBOA C O, EJOHWOMU O, et al. Digital transformation in the construction industry: a bibliometric review[J]. Journal of Engineering, Design and Technology, 2024, 22(1).
[125] 林佳瑞，陈柯吟，潘鹏．建筑工程标准数字化与智能化：现状与未来[J]．东南大学学报（自然科学版), 2025, 55(1): 16-29.
[126] ZHENG Z, ZHOU Y C, CHEN K Y, et al. A text classification-based approach for evaluating and enhancing the machine interpretability of building codes[J]. Engineering Applications of Artificial Intelligence, 2024, 127(PA).
[127] 郭致远，李健，汪薇，等．城市更新大数据平台研究及应用[J]．清华大学学报（自然科学版), 2025, 65(1): 22-34.